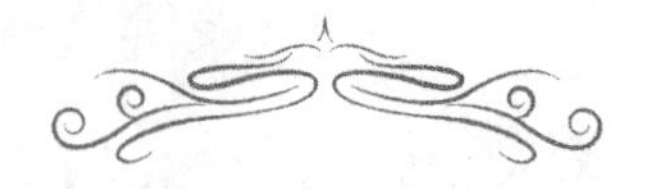

边疆治理与地缘学科（群）“边疆生态治理与生态文明建设调查与研究”
（项目编号：C176210102）；
2019年度云南省哲学社会科学研究基地项目“云南少数民族本土生态智慧研究”
（项目编号：JD2019YB04）

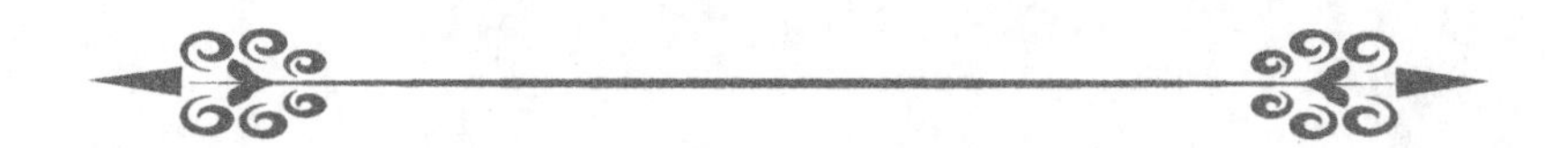

生态文明建设的云南模式研究丛书

丛书主编：周　琼

云南环境保护史料编年第三辑

（2009—2016年）

周　琼　邓云霞　汪东红◎编

科学出版社

北京

内 容 简 介

本书按照环境保护史料的来源、内容进行分类，对 2009—2016 年云南不同地区环境保护情况进行梳理和归纳。全书共分为四章，包括云南环境保护史料、云南九大高原湖泊环境保护史料、云南环境保护专项整治史料和云南环境保护法规条例，内容涉及 2009—2016 年云南出现的各种环境问题及相应的对策、措施。有利于读者了解 2009—2016 年云南环境变化和发展趋势，以期为云南环境保护事业的发展提供坚实的史料基础。

本书可供历史学、地理学、生态学等相关专业的师生阅读和参考。

图书在版编目（CIP）数据

云南环境保护史料编年第三辑（2009—2016 年）/ 周琼，邓云霞，汪东红编. —北京：科学出版社，2020.10

（生态文明建设的云南模式研究丛书）

ISBN 978-7-03-066157-9

Ⅰ. ①云… Ⅱ. ①周… ②邓… ③汪… Ⅲ. ①环境保护-编年史-云南-2009-2016 Ⅳ. ①X-092.74

中国版本图书馆 CIP 数据核字（2020）第 176135 号

责任编辑：任晓刚 / 责任校对：王晓茜

责任印制：张　伟 / 封面设计：润一文化

科学出版社出版

北京东黄城根北街 16 号

邮政编码：100717

http://www.sciencep.com

北京虎彩文化传播有限公司 印刷

科学出版社发行　各地新华书店经销

*

2020 年 10 月第 一 版　开本：787×1092　1/16

2020 年 10 月第一次印刷　印张：24 1/4

字数：540 000

定价：168.00 元

（如有印装质量问题，我社负责调换）

凡　　例

一、本书为 2009—2016 年云南环境保护史料汇编。

二、本书资料以网络资料为主，主要来自云南省生态环境厅和昆明市生态环境局等网站。

三、本书资料汇编的基本原则为保留史料的原始性，即不更改资料的主要内容。但为了排版对部分资料的格式进行了微调，以及对和史料内容无关的极少数文字进行了删减，并对原来史料中部分错误的数据进行了更正（此部分会在脚注中特别说明）。同时，由于印刷成本、印刷清晰度和排版等原因，本书对不影响内容的图片进行了删除处理。

四、由于云南环境保护机构改革和名称变革，本书文献注明出处的网址已经变为云南省生态环境厅、昆明市生态环境局等机构的网址，但为了保持历史原貌，相关机构的名称等还使用了 2009—2016 年的旧有称谓。

五、由于部分资料转载问题，网站中转载的资料来源不明的将以转载的网站进行注释。

六、本书对部分较为敏感的人物姓名进行删除或其他方式处理，敬请读者谅解。

前　　言

环境保护是我国的一项基本国策，也是当前我国生态文明建设的最重要内容之一。环境保护关系到可持续发展理念的贯彻落实，关系到经济社会的健康发展，关系到人与自然的和谐共处，对实现中华民族伟大复兴的中国梦具有直接的现实意义。因此，国家和地方都极为重视各项环境保护工作。保护环境，是全社会的共同责任。

云南地处西南边陲，以环境优美著称于世，素有“彩云之南”的美誉。云南省积极响应和贯彻环境保护的基本国策，推动生态文明建设的开展。云南的环境保护历程持久，在20世纪80年代就已开始，进入21世纪后环境保护力度越来越大。从2007年开始，云南在全省范围内全面实施“七彩云南保护行动”计划，高举“生态立省、环境优先、和谐发展”的大旗。2008年11月，习近平同志在云南省党政干部座谈会上讲话时强调：云南省要努力争当全国生态文明建设的排头兵。2009年2月，《中共云南省委 云南省人民政府关于加强生态文明建设的决定》提出，力争到2020年全面实现争当全国生态文明建设排头兵的目标。经过多年的努力，云南在九大高原湖泊治理、水污染防治、生物多样性保护、自然保护区建设、大气污染防治、城乡环境治理等方面取得了很大成效，为生态文明建设排头兵的目标奠定了良好的现实基础。

本书立足于云南以往环境保护的现实，就2009—2016年云南相关环境保护的史料进行收集和整理，但由于21世纪云南的环境保护工作进入了一个不断提速时期，云南的环境保护资料逐年增多且繁杂，对这一阶段内所有的环境保护史料进行收集和整理的难度极大，故在史料选择上有所取舍。

本书汇编的环境保护资料主要涉及九大高原湖泊治理、生物多样性保护、自然保护区管理、森林环境保护、城乡环境建设、环境保护专项整治，以及云南环境保护相关的一些规划和法规条例等相关内容。其中，由于以滇池为代表的九大高原湖泊治理一直都是云南环境保护工作的重中之重，因此九大高原湖泊保护资料将在本书中独立成章。

希望通过本书的出版，有助于云南环境保护资料的传承，进一步宣传和普及云南环境保护的理念，增强民众环境保护的社会责任感，为今后的环境保护工作和相关学者开展研究做出应有的贡献。

导　　读

2015年1月20日上午，习近平总书记考察云南洱海边的大理市湾桥镇古生村时说：“经济要发展，不能以破坏生态环境为代价。生态环境保护是一个长期任务，要久久为功”[①]；在村民李德昌家考察时说：“云南有很好的生态环境，一定要珍惜，不能在我们手里受到破坏”[②]，他再次强调：“要把生态环境保护放在更加突出位置，像保护眼睛一样保护生态环境，像对待生命一样对待生态环境。”[③]此后，这一系列新思想、新观点、新要求，就成为云南绿色发展的号角及生态文明建设的目标。

云南省在生态文明排头兵建设的目标下，全面践行“走向生态文明新时代，建设美丽中国，实现中华民族伟大复兴的中国梦”的精神，环境保护工作很早就在各方面已经展开，且成果显著。

本书收集和整理了云南省2009—2016年云南省环境保护的相关史料，在此基础上将其内容分为四章。

第一章为云南环境保护史料。云南环境保护涉及范围极为广泛，若要面面俱到，则难度极大。本章的云南环境保护史料涉及了生物多样性保护史料、自然保护区建设与管理史料、森林环境保护史料、城乡环境保护史料、环境保护监察史料、环境保护宣传教育史料六个方面的内容。这些内容虽无法完全概括2009—2016年云南所有的环境保护史料，但对了解这段时间云南环境保护工作的措施及成效等相关情况还是具有重要作用的。

第二章为云南九大高原湖泊环境保护史料。滇池、阳宗海、洱海、抚仙湖、星云湖、杞麓湖、程海、泸沽湖、异龙湖九大高原湖泊是云南高原上的明珠，也是云南的母

① 中共中央文献研究室：《习近平关于社会主义生态文明建设论述摘编》，北京：中央文献出版社，2017年，第26页。
② 张帆、杨文明：《生态文明美云南》，《人民日报》2019年8月1日，第12版。
③ 中共中央文献研究室：《习近平关于社会主义生态文明建设论述摘编》，北京：中央文献出版社，2017年，第8页。

亲湖，更是外界了解云南自然环境的一大窗口。长期以来，九大高原湖泊环境治理就是云南环境保护工作的重点，而滇池又是其中的重中之重，因此本书将九大高原湖泊环境保护史料独立成章。本章的内容涉及九大高原湖泊环境保护措施与行动以及九大湖泊 2009—2012 年九大湖泊每年和每季度的环境治理情况等内容。

第三章为云南环境保护专项整治史料。从 2004 年起，云南省组织开展了全省以整治违法排污企业保障群众健康为主要内容的环境保护专项行动。这一环境保护专项行动使得云南省环境保护工作更为走向大众，充分调动各方环境保护力量，增强了民众环境保护的参与感和责任感，不仅有利于整治违法排污企业，更有利于保障群众健康，充分体现了以人为本的科学发展观，是云南省环境保护惠民的重要体现。本章汇编了 2011—2015 年的环境保护专项整治行动，以期为读者了解云南环境保护工作提供新的视角。

第四章为云南环境保护法规条例。环境保护不仅需要社会道德的驱动，更需要法律法规的强制约束。本书最后一章汇编了云南省 2009—2016 年出台或修改的环境保护法规条例，其中主要涉及云南省及某些云南地方州（市）环境保护条例，以及湖泊等水环境、林业、矿产等自然环境资源的法规条例，这些法规条例很多在今日仍在使用。这些法规条例是云南环境保护工作的重要规范和规划，对破坏生态环境的行为具有重要的防范和警示作用，而其不断修订的条例更是体现出了云南环境保护不断与时俱进的理念。

云南用长期的环境保护实践充分贯彻落实了我国环境保护这一基本国策，这是一项伟大的事业。参与这一伟大而长远的事业人人有责，绿色环保的生态理念需要深入人心。

周　琼　邓云霞　汪东红

2019 年 12 月 20 日

目　　录

第一章　云南环境保护史料

第一节　生物多样性保护史料

一、昆明“救活”极度濒危植物①

2009年3月12日，全球仅剩4株的极度濒危植物漾濞槭，经植物专家的极力抢救，已成功培育出千余株幼苗，漾濞槭回归自然将成为可能。

据专家介绍，漾濞县地处云南省的核心地带，是众多国家级濒危珍稀野生植物的原生地。一开始发现的“漾濞槭”只有4株，就分布在大理白族自治州漾濞彝族自治县苍山西坡马鹿塘村民的自留山、核桃林地边或中间，种群小、结果率低、个体分散，其受威胁等级被《中国物种红色名录》评价为“极危”，被确认为是世界上最稀有和濒危的物种之一，具有较高的科学研究价值。2008年，国际植物园保护联盟和中国科学院植物研究所决定联合对漾濞槭采取保护行动，双方拟定一方面进行就地保护；另一方面进行迁地保护，进行嫁接繁殖和种子繁殖，增加和恢复其种群数量。在国际自然保护联盟的支持下，从2007年开始实施的“极度濒危植物漾濞槭和雷波槭的迁地与就地保护”项目，引起了当地有关政府部门对漾濞槭保护的重视，拟在自然保护范围外的漾濞槭产地建立保护小区。

经调查，在漾濞彝族县只有13户人家的小村庄里有4株漾濞槭，2008年有2株没有结果，通过人工授粉，最大的那棵漾濞槭结果较好，收获了很多种子。2008年，

---

① 昆明市环境保护局：《昆明“救活”极度濒危植物》，http://sthjj.km.gov.cn/c/2009-03-13/2147388.shtml（2009-03-13）。

中国科学院植物研究所的研究人员通过人工辅助授粉获得了漾濞槭种子，考虑到北京的气候条件，以及昆明植物园在槭属植物种质资源收集保育方面的优势，中国科学院昆明植物研究所与中国科学院植物所达成协议，在昆明植物园协助开展漾濞槭的人工繁育及迁地保护工作。

接到项目任务后，昆明植物园的高级实验师对采集到的漾濞槭种子进行了一系列多个水平的萌发处理试验，终于种子开始萌发了，长出了两片细长的嫩芽。在北京、昆明两地植物专家的共同努力下，现已成功培育出漾濞槭幼苗千余株，为该物种的迁地保护、未来的物种回归自然奠定基础，从而为实现种群人工恢复提供了重要支撑。

二、云南濒危鱼类——星云白鱼重回自然①

2009 年 9 月 17 日，云南省玉溪市水利局池塘驯养的濒危鱼类星云白鱼获得重大成功，池塘存活亲鱼 980 尾，培育 6—10 厘米的鱼种 3 万尾，星云白鱼重新“回归”百姓视野。

星云白鱼是云南省特有珍稀鱼类，产于星云湖，个体小，俗称“真白鱼”，是星云湖的特有鱼类，形似抚仙湖的抗浪鱼，与之称为姐妹鱼，但鲜甜之味胜于抗浪鱼，历来被当地人民视为鱼中之上品。其分布区很狭窄，仅分布于星云湖，就连与星云湖有天然渠道相通的抚仙湖也未发现星云白鱼。

20 世纪 90 年代后期，由于人类生产、生活活动的影响，其生存环境遭受重大破坏，种群数量极少。现已到了濒临灭绝的地步，成为濒危鱼类 。为了保护这一优良水产品，相关部门于 2005 年选择星云湖东岸星云白鱼产卵较集中的大凹跳鱼沟，建立了星云白鱼种群恢复试验站。2006 年开始收集星云白鱼亲鱼，进行池塘驯养。2007 年，星云白鱼人工繁殖首次获得成功。

据玉溪市水利局相关负责人介绍，今后准备在星云湖人工放养星云白鱼苗种，并在水库、坝塘、池塘推广养殖，星云白鱼正在重回大自然。

三、湄公河上游生物多样性保护融资机制研究项目启动②

2009 年 10 月初，世界混农林研究中心支持的国际合作项目“湄公河上游多功能景

① 昆明市环境保护局：《云南濒危鱼类——星云白鱼重回自然》，http://sthjj.km.gov.cn/c/2009-09-18/2147321.shtml（2009-09-18）。

② 昆明市环境保护局：《湄公河上游生物多样性保护融资机制研究项目启动》，http://sthjj.km.gov.cn/c/2009-10-09/2147396.shtml（2009-10-09）。

观生物廊道碳贸易与生物多样性保护融资机制研究”在中国、泰国、老挝、越南、缅甸展开。

该项目拟在5个国家共选择6个（其中中国西双版纳2个）研究地点，通过在湄公河上游地区开展对生物多样性和碳增量的调查，形成对生物多样性价值及碳增量的评估方法，从而探讨生物多样性保护的融资机制。该项目实施期限为2009年3月至2012年2月。由中国科学院西双版纳热带植物园承担的项目点设在易武乡麻黑村，项目经费为7.8万欧元（约合78万元人民币）。项目合同签订后，首批经费已经到位，研究工作进入调查阶段。

四、云南发现两个鱼类新物种长有吸盘喜欢激流[①]

2010年1月12日，中国科学院昆明动物研究所研究人员在整理采自于李仙江流域的华吸鳅鱼类标本时，发现了两个新物种，并命名为李仙江华吸鳅和大口华吸鳅。

新发现的两个物种采自李仙江流域，位于普洱市江城县和红河哈尼族彝族自治州绿春县的交界处。

据陈小勇副研究员介绍，早在2003年，因为要建设土卡河水电站，研究人员到李仙江流域进行环境影响评价调查。从那时起，研究人员就陆续在李仙江流域采集了几批鱼类标本，当时就发现华吸鳅似乎有所不同，可能涉及多个种类。但当时由于没有开展相关研究，这批标本就一直存放在标本馆里。

近年经过仔细的研究，研究人员发现该区域其实存在有4个迥然不同的物种，它们在口部结构、体色、侧线鳞数目、鳍条数目等方面差别极大。经过与已报道过的华吸鳅物种进行详尽对比后，研究人员确定其中有两个为新物种——分别命名为李仙江华吸鳅和大口华吸鳅，一个为新纪录种——多斑华吸鳅，另一个为越南华吸鳅。

陈小勇表示，新物种的发现对认识云南鱼类的多样性具有重要意义，为进一步研究爬鳅类的分类、进化、生态奠定了基础。

五、昆明市110只野生动物放生西双版纳[②]

2010年8月14日，昆明市副市长周小棋及市林业局有关人员一行专程前往西双版

---

① 昆明市环境保护局：《云南发现两个鱼类新物种 长有吸盘喜欢激流》，http://sthjj.km.gov.cn/c/2010-01-13/2147358.shtml（2010-01-13）。

② 昆明市环境保护局：《昆明市110只野生动物放生西双版纳》，http://sthjj.km.gov.cn/c/2010-08-17/2147361.shtml（2010-08-17）。

纳将昆明市收养的110只野生动物进行野外放生。

据昆明市市林业局野生动物保护办公室主任王伟介绍，这次放生的野生动物主要是分布在云南的国家一、二级保护动物及云南省重点保护的动物，共19种110只（条），包括国家一级保护的蜂猴19只，国家二级保护的鹰类3种3只、隼类1种1只、龟类1种2只。

根据国家林业局的有关规定，对野生动物活体，凡适宜在原产地生存的，应在原产地选择适应的地点进行放生。昆明市濒危动植物收容拯救中心将收容救助的野生动物经过精心医治和管护，并通过中国科学院昆明动物研究所专家对动物进行环境适应性放生鉴定，同时经云南省热带亚热带动物病毒病重点实验室进行疫病检测后，放归大自然。

据悉，国家濒危物种进出口管理办公室、云南省野生动物收容拯救中心、昆明市濒危动植物收容拯救中心等也参加了此次“回归大自然，保护生态环境”活动。

六、云南省4年拯救1300多头野生动物①

2006—2010年，云南省花费近300万元经费，共收容拯救野生动物1300多头（只）。2010年，云南省实行野生动物肇事由政府补偿转为商业赔偿的模式，较好地保护了野生动物，又提高了人民群众的主动防范能力，减少了人员伤亡。

云南省是全球生物多样性最丰富、最集中的地区之一，同时，云南省也是野生动物肇事补偿和野生动物救护工作最为繁重的省份。经过多年的努力，云南省生物多样性保护工作成效显著，截至2009年底，全省已建立各种类型的自然保护区161处，总面积298.8万公顷，占全省土地面积7.6%。其中，国家级自然保护区16处，省级自然保护区44处，建立野生动植物资源监测站30个，鸟类环志站6个，为保护生物多样性，确保生态安全，推进云南省生态文明建设发挥了重要作用。但云南省野生动物救护工作形势严峻。

据云南省林业厅介绍，从2006年开始，财政部每年安排云南省500万元野生动物肇事补偿经费。从2008年开始，国家林业局又将云南省列为野生动物肇事补偿的试点省份之一，每年安排试点经费，进一步提高了野生动物肇事补偿比例。据统计，2000—2009年，全省共筹集野生动物肇事补偿经费9666万元。每年有4万余农户从中受益，切实解决了受灾农户因野生动物危害而出现致贫返贫的问题。2010年，云南省将亚洲象公众责任保险试点地域从西双版纳傣族自治州扩大到普洱市，试点动物从亚洲象扩大

① 昆明市环境保护局：《我省4年拯救1300多头野生动物》，http://sthjj.km.gov.cn/c/2010-08-27/2147312.shtml（2010-08-27）。

到野牛、熊、猕猴、蛇类和野猪等所有国家级、省级保护的野生动物。等取得经验后，再逐步扩大到其他州（市）。这种模式将使补偿标准提高，使野生动物伤人赔偿由原来的五六万元增加到20万元。

2010年，西双版纳亚洲象公众责任保险较为成功，亚洲象公众责任保险试点工作进展顺利，受灾群众已从保险中得到了实惠；保险的赔偿标准比政府补偿标准有大幅度提高；广大受灾群众及时得到赔偿。

七、大理鹤庆发现200多只国内罕见珍稀物种“紫水鸡”①

2010年12月14日，云南省环境科学研究院科研人员在云南省鹤庆县草海湿地观察到200多只国内罕见的珍稀物种“紫水鸡”，据查证这是截至2010年我国发现的最大的紫水鸡种群。

紫水鸡除了尾下覆羽为白色，通体几乎均为蓝色和紫色，有人誉之为“世界最美丽的水鸟”。紫水鸡被世界自然保护联盟列为鸟类红色名录，科学界一度以为其在我国已经灭绝，但近年来在云南、湖北、海南等地发现了紫水鸡踪迹。

2010年12月上旬，云南省环境科学研究院“鹤庆草海湿地生物多样性保护研究”项目组赴鹤庆县草海湿地进行调查，在湿地内观察到200多只紫水鸡。项目组根据生境和紫水鸡可见性初步估计，鹤庆草海湿地范围内的紫水鸡在500只以上。据湿地管理人员介绍，紫水鸡于2007年首次来到鹤庆草海，此后从未离开，一年四季都在草海繁衍生息，已成为鹤庆草海湿地的留鸟。

项目组在鹤庆草海调查期间，还两次拍摄到了白天鹅，项目组认定其为在云南省从未记录过的国家二级保护动物小天鹅。此外，项目组还在湿地中观察到赤麻鸭、白骨顶、灰雁、秋沙鸭、大白鹭、针尾鸭等60多种鸟类，在如此小的湿地区域观察到鸟类种类之多、密度之大、数量之巨、距离之近实属罕见。

鹤庆草海湿地属于大理白族自治州州级自然保护区，有效保护面积达400公顷，主要保护对象为越冬水禽及湿地生态系统。自2000年以来，当地政府先后投入4000多万元，实施退塘退田还湿地、湿地清淤、水质净化、湖滨带修复、核心区四至界定及环湖公路建设等工作。通过保护和治理，草海湿地生态环境得到有效改善，生物多样性明显得到恢复。

---

① 昆明市环境保护局：《大理鹤庆发现200多只国内罕见珍稀物种“紫水鸡”》，http://sthjj.km.gov.cn/c/2010-12-15/2147353.shtml（2010-12-15）。

八、禄劝 176 株古树建“保护档案”[1]

截至 2010 年年底，禄劝县将县城规划区内的 5 个古树群、176 株古树及古树后续资源进行保护规划，并完成建档、建册工作，打造了独特的县城园林文化特色。

5 个古树群、176 株古树及古树后续资源共有 9 科、11 属、15 种，包括黄连木、滇朴、皮哨子、滇润楠、香叶树、清香木、栓皮栎、滇合欢、毛叶柿、金江槭、黑弹朴、麻栎、云南木樨榄、云南油杉、香油果等。禄劝县住房和城乡规划建设管理局局长周力勇表示，历经百年风雨的古树名木，是城市历史的见证和活文物，记载着文明进步，是造物主对城市的慷慨馈赠，也是城市性格不可或缺的一部分。一直以来，禄劝县始终把保护古树名木作为一项重要内容来抓，委托西南林业大学园林学院完成了县城规划区内 5 个古树群、176 株古树及古树后续资源保护规划，并将 176 株古树建档、建册。

为了加强保护古树名木，禄劝县还专门建立了古树名木跟踪管理体系，对每株古树名木按照“一编号、一树、一照、一卡”进行登记造册，实行计算机动态管理。同时，禄劝县还划定了保护范围，依据《昆明市古树和古树后续资源保护办法》的相关规定，将古树树冠垂直投影外 5 米内划为保护范围，古树后续资源树冠垂直投影外 2 米内划为保护范围，而古树群的保护范围则根据古树群周边环境据实划定。

同时，禄劝县还建立了古树名木档案，为古树名木挂上保护牌，明确责任人，组织专人负责对古树名木的病虫害防治、施肥、修剪枯枝等日常工作，并与农户、村委会签订协议，明确养护责任，养护方法和标准。此外，禄劝县还在病虫害多发季节，派出专家组，对挂牌古树名木进行“体检”，发现问题及时解决。

据了解，禄劝计划于 2012 年全面完成县城规划区古树及古树后续资源保护的相关工作，使县城规划区古树及古树后续资源保护工作进入规范化、日常化。

九、昆明鸟类逐年增多已达 200 多种[2]

2011年4月16—22日，是全国第30个“爱鸟周”，主题为“保护鸟类，共享蓝天”。

据了解，在“爱鸟周”活动期间，凡获得国家、省、市各级各类环境保护工作优秀奖励的学生、教师、社会工作者，凭相关证件、证书等，均可免费参观昆明动物园。昆明动物园在园内用展示板、保护鸟类签名、观鸟知识讲座、观鸟设备器材展等多种方式向游客宣传保护鸟类的重要性，让越来越多的人自觉加入到保护鸟类的行动中来。

---

① 昆明市环境保护局：《禄劝 176 株古树建“保护档案”》，http://sthjj.km.gov.cn/c/2010-12-23/2147299.shtml（2010-12-23）。
② 昆明市环境保护局：《昆明鸟类逐年增多已达 200 多种》，http://sthjj.km.gov.cn/c/2011-04-18/2147311.shtml（2011-04-18）。

据昆明鸟类协会副秘书长杨明介绍，云南省是鸟类最丰富的省份之一，截至2011年，我国有1300多种鸟类，而云南省就有903种

十、183只野生动物今放归自然[①]

2011年4月18日上午，183头（只）野生动物的放生车辆开往普洱，这些动物将在普洱太阳河国家森林公园被放生。据悉，这是云南省近年来最大规模的一次野生动物放生行动。

据了解，这次放生行动早在3个月前就开始筹备。放生的动物均是云南野生动物园、云南省野生动物收容拯救中心、西双版纳傣族自治州野生动物收容救护中心一年以来收容拯救的野生动物。在确定此次放生动物时，工作人员根据被收容拯救动物身体情况，最终确定了300只身体条件好、曾在野外生存过的动物进行野外生存训练。通过1个月的训练，超过2/3的动物达到了基本可以回到大自然的条件。

此外，以往的野生动物都是经过野化训练后直接放生，工作人员对动物放生后的生存情况难以掌握。本次放生行动增加了观察员跟踪环节。据了解，被放生的一部分动物将由普洱太阳河国家森林公园及云南野生动物园设置观察员进行跟踪观察，了解它们重回大自然的情况，不能适应的动物还将被带回来。

十一、抚仙湖抗浪鱼种群数量显著增加[②]

2011年6月22日，在抚仙湖畔抗浪鱼人工增殖放流现场，渔业工作者、渔民将一盆盆人工繁殖的抗浪鱼鱼苗缓缓倒入碧波荡漾的抚仙湖中，50万尾抗浪鱼鱼苗轻盈地游向湛蓝的湖水，游回自己的"家园"。至此，云南省连续5年放流抗浪鱼，共向抚仙湖人工增殖放流抗浪鱼鱼苗300多万尾。曾经濒临灭绝的抗浪鱼种群数量已显著增加。

据介绍，经过5年的增殖放流和不断加大保护力度，抗浪鱼种群数量显著增加。具体表现在：抗浪鱼产量大幅度增加，从几百千克增加到2010年的20吨；2010年多年不见的车水捕鱼奇观再现抚仙湖，明星鱼洞3月份便有抗浪鱼进洞产卵；2011年抚仙湖西岸出现鱼汛。

据云南省农业厅相关负责人介绍，人工增殖放流已成为云南省恢复增加珍稀鱼类资源和群体数量的有效方式。截至2011年6月，云南省已掌握了除抗浪鱼外的叉尾鲶、金

---

① 昆明市环境保护局：《183只野生动物今放归自然》，http://sthjj.km.gov.cn/c/2011-04-19/2147316.shtml（2011- 04-19）。
② 昆明市环境保护局：《抚仙湖抗浪鱼种群数量显著增加》，http://sthjj.km.gov.cn/c/2011-06-23/2147339.shtml（2011-06-23）。

线鲃、大刺鳅等珍稀鱼类的人工繁殖技术，并开始人工增殖放流，以恢复增加珍稀鱼类资源。

十二、云南江川县警民携手救助二级保护动物鹞鹰①

2011 年 7 月初，江川县森林公安局民警在大街街道办事处下大河村村民金某某的协助下，成功救助一只国家二级保护动物鹞鹰。

7 月 3 日，一只类似鹰的鸟落在居民金某某家门口，一直没有飞走，金某某将其收留在一个竹笼里，心想等这只鸟体力恢复后再放飞，但是到了 7 月 4 日这只鸟还是不能正常飞行，金某某便打电话到江川县森林公安局求助。接到报案后，民警立即赶到现场，发现该鸟无外伤，样子像鹰，但比鹰小，背部羽毛呈灰褐色，体长 40 厘米左右，初步判定为鹞鹰，是国家二级保护动物。在了解情况后，江川县森林公安局对金某某积极救助野生鸟类的行为进行了表扬，然后将这只鹞鹰带回了江川县森林公安局，经过民警的精心照料，这只鹞鹰体力逐渐恢复，7 月 5 日，民警将其带到适宜生存的地方放归大自然。

十三、巧家五针松成功育成“植物大熊猫”喜添新丁②

2011 年 10 月 20 日，云南省巧家县药山国家级自然保护区管理局仅存的 34 株有“植物界大熊猫”之称的“巧家五针白皮松”经过 14 年人工繁育，成功繁殖苗木 5000 余株。

据了解，巧家五针白皮松仅分布于南东北部巧家县中寨乡付山村保家湾和白鹤滩镇杨家弯村一带约 5 平方千米范围内，具有较高的生态、科研、观赏和经济价值。巧家县药山国家级自然保护区管理局科研人员经过数年的潜心研究和精心培育，至 2011 年通过采集种子人工繁育苗木 5000 余株，完成规划造林 56.2 亩。该局办公室吴明忠表示：“目前这些苗木长势良好。‘巧家五针白皮松’批量繁殖成功不仅为人工栽培繁育摸索出了一条新路，而且对更好的保护原生群落和恢复物种具有重要意义。”

据杨家湾管理所所长张天毕高级工程师介绍，近年来，巧家县药山国家级自然保护区管理局全面开展管护与监测工作，密切关注自然动态，采用定期药物喷洒、药物交叉使用等措施，对巧家五针松原生居群、幼苗、幼树及周围环境等进行消毒预防，为巧家

---

① 昆明市环境保护局：《云南江川县警民携手救助二级保护动物鹞鹰》，http://sthjj.km.gov.cn/c/2011-07-19/2147435.shtml（2011-07-19）。

② 昆明市环境保护局：《巧家五针松成功育成 “植物大熊猫”喜添新丁》，http://sthjj.km.gov.cn/c/2011-10-21/2147313.shtml（2011-10-21）。

五针松健康生长创造了较为有利的环境，同时采取就地人工繁殖和规划造林，扩大种群数量和分布点。

十四、8省市区合力保护野生动植物①

2011年11月底，首届泛西南林区警务合作联席会议在昆明召开，云南、贵州、四川、广西、重庆、西藏、福建、广东等8省（区、市）森林公安局，就侦查办案和边界联防两个项目签署了合作协议。

此次会议由云南省森林公安局主办，旨在建立泛西南林区警务合作机制，成立警务合作联席会，共同打击、防范破坏森林和野生动植物资源违法犯罪活动，有效保护西南地区森林和野生动植物资源，构建西南绿色生态安全屏障。

十五、云南省生物多样性保护体系基本建成②

2012年，云南省生物多样性保护体系基本建成。

在维西傈僳族自治县滇金丝猴主要分布区境内，分布着滇金丝猴4个种群，数量为600—650只，因为有科学的保护机制，2012年白马雪山维西片区又出生成活了11只滇金丝猴，这是云南省开展生物多样性保护取得的一大成果。

至2012年5月，云南省生物多样性保护进展顺利，野生动植物得到有效保护，物种、遗传基因和生态系统多样性得到重点保护，基础研究及国际交流合作不断加强，生物多样性保护范围由滇西北扩大到滇西南的德宏傣族景颇族自治州、西双版纳傣族自治州、临沧市和普洱市等地，保护重点由5个州（市）18个县（市）扩大到9个州（市）44个县（市），以自然保护区为主的生物多样性保护体系基本建成。

截至2011年年底，云南省共建立自然保护区156处，面积286.63万公顷。全省105个森林植被类型和重要的湿地生态系统，以及超过90%的国家重点保护植物、约80%的国家重点保护动物被列为主要保护对象，在自然保护区得到有效保护。据统计，云南省约57%的热带雨林和季雨林、约36%的寒温性针叶林、约15%的季风常绿阔叶林、约15%的半湿润常绿阔叶林、16%的中山湿性常绿阔叶林在自然保护区得到保护。云南省37个主要高原湖泊有10个被划为保护区，高原湿地生态系统保护面积约占全省总面积

① 昆明市环境保护局：《8省市区合力保护野生动植物》，http://sthjj.km.gov.cn/c/2011-12-01/2147292.shtml（2011-12-01）。

② 昆明市环境保护局：《我省生物多样性保护体系基本建成》，http://sthjj.km.gov.cn/c/2012-05-07/2146668.shtml（2012-05-07）。

的30%。

2012年，云南省全面启动第二次国家重点保护野生动物、植物和湿地资源调查，并组织实施野生动植物保护与繁育利用项目。

十六、首批珍稀特有鱼苗放流金沙江①

2012年10月，向家坝水电站蓄水后首批珍稀特有鱼苗成功放流金沙江。本次放流的鱼类品种，包括国家一级保护动物达氏鲟、国家二级保护动物胭脂鱼，金沙江特有鱼类岩原鲤、厚颌鲂、长薄鳅等5种鱼苗共10万余尾。放流同时，中国水生科学研究院长江水产研究所在南溪江段对放流效果进行了同步监测。

据介绍，此次放流活动是从溪洛渡、向家坝水电站开工建设以来，相关部门在金沙江进行的第八次珍稀特有鱼类的增殖放流活动，累计放流鱼苗54万余尾。本次活动对放流的部分达氏鲟、胭脂鱼、厚颌鲂等近 9000 尾鱼种进行了标记，标记方法包括荧光标记、外挂标记等。据悉，通过连续4年的增殖放流活动，金沙江的渔业资源状况正逐渐改善，珍稀特有鱼类的资源量有明显恢复趋势。

十七、东川为越冬野生鸟类撑“保护伞”②

2012年11月19日，随着生态环境的改善，昆明市东川区多个河谷地段已成为越冬野生鸟类迁徙的栖息地。昆明市森林公安局东川分局从2012年11月5日—2013年4月30日组织开展全区越冬候鸟保护专项整治行动，确保各类野生动物在东川安全越冬。

为了持续维护好东川人与野生动物和谐共存的生态环境，有效保护越冬候鸟，依法严厉打击破坏越冬候鸟资源违法犯罪行为，昆明市森林公安局东川分局召开专项行动动员会，制定了专项行动方案，对专项行动工作进行安排部署。

首先，组建宣传组，在越冬迁徙鸟类集中的区域、村镇、学校，利用广播、发放宣传单、悬挂宣传标语等多种立体化、全方位直观形象的宣传报道态势向广大群众进行宣传，真正使宣传保护野生动物家喻户晓。其次，组建行动组，多管齐下、多措并举，加强日常的巡逻、检查、管护工作，特别是加大对越冬鸟类的日常保护工作。再次，组成巡逻组，分不同时段在野生鸟类经常的栖息地进行巡逻守护，发现问题及时处置。最后，对东川区的酒店、餐馆、集贸市场进行不定期突击检查、暗访，经查有非法收购、

① 昆明市环境保护局：《首批珍稀特有鱼苗放流金沙江》，http://sthjj.km.gov.cn/c/2012-10-31/2147454.shtml（2012-10-31）。
② 昆明市环境保护局：《东川为越冬野生鸟类撑“保护伞”》http://sthjj.km.gov.cn/c/2012-11-19/2147463.shtml（2012-11-19）。

经营、出售、加工野生动物或者其产品的，发现一起打击一起。此外，昆明市森林公安局东川分局将对越冬受伤的野生动物进行救助，在其恢复健康后及时放归大自然，全力以赴共创东川区人类与野生动物和谐共存的生态环境。

十八、保护生物多样性建绿色经济强省①

2013年5月，云南省已初步形成由植物园、树木园、动物园、保护基地等构成的珍稀濒危野生动植物迁地保护网络，并在云南省珍稀濒危植物引种繁育中心、昆明植物园等开展迁地保护和引种繁育研究。同时，启动“七彩云南保护行动计划”“云南生物多样性保护行动”以及“森林云南”建设。由国家、云南省及中国科学院共同投资建设的“中国西南野生生物种质资源库”，是云南省进行种质资源保护的有效探索。

由云南省环境保护厅、云南生物多样性研究院牵头，数十家专业机构历时数年编制的《云南省生物多样性保护战略与行动计划（2012—2030）》，为云南省未来20年生物多样性保护指明了方向。云南省林业科学研究院院长杨宇明介绍，云南省拥有众多独有和特有的物种，如果这些物种在云南消失，对我国乃至世界来说是巨大的损失。这份全新的保护计划所确定的原则非常明确：科学保护、持续利用，分类指导、有序推进，合理规划、尊重传统，惠益共享、生态补偿，政府主导、公众参与。计划用20年时间，扭转生物多样性急剧丧失的整体趋势，使不同层次的生物多样性得到有效保护；实现区域生态环境、民族文化、社会经济的和谐繁荣，把云南建设成为人与自然和谐发展的“生态省”和“绿色经济强省”，以及中国面向西南开放重要桥头堡的生态示范区，最终成为中国乃至世界生物多样性保护的成功典范。

十九、云南跨境生物多样性保护现状调查与对策研究项目启动②

2015年2月5日，“云南跨境生物多样性保护现状调查与对策研究”项目启动会议在昆明召开。

该项目由云南省省级环境保护专项资金资助，旨在通过对云南省边境地区重要生态系统和重点物种保护现状、跨境生物廊道建设等开展调查和研究，探索开展跨境生物多样性保护的重点区域、内容和合作方式与途径，提出云南省与毗邻的缅甸、老挝、越南

① 昆明市环境保护局：《保护生物多样性建绿色经济强省》，http://sthjj.km.gov.cn/c/2013-05-17/2146810.shtml（2013-05-17）。

② 云南省环境保护厅自然生态保护处：《云南跨境生物多样性保护现状调查与对策研究项目启动》，http://sthjt.yn.gov.cn/zwxx/xxyw/xxywrdjj/201502/t20150211_75215.html（2015-02-11）。

等国开展跨境生物多样性保护的可行性对策，从而推动云南省与周边国家生物多样性保护合作进程。

项目启动会邀请了省内相关专家、学者，对项目总体目标、方法与技术路线、工作计划等进行了讨论，对项目的组织、实施、重点布局等提出了一系列建设性的意见。与会者一致认为，该项目对深化大湄公河次区域环境合作，与周边国家建立“生态睦邻”友好关系，推动“一带一路”倡议具有积极意义。环境保护部环境保护对外合作中心王勇处长，云南省环境保护厅自然生态保护处夏峰处长、对外交流合作处周波处长出席启动会。

本项目由中国环境科学研究院负责实施。

二十、高正文副厅长带队省人大常委会环境与资源保护工作委员会调研组赴西双版纳、普洱专题调研生物多样性保护工作①

2015年8月24—28日，根据云南省人大常委会环境与资源保护工作委员会关于生物多样性保护专题调研工作的安排，由云南省环境保护厅高正文副厅长带队组成的调研组赴西双版纳傣族自治州、普洱市对生物多样性保护工作进行专题调研。

调研组实地察看了西双版纳国家级自然保护区、纳板河流域国家级自然保护区、太阳河省级自然保护区的建设管理、生物多样性保护、生态旅游等情况，听取了西双版纳傣族自治州、普洱市关于生物多样性保护工作汇报及州（市）人大、法制办公室、环境保护局、农业局、林业局、自然保护区管理局等相关单位的意见和建议。通过实地调研和听取汇报，调研组对西双版纳傣族自治州、普洱市在生物多样性工作方面所取得的成绩给予了充分肯定。

调研组认为，此次调研为下一步加强自然保护区建设与管理、加快推进《云南省生物多样性保护条例》立法进程具有重要意义。

二十一、云南省人大常委会环境与资源保护工作委员会调研组赴保山、德宏傣族景颇族自治州专题调研生物多样性保护工作②

2015年9月7—11日，为促进生态环境保护，进一步加强云南省生物多样性保护工

① 云南省环境保护厅自然生态保护处：《高正文副厅长带队省人大环资工委调研组赴西双版纳、普洱专题调研生物多样性保护工作》，http://sthjt.yn.gov.cn/zwxx/xxyw/xxywrdjj/201509/t20150906_92441.html（2015-09-06）。

② 云南省环境保护厅自然生态保护处：《省人大环资工委调研组赴保山、德宏专题调研生物多样性保护工作》，http://sthjt. yn.gov.cn/zwxx/xxyw/xxywrdjj/201509/t20150921_92964.html（2015-09-21）。

作，推动生物多样性保护立法，根据云南省人大常委会2015年监督工作计划，由云南省人大常委会环境与资源保护工作委员会王建华副主任带队组成的调研组赴保山市和德宏傣族景颇族自治州，对生物多样性保护工作、自然保护区建设与管理情况进行专题调研。

调研组实地察看了高黎贡山国家级自然保护区、黑河老坡省级自然保护区、铜壁关省级自然保护区、瑞丽珍稀植物园、德宏傣族景颇族自治州野生动物收容所的建设管理及生物多样性保护与利用情况，听取了保山市、德宏傣族景颇族自治州傣族景颇族自治州关于生物多样性保护工作汇报及市（州）人大、法制办公室、环境保护局、林业局、自然保护区管理局等相关单位的意见和建议。通过实地调研和听取汇报，调研组对保山市、德宏傣族景颇族自治州在生物多样性保护工作方面所取得的成绩给予了充分肯定，并对自然保护区、植物园等进一步建设与管理提出了意见和建议。通过调研对进一步加强生物多样性保护、自然保护区建设和管理工作，促进生物多样性保护立法起到了积极的推动作用。

第二节　自然保护区建设与管理史料

一、寻甸建黑颈鹤自然保护区①

2011年3月，昆明市政府第四次常务会审议通过了《寻甸黑颈鹤市级自然保护总体规划》，根据《寻甸黑颈鹤市级自然保护总体规划》，寻甸县建立黑颈鹤市级自然保护区的相关工作开始启动。

寻甸县人民政府十分重视黑颈鹤栖息地保护工作，多年来在县财政十分困难的情况下，仍然投入保护经费为在该县境内越冬的黑颈鹤创造良好的栖息环境。2010年，寻甸县委托国家林业局昆明勘察设计院制作了和黑颈鹤科学考察报告。报告确定，拟建设的寻甸境内黑颈鹤自然保护区为野生动物类型，保护区辖3个乡镇、14个自然村，居住人口4863人。保护区总面积10.8万亩，核心区面积2165.52亩，季节性核心区面积（2）3万亩，实验区面积6.3万亩，土地、林地权属为集体所有。

在《寻甸黑颈鹤市级自然保护总体规划》于同期编制完成后，2011年初由昆明市

① 昆明市环境保护局：《寻甸建黑颈鹤自然保护区》，http://sthjj.km.gov.cn/c/2011-03-17/2147248.shtml（2011-03-17）。

林业局组织专家和相关部门进行了评审，并获得专家组一致通过。《寻甸黑颈鹤市级自然保护总体规划》经昆明市政府批准后，在寻甸建立黑颈鹤市级自然保护区的相关工作将全面展开。

二、轿子雪山成国家级自然保护区①

2011年6月，国务院审定昆明轿子雪山风景区等16处景区、景点为国家级自然保护区。

昆明轿子雪山风景区等国家级自然保护区，主要保护对象的典型性、稀有性、濒危性、代表性较强，在保护生物多样性和生物资源、维持生态系统良性循环等方面具有重要作用。国务院要求相关地区和部门切实加强对自然保护区工作的领导、协调和监督，妥善处理好自然保护区管理与当地经济建设、居民生产生活的关系，确保各项管理措施得到落实，不断提高国家级自然保护区建设和管理水平。

昆明轿子山旅游开发区管理委员下一步将加快完善旅游接待设施，实施“一中心、三基地、五景区”的旅游规划，力争在2011年内完成旅游服务业固定资产投资5300万元，收储旅游土地 500 亩。鼓励省内外知名旅行社到倘甸设立分支机构，积极拓展市场，确保2011年内实现旅游服务业总收入达1000万元，努力将轿子雪山建成集多种功能于一体的综合性国家级自然保护区。

三、云南建成162个自然保护区②

2011 年 12 月，据云南省环境保护厅、林业厅宣布，经过多年努力，云南省基本形成了政府主导、科技支撑、企业支持、社会参与，抢占生物多样性保护制高点的格局。

云南省环境保护部门在生物多样性保护方面取得积极成效，完成了一系列保护规划和技术支撑文件。实施了“云南省生物多样性评价指标体系试点及物种资源调查”项目；在全国首次以县域为单位对全省生物多样性进行评价；在滇西北18个县开展了生物物种资源重点调查；完成了全球环境基金、亚洲银行援助的一批项目；西双版纳傣族自治州、德宏傣族景颇族自治州、保山市、普洱市、临沧市、迪庆藏族自治州建成生物多样性保护教育基地，并免费向社会开放；西双版纳傣族自治州编制完成《热带雨林保护规划纲要规划》，州财政每年安排 200 万元用于保护工作，并建立了州级热带雨林保护基金；近 6

① 昆明市环境保护局：《轿子雪山成国家级自然保护区》，http://sthjj.km.gov.cn/c/2011-06-28/2146483.shtml（2011-06-28）。
② 昆明市环境保护局：《云南建成162个自然保护区》，http://sthjj.km.gov.cn/c/2011-12-27/2146450.shtml（2011-12-27）。

年，全省累计投入滇西北生物多样性保护的资金近70亿元，开展了形式多样、丰富多彩的国际生物多样性年宣传活动，出版了生态画册等。

四、绿春黄连山自然保护区范围调整①

2012年4月，国务院正式同意调整红河哈尼族彝族自治州绿春县黄连山国家级自然保护区区划范围。

据悉，1983 年，经云南省人民政府批准，该保护区成为省级自然保护区。到 2005 年，国家林业局划定，该保护区总面积为 65058 公顷，保护区内及周边生活着绿春县 8 个乡镇 28 个村委会近 5 万各族群众。2006 年，绿春县开始申请黄连山保护区面积和功能区划调整。2008 年，调整方案获省级和国家有关部门审查通过，并在国家环境保护网上进行公示。2009年，调整方案及相关资料经环境保护部上报国务院审批。历经7年申请论证，该保护区正式获得国务院调整审批。

黄连山自然保护区位于红河哈尼族彝族自治州绿春县中南部，是北回归线上保存最完整的原始森林群落之一，森林覆盖率达 75.3%，保护区范围内生长着多种珍稀动植物，被誉为“中国滇南生物基因库”。

五、“乌蒙山”兼并5大保护区②

2012年4月，经云南省人民政府批复同意，云南三江口、海子坪和朝天马3个省级自然保护区及昭通小岩坊、罗汉坝 2 个市级自然保护区调整合并为云南乌蒙山省级自然保护区。

由上述 5 个自然保护区调整合并成的乌蒙山省级自然保护区总面积为 26 186.65 公顷。其中，核心区面积10 491.46公顷、缓冲区面积4434.77公顷、试验区面积11 260.42公顷。

此前，云南省林业厅委托云南省林业调查规划院开展的云南省自然保护区森林生态系统服务功能价值评估结果显示，纳入评估的国家级、省级自然保护区在2010年提供的森林生态系统服务功能价值达 2009.02 亿元，相当于云南省 2010 年地区生产总值的27.8%。

按照2011年云南省人民政府出台的《关于进一步加强自然保护区建设和管理的意

---

① 昆明市环境保护局：《绿春黄连山自然保护区范围调整》，http://sthjj.km.gov.cn/c/2012-04-11/2146651.shtml（2012-04-11）。

② 昆明市环境保护局：《“乌蒙山”兼并5大保护区》，http://sthjj.km.gov.cn/c/2012-04-20/2146695.shtml（2012-04-20）。

见》，经过 5—10 年的努力，使典型生态系统、珍稀濒危特有野生动植物和重要生态景观得到有效保护。

“十一五”期间，云南省累计投入滇西北生物多样性保护的资金已超过 60 亿元，在全国率先实施了国家公园试点建设，先后批准实施 5 个国家公园试点建设；同时，在全国率先启动极小种群物种保护，有效推动了全国极小种群物种保护计划的启动；在全国率先启动自然保护区生物多样性影响评价制度、自然保护区管理评估和生态服务功能研究。新增了 2 个国家级自然保护区和 2 个国家湿地公园，有效促进了生物多样性保护。

六、寻甸加快建设黑颈鹤省级自然保护区①

2012 年，寻甸加快建设黑颈鹤省级自然保护区。寻甸黑颈鹤自然保护区是昆明市唯一能看到黑颈鹤这一国家一级重点保护野生动物的地区。据悉，2011 年到寻甸越冬的黑颈鹤数量达到 200 只。

自 2011 年寻甸县在六哨乡横河村委会建立黑颈鹤市级自然保护区以来，已控制规划保护区总面积 7217.3 公顷。一年来，该县不断加大资金投入和保护力度，退耕还草、围水还泽同步推进，草甸生态正逐步恢复。至 2012 年上半年，该县建立了自然保护区规章制度，在保护区建设了护鹤房，安排专人负责草甸管护和守护黑颈鹤。在 2011 年 10 月底至 2012 年开春之前，安排专项资金购买食物，并安排专人负责投食。同时各相关部门加大力度，认真宣传有关野生动物保护的法律法规、天然林保护法规政策。

2012 年，寻甸县在保护区中选择一块湿地进行试验性恢复。同时在试验性湿地旁种植土豆、荞子等农作物以保证黑颈鹤的食物供给。2012 年上半年，寻甸县紧紧围绕打造山水生态宜居新城战略，大力发展生态旅游、温泉旅游、红色旅游三大旅游产业，努力把寻甸县六哨乡建设成“鹤谐之乡”，争取早日通过省级专家评审，升级为省级自然保护区。

七、轿子山国家级自然保护区管理局揭牌②

2013 年 5 月，轿子山国家级自然保护区管理局揭牌，标志着轿子山的保护进入专业

① 昆明市环境保护局：《寻甸加快建设黑颈鹤省级自然保护区》，http://sthjj.km.gov.cn/c/2012-06-04/2147223.shtml（2012-06-04）。

② 昆明市环境保护局：《轿子山国家级自然保护区管理局揭牌》，http://sthjj.km.gov.cn/c/2013-05-22/2146807.shtml（2013-05-22）。

化、规范化和制度化的新阶段。

轿子山国家级自然保护区在昆明北部禄劝县与东川区交界处，是距离昆明最近的自然保护区之一。保护区具有典型性、多样性、稀有性和自然性等特点，是云贵高原上垂直带谱最典型、最完整的山地，是我国东部地区残留有典型第四纪冰川遗迹的少数山地之一。

因此，轿子山国家级自然保护区管理局的揭牌，标志着轿子山的保护进入专业化、规范化和制度化的新阶段。但这仅仅是保护的一个开始，更关键的是下阶段的具体行动。要正确处理好保护与开发的关系，使其相得益彰，增强保护区的造血功能。

八、云南省自然保护区建设转向质量型发展①

2014年7月，云南省林业厅公布了云南省2013年自然保护区年报。截至2013年12月底，云南省已建各种类型、不同级别的自然保护区157个，位居全国自然保护区数量第6位，基本形成了布局较为合理、类型较为齐全的自然保护区网络体系。

与2012年比较，云南省自然保护区总数由2012年底的156个增加到157个。其中，国家级自然保护区由19个增加到20个，省级保护区保持38个不变，州（市）级自然保护区由57个减少到56个，县级自然保护区由42个增加到43个。自然保护区数量改变主要是因为乌蒙山省级自然保护区晋升成为国家级自然保护区，寻甸黑颈鹤市级自然保护区晋升成为省级自然保护区，增加了曲靖潇湘谷原始森林生态自然保护区（县级）。

自2011年以来，云南省自然保护区数量、面积保持稳定，基本实现自然保护区建设从重数量向重质量转变。通过整合保护区管理质量提升取得明显成效，7个省级自然保护区晋升为4个国家级自然保护区，国家级自然保护区建设和管理水平大幅提升，基本实现规范化管理。此外，自然保护区规范化建设管理标准编制也取得阶段性成果。

九、专家为黑颈鹤保护区“开药方”②

2015年9月，为做好寻甸黑颈鹤省级自然保护区的保护工作，寻甸县林业局邀请昆明市林业局组织中国科学院昆明动物研究所、云南大学的专家进行现场考察，各位专家针对保护区存在的问题，开出“药方”。

---

① 昆明市环境保护局：《云南省自然保护区建设转向质量型发展》，http://sthjj.km.gov.cn/c/2014-07-23/2146949. shtml（2014-07-23）。

② 昆明市环境保护局：《专家为黑颈鹤保护区“开药方”》，http://sthjj.km.gov.cn/c/2015-09-30/2147526.shtml（2015-09-30）。

在现场考察后，专家对保护区提出建议，希望尽快做好湿地生境的恢复工作。在保护区内将已有的沟渠根据地形和地势进行填沟工作，提高湿地的水位，逐步恢复亮水区和沼泽化草甸湿地，增加湿地面积，改善和恢复黑颈鹤栖息环境。加强黑颈鹤种群数量和分布监测，明确重点保护管理区，加强保护管理工作。在湿地开展监测工作，建立对照保护样地，以发现湿地植物和植被的变化和演替规律，为湿地保护提供技术支撑。

十、云南省第五届省级自然保护区评审委员会成立大会在昆明召开①

2016年4月7日，云南省第五届省级自然保护区评审委员会（以下简称“评审委员会”）成立大会在昆明召开。来自云南省发展和改革委员会、财政厅、环境保护厅、农业厅、林业厅、旅游发展委员会，中国科学院昆明植物研究所，中国科学院昆明动物研究所，中国科学院西双版纳热带植物园，云南大学，云南师范大学，云南农业大学，云南省林业调查规划院，云南省渔业研究院等单位的20位委员出席了会议。

第五届省级自然保护区评审委员会是经云南省人民政府批准建立的跨部门、跨学科的专业审查机构，主要任务是为云南省晋升、建立和调整省级、国家级自然保护区提出决策建议。评审委员会由管理部门委员和专家委员共31人组成，其中主任委员1名、副主任委员1名、委员29名，任期5年。评审委员会下设办公室在环境保护厅。评审委员会的成立，有利于云南省自然保护区建设和管理工作进一步规范化、制度化，意义重大。

云南省环境保护厅副厅长、评审委员会主任委员高正文主持成立大会。

会上，高正文宣读了云南省第五届省级自然保护区评审委员会委员名单，并与云南省林业厅副厅长、副主任委员万勇一同为到会的委员颁发聘书。

云南省环境保护厅自然生态保护处处长、评审委员会委员夏峰汇报了第四届省级自然保护区评审委员会开展的工作以及存在的困难和问题，并对今后要做的主要工作提出了建议。

委员们就如何做好云南省自然保护区评审委员会的工作积极献言献策，纷纷表示将以客观、科学、公正的态度，严格把关、认真履职，保护好云南省的生态环境和自然资源，积极推动云南省自然保护区的健康发展。同时，委员们还对云南省省级自然保护区评审委员会的相关工作制度的修订进行了讨论并提出了修改意见。

---

① 云南省环境保护厅自然生态保护处：《云南省第五届省级自然保护区评审委员会成立大会在昆明召开》，http://sthjt.yn.gov.cn/zwxx/xxyw/xxywrdjj/201604/t20160411_151527.html（2016-04-11）。

结合自身近年来对自然保护区管理工作的实际，万勇认为，当前国家和社会对生态环境保护的关注度越来越高，云南作为生态大省，这既是发展机遇，又是保护工作的发展动力。万勇建议，今后要争取更多的资金投入，把扶贫工作和生态环境保护有机结合起来，实现两者的良性互动，让各级政府积极支持自然保护区工作，促进自然保护区事业发展。

高正文做了总结讲话。他指出，自然保护区发展是生态文明建设的重要组成部分，把握了生态文明体制改革的发展方向也就把握了自然保护区的发展方向，要认真学习和深刻领会党和国家关于生态文明建设的理论思想、顶层设计和制度措施，采取有效措施做好自然保护区建设和管理的各项工作。就做好本届评委会工作，他提几点希望和要求：一要继续重点推进国家级、省级自然保护区发展。二要严格自然保护区范围和功能区调整。三要严格自然保护区的评审纪律。四要加强监督、指导、服务。

第三节　森林环境保护史料

一、云南森林植物监测预警机制不断完善①

2009年2月，云南省林业厅宣布，全省在形成森林植物监测网的基础上，各类森林监测预警机制正不断完善，仅2008年就发布灾害预警预报800多次，在防灾、减灾中发挥了重要作用。

据了解，至2009年年初，云南省已经实现了森林监测数据的传输自动化，并且初步形成了省、州、县、乡、村五级监测网络，林业有害生物预测预报办法也得到了完善。

在各项机制运转良好的基础上，来自云南省林业有害生物防治检疫局的数据表明，2008年云南省共发布灾害预警预报800多次，准确率达到93.7%，为林业有害生物灾害的防控提供了准确的预报。

在此过程中，各地还不断完善森林监测预警机制，如保山市腾冲县（今腾冲市，下同）通过划分林业有害生物监测责任区，与所辖的乡镇林业站、保护区管理所和国有林场签订监测责任书，与乡镇站（所）和村级监测员签订监测合同，把监测责任具体落实到护林人员身上，并按年度进行工作考核，探索出了一条专群结合、以奖代

---

① 昆明市环境保护局：《云南森林植物监测预警机制不断完善》，http://sthjj.km.gov.cn/c/2009-02-12/2147360.shtml（2009-02-12）。

补、监测覆盖面广的监测预警新思路。

二、晋宁县环境保护局积极组织干部职工扑救森林火灾①

2009 年 2 月 2 日中午，晋宁县昆阳镇三家村西大竹箐水库附近发生特大森林火灾，火场过火面积近 2000 余亩。晋宁县委、县人民政府高度重视，县主要领导亲临火灾现场指挥，及时组织森林消防及相关部门积极展开扑救工作。晋宁县环境保护局 2 月 3 日接到通知后，及时组织干部职工 10 人于当天上午 8 时赶赴火场，服从现场指挥的安排，配合火场森林消防官兵积极投入到余火清理及防范工作中，及时的消除了火场的安全隐患，10 余名扑火人员不畏艰险，坚守火场近 15 小时，协同森林消防官兵及其他各部门及时排除火灾隐患，为整个灭火工作争取了时间，及时高效的扑灭了这起森林火灾。

三、"森林昆明"提上建设日程昆明将考核"绿色 GDP"②

2009 年 12 月 9 日下午，昆明市委林业工作会议明确要加快林业改革发展，推进"森林昆明"建设。

会议认为加快林业改革发展具有重大意义，森林是"地球之肺"，湿地是"地球之肾"，生物多样性是地球的"免疫系统"，只有不断"强肾润肺"、增强"免疫功能"，才能保障地球的"健康"，维护好我们共同的家园。

昆明市相关领导要求，要以林业改革发展推动"森林昆明"建设。深化集体林权制度改革，激发林业发展活力。加快林业产业体系建设，推进林业产业转型升级。加快支持保护机制建设，优化林业改革发展环境。加快森林生态系统建设，全面提升森林生态环境。使昆明的山更绿、水更清、天更蓝、空气更清新、人民生活更美好。

最后，昆明市委副书记、市长张祖林要求，坚持现代林业发展道路，全面推进"森林昆明"建设。重点抓好加快林业生态建设步伐、推进发展方式转型升级、深化集体林权制度改革、加强森林资源管理保护四个方面工作，强化生态文明宣传教育，促进人与自然和谐相处。

据了解，截至 2009 年 12 月，昆明市森林覆盖率达 45.05%，活立木蓄积量超过 4000 万立方米，现有林地 90.46 万公顷，森林资源持续增长，生态环境显著改善，物种保护

---

① 昆明市环境保护局：《晋宁县环境保护局积极组织干部职工扑救森林火灾》，http://sthjt.yn.gov.cn/zwxx/xxyw/xxywzsdt/200902/t20090223_26855.html（2009-02-23）。

② 罗南疆：《"森林昆明"提上建设日程 昆明将考核"绿色 GDP"》，http://sthjt.yn.gov.cn/zwxx/xxyw/xxywrdjj/200912/t20091210_7363.html（2009-12-10）。

明显加强，林业产业加快发展，集体林权制度主体改革基本完成、配套改革稳步推进。

四、云南德宏傣族景颇族自治州 17.14 万亩森林“得病” 生态环境告急①

2010 年 7 月，德宏傣族景颇族自治州林业科学研究所、林业有害生物防治检疫局、林业局野生动植物保护办公室联合对全州公益林有害生物分布情况、危害程度开展了调查。调查显示：全州约 17.14 万亩公益林受有害生物“虐杀”，生态环境告急。

据悉，德宏傣族景颇族自治州共有公益林 357.12 万亩，本次调查涉及梁河、盈江、陇川、瑞丽等地。通过为期二个月的调查，结果显示全州约 17.14 万亩公益林受有害生物“虐杀”，其中包括薇甘菊、紫茎泽兰和其他有害生物。薇甘菊是出名的“植物杀手”，是危害性极强的国际性害草；紫茎泽兰，不仅侵占农田、林地，与农作物和林木争水、肥、阳光和空间，还能使人头晕、发痒、手脚溃烂。据介绍，在受害的 17.14 万亩公益林中，轻度、中度危害面积最多，重度危害面积较小。其中，中度危害分布在瑞丽、陇川、盈江；重度危害分布在盈江、瑞丽。

德宏傣族景颇族自治州的情况并非个案。据了解，2009 年云南省林业有害生物发生面积 496.69 万亩，其中病害 52.23 万亩，虫害 442.73 万亩，鼠害 1.73 万亩。

五、4000 株树木添绿昆明市松华坝②

2011 年 7 月，云南省、市党政军领导和部分省直机关干部共 150 多人来到盘龙区松华街道办事处小河村，在水源保护区种下杨善洲纪念林，共种植常绿及落叶乔木 4200 株，用实际行动践行杨善洲精神。

松华坝水库是昆明重要的饮用水水源地，日供水量 45 万立方米，占昆明市城市供水量的 50%以上，也是滇池水体交换的重要水源。昆明市林业局相关负责人表示，在水源保护区建设杨善洲纪念林，对于宣传和弘扬“杨善洲精神，建设森林云南”，推进云南省生态文明建设具有引领和示范带动作用。

截至 2011 年 6 月，各县市、区和 5 个开发（度假）园区都抓住植树造林的黄金时段，开展不同形式的植树活动，并加大绿化造林力度，努力践行“绿化和生态是城市的

---

① 昆明市环境保护局：《云南德宏 17.14 万亩森林“得病” 生态环境告急》，http://sthjj.km.gov.cn/c/2010-07-28/2147262.shtml（2010-07-28）。

② 昆明市环境保护局：《4000 株树木添绿松华坝》，http://sthjj.km.gov.cn/c/2011-07-11/2146506.shtml（2011-07-11）。

第一形象、第一环境、第一基础建设、第一景观要素”的理念。截至 2011 年 6 月 30 日，全市已完成义务植树 917.47 万株，完成 2011 年计划 1120 万株的 81.92%。

六、西山企业与地方政府携手建生态植被①

2011 年 6 月 27 日，昆明市西山区海口街道办事处与云南磷化集团有限公司下属的尖山磷矿有限公司共同携手，在开采废弃的荒山上开展植树造林活动，还大地一片新绿。

据海口街道办事处相关负责人介绍，云南磷化集团有限公司始终遵循“保护中开展，开发中保护”方针，做到环境保护与矿山建设发展同步进行，逐步建立和完善生态恢复和保护长效机制。2004—2011 年，尖山磷矿有限公司全面实施矿山土地复垦、生态环境保护工程，至今已累计投入复垦植被资金 1.4 亿元，植树造林 1.4 万多亩，植草近 8000 亩，土地复垦植被率达到 94.46%。促使采矿废弃地的地质环境得到有效恢复和治理，在矿山土地复垦植被区内形成了一定规模的生态林和经济林。

2011 年年内，尖山磷矿有限公司计划投入 1160 万元，恢复植被 1100 亩，建成昆明市乃至云南省的矿山绿化亮点工程。

七、西山区“创森”加快绿地建设②

截至 2011 年 7 月 11 日，为打造“人在城中走，似在林中游”的城市景观，昆明市西山区加快绿地建设，已完成绿地建设 131.14 公顷。

据西山区政府相关负责人介绍，全区已新种乔木 17.97 万株，攀缘植物 23.53 万株，同时还新建了 8.2 公顷苗木基地，完成了 1 个屋顶绿化建设。到 2011 年年底，全区将种植乔木 15 万株，攀缘植物 9 万株，新建苗木基地 24 公顷，力争尽快展现森林城市的美景。

八、乌龙河沿岸增绿 4 万平方米③

2011 年 7 月 21 日，经过综合整治，乌龙河两岸新增了 4 万平方米绿化带，为在河

① 昆明市环境保护局：《西山企地携手建生态植被》，http://sthjj.km.gov.cn/c/2011-07-11/2146522.shtml（2011-07-11）。
② 昆明市环境保护局：《西山区“创森”加快绿地建设》，http://sthjj.km.gov.cn/c/2011-07-20/2146524.shtml（2011-07-20）。
③ 昆明市环境保护局：《乌龙河沿岸增绿 4 万平米》，http://sthjj.km.gov.cn/c/2011-07-21/2146502.shtml（2011-07-21）。

道周边的居民增添了一道靓丽的风景线。

家住西南建材市场附近的杨云华一大早就来到乌龙河沿岸锻炼身体，在河道沿岸的小径上慢跑，呈现在他眼前的乌龙河不再是过去的那个又黑又臭、垃圾漂浮，甚至还有死鸡死猪的景象，取而代之的是柳绿花艳、水草丰茂、波光潋滟的景色。

乌龙河全长 3.68 千米，其起点是昆明医学院，经白马小区、西南建材市场、明波街道办事处，终点是明家地（明波村）草海入湖口。自 2008 年以来，相关部门通过堵口查源、拆临拆违、截污导流、河道清淤、中水回补、绿化河岸等各项措施，共封堵排污口 27 个，铺设截污管 0.3 千米，两岸拆迁 1.2 万平方米，道路通达 3.4 千米，畜禽禁养 63 500 头（只），河道两侧 4 千米的沿岸共种植各种绿化植物约 4 万平方米，湿地建设 18 亩，清淤清障 2.3 万立方米。经过整治，乌龙河的河水正在变清，两岸正在变绿变美。

谈及乌龙河的变化，杨云华说："记得小时候我们常常到乌龙河河里游泳，可后来河水变脏了、变臭了。我们也很少游玩了，现在终于看到乌龙河又开始恢复往日的清澈了。"如今，乌龙河沿岸已经成为附近居民休闲的好去处。

九、云南省天然林保护二期工程明确建设目标①

2011 年 7 月，云南省天然林资源保护工作会议明确指出，云南省天然林保护工程二期将概算投资 144 亿元，管护森林面积 1.5 亿多亩。

按照国家的统一部署，云南省天然林保护二期工程将把培育森林资源、保护生态环境作为转变林区发展方式的着力点，以巩固天然林保护工程一期建设成果为基础，以保护和培育天然林资源为核心，以"兴林富民"为目标，以保障和改善民生为宗旨，以调整完善政策为保障，努力实现资源增长、质量提升、生态良好、产业发达、民生改善、林区和谐，服务保障桥头堡和"森林云南"建设。天然林保护二期工程计划用 10 年时间在 12 个州市的 72 个县（市、区）及普洱市的 3 个重点森工企业实施，规划概算投资 144 亿元，将管护森林面积 1.5 亿多亩，完成国有中幼林抚育 1370 万亩、公益林建设 2000 万亩，安置森工企业、国有林场 1.2 万名职工就业，为林区农民提供 2 万个以上森林管护岗位，新增森林面积 1000 万亩，净增森林蓄积 1.7 亿立方米，工程区森林覆盖率提高到 67%以上，力争工程区林业总产值超过 1000 亿元，确保林农从林业中获得的人均收入达到 4000 元以上。

自 2011 年以来，云南省以天然林保护、退耕还林、防护林建设、石漠化治理等林

① 昆明市环境保护局：《我省天然林保护二期工程明确建设目标》，http://sthjj.km.gov.cn/c/2011-07-27/2146470. shtml（2011-07-27）。

业重点工程为抓手，取得明显成效。据初步统计，全省2011年上半年完成营造林面积470.77万亩，完成全年任务的72%。其中，木本油料基地250万亩，实施跨年度退耕还林任务47.7万亩。

十、安宁车木河水库完成4500亩中低产林改造①

自2011年以来，安宁市已在车木河水库径流区实施中低产林改造4500亩。

中低产林是指因长期不合理采伐、过度砍柴及过去培育中树种选择等因素，导致树木林相残破、功能下降、长势衰退的林木。大量中低产林的存在，将导致林地产出率低，森林生态功能和经济生产能力不高，森林正常的生产能力、再生能力、环境与生物多样性功能均会受到影响。按照生态立市、建设"森林昆明"的要求，安宁市投资40余万元，在车木河水库径流区内建设中低产林改造示范基地，现已完成4500亩。这次中低产林改造主要树种为云南松、华山松、旱冬瓜等。抚育方式为割灌、除草、修枝、松土、施肥。

十一、牛栏江镇半年植树30余万株②

2011年上半年，嵩明县牛栏江镇植树30余万株。牛栏江镇结合牛栏江环境综合整治工作，全力抓好生态建设。牛栏江镇在推进"森林嵩明"行动过程中与县级部分单位联合、联资、联手，以建设"巾帼林""组工林""共青林""经济林"为主要方式，完成义务植树22.68万株，建绿透绿补绿10.9万株，新增300亩苗木基地，年生产苗木200万株，极大地改善了全镇的生态环境。

十二、寻甸县种树添绿牛栏江③

2011年8月中上旬，寻甸县抓住阴雨天气，组织县直机关领导及七星镇党员干部200余人，在牛栏江沿岸的桥头村种植柳树5000棵，为"一湖两江"治理再添绿色保护屏障。

---

① 昆明市环境保护局：《安宁车木河水库完成4500亩中低产林改造》，http://sthjj.km.gov.cn/c/2011-07-28/2146 465.shtml（2011-07-28）。

② 昆明市环境保护局：《牛栏江镇半年植树30余万株》，http://sthjj.km.gov.cn/c/2011-07-28/2146474.shtml（2011-07-28）。

③ 昆明市环境保护局：《寻甸县种树添绿牛栏江》，http://sthjj.km.gov.cn/c/2011-08-18/2146655.shtml（2011-08-18）。

寻甸县是“牛栏江—滇池补水”和“引水济昆”工程重点县，牛栏江在全县境内长87千米，涉及仁德、羊街、七星、河口四个镇（街道办事处）、53个村（居委会）、135个自然村。自2011年以来，该县大兴植树造林活动，在清水海、牛栏江流域大力开展“党员林”“机关林”“民兵林”“善洲林”等多种形式植树造林活动。同时，该县以创建国家级生态乡镇为契机，在牛栏江沿岸的七星、仁德等镇（街道办事处）大力推行生态村创建工作。

十三、昆明市盘龙区水源区“万亩森林”植树活动启动[①]

2011年8月31日，昆明市盘龙区在双龙街道办事处北大村后山荒坡上开展了植树活动，省市领导和盘龙区250余名志愿者、干部群众一起为水源区添上新绿。这标志着“万亩森林”义务植树基地落户盘龙松华坝水源区，成为践行“学习杨善洲绿化彩云南”的实际行动。

在北大村后山荒坡上，志愿者和干部群众一起挥锹培土，扶苗浇水，荒坡顿时立起许多株石楠树，变得生机勃勃。盘龙区负责人吴涛指出，松华坝水源区是春城人民赖以生存和经济社会可持续发展的重要水源地。做好水源区森林生态建设及保护工作，充分发挥森林植被涵养水源、固土保水、防治水体污染作用，是贯彻落实科学发展观，建设“森林昆明”的重要举措，也是创先争优活动的具体实践。因此，结合学习、传承杨善洲精神，开展义务植树活动，以实际行动建设水源区“万亩森林”，是盘龙区生态建设的一件大事。

在“万亩森林”义务植树基地建设启动后，盘龙区将在2011年内完成2000亩的种植任务，以后每年种植2000亩，到2015年全部建设完成。

十四、2011年1月至9月昆明退耕还林23 658亩[②]

2011年9月5日，昆明市退耕还林办公室公布了全市饮用水源区非法定责任田及承包地退耕还林工作进展情况。2011年1—9月，昆明市已实施完成退耕还林和雨季造林面积23 658.43亩，占总上报面积的44.79%。

之前由于管理缺位、失位，水源保护区内仍有乱倒垃圾、随意排污，群众放牧、种

---

① 昆明市环境保护局：《水源区“万亩森林”植树活动启动》，http://sthjj.km.gov.cn/c/2011-08-31/2146620.shtml（2011-08-31）。

② 昆明市环境保护局：《今年1月至9月昆明退耕还林23658亩》，http://sthjj.km.gov.cn/c/2011-09-08/2146659. shtml（2011-09-08）。

植及其他污染水质的行为发生，昆明主要饮用水源水质没有得到明显提升。为加强全市饮用水水源地的生态保护和监督管理，昆明市拟在 2011 年 12 月底前全面完成全市饮用水水源地非法定责任田和承包地的退耕还林任务，对饮用水源区内法定承包地、责任田以外开垦的土地一律实行退耕还林。昆明市各县（市）、区上报饮用水水源地非法定责任田和承包地面积共计 52 821.85 亩，涉及农户 29 653 户。

截至2011年9月，昆明市雨季造林任务的已全部完成。此外，由于大部分县区设计树种为核桃，属于冬季造林，故需到 12 月底才能完成造林任务。现在富民县、安宁市、东川区、阳宗海风景名胜区已完成任务。完成任务过半的县（区）为嵩明县、晋宁县、宜良县、西山区、寻甸县、盘龙区、石林县。因规划为冬季造林，任务未过半的县区为官渡区、禄劝县等。另外，无任务的县区为五华区、呈贡县（今呈贡区，下同）、高新技术产业开发区、滇池国家旅游度假区和经济技术开发区。

下一步，昆明市林业局将组织督查组，继续对全市饮用水源区非法定责任田及承包地退耕还林工作进展进行督查，确保完成 2011 年退耕还林目标任务。

十五、富民县查处 94 起毁坏林地案件①

2011 年上半年，富民县共查处各类毁坏林地案件 94 起。一直以来，富民县通过组织开展专项行动，大力推进林区综合治理等措施，有效保护了辖区的森林资源。2011 年上半年，富民县查处林业行政案件 83 起，查处林业刑事案件 11 起，1 人被依法逮捕，95 人受到处罚。

在上述查处的案件中，非法占用林地的案件最多。针对这一情况，富民县将加大摸底调查，以求全面掌握辖区内非法占用林地的情况，依法查处违法占用林地案件，规范林地审核审批程序，遏制乱征滥占、未批先用、少批多占林地的违法违规行为，提高林地保护管理执法水平，强化林地执法力度，使林地资源得到有效管理。

十六、东川今年“创森”绿化 61 356 亩②

2011 年，昆明市东川区主要交通沿线面山荒山绿化任务是 43 285.5 亩，实际完成 61 356 亩，任务完成率为 141.75%，合格面积 50 226.4 亩，合格率为 81.86%。

2011 年，东川区城市建成绿化面积任务是 345 亩，实际完成 345 亩，完成率为

① 昆明市环境保护局：《富民查处 94 起毁坏林地案件》，http://sthjj.km.gov.cn/c/2011-09-22/2146513.shtml（2011-09-22）。
② 昆明市环境保护局：《东川今年“创森”绿化 61356 亩》，http://sthjj.km.gov.cn/c/2011-12-15/2146604.shtml（2011-12-15）。

100%，成活率 95%。各镇所在地建成绿化面积任务是 331.35 亩，实际完成 359.35 亩，完成率为 108.45%，成活率 80%。自然村绿化任务是 3073 亩，实际完成 3115 亩，完成率为 101.37%，成活率 93%。道路绿化任务是 416.32 千米，实际完成 449.32 千米，完成率为 107.93%，成活率 68%。河道绿化任务是 39.84 千米，实际完成 44.84 千米，完成率为 112.55%，成活率 85%。义务植树 75.6 万株，完成 231 万株，完成率为 305.6%。

在完成上面目标任务的同时，东川区还结合城乡绿化一体化建设和开展义务植树活动，整合社会力量参与植树造林 40 744.2 亩，安排造林补贴试点项目 10 000 亩。

十七、东川 2011 年植树造林 5 万亩[①]

2011 年，东川区林业局对自主参与造林的林权所有者实施造林补贴政策，按照平均每亩补助300元的标准进行补助，同时倡导企业加入造林队伍。数百农户和40多家企业相继加入造林队伍，共造林 5 万亩。

这一造林补贴政策的实施，大大提高了社会力量参与造林的积极性。通过实施退耕还林、天然林保护、封山育林和城乡绿化等重点林业生态工程，东川区在森林覆盖率和林木绿化率实现双增长的同时，也大大改善了全区的生态环境。

十八、预计到 2014 年富民新增森林 15.65 万亩[②]

2012 年 7 月初，富民县召开石漠化综合治理工作推进会。会上，富民县委、县人民政府要求各级部门切实推进石漠化综合治理工作，坚持以水土流失综合治理为核心，以提高水土资源的永续利用率为目的，把石漠化治理与退耕还林、水土保持、人畜饮水、扶贫开发等生态工程有机地结合起来，最终达到经济效益、社会效益和生态效益的有机结合。

经过前期调查，富民县共有岩溶面积 524.2 平方千米，石漠化面积 67.1 平方千米。根据《富民县 2012—2014 年岩溶地区石漠化综合治理工程实施方案》，在这三年内，富民计划对 150 平方千米的岩溶和 25.4 平方千米的石漠化区域进行整治，以确保辖区石漠化综合治理取得实效。

利用三年的时间，富民县将采取林草植被保护与建设、水资源开发利用、草食畜牧

① 昆明市环境保护局：《东川今年植树造林 5 万亩》，http://sthjj.km.gov.cn/c/2011-12-27/2146494.shtml（2011-12-17）。

② 昆明市环境保护局：《预计到 2014 年富民新增森林 15.65 万亩》，http://sthjj.km.gov.cn/c/2012-07-05/2146681.shtml（2012-07-05）。

业发展等措施，实施封山育林6000公顷，人工造林2933.3公顷，修建沟渠15.2千米，小水窖150口，拦沙坝14座，谷坊10座，50立方米蓄水池97口，机耕路7.5千米，水浇地输水管7.5千米，食草型动物棚圈8100平方米，青贮窖2800立方米。

预计这些项目建成后，富民县新增森林面积15.65万亩，使治理区的森林覆盖率由原来的55.1%提高到56.7%，生态效益、经济效益、社会效益都将得到极大提高。

十九、嵩明牛栏江镇大力开展退耕还林①

2012年，嵩明县牛栏江镇规划了3000亩退耕还林面积。截至2012年7月19日，牛栏江镇完成2012年退耕还林土地丈量500余亩，工程顺利进行。

近几年，中央财政对农户的直补政策已深得人心，粮食和生活费补助已成为退耕农户收入的重要组成部分，退耕农户生活得到改善。通过政策宣传，鼓励农户将现有的二十五度以上坡耕地、低产地用于退耕还林。

退耕还林工程的实施，将加快牛栏江镇绿化进程，增加林草植被，减少水土流失，降低风沙危害强度，逐步实现牛栏江镇的林业产业化和谐发展。

二十、全力推进“森林云南”建设②

2012年8月6—10日，云南省人大常委会执法检查组分赴保山市、昭通市，对当地贯彻实施《云南省林地管理条例》情况进行实地检查。8月14日，云南省人大常委会执法检查组在昆明召集会议，向云南省人民政府和有关部门通报检查情况。云南省人大常委会执法检查组提出，要把林业工作摆在云南省经济社会发展更加突出的位置，狠抓各项政策措施落实，全力推进“森林云南”建设，实现云南省林业跨越发展。

在保山市和昭通市，云南省人大常委会执法检查组听取了地方政府相关工作汇报，实地检查了水富县林权交易中心、腾冲县林权管理服务中心、龙陵县镇安镇石斛种植基地等，并走访农户、召开基层座谈会，广泛听取各方面的意见和建议。

云南省人大常委会执法检查组认为，保山市和昭通市贯彻实施《云南省林地管理条例》工作成效明显，但也存在不少困难和问题。针对少数地方对条例的贯彻实施力度不够、林地供求矛盾突出等问题，云南省人大常委会执法检查组建议，科学编制林地保护利用规划，优化林地空间布局，在确保森林生态服务功能不降低、重点工程实施区面积

---

① 昆明市环境保护局：《嵩明牛栏江镇大力开展退耕还林》，http://sthjj.km.gov.cn/c/2012-08-09/2146611.shtml（2012-08-09）。

② 昆明市环境保护局：《全力推进“森林云南”建设》，http://sthjj.km.gov.cn/c/2012-08-15/2146677.shtml（2012-08-15）。

不减少、森林覆盖率和天然湿地面积不下降的前提下，坚持实行林地分级管理，统筹安排建设所需林地定额；进一步探索林地承包经营权流转的途径和办法，逐步建立完善流转服务平台和网络，不断健全流转机制，尽快制定占用、征收、征用林地给予林地补偿、林木补偿和安置补助费用的新标准，培育良好的流转市场环境；深入实施林业产业化发展战略，大力加强林业产业基地建设，大力发展林产品加工业，加快低效林改造步伐，推动林地产业快速发展；强化培训，提升森林资源管理队伍建设水平，进一步加强全省林业综合执法工作。

二十一、检察院林业部门携手保护森林资源①

2012 年 8 月，怒江傈僳族自治州人民检察院和林业局联合举办森林资源法律保护研讨会，决定加大林业行政执法与刑事检察衔接机制建设力度，建立行政执法和刑事司法信息共享平台，共同致力于保护“三江并流”世界自然遗产核心区丰富的森林资源。

怒江傈僳族自治州森林覆盖率达 73%，境内分布有 4 个“三江并流”世界遗产片区，自然保护区面积598.9万亩，天然林保护工程森林管护面积1342万亩。各类野生动植物资源十分丰富，被国家列为重点保护的珍稀植物有 60 多种、重点保护珍稀动物 86 种。近几年来，国家投入巨资实施了天然林资源保护、退耕还林等重点生态建设工程，州、县党委、人民政府及有关部门高度重视森林资源培育和法律保护工作，全州森林面积、活立木蓄积量和森林覆盖率逐年增加，林业保护工作取得了可喜成绩。但从总体上看，全州森林资源总量不足、质量不高、生态功能下降的状况并未根本改变，乱砍滥伐林木、乱批乱占林地等破坏森林资源保护的刑事案件屡禁不止，重特大案件仍时有发生。

通过主题研讨和深入交流，双方表示要切实加大林业行政执法与刑事检察衔接机制建设力度，进一步加快“两法衔接”信息平台建设，充分发挥“两法衔接”信息平台在整合执法和司法资源方面的优势作用，强化行政执法与刑事司法衔接工作，推动森林资源保护工作的深入开展。

二十二、加快推进“森林昆明”建设争当云南生态建设排头兵②

2012 年，昆明市加快推进“森林昆明”建设，争当云南生态建设排头兵。在倾力

① 昆明市环境保护局：《检察院林业部门携手保护森林资源》，http://sthjj.km.gov.cn/c/2012-08-23/2146496.shtml（2012-08-23）。

② 昆明市环境保护局：《加快推进“森林昆明”建设 争当云南生态建设排头兵》，http://sthjj.km.gov.cn/c/2012-08-31/2147166.shtml（2012-08-31）。

打造生态昆明的进程中，昆明市委、市人民政府正在加快建设资源节约型、环境友好型社会，着力强化以滇池为重点的市域水环境综合治理，加快推进“森林昆明”建设。率先成为国家级园林城市，争创国家环境保护模范城市、国家低碳发展示范城市和国家生态城市，努力使昆明成为云南绿色经济强省龙头和全省生态建设的排头兵。

2010年，昆明正式提出创建“国家森林城市”，并获得了国家林业局的批复。2015年，全市森林覆盖率达到50%以上，林木绿化率达到57%以上；人均公园绿地面积达到12平方米以上。

按照“让森林走进城市，让城市拥抱森林”的理念，因地制宜，科学规划，昆明正逐步变为青山萦绕、森林环抱、林道相通、林网相连、林水相依的生态家园。今后5年，昆明将大力推行人居生态环境建设，增加公共绿地面积，力争做到市民步行5分钟或500米就能到达一块绿地公园，实现市民享受公共绿地资源的公平性与可达性。

“十二五”期间，通过城市生态隔离林带建设、绿色通道建设、城镇绿化建设和村庄绿化建设四大重点工程，昆明市新增绿地面积将达到近60万亩。其中，新增公共绿地51000多亩的茶高山公园、滇越铁路主题公园等九大公园也将在“十二五”期间建成。

二十三、昆明长虫山修复植被250亩①

截至2012年11月中旬，五华区长虫山郊野公园累计完成修复地被植物6.6万平方米。修建园区步道10千米，修建进入园区车道8.5千米，修建泵站2座、储水池2个，改建高压电力线路2千米。

二十四、昆明市已开放13个森林公园②

2012年，昆明市共完成营造林108万亩，义务植树实施完成1544万株。全市主题森林公园完成建设20个，其中13个已经正式挂牌对公众开放。此外，全市森林覆盖率达到47.1%。

2013年，昆明将完成95.5万亩营造林，实施市级退耕还林工程20.5万亩，建设生态隔离带2.2万亩，新建苗木基地3.5万亩，义务植树1130万株。今后5年内，昆明市要以林业重点生态工程为抓手，大力推进生态建设，到2017年实现森林覆盖率达到52%的目标，林业产值达到200亿元以上。

---

① 昆明市环境保护局：《长虫山修复植被250亩》，http://sthjj.km.gov.cn/c/2012-11-29/2146770.shtml（2012-11-29）。

② 昆明市环境保护局：《全市已开放13个森林公园》，http://sthjj.km.gov.cn/c/2013-03-26/2146732.shtml（2013- 03-26）。

二十五、松华坝水源区森林覆盖率 54%[①]

截至 2013 年 5 月末，整个松华坝水源区林地面积达到了 72.6 万亩，占到水源区土地总面积的 55.8%，水源区森林覆盖率达到 54%。

良好的植被覆盖，已成为涵养水源、保障水库水质的最有效屏障；而分布于松华坝水源区里的 3635 亩生态湿地，成为保护松华坝水源区的有效过滤网。为提高水源区绿化覆盖率，减少面源污染，近年来，昆明市冷水河、牧羊河两岸 100 米及支流两岸 50 米范围内已建设了 24200 亩永久生态林带，在二级保护区完成 27100 亩“农改林”，重点发展水源涵养林及苗木种植。退耕还林 5.89 万亩，种植杨树、核桃树、中山杉、川滇桤木，植树造林 2 万余亩；封山育林 2 万余亩；实施天然林保护 72.2 万亩、低效林改造 5000 亩，建立起水质多重生态净化屏障。

2013 年，松华坝水源区大力发展优质高效林业，调整和优化水源区土地利用结构，减少耕地种植面积，大力发展生态林建设，到 2020 年，松华坝水源区将通过实施荒山及难造林地造林面积 6750 亩、封山育林 5700 亩，增加森林面积 12450 亩，使森林覆盖率提高到 54%，进一步增强松华坝水源区森林保持水土、涵养水源的能力。

二十六、寻甸计划石漠化造林 9000 亩[②]

2012 年，寻甸县在完成城市面山及交通沿线石漠化人工造林 7845 亩的基础上，2013 年计划完成城市面山及交通沿线石漠化造林 9000 亩，完成“五采区”植被恢复 100 亩，完成难造林地造林 500 亩，使整个县城周边的荒山荒地得到有效绿化。同时，结合生态建设，寻甸县将在仁德街道办事处实施市级退耕还林 3000 亩。

二十七、2013 年“森林嵩明”暨牛栏江生态廊道建设启动仪式[③]

2013 年 7 月 10 日，在牛栏江镇牛栏江东侧植树点，全体嵩明县领导，各镇（街道办事处）主要领导、分管领导及林业站站长共计 300 余人参加了 2013 年“森林嵩明”暨牛栏江生态廊道建设启动仪式及植树活动，启动仪式由副县长张津华主持，县委副书记、县新农村建设工作队总队长彭国军作动员讲话，县委副书记、县长徐毅清宣布仪式

---

① 昆明市环境保护局：《松华坝水源区森林覆盖率 54%》，http://sthjj.km.gov.cn/c/2013-08-09/2146812.shtml（2013-08-09）。

② 昆明市环境保护局：《寻甸计划石漠化造林 9000 亩》，http://sthjj.km.gov.cn/c/2013-08-09/2146850.shtml（2013-08-09）。

③ 昆明市环境保护局：《2013 年“森林嵩明”暨牛栏江生态廊道建设启动仪式》，http://sthjj.km.gov.cn/c/2013-08-09/2146831.shtml（2013-08-09）。

启动。当天共计植树5500棵，其中滇柏1200棵、黄金香柳1000棵、海枣500棵、雪松1500棵、樱花800棵、三角枫500棵。

二十八、森林生态建设为云岭添绿①

2013年，随着云南省森林生态建设迈上新台阶，云南省森林生态体系进一步完善，森林生态功能明显增强，局部地区生态恶化的趋势得到有效遏制，绿色云南一片生机。

云南省通过深入推进天然林保护、退耕还林、江河流域防护林建设等国家重点生态工程建设，森林得到强有力的保护。截至2013年8月，云南省累计完成营造林建设8000多万亩，改造低效林1000多万亩，年均管护天然林1.8亿亩；全省森林覆盖率从2002年的44.3%提高到54.6%，活立木蓄积量从16.14亿立方米提高到18.75亿立方米，森林生态系统服务功能价值达1.48万亿元/年，居全国首位。

同时，云南省积极发展木本油料、林浆纸、林化工等特色林产业，加快扶持林业龙头企业。截至2013年8月，云南省建成人工林基地4000万亩、特色经济林基地4200万亩、纸浆原料林基地近400万亩、竹藤基地700万亩；以核桃、油茶为主的木本油料种植面积从900万亩增加到4200万亩（其中核桃达3700万亩），年总产量超过60万吨、总产值超175亿元，已成为全国重要的木本油料产业基地；紫胶、桉叶油等产业快速发展，产量位居全国前列。省级林业龙头企业从无发展壮大到321家，辐射带动能力不断增强。云南省林业总产值从2003年的174亿元增加到2012年的883亿元，10年增长5倍。

二十九、昆明五华建起四大森林生态公园②

2013年10月19日，昆明市五华区建立四大森林生态公园。从此以后，五华区的长虫山、荷叶山、西白沙河和郊野4个生态公园成了昆明市民周末出游的最佳去处。

走在郊野生态公园的林间小路，呼吸着茂密森林的新鲜空气。沿路观赏小叶榕、三角枫、红叶李、红叶桃、水杉、樱桃、桂花等10多种乔木的绿化景观特色。累了，在公园的休闲平台或木亭中休憩一下，别有一番风味。

在充分利用公园现有地形地貌和植被的前提下，五华区对郊野生态公园进行升级改造。通过铺设公园休闲平台、建筑休闲长廊、栽种乔木等，公园的森林覆盖率达到了80.4%。

---

① 昆明市环境保护局：《森林生态建设为云岭添绿》，http://sthjj.km.gov.cn/c/2013-08-09/2146832.shtml（2013-08-09）。
② 昆明市环境保护局：《五华建起4大森林生态公园》，http://sthjj.km.gov.cn/c/2013-10-29/2146881.shtml（2013-10-19）。

郊野生态公园合理布置供游人休憩，游乐，观景的各种设施，创造人与人、人与自然交流的场所，充分利用昭宗水库因山得水，因水山活，将“山影、水影、绿影”的自然肌理融入景区，形成了以山为主，以水为辅，生态与休闲游玩相结合的景观。

除郊野生态公园外，五华辖区内的长虫山、西白沙河、荷叶山公园也为人民提供更良好的生活环境和休闲场所。截至 2013 年 10 月，五华区正通过建设具有特色的森林生态景观，保护和合理利用风景名胜区、森林公园和森林生态旅游景点，促进生态休闲旅游的项目发展，满足市民日常休闲需求。

三十、金沙江流域森林覆盖率达 46.1%①

2013 年 11 月，据云南省林业厅消息，随着林业重点工程的不断推进，长江上游云南金沙江流域林业生态建设成效显著，森林覆盖率大幅提高，流域生物多样性保护体系趋于完备。

据有关统计数据显示，截至 2012 年底，云南金沙江流域有林地面积达 438.5 万公顷，森林覆盖率达 46.1%，与 2002 年相比分别增加 75.8 万公顷、10.6 个百分点。

金沙江是长江上游，云南金沙江流域面积为 11 万平方千米，约占云南省土地面积的 29%，涉及云南 7 个州（市）的 48 个县（市、区）。

自 20 世纪 90 年代以来，云南金沙江流域先后实施了长江防护林、天然林保护、退耕还林等重点生态工程，截至 2013 年，云南金沙江流域已建立自然保护区 45 个，面积达 70.9 万公顷，占该流域土地面积的 6.5%；该流域有总面积达 1.2 万公顷的大山包、拉市海、纳帕海、碧塔海等 4 处国际重要湿地，以及总面积达 9.4 万公顷的滇池、抚仙湖、会泽黑颈鹤栖息地等 6 处国家重要湿地。

据悉，金沙江流域林业生态补偿机制正在逐步建立。其中，3731 万亩国家级公益林和 2457 万亩省级公益林实现了生态效益补偿的全覆盖，充分调动了广大林农爱林护林的积极性。

三十一、2014 年昆明西山三措施保护天然林②

2014 年，西山区将通过目标责任考核、严格执行管护制度、加强资金管理这三项

---

① 昆明市环境保护局：《金沙江流域森林覆盖率达 46.1%》，http://sthjj.km.gov.cn/c/2013-11-19/2146889.shtml（2013-11-19）。

② 昆明市环境保护局：《西山三措施保护天然林》，http://sthjj.km.gov.cn/c/2014-04-15/2146927.shtml（2014-04-15）。

措施，确保天然林保护二期工程顺利实施。

天然林保护工程可从根本上遏制生态环境恶化，保护生物多样性。为确保天然林资源保护二期工程顺利实施，西山区森林管护将继续实行目标考核责任制，与街道办事处（林场、风景区）签订森林管护责任状，建立明确目标职责、奖惩分明的管护机制。同时，进一步完善管理办法，严格执行管护制度，大力推进管护队伍的规范化建设，并积极组织辖区天保管护人员及各级林业部门开展森林管护知识的宣传培训。此外，西山区还将严格落实天保森林管护资金及公益林森林生态效益补偿资金使用，切实加强资金管理及监督检查力度，确保资金及时足额用于工程建设。

三十二、寻甸生态造林六万亩①

自创建国家森林城市以来，寻甸县实施“森林围城”和“山水城市”建设战略，在全县森林覆盖率已达到 41.6%的基础上，仍然大力推行乔木、灌木、草、花等多层次、多色彩、多样性的城市森林生态系统建设，力求让全县逐步形成了林路相依、林水相依、林居相依、林城相依、林村相依的格局。

2014 年，通过道路绿化、乡村绿化建设、面山荒山绿化及“五采区”植被恢复等工作，寻甸县在辖区内不断实施植树造林工程，共造林63864亩。其中，全县10个乡镇（街道办事处）种植杨树 5000 亩，巩固退耕还林成果林业项目补植补造 5000 亩，省级低效林改造 10000 亩，市级低效林改造 5000 亩，异地造林 3600 亩，市级示范重点样板林 500 亩，国家石漠化人工造林 9223 亩，国家石漠化封山育林 15541 亩，天然林保护工程公益林封山育林 10000 亩。

苗木是造林绿化的基础。对此，寻甸县在生态造林过程中，加大苗圃基地建设，全县完成 24 个苗木基地建设，主要培育杨树、藏柏、石楠、红花继木、香樟、滇朴、四照花、桂花、银杏、雪松、桉树、华山松等苗木，并加大对黄芪、板蓝根、杜仲等中药材的种植技术指导，促进林下经济产业发展，为村民带来增收。

三十三、云南森林覆盖率要达 56%②

2015 年 4 月，云南省首个以自然生态资源为对象的保护与建设规划——《云南省生态保护与建设规划（2014—2020 年）》在昆明通过评审。

---

① 昆明市环境保护局：《寻甸生态造林六万亩》，http://sthjj.km.gov.cn/c/2014-12-03/2146971.shtml（2014-12-03）。

② 昆明市环境保护局：《云南森林覆盖率要达 56%》，http://sthjj.km.gov.cn/c/2015-04-29/2147001.shtml（2015-04-29）。

该规划覆盖云南省16个州（市）129个县（市、区），以2012年为规划基准年，规划期限为2014—2020年。规划突出保护优先原则，共5章，包括云南省生态保护与建设形势，指导思想、基本原则和主要目标，总体布局，生态保护与建设主要任务，政策与保障措施。规划明确提出，到2020年，云南省基本构筑形成“三屏两带一区多点”的生态建设与保护格局，森林覆盖率达56%，森林蓄积量达18.5亿立方米，林地保有量达2487万公顷，国家重点保护野生动植物物种保护率达90%，自然湿地保护率达45%，城市建成区绿化率达36%等主要指标。

来自中国科学院、云南省环境科学院、云南省林业科学院、云南大学、西南林业大学、云南省人民政府研究室、云南省委农业办公室的专家认为，该规划提出了符合云南实际的目标和任务，有较强的科学性和针对性，对云南生态保护与建设具有重要的指导作用。

三十四、到2020年昆明森林覆盖率将达52%[①]

2015年12月初，昆明市林业局召开《昆明市“十三五”林业发展规划这一（征求意见稿）》听证会。规划明确要求，到2020年，昆明森林覆盖率达52%以上。

“十二五”期间，昆明市林业部门通过实施天然林保护、巩固退耕还林成果、石漠化治理等一批国家和省市重点营造林工程，并实施创建国家森林城市十五项重点工程、“省市联动·绿化昆明·共建春城”义务植树活动、空中航线视廊及面山绿化综合整治提升等重大绿化工程，大力推进绿化造林。全市森林覆盖率从45.05%提高到50%，林木绿化率从52.73%提高到58%，森林蓄积量从3941万立方米增加到5045万立方米，森林覆盖率在全国省会城市（含直辖市）中位居第四。昆明森林资源大幅增加，滇池面山及城市面山的生态景观得到提升，生态安全支撑能力得到进一步增强。

这一规划明确表示，昆明以2015年森林覆盖率达50%为基础，到2020年，森林覆盖率达52%以上，林木绿化率60%，林业总产值超过200亿元，林农从林业中获得的人均年收入达到5000元以上。使昆明市成为滇中地区重要的生态安全屏障和生物多样性宝库，森林生态功能进一步提升。听证代表纷纷表示，《昆明市“十三五”林业发展规划（征求意见稿）》切合实际、具有很强的指导性和操作性。

① 昆明市环境保护局：《到2020年昆明森林覆盖率将达52%》，http://sthjj.km.gov.cn/c/2015-12-09/2147058.shtml（2015-12-09）。

第四节　城乡环境保护史料

一、云南打响农村环境综合整治第一枪　三年完成沿九大高原湖泊 494 个村落污水处理站建设①

2009 年 2 月 5 日，云南将以九大高原湖泊流域沿湖村落的环境综合整治工作为切入点，全面推进农村环境保护工作，将在 3 年内完成九大高原湖泊沿岸 494 个村落污水处理任务和目标。

九大高原湖泊作为云南经济社会发展的重点区域，流域面积占云南省的 2.1%，人口占 9.3%，经济总量占 34%，是云南省经济发展的“发动机”。据统计材料显示，九大高原湖泊周边还存在着饮用水安全隐患、生活污染加剧、畜禽养殖及农业生产废弃物污染严重、农业面源污染突出、工业污染和生态环境破坏问题突出等几个方面的问题。

治湖必先治污，治污必先治水，治水必先从九大高原湖泊沿湖村落开始抓起。据悉，在 2008 年，云南已经实施了 20 个自然村落的环境综合整治。

二、云南加大农村环境治理力度 2009 年解决 150 万农村人口的饮水安全问题②

2009 年，云南将加大农村环境治理资金投入力度，认真落实责任，全面推进农村环境综合治理。

据悉，云南决定在 5 年内，多渠道筹集 200 多亿元资金，在全省县以上城镇建设污水和生活垃圾处理设施，使县城污水处理率平均达到 80%以上，生活垃圾无害化处理率达 100%。2009 年，云南将启动建设一批污水和垃圾处理设施项目，力争城镇污水处理率达 53%，生活垃圾无害化处理率达 50%。

同时，在推进新农村建设中，云南建成 1000 千米干支渠防渗工程和 20 万件以上山

---

① 资敏：《云南打响农村环境综合整治第一枪　三年完成沿九湖 494 个村落污水处理站建设》，http://sthjt.yn.gov.cn/zwxx/xxyw/xxywrdjj/200902/t20090205_6493.html（2009-02-05）。

② 资敏：《云南加大农村环境治理力度　今年解决 150 万农村人口的饮水安全问题》，http://sthjt.yn.gov.cn/zwxx/xxyw/xxywrdjj/200902/t20090209_6500.html（2009-02-09）。

区“五小水利”工程，解决150万农村人口的饮水安全问题。实施500个自然村村容村貌整治。新建农村户用沼气池20万口，完成节柴改灶10万户。

三、红河哈尼族彝族自治州金平县切实加强农村环境保护[①]

2009年，为认真践行科学发展观，改变农村环境保护薄弱的现状，金平县采取多举措，加强农村环境保护，努力改善农村生产和生活条件，防治农村和农业面源污染。

一是加强环境保护队伍建设，积极探索切合本县环境保护工作实际的新思路、新办法、新措施。金平县委、金平县人民政府研究决定为金平县环境保护局增加6名人员编制，并同意在2009年再招考2名环境保护专业人员，将有效增强环境保护执法监管的力度，使环境监管工作得到加强。

二是将污染减排、退耕还林、植树造林、防治农业、农村面源污染、水土流失综合治理等工作作为林业、农业、水利等部门和乡镇政府的一项重要目标任务来抓，并实行环境目标考核管理，取得了较好效果，森林覆盖率达到了53.1%以上，2008年治理水土流失面积11平方千米。

三是金平县人民政府要求乡镇政府和县属各部门抓好环境保护宣传教育工作，以此提高全民的环境保护意识，创造良好的环境保护氛围。自2008年以来，加强了宣传农村生态环境保护等方面的知识，发放各种宣传资料6500份；

四是加快农村能源结构调整，大力发展农村清洁能源，积极推行使用电、液化气和沼气池，2008年累计完工602口沼气池，有效改善了农村燃料结构，促进了农村生态环境的保护。

四、文山县加强农村环境保护促进新农村建设[②]

2009年，文山县加强农村环境保护促进新农村建设。

一是以农村饮用水源保护为重点，加大农村水环境污染防治力度，编制了《文山县饮用水水源地环境保护规划》，定期对农村饮用水源进行监测，掌握水质情况，积极整治和清理饮用水水源地区域内的污染项目，保护农村饮用水源不受污染，确保农民喝上干净的水。二是加快农村基础设施建设，发展以沼气、节能灶、太阳能为主的农村新能

① 云南省环境保护厅：《红河州金平县切实加强农村环境保护》，http://sthjt.yn.gov.cn/zwxx/xxyw/xxywzsdt/200902/t20090209_26808.html（2009-02-09）。

② 文山壮族苗族自治州环境保护局：《文山县加强农村环境保护促进新农村建设》，http://sthjt.yn.gov.cn/zwxx/xxyw/xxywzsdt/200902/t20090216_26832.html（2009-02-16）。

源建设，新建了一批环境保护生活垃圾池。三是加大农业面源污染控制力度，强化规模化畜禽污染防治，积极推进农业废弃物资源化综合利用，防治农业及农村环境污染。编报农村生态建设项目，2008年争取到农村生态建设经费15万元。四是严格实行环境准入，控制污染企业向农村转移，从源头上防止新的环境污染和生态破坏。把防治矿业污染作为农村工业污染防治的重点，全面实施污染物排放总量控制和排污许可证制度，禁止超量排放和无证排放。五是抓农村环境保护载体建设，促进农村生态发展，实施“绿色细胞”创建工程，激发群众保护环境的积极性与主动性。2008年，文山县共创建10个绿色家庭（县级）、1个生态乡镇（省级）、2个生态村（州级）。六是认真调解农村环境污染纠纷，维护农民合法权益。2008年，文山县共处理农村环境污染纠纷10起，为农民挽回经济损失8.7万元。

五、红河哈尼族彝族自治州生态建设与农村环境保护工作稳步推进①

2009年，红河哈尼族彝族自治州生态建设与农村环境保护工作稳步推进。

一是从有利于全州经济社会与环境保护长远发展的高度出发，根据州内生态环境要素、生态环境敏感性与生态服务功能空间分布规律，结合不同区域生态系统生态调节、产品提供和人居保障功能，组织完成了《红河哈尼族彝族自治州生态功能区划》的编制，并通过了专家技术审查。二是积极采取有效措施，严格控制区域内不合理的水电、矿产、旅游资源开发活动，加大对全州各级各类自然保护区的执法监管力度，依法严厉打击破坏生态环境的违法行为，保护生物多样性，维护区域生态平衡，促进生物资源可持续利用。三是全州组织开展了以村委会为单位的农村环境保护突出问题基本情况调查及信息收集、汇总工作，制定并上报了红河哈尼族彝族自治州农村环境综合整治项目计划，争取列入国家农村环境保护治理项目。四是制定下发了《红河哈尼族彝族自治州生态示范村创建考核验收办法》《红河哈尼族彝族自治州规模化畜禽养殖污水治理示范工程考核验收办法》；在积极推进建水县国家级生态县、开远市生态工业示范园区、个旧市环境保护模范城、弥勒县（今弥勒市，下同）生态县创建活动的同时，组织指导金平县勐拉乡旧勐村、元阳县马街乡牛街村、绿春县大兴镇坡头村、屏边县新现乡桥头寨村、河口县河口镇城郊村，完成了州级生态示范村创建工作；在全州有规模化畜禽养殖场的蒙自、个旧、开远、建水、石屏、弥勒、泸西、红河8个县（市），开展了规模化

① 红河哈尼族彝族自治州环境保护局：《红河州生态建设与农村环境保护工作稳步推进》，http://sthjt.yn.gov.cn/zwxx/xxyw/xxywz sdt/200904/t20090402_26995.html（2009-04-02）。

畜禽养殖污水防治试点示范工作，建立了规模化畜禽养殖污水治理示范点。五是按照《云南省土壤污染状况调查实施方案》和《云南省土壤污染状况调查专题——土壤样品采集技术要求》，分类采集了全州13个县（市）共139个背景点的土壤样品，配合云南省环境监测中心站完成了对红河哈尼族彝族自治州境内采集土壤样品的化验分析工作。

六、世界银行贷款云南城市环境建设项目完成贷款谈判①

2009年3月23—29日，应世界银行邀请，由财政部组团，云南省财政厅、云南省环境保护厅参加的谈判代表团赴美国华盛顿特区，与世界银行就拟议的云南城市环境建设项目进行正式谈判。代表团和世界银行项目经理、律师、财务官员等一起认真、逐条讨论了相关项目内容的文本初稿，并审核了项目评估文件，双方就前述文本草案达成一致并签字确认，同时形成谈判纪要和备忘录，明确了下一步项目推进需要采取的相关行动。世界银行贷款云南城市环境建设项目进入了签约、生效及实施的关键阶段。

七、楚雄彝族自治州启动10亿元治污项目　提升城市环境质量②

2009年4月，楚雄彝族自治州人民政府启动治污项目，全力推进全州城镇污水及生活垃圾处理工作，加大城镇基础设施建设力度，提升城市环境质量。

据悉，楚雄彝族自治州规划实施的治污项目共19个，估算总投资10.8亿元，项目建成后，可每日新增污水处理规模14.7万吨，每日新增垃圾处理610吨。截至2009年4月，19项治污工程可研报告已全部取得批复。其中，10项治污项目已开工建设，其余项目正在有序开展地形勘探、初步设计等工作。

八、昭通市2008年度城市环境综合整治定量考核工作通过云南省环境保护厅会审③

2009年4月14日，昭通市2008年度城市环境综合整治定量考核（以下简称“城

---

① 云南省环境保护厅项目办：《世行贷款云南城市环境建设项目完成贷款谈判》，http://sthjt.yn.gov.cn/zwxx/xxyw/xxywrdjj/200904/t20090414_6713.html（2009-04-14）。

② 许晓蕾：《楚雄州启动10亿元治污项目　提升城市环境质量》，http://sthjt.yn.gov.cn/zwxx/xxyw/xxywrdjj/200904/t20090420_6734.html（2009-04-20）。

③ 昭通市环境保护局：《昭通市2008年度城市环境综合整治定量考核工作通过省环保厅会审》，http://sthjt.yn.gov.cn/zwxx/xxyw/xxywzsdt/200904/t20090423_27100.html（2009-04-23）。

考”）工作材料在昆明参加了云南省环境保护厅组织的专家会审。会审专家组指出，昭通市 2008 年度“城考”工作领导重视，工作开展有力，取得了明显进步，但在中心城市生活垃圾无害化处理、医疗废物集中处置、环境空气质量等方面亟待加强，特别是环境空气中的主要污染物二氧化硫年均值超过国家二级标准，应当引起高度重视，要加大能源结构调整，加大清洁能源的推广使用，有效改善空气环境质量。

九、保山市环境保护局积极开展农村环境综合整治调研①

2009 年 4 月 16—18 日，保山市环境保护局派出调研组对龙陵县徐家寨村开展调研。

为落实科学发展观要求，保山市环境保护局把广大农村的环境保护和综合整治，提到了重要的议事日程，不断加强农村环境保护工作，积极为农民群众创造美好环境，保山市环境保护局派出调研组深入龙陵县徐家寨村开展调研。

调研组现场察看了徐家寨村的农村环境综合整治项目实施情况，认真听取了龙陵县环境保护局、乡、村领导的情况介绍，并走访了部分村民详细了解村情民意，就项目实施中存在的问题，进一步征求了领导和群众的建议，结合当地实际情况从环境保护部门职能、职责出发，就农村饮用水水源地保护、生活污水和垃圾处理、畜禽养殖污染和历史遗留的农村工矿污染治理、农业面源污染和土壤污染防治及村庄环境质量改善方面提出了相关的整治措施，确保该村环境问题得到有效解决并起到以点带面的促进作用。

十、保山市践行科学发展观 加强农村环境保护②

2009 年 4 月 29 日，为了进一步摸清保山市农村环境综合整治工作情况，推动农村环境综合整治工作健康发展，加强农村环境保护工作，践行科学发展观活动。根据保山市环境保护局统一部署，响应保山市委组织开展的“万名干部下基层、千名群众进机关”的活动，保山市环境保护局余卫芳副局长带领相关工作人员到市环境保护局挂钩帮扶村昌宁县田园镇达仁村就农村环境保护及综合整治工作情况进行宣讲调研。

首先，余卫芳副局长一行对达仁村的自然生态环境进行了察看，并就环境综合整治工作基础设施建设情况听取了村支书汇报。其次，她又和当地村民进行座谈，对村民进行了学习科学发展观的重要性和必要性的宣讲，就科学发展观与农村环境保护之间的联

---

① 保山市环境保护局：《保山市环境保护局积极开展农村环境综合整治调研》，http://sthjt.yn.gov.cn/zwxx/xxyw/xxywzsdt/200904/t20090430_27149.html（2009-04-30）。

② 保山市环境保护局：《践行科学发展观 加强农村环境保护》，http://sthjt.yn.gov.cn/zwxx/xxyw/xxywzsdt/200905/t20090505_27163.html（2009-05-05）。

系进行了讲解。再次，她向村民介绍了保山市农村环境污染的严重性和保护的紧要性，并就解决农村环境保护问题提了相关要求和建议。最后，保山市环境保护局工作人员李明彦就农村环境综合整治工作的具体内容向大家做了介绍，并结合达仁村实际谈了建设意见。在和村民座谈过程中，大家畅所欲言，大家一致认为，深入学习科学发展观是做好农村环境保护工作的契机和动力，并就达仁村实际存在的困难和问题提出了一些意见建议，希望能得到各级政府部门更多的支持和帮助。

会后，余副局长表示保山市环境保护局会尽最大努力帮助解决达仁村的困难，积极向上级争取农村环境综合整治项目资金，推动达仁村的发展。同时，她也鼓励村民要有信心把达仁建设成“生产发展、生活宽裕、乡风文明、村容整洁、管理民主”的现代新农村。此次调研宣讲活动对推动农村环境综合整治将起到积极的促进作用。

十一、云南利用世界银行贷款加强城市环境建设①

2009 年 6 月，经过四年的磋商和前期筹备，世界银行云南城市环境建设项目在昆明启动。该项目是云南环境保护领域利用外资的又一大型项目。项目旨在帮助云南提高涉及昆明市、文山哈尼族彝族自治州、丽江市三个快速发展州（市）的 10 个县（区）城市环境基础设施的服务效率和覆盖范围；改善滇池湖泊流域管理效率。建设内容包括城市供水、污水处理及排水管网、城市生活垃圾处理、河道及城市环境综合整治、环境监测与管理能力建设及技术援助等。项目总投资 12.23 亿元，其中利用世界银行贷款 9000 万美元（折合人民币 6.12 亿元），国内配套资金 6.11 亿元。

项目的实施将促进云南省环境保护基础设施建设和污染减排，促进当地经济社会的可持续发展，推动环境友好型社会建设。

项目启动后，将举行采购、支付、财务、环境管理和社会评价等方面的专题讲座，并对相关人员进行系统培训。

十二、世界银行贷款云南城市环境建设项目启动仪式暨培训会召开②

2009 年 6 月 24 日，世界银行贷款云南城市环境建设项目启动仪式暨培训会在昆明

① 云南省环境保护宣传教育中心：《云南利用世行贷款加强城市环境建设》，http://sthjt.yn.gov.cn/zwxx/xxyw/xxywrdjj/200906/t20090624_6921.html（2009-06-24）。

② 云南省环境保护厅项目办：《世行贷款云南城市环境建设项目启动仪式暨培训会召开》，http://sthjt.yn.gov.cn/zwxx/xxyw/xxywrdjj/200907/t20090703_6940.html（2009-07-03）。

召开。世界银行官员和云南省环境保护厅、发展和改革委员会、财政厅、住房和城乡建设厅、审计厅、项目州（市）政府及有关部门、各级项目办公室、项目业主等相关人员100余人参加了会议。此次项目启动仪式暨培训会的召开，标志着世界银行贷款云南城市环境建设项目的实施正式启动。

项目启动仪式由云南省环境保护厅王建华厅长主持，云南省人民政府办公厅张瑛副主任出席并讲话，云南省环境保护厅杨志强副厅长作专题发言，总结了项目前期工作并对项目实施提出明确要求，世界银行云南城市环境建设项目经理鎌田卓也、省级有关部门分管领导先后发言。

十三、昭通市政府部署 2009 年城市环境综合整治工作①

2009 年 7 月 21 日，昭通市 2009 年城市环境综合整治定量考核（以下简称“城考”）工作会议在昭通市人民政府第二会议室召开。昭通市委常委、副市长何刚出席会议并作重要讲话，市“城考”领导组各成员单位领导参加会议，昭通市“城考”领导组办公室主任、市环境保护局局长黄杰主持会议，并对 2009 年“城考”工作提出了安排意见，市环境保护局副局长袁良富对昭通市 2008 年度的“城考”工作进行了通报。

会上，昭通市委常委、副市长何刚要求“城考”领导组各成员单位要牢固树立“环境优先、环境是生产力”的观念，增强工作的责任感和紧迫感。

会议决定，昭通市 2009 年“城考”重点加强以下六个方面工作：一是进一步改善环境空气质量。二是全面开展机动车排放污染物检测工作。三是继续加强城市噪声的监督管理。四是继续加强重点饮用水源保护工作力度，确保饮用水安全。五是强化污染减排工作，进一步降低万元工业增加值主要污染物排放强度。六是加快环境保护基础设施建设，进一步提高城市品位和形象。

会议强调，虽然昭通市“城考”得分和排名较2008年均有进步，但是，“城考”工作面临的压力越来越大，形势相当严峻，如不引起高度重视，无法保住已取得的“城考”工作成果。

会议的召开，使“城考”领导组各成员单位充分认识到了开展城市环境综合整治是城市建设的必然要求，是经济社会和环境建设的客观需要，是落实科学发展观和关心群众切身利益的具体体现。

---

① 昭通市环境保护局：《昭通市政府部署 2009 年城市环境综合整治工作》，http://sthjt.yn.gov.cn/zwxx/xxyw/xxywzsdt/200907/t20090722_27587.html（2009-07-22）。

十四、云南省政协陈勋儒副主席莅临大理白族自治州调研农村环境保护工作[①]

2009年7月26—28日，云南省政协陈勋儒副主席带领调研组，深入大理白族自治州，分别对大理市和洱源县小城镇和农村环境整治情况进行调研，并进行了具体指导。大理白族自治州人民政府许映苏副州长、政协寇铸勋副主席、环境保护局李琼杰局长、和农业、林业、建设等部门的领导全程陪同。

7月26—27日，调研组一行深入洱源县对茈碧湖码头集中式饮用水水源地保护情况、三营镇三营村太阳能中温沼气站运行情况、三营镇郑家庄生态文明和民族团结进步示范村建设情况和茈碧湖镇海口村小型焚烧炉处理农村生活垃圾示范项目进行了实地调研。调研组还对大理市上关镇大营村村落环境综合整治、太阳能牛粪中温处理项目、喜洲镇周城村土壤净化槽生活废水深度处理示范工程、喜洲镇洱海渔村污水处理系统示范项目等进行了检查指导。在调研过程中，调研组对大理白族自治州小城镇和农村环境整治工作给予了充分肯定，并就下一步工作提出了具体要求。

7月28日上午，云南省政协调研组组织召开了大理白族自治州小城镇和农村环境整治工作座谈会，州级相关部门参加了会议。会上，许映苏副州长就大理白族自治州小城镇和农村环境整治工作情况做了汇报。

云南省政协副主席陈勋儒在会上做了重要讲话，强调此次调研安排在大理是贯彻落实政协职责、实施民主监督、关注老百姓的民生问题和推进七彩云南保护的具体行动。

陈勋儒指出，一是大理白族自治州的小城镇和农村环境治理工作思路清晰，措施有力，小城镇和农村环境治理工作已经初见成效，特别是洱海流域的小城镇和农村环境整治工作成效明显。二是要进一步强化小城镇和农村治理环境工作的严峻性、紧迫性和重要性的关系。三是小城镇和农村环境治理工作要趁势而谋，顺势推动，加大力度，希望大理白族自治州在小城镇和农村环境治理工作方面能够为全省做个示范。

云南省各民主党派、建设厅、九大高原湖泊水污染综合防治领导小组办公室等单位的调研组成员针对调研情况进行了发言，他们充分肯定了大理白族自治州小城镇和农村环境整治工作取得的成效，一致认为大理白族自治州小城镇和农村环境整治工作有计划、有内容、有规划、有想法、有层次、有深度，并对下一步小城镇和农村环境整治工作提出了指导性意见和建议。

---

① 杨国威：《省政协陈副主席莅临大理州调研农村环境保护工作》，http://sthjt.yn.gov.cn/zwxx/xxyw/xxywrdjj/200907/t20090730_7038.html（2009-07-30）。

十五、高度重视生态文明建设 加强农村环境保护①

2009 年 7 月 27—30 日，云南省政协组织由部分民主党派负责人、政协委员和云南省人民政府相关职能部门负责人参加的联合调研组，前往曲靖、昭通进行调研。连日来，调研组深入曲靖市马龙县、麒麟区，昭通市鲁甸县、昭阳区等地，深入村镇、企业，实地考察了解小城镇及农村规划建设、人畜饮水安全、农村畜禽粪便和垃圾处理情况，与基层干部群众一道总结环境治理保护经验，探讨进一步做好工作的对策和措施。云南省政协主席王学仁率队在昭通进行了调研，在听取昭通市委、市政府的汇报后，他对昭通市近年来取得的工作成绩给予了充分肯定。

在调研和座谈的基础上，王学仁对抓好当前的工作提出四点建议：一是要认真学习贯彻中央领导在云南考察时的重要讲话精神，围绕云南省委理论中心学习组集中学习时提出的要求，坚持抓好保增长、保民生、保稳定工作，认真完成 2009 年各项目标任务，努力实现经济平稳较快增长。二是要高度重视生态文明建设，切实加强云南省小城镇和农村环境保护工作。尽管云南省部分小城镇和农村环境得到了改善，但要清醒地认识到，农村生态环境总体形势仍然十分严峻，直接影响到农民群众的身体健康，制约了经济社会的可持续发展。各级党委、人民政府要高度重视，从实际出发，在发展经济的同时，加大投入、科学规划、统筹兼顾、突出重点、分步实施，切实加强小城镇环境保护和农村饮水安全工作，加大农村面源污染、畜禽粪便污染、农村工业污染防治力度，积极推进农村生态环境保护，把社会主义新农村建设与生态文明建设有机结合起来，确保经济社会可持续发展。三是要认真贯彻落实党的民族宗教政策，加强民族团结，实现社会和谐稳定。要围绕各民族共同团结奋斗、共同繁荣发展的主题，积极推进建立平等、团结、互助、和谐的新型社会主义民族关系，实现各民族大团结、大融合、大发展，为社会和谐稳定打牢基础。四是要扎实抓好第二批深入学习实践科学发展观活动整改落实阶段的工作，按照云南省委提出的“一面旗、一团火、一盘棋”的要求，进一步加强和改进党的建设，充分发挥党委的领导核心作用、党支部的战斗堡垒作用和党员干部的先锋模范作用，推动当前各项工作的开展。

调研期间，王学仁还实地察看了昭阳区北闸镇万亩玉米高产示范样板田和布嘎乡现代烟草农业示范基地建设情况，对 2009 年昭通市的农业科技推广示范工作给予了充分肯定。在田间地头，王学仁与乡村干部群众深入探讨农作物间套种增产技术；在乡村院落，他与彝、回、苗族等少数民族干部群众促膝谈心，鼓励各族群众勤劳致富，勉励基层干部身体力行，帮助群众解决实际困难，当好群众脱贫致富奔小康的带头人。

---

① 施铭：《王学仁：高度重视生态文明建设 加强农村环境保护》，http://sthjt.yn.gov.cn/zwxx/xxyw/xxywrdjj/200908/t20090806_7047.html（2009-08-06）。

十六、云南农村环境综合整治出实效[①]

2009 年，云南省在农村环境综合整治工作中，把九大高原湖泊农业面源污染防治作为促进农业农村工作的重要抓手，加大资金投入，采取有力措施，摸索出在九大高原湖泊沿湖流域以自然村为单元的农业面源污染治理模式。

为强化示范带头作用，云南率先在滇池、抚仙湖流域的村庄开展农业清洁生产和面源污染防治试验示范项目。截至 2009 年 9 月，云南在九大高原湖泊区域建设了 15 个农业面源污染的示范点，推广“双室堆沤池”4000 个、“三室堆沤池”200 多个。云南在 60 多个县推广应用杀虫灯，100 多个县开展了生物防治工作。云南在官渡区和大理市建立了 800 亩农业面源污染控制研究和示范区、农业面源污染示范点的建设，有效推动了九大高原湖泊区域农业面源污染的治理。

同时，云南把畜禽粪便的处理作为改善农户生活质量的一项重要措施。为减少流域农户生产生活废弃物对九大高原湖泊的污染，加大了流域区农户的户用沼气建设，在宾川县、洱源县、永胜县、江川县、石屏县、大理市共投入农村国债沼气建设资金 1600 多万元，建设户用沼气池 2 万多口；在滇池流域建设户用沼气池 2 万多口，建成 300 立方米秸秆气化站 3 座，供气 686 户，对九大高原湖泊农业面源污染防治起到了重要的作用。

十七、峨山县环境保护局多措并举加强农村环境保护工作[②]

2009 年，峨山县环境保护局多措并举加强农村环境保护工作

一是加大宣传力度。广泛利用媒体资源，采取多种形式开展内容丰富的环境保护宣传活动，提高农民的环境保护意识。

二是加强农村饮用水源保护。严厉打击在水源保护区内开采矿产资源、毁林开荒等环境违法行为。

三是加强农村面源污染防治。减少农膜、农药、化肥使用量，禁止使用高残留农药，大力推广绿色无公害蔬菜种植，避免农田土壤及水体污染。

四是严把建设项目审批关。提前介入，严格把关，对所有新建项目，严格执行《中华人民共和国环境影响评价法》，杜绝高耗能、高污染、低效益的生产项目向农村转移。

五是强化农村环境监管。对乡镇已建成的所有企业，进行摸底排查，做到“三是

① 资敏、程伟平：《云南农村环境综合整治出实效》，http://sthjt.yn.gov.cn/zwxx/xxyw/xxywrdjj/200909/t20090911_7152.html（2009-09-11）。

② 玉溪市环境保护局：《峨山县环境保护局多措并举加强农村环境保护工作》，http://sthjt.yn.gov.cn/zwxx/xxyw/xxywzsdt/200911/t20091103_27964.html（2009-11-03）。

否”（手续是否合法，治污设施是否到位，排放污染物是否达标），加大监管力度，着力解决影响人民群众切身利益的环境问题。

六是积极开展农村环境综合整治工作。开展“三清六改工程”活动，彻底解决粪便污水乱排、垃圾乱倒、柴草乱堆等问题，确保改善农村环境卫生状况。继 2008 年双江镇小龙潭和坡脚村开展生态村试点取得成效后，2009 年双江镇厂上村申报中央农村环境保护资金环境综合整治项目实施方案于 10 月 21 日通过云南省环境保护厅组织的专家审查，即将开工建设。

七是强化畜禽养殖污染整治。加大畜禽养殖管理力度，合理利用粪便、秸秆等资源，加大沼气池建设力度，截至 2009 年 9 月，全县已经建成沼气池 20474 口。

八是加快“农村小康环境保护行动计划”建设进程。配合农村环境综合整治等工作，多管齐下，全方位加强农村环境保护工作，为建设“清洁水源、清洁家园、清洁田园”的社会主义新农村和全面建设小康社会提供环境安全保障。

十八、红河哈尼族彝族自治州弥勒县西三镇可邑村农村环境综合整治方案通过省级专家组评审①

2009 年 10 月 21 日，弥勒县西三镇《可邑村农村环境综合整方案》在云南省环境科学研究院通过省级专家组评审。

为进一步改善生态环境，加强农村环境保护工作，弥勒县环境保护局积极开展农村环境整治项目申报，争取国家环境保护专项资金投入。促使可邑村农村环境整治项目通过了环境保护部核准，共下拨资金 85 万元。

《可邑村农村环境综合整方案》从污水收集、处理，中水回用，垃圾收集、清运、处理，排污管网建设四个方面对村庄突出的环境问题进行综合整治。项目的建设将有力地改变了村庄柴草到处堆、家禽遍地跑、污水四处流的状况，促使村庄的村容村貌有质的提升，群众的生产生活环境有量的变化。

十九、云南省副省长和段琪指导思茅区农村环境保护工作②

2009 年 11 月，云南省副省长和段琪、云南省人民政府副秘书长叶燎原、云南省环

① 红河哈尼族彝族自治州环境保护局：《红河州弥勒县西三镇可邑村农村环境综合整治方案通过省级专家组评审》，http://sthjt.yn. gov.cn/zwxx/xxyw/xxywzsdt/200911/t20091111_28006.html（2009-11-11）。

② 普洱市环境保护局：《云南省副省长和段琪指导思茅区农村环境保护工作》，http://sthjt.yn.gov.cn/zwxx/xxyw/xxywrdjj/200911/t20091117_7313.html（2009-11-17）。

境保护厅厅长王建华等在普洱市思茅区区长毛保祥及市区相关部门领导的陪同下，对思茅区倚象镇竜竜下寨村中央农村环境综合整治示范村建设及后期运行进行检查指导。

和段琪副省长一行来到倚象镇竜竜下寨村，现场听取思茅区环境保护局局长史晓荣对该村中央农村环境综合整治建设项目的汇报；重点视察了污水处理系统、生活垃圾收集池、道路硬化、村庄绿化美化、清洁能源等实施情况。在视察过程中，王建华厅长详细询问了污水处理系统的各项细节，对思茅区中央农村环境综合整治示范村的建设项目取得的成果十分满意。和段琪副省长对思茅区农村环境综合整治示范点进行总结。

二十、楚雄市鹿城镇获2009年中央农村环境保护专项资金支持[①]

2009年，为进一步提升鹿城镇生态环境保护水平，巩固鹿城镇“全国环境优美乡镇”创建成果，楚雄市环境保护局结合楚雄市《十里茶花溪规划》，组织编制了《鹿城镇“全国环境优美乡镇”生态创建再提高工程项目实施方案》，积极向上级争取资金支持。

该项目覆盖鹿城镇河前村委会增平村的胡家村、陈家村、稻厂房、李家小村4个自然村。着重解决增平村的整体环境卫生状况差、排污沟渠不畅、生活污水直接排放、无生活垃圾收集处理设施和畜禽粪便乱堆乱放等问题。通过实施生态创建再提高工程，针对不同的污染源采用切合实际的处理方法，改善村落现有环境状况，建设畜禽粪便处理系统还可以解决增平村种植600亩红花油茶花树的施肥问题，为鹿城镇十里茶花溪发展旅游业提供有利条件和环境保障。

该方案于2009年10月22日，通过了由云南省环境保护厅组织的专家评审。2009年11月16日，中央农村环境保护专项资金50万元已下达楚雄市。下一步，楚雄市环境保护局、财政局将严格按照《中央农村环境保护专项资金暂行办法》和《中央农村环境保护专项资金环境综合整治项目管理暂行办法》的规定，加强对资金和项目的监管，确保专款专用，提高资金使用效益，推进楚雄市农村环境综合整治和生态示范创建工作。

二十一、安宁市成立“禁煤”专项整治综合执法队[②]

2010年12月1日，为进一步加大“禁煤”整治工作力度，巩固“禁煤”工作取得的成效，确保顺利推进创建国家卫生城市工作，切实解决“禁煤”整治工作中存在的难

---

① 石泉海：《楚雄市鹿城镇获2009年中央农村环境保护专项资金支持》，http://sthjt.yn.gov.cn/zwxx/xxyw/xxywzsdt/200912/t20091202_28098.html（2009-12-02）。

② 昆明市环境保护局：《安宁市成立“禁煤”专项整治综合执法队》，http://sthjj.km.gov.cn/c/2010-12-06/2145651. shtml（2010-12-06）。

点问题，安宁市创建国家卫生城市分指挥部成立了由安宁市环境保护局、工商局、质量监督局、城市综合执法局、公安局、连然街道办事处、金方街道办事处抽调人员组成的安宁市“禁煤”创卫专项整治综合执法队。

“禁煤”专项整治综合执法队由安宁市环境保护局统一组织开展工作，实行每日考勤制度，将严格按照《安宁市人民政府办公室关于做好建成区禁止燃煤及销售煤炭集中整治工作的通知》和《安宁市人民政府办公室关于转发安宁市高污染燃料禁然区管理实施方案的通知》要求，在前期“禁煤”工作取得阶段性成效的基础上，进一步对辖区内高污染燃料生产、使用、销售情况进行综合整治，彻底解决“禁煤”综合整治中存在的难点问题。

“禁煤”专项整治综合执法队工作分三个阶段进行：一是对“禁煤”工作实施拉网式集中整治。二是按照创建国家卫生城市标准，查找不足，对“禁煤”工作中存在的难点进行整治，全力解决存在的顽固问题。三是巩固“禁煤”工作成果。

二十二、83辆新能源车减少碳排放200吨[①]

2010年初，昆明公交集团分别向厦门金旅、一汽客车等7个厂家订购了100辆新能源公交车，其中98辆为混合动力客车，其余2辆为纯电动客车。

与普通公交车相比，新能源公交车拥有自产电能、降低油耗、减排有害气体的功能，不仅可以利用车辆惯性，将回收的惯性能量转化为电能，还可以将频繁制动产生的电能储存起来，并且在等红绿灯或停靠站台时，可以利用内燃机不熄火的原理，通过怠速来达到发电的目的。高永生说：“简单举例来说，新能源车司机的每一脚刹车，都在为车辆制造新的电能。”通过回收电力可以实现40%的零排放驱动，加上20%是由内燃机、电动车叠加混合驱动，只有40%是由内燃机直接驱动，不仅节能，乘坐起来也比普通公交车舒适。

据昆明公交集团的统计数据显示，运营6个月以来，上述100辆新能源公交车完成营运里程51.5万千米，要跑完这个距离，普通公交车需消耗柴油17万升，而新能源公交车耗油不到16.3万升，节油7000多升，减少排放二氧化碳198.2吨。

二十三、安宁市开展环境噪声污染专项整治[②]

2011年上半年，安宁市将开展环境噪声污染专项整治工作。

---

① 昆明市环境保护局：《83辆新能源车减少碳排放200吨》，http://sthjj.km.gov.cn/c/2010-12-16/2145746.shtml（2010-12-16）。

② 昆明市环境保护局：《安宁市开展环境噪声污染专项整治》，http://sthjj.km.gov.cn/c/2011-02-18/2145633.shtml（2011-02-18）。

随着安宁工业生产、交通运输、城镇建设的发展和城市化进程的加快，交通运输、车辆鸣笛、工业生产、建筑施工、音乐厅、高音喇叭等产生的噪声污染日趋严重，噪声扰民的投诉事件已经占到环境污染扰民事件的50%左右，成为安宁市主要的环境问题之一。为加大环境噪声污染防治和监管力度，改善提高城区环境质量，切实解决群众反映的环境噪声扰民问题，促进安宁市“创模”“创生”工作的顺利推进，安宁市人民政府决定在2011年上半年开展环境噪声污染专项整治工作，组成了由分管副市长任组长，相关职能部门为成员的领导小组，明确了职责分工；安宁市人民政府办公室下发了《安宁市建成区环境噪声污染专项整治工作方案的通知》，明确了噪声污染专项整治工作的内容、方法、步骤、措施及目标任务，提出分三个阶段有序开展专项整治工作。要求相关职能部门做到建立组织机构、落实人员、明确任务、强化措施，切实履行职责，把环境噪声污染专项整治工作当作一项民心工程、构建和谐社会、促进城市健康发展的大事认真抓紧抓好，加强协调、通力合作，于2011年6月30日圆满完成此次环境噪声污染专项整治工作任务，确保取得明显成效，为广大市民创造一个更加宁静、舒适、优美的生活、学习和工作环境。

二十四、昆明市75%城中村2011年年底全面截污①

2011年7月9日，昆明市人民政府就开展城中村污水全收集处理工作举行新闻发布会。根据摸底调查数据统计，昆明市有295个城中村需采取各种措施才能实现污水全面收集处理，占全市“城中村”总数的75%。这295个城中村将按照“一村一策”改造原则，在2011年底实现无死角、无盲点全面截污，并实现污水全收集、全处理。

为从源头控制污水排放、规范排水行为，全面实施城中村污水的全收集、全处理，昆明市将在2011年12月31日前完成对295个城中村污水的截流收集和处理，杜绝城中村污水不经处理和净化直接进入雨水管道、河道及滇池。

此项工程将按照因地制宜、分类建设的原则实施。对已完成城中村改造并建成完善排水系统的，要确保其发挥功能。已拆迁和正在拆迁的城中村，要按规划要求同步建设该片区排水系统，接入相应市政排水管网；城中村周边市政排水管网配套相对完善的，对其内部排水设施漏查补缺，采取建设明沟或临时管网的方式，实现污水全收集，并将污水导入周边市政排水管网；对周边市政排水管网配套不全或没有排水管网的城中村，均要采取建设明沟或临时管网方式实现污水全收集，同时要建分散式处理

① 昆明市环境保护局：《全市75%“城中村”年底全面截污》，http://sthjj.km.gov.cn/c/2011-07-11/2145849.shtml（2011-07-11）。

设施，或采取设置“生态塘”的方式处理，“生态塘”中还应放养一定数量的水葫芦。

为确保此项工作的顺利开展及按时完工，相关部门制定了详细的进度时间表。在已按期完成对城中村污水收集处理情况进行梳理分类的基础上，要求在2011年7月30日前，所涉辖区要结合各区范围内“城中村”污水排放情况，按照“一村一策”的原则，完成城中村污水全收集全处理工作实施方案。在2011年12月10日前，所涉各区要按照既定工作方案，全面完成辖区内城中村污水全收集、全处理工作任务。在2011年12月31日前，昆明市管网建设指挥部要组织完成验收工作。

二十五、石林收缴2万个不合格塑料袋[①]

2011年上半年，为进一步做好石林县限制销售、使用超薄塑料袋的工作，石林县工商局加大“限塑令”执行力度，以农贸市场及商品零售场所为重点，加大市场巡查力度，严格检查零售场所经营者使用塑料购物袋的情况，对违规继续销售、使用超薄塑料袋，无偿提供塑料购物袋等行为加大打击力度，依法收缴不合格塑料袋2万余个。

此外，为切实做好城市环境综合整治工作，提升城市品位，石林县工商部门在登记工作中，严格把好建设项目环境影响的准入关，2011年上半年，石林县共有350户市场主体经营项目涉及环境保护前置审批，全部依法取得环境影响审批报告。

二十六、2012年2月份昆明处理3049万吨污水[②]

2012年2月，昆明市13个污水处理厂根据来水量保持全天24小时不间断运转，共处理污水3049.89万吨。

20世纪60年代，滇池草海和外海水质均为Ⅱ类，20世纪70年代为Ⅲ类。20世纪80年代草海水质逐渐恶化，水质变为Ⅴ类，外海水质为Ⅳ类。20世纪90年代草海水质变为劣Ⅴ类，外海水质为Ⅴ类。要让滇池水变清，除围绕实现“湖外截污、湖内清淤、外域调水、生态修复”四大刚性目标外，加大对城市污水的集中收集处理更是不可缺少的“技术”手段。这13座污水处理厂设计处理能力120万吨/日，2月份平均日处理污水105.17万吨，累计削减化学需氧量约11515.97吨。其中，昆明市第一至第八污水处理厂设计处理能力110.5万吨/日，共处理污水2803.51万吨，平均日处理污水约96.67万吨，

① 昆明市环境保护局：《石林收缴2万个不合格塑料袋》，http://sthjj.km.gov.cn/c/2011-08-04/2145740.shtml（2011-08-04）。

② 昆明市环境保护局：《今年2月份昆明处理3049万吨污水》，http://sthjj.km.gov.cn/c/2012-03-29/2145757.shtml（2012-03-29）。

累计削减化学需氧量约 11113.62 吨。

二十七、云南省酸雨影响地区明显减小[①]

2012 年 6 月 3 日，云南省人民政府、云南省环境保护厅发布《2010 年云南省环境状况公报》。总体上看，5 年来，云南省环境质量明显好转。大气中二氧化硫、二氧化氮、可吸入颗粒物年日均浓度均呈下降趋势。全省受酸雨影响范围明显减少，酸雨控制区出现酸雨的城市、频率逐年下降。地表水环境质量逐年改善。主要河流监测断面水质优良率从 2005 年的 58%提高到 63.8%；主要湖泊、水库水质优良比由 2005 年的 60.4%上升到 67.2%。

“十一五”期间，云南省受酸雨影响范围明显减少，酸雨控制区出现酸雨的城市、频率逐年下降。在开展降水酸度监测的 19 个城市中，有 8 个城市出现酸雨。酸雨频率最高的是楚雄市，为 51.9%；其次是个旧市，为 46.8%。

“十一五”期间，云南林地面积保持增长，林木蓄积量大幅增加，森林覆盖率持续上升，从 40.8%增加到 47.5%。

在 18 个主要城市中，道路交通噪声最高的是文山市，超过国家标准 1.4 分贝。曲靖、玉溪、昭通、丽江等 13 个城市道路交通交通噪声质量为好，昆明、芒市和个旧 3 个城市道路交通噪声质量为较好，文山等 2 个城市道路交通噪声质量为轻度污染。

二十八、五华区处罚烧煤餐馆[②]

2012 年，通过开展“禁煤”“禁磷”“禁白”的“三禁”工作，昆明市五华区有效遏制了塑料袋、燃煤对空气和生态环境造成的影响。

2012 年以来，针对辖区内违规使用燃煤、不可降解塑料袋、塑料饭盒等现象，五华区环境保护局结合创建国家环境保护模范城市，与街道办事处协调配合，采取全面检查与重点抽查的方式，在全区开展了“禁煤”“禁磷”“禁白”专项整治。

此次整治共抽查类商场、宾馆、饭店和餐饮店 1000 多家，当场没收大小燃煤炉具 50 多个，没收不可降解塑料饭盒 13800 多个，不可降解塑料袋 8000 多个，并对 50 家燃煤餐馆进行了处罚。

---

① 昆明市环境保护局：《我省酸雨影响地区明显减小》，http://sthjj.km.gov.cn/c/2012-06-04/2145900.shtml（2012-06-04）。

② 昆明市环境保护局：《五华区处罚烧煤餐馆》，http://sthjj.km.gov.cn/c/2012-12-20/2145989.shtml（2012-12-20）。

二十九、李纪恒在昆明红河调研时要求为人民群众营造生态宜居高效便捷人居环境①

2013 年 7 月 6 日，时任云南省省长李纪恒在昆明等地调研时要求，全省要加快开展城乡人居环境提升行动，为人民群众营造山清水秀、环境优美、生态宜居、高效便捷的人居环境，加快云南经济社会发展步伐。

7 月 6 日一大早，李纪恒和其他领导同志一起，来到昆明市南亚风情第一城了解城市综合体建设和管理情况。经过多年的建设，这里已成为街道整齐、高楼林立、设施一流的现代城市综合体。李纪恒在调研中指出，昔日的城中村，通过改造，实现了华丽转身，并带动周边社区发展，这充分显示出城市综合体在城市建设中的重要性。一个设施功能先进、业态组合合理的城市综合体，可以迅速促进人群聚集，拉动消费，形成新型商业中心，给城市带来巨大的综合价值。昆明等经济发展水平较高的城市，要不断探索城市综合体建设新路径，加快建设速度，提升城市建设水平。

在生态环境保护型城市——弥勒市湖泉生态园，李纪恒看到，宽阔的水面波光粼粼，绿树成荫，沙滩、温泉、游乐场等设施齐全，众多市民在此垂钓、嬉戏、休闲，完全是一幅人与自然和谐相处的画卷。他指出，改善人居环境，能提升城市品位，增强城市活力，造福广大市民。全省各地要在城市建设中推进生态文明建设，努力营造“天更蓝，水更清，地更绿，城更美”的生态环境，打造更多的现代宜居生态城，为美丽云南建设做出贡献。

在开远市乐百道街道办事处通灵村，李纪恒走到流经村庄的龙潭沟畔，用手感受灵通村的“清凉”。李纪恒指出，村庄整治的重点要放在解决村内道路、给排水设施、垃圾处理、人畜混居等突出问题上，要切实做好村庄规划和人居环境的治理工作，美化村庄环境。

在蒙自市调研时，李纪恒在详细了解了城市规划情况后指出，城市离不开交通，各地要把实现交通现代化放在突出位置，花大力气建设综合交通体系，推动产业发展，支撑城镇化建设。各地在城市建设中要努力改造提升城市综合交通基础设施，加快建设城际快速交通体系，完善城市内外道路衔接，形成布局合理、结构完善、衔接畅顺、安全可靠的城市交通体系，为城市构建一个安全舒适、高效便捷的人居环境提供重要支撑。

---

① 昆明市环境保护局：《李纪恒在昆明红河调研时要求为人民群众 营造生态宜居高效便捷人居环境》，http://sthjj.km.gov.cn/c/2013-08-12/2146060.shtml（2013-08-12）。

三十、西山区严控渣土场扬尘①

从2014年2月份开始，昆明市西山区积极开展大气污染防治专项行动，集中对辖区内上风向的9个渣土消纳场进行现场检查。在检查中，西山区环境保护局发现尚有3家企业未办理相关手续，已现场责令其补办环境保护审批手续，并要求其在未取得各相关职能部门审批手续前，不得从事倾倒、回填渣土施工，还要求企业负责人要加强对场地的洒水降尘措施，避免环境空气质量受到污染。

三十一、石林县县城禁煤工作成效显著②

自2014年5月以来，石林县环境监察大队对县城和石林风景区的宾馆、酒店、乳腐厂等历史遗留企业的燃煤锅炉、燃煤灶进行调查登记，摸清底细，掌握实情。同时组织企业法人（负责人），学习宣传《中华人民共和国大气污染防治法》和石林县人民政府“四禁”通告等有关法律和政策规定。经学习宣传，让企业法人（负责人）认识到贯彻执行《中华人民共和国大气污染防治法》和石林县人民政府“四禁”通告，以及改善大气环境的重要性。通过学习宣传和做思想工作，所有县城和石林风景区的宾馆、酒店、乳腐厂等20余家企业都自觉进行了整改，都采用了太阳能、电等清洁燃料，做到了节能减排。

三十二、石林宜石垃圾收运项目为市容环境综合整治添砖加瓦③

2015年10月16日上午，石林县委常委、县人民政府副县长、宜石垃圾处理工程石林收运设施项目指挥部指挥长余春同志组织石林县环境保护局、财政局、交运局和机动车检测站等人员实地察看了宜石垃圾处理工程石林收运设施项目采购到位的垃圾转运车辆及相关设备情况。对设备车辆的功能做了相应的介绍，会上对车辆进行了分配，并对后续工作做了安排部署。

截至2015年10月，该项目共到位垃圾转运设备40余台（套），折合资金1708万元，本批设备的到位已完成了对原有垃圾环卫设备系统的更新换代，每天可以完成垃圾收、转、运240吨，为城乡清洁活动和市容环境综合整治的顺利完成奠定了坚实的基础。

---

① 昆明市环境保护局：《西山区严控渣土场扬尘》，http://sthjj.km.gov.cn/c/2014-03-18/2146139.shtml（2014-03-18）。

② 昆明市环境保护局：《石林县县城禁煤工作成效显著》，http://sthjj.km.gov.cn/c/2014-10-28/2146182.shtml（2014-10-28）。

③ 昆明市环境保护局：《石林宜石垃圾收运项目为市容环境综合整治填砖加瓦》，http://sthjj.km.gov.cn/c/2015-10-20/2146267.shtml（2015-10-20）。

第五节　环境保护监察史料

一、云南省环境监察工作会在玉溪召开①

2010年5月25日，云南省环境监察工作会议在玉溪市汇龙生态园召开。云南省环境保护厅杨志强副厅长，云南省环境保护厅规划与财务处、污染控制处、政策法规处、环境影响评价管理处等负责人，云南省环境监察总队领导及有关科室负责人，各州（市）环境保护局分管环境监察工作的副局长、环境监察支队支队长，有关县（区）环境保护局分管环境监察工作的副局长及相关科室负责人等共130余人参加会议。会议由云南省环境监察总队黄杰总队长主持。

会议期间，玉溪市人民政府孙会强秘书长，代表玉溪市人民政府到大会致辞。孙秘书长向参会的领导介绍了玉溪市自改革开放以来经济发展迅速，城市化进程明显加快，综合实力显著增强，社会各项事业取得巨大成就，人民生活水平显著提高的情况，重点介绍了玉溪市在生态建设、环境保护、环境监察执法中取得的显著成效。在“十一五”末期乃至“十二五”期间，玉溪市将坚定不移地实施“生态立市”战略，围绕“调结构、转方式、保增长、保生态”的目标，全力做好“生态”这篇大文章，切实抓好湖泊水污染综合防治，全面推进国家环境保护模范城市创建工作，扎实推进污染减排，着力解决危害群众健康和影响可持续发展的突出环境问题，为促进全市经济社会又好又快发展，促进全省生态文明建设和经济发展，保护好美丽的“七彩云南”做出新的贡献。

云南省环境保护厅杨志强副厅长在充分肯定2009年全省环境监察工作在云南省委、云南省人民政府的坚强领导下，全省环境监察战线上的广大干部职工克服体制、机制上存在的不足，以高度的政治责任感，切实履行职责，在环境保护重点工作中发挥了重要作用，环境执法工作取得了积极成效的同时，认真分析了全省环境监察面临的严峻形势。

杨副厅长强调全省环境监察部门必须全面、清醒地认识到群众日益高涨的环境保护要求与执法能力和水平之间的矛盾，增强忧患意识，抓住当前环境保护事业发展的大好

① 玉溪市环境保护局：《云南省环境监察工作会在玉溪召开》，http://sthjt.yn.gov.cn/zwxx/xxyw/xxywrdjj/201005/t20100527_7762.html（2010-05-27）。

机遇，一是加大减排项目监察力度，确保“十一五”总量减排任务完成。二是加大重点地区、重点流域以及重金属污染环境监察。三是继续开展环境保护专项行动，有效解决突出环境问题。四是规范征收，确保完成2010年排污费征收任务。五是保持高度警觉，积极应对突发环境事件。六是完善制度建设，强化工作措施。七是加强队伍能力建设，切实提高履职能力，推动云南省环境执法工作实现跨越式发展。

杨副厅长要求云南省广大环境执法战线的干部职工一定要认清形势，抓住机遇，乘势而上，树立新作风，创造新成绩，不断提高环境执法监管能力和水平，以更加饱满的工作热情和不懈的创新精神，迎接挑战，攻坚克难，为全面实现云南省“十一五”环境保护目标做出应有的贡献。

会议在各组充分分析讨论云南省环境监察执法工作面临的形势和任务、存在的困难和机遇、奋斗的目标和措施的基础上，云南省环境监察总队黄杰总队长为会议做了简明扼要的总结。

二、云南省环境监察会在芒市召开①

2011年5月6日，云南省环境监察工作会在芒市召开。杨志强副厅长做了题为“科学谋划、勇于创新、努力实现我省环境监察工作全面协调发展”的重要讲话。与会代表观摩了德宏傣族景颇族自治州污染源在线监控系统，会议分3组进行了讨论。来自云南省16个州（市）环境保护局分管局领导、监察支队长及重点县（市）环境保护局局长、监察大队长等近180人参会。

三、川滇两省联合开展溪洛渡电站环境监察联合执法行动②

2011年10月19—20日，滇川两省联合对溪洛渡水电站开展环境监察。此次监察行动，由云南省环境保护厅、昭通市环境保护局、永善县环境保护局和四川省环境保护厅、凉山州环境保护局、雷波县环境保护局的省、市、县三级环境保护部门共同参与，旨在贯彻落实国家环境保护法律法规和环境保护制度，督促企业落实节能减排措施，实现重点工程建设与经济社会和谐发展。

在云南省环境监察执法总队副总队长邓聪和四川省环境监察执法总队副总队长芮永

① 云南省环境监察总队：《全省环境监察会在芒市召开》，http://sthjt.yn.gov.cn/zwxx/xxyw/xxywrdjj/201105/t20110512_8556.html（2011-05-12）。

② 昭通市环境保护局：《川滇两省联合开展溪洛渡电站环境监察联合执法行动》，http://sthjt.yn.gov.cn/zwxx/xxyw/xxywrdjj/201111/t20111102_9063.html（2011-11-02）。

峰的带领下，工作人员抽查了溪洛渡水电站部分施工企业。在检查中，工作人员先后深入溪洛渡工程污水处理厂、修理车间、低线砼生产系统、混凝土拌和系统、人工骨料加工系统等部位，查看了有关环境保护制度、措施的落实情况和废水、废油的处置情况。工作人员表示将严格按照国家环境保护法律法规和环境保护制度开展工作，如发现环境保护措施落实不到位的情况，将严肃按有关规定，采取必要措施，予以纠正。

据悉，截至2011年9月底，溪洛渡水电站封闭施工区、辅助道路施工区、对外交通道路施工区和普洱渡转运站施工区累计完成环境保护和水土保持投资10.20亿元。配套建设有四个集中式污水处理场，使生活污水得到了有效处理。砂石加工、混凝土生产、机修系统配套建设了废水处理系统等环境保护设施，使溪洛渡施工区生产废水得到了充分收集处理。采取了洒水或其他的抑尘措施，以减少施工作业产生的扬尘，栽植乔木6.8万株、灌木28万株，绿化面积达118万平方米，极大地改善了施工环境。

四、云南省规范环境监察执法模块化文书①

2012年6月28日，云南省环境监察总队要求云南省规范环境监察执法模块化文书。根据2012年云南省环境监察工作要点，为进一步提升云南省环境执法水平和效能，规范环境监察执法模块化文书，实现环境监察工作的精细化、模块化管理，云南省环境监察总队将对各行业执法模块化文书进行规范，使之常态化、长期化，不断使云南省环境监察执法能力进入长效管理轨道。

2012年2月，云南省环境监察总队成立了环境监察执法文书模块化管理课题研究工作领导小组，明确责任分工。5月上旬，利用3天时间，集中总队科级以上干部实行封闭式管理，对“焦化”“铅冶炼”“纸浆造纸”“自然保护区”“城镇污水处理”“畜禽养殖”“突发环境事件”“重点流域监察资料汇编”8个行业执法模块化文书逐一进行了研究规范。同时下派工作组进行现场实践，在实践中再进行修改。2012年5月底，云南省环境监察总队邀请云南省环境保护厅专家组对8个模块化文书逐一进行评审，形成了环境监察执法模块化文书。6月中旬，云南省环境监察总队组织了全省166名环境监察人员进行培训推广，期间组织部分支队和大队领导进行了座谈。2012年下半年，云南省环境监察总队将对其他行业模块化文书进行规范，并装订成册下发各基层单位使用。

---

① 云南省环境监察总队：《云南省规范环境监察执法模块化文书》，http://sthjt.yn.gov.cn/zwxx/xxyw/xxywrdjj/201206/t20120629_9630.html（2012-06-29）。

五、楚雄市加强环境监管维护社会稳定迎接党的十八大[①]

2012年10月30日，为迎接党的十八大胜利召开，楚雄市环境保护局切实将强化环境监管作为环境保护工作的重中之重，对重点行业、重点企业、重点污染物采取有效措施强化监管，维护群众的环境权益，改善辖区的环境质量，保障全市环境安全，积极营造稳定和谐的社会环境。

一是加强涉及重金属企业环境监管。楚雄市环境保护局从2012年10月初开始组成以环境监察大队为主的检查组，对楚雄市涉及重金属企业进行了现场检查，重点对楚雄滇中有色金属有限公司的厂内应急贮存设施和专业处置场、楚雄小水井金矿尾渣坝、云南开关厂废物临时贮存场所等使用管理情况、“三防”措施落实情况、废水的循环利用情况等多个方面进行严格检查和规范，确保污染物安全有效管理，提高环境质量。

二是加强对危险废物企业环境监管。对楚雄市产生危险废物的企业进行认真检查，重点对楚雄鑫华化工有限公司、楚雄滇中有色金属有限公司等企业，明确提出要认真填写台账信息、完善危险废物产生记录、建设规范的危险废物处置设施、严格执行危险废物转移联单制度等要求，以实现对危险废物产生、储存、转移、处置全过程监管，有力消除对楚雄市环境安全构成威胁的环境隐患。

三是加强对涉及放射源单位的环境监管。在全国开展核技术利用单位辐射环境管理专项行动的基础上，认真巩固专项行动成果，对楚雄市涉及放射源和放射性同位素的单位进行定期督查，重点对红塔集团楚雄卷烟厂、楚雄晋德木业公司、楚雄彝族自治州人民医院等涉及放射源、放射性同位素及射线装置的单位进行现场检查，保证安全管理和使用。

四是加强对饮用水水源地的环境监管。饮水安全工作是关系到社会稳定和群众切身利益的重中之重，楚雄市环境保护局一方面加强水源地周边的现场巡查；另一方面加强水质检测频次，严格监控水质情况，保证市民的饮用水源水质安全。

五是狠抓环境信访矛盾化解。严格执行24小时带班和应急值班制度，确保环境投诉电话“12369”和应急值班电话畅通。对于群众反映的环境问题，认真及时开展调查处理，做到件件有落实，事事有回音，有力维护群众的环境权益，促进社会和谐稳定。并严格执行每天的信访“零报告”和每周一的维稳信息排查报告制度。

---

① 云南省环境保护专项行动联席会议办公室：《楚雄市加强环境监管维护社会稳定迎接党的十八大》，http://sthjt.yn.gov.cn/hjjc/hbzxxd/201211/t20121102_36242.html（2012-11-02）。

六、云南省召开全省环境监察和污染防治工作会议[①]

2013年7月1日，为研究部署环境监察、污染防治、污染减排，深入推进环境保护专项行动等重点工作，云南省环境保护厅在昆明召开了2013年度全省环境监察和污染防治工作会议。全省16个州（市）的分管副局长以及环境监察支队等各相关处室负责人共130余人参加了会议。

云南省环境保护厅杨志强副厅长出席了会议并做了讲话。杨志强副厅长对2012年以来环境监察、污染防治和污染减排工作情况进行了简要总结，分析了当前工作面临的形势以及存在的问题，就环境保护专项行动、环境安全大检查工作进行了全面部署，并对2013年下半年的各项重点工作逐条提出了明确要求。

针对2013年的环境保护专项行动，杨志强副厅长强调，要利用好挂牌督办这个有力抓手，加强挂牌督办，务求取得实效。各地一定要把挂牌督办事项办好、办实，做到查处到位、整改到位、责任追究到位，使这些问题真正得到解决，消除环境安全隐患，减少社会不稳定因素，为广大人民群众真正做实事。省级和各州（市）环境保护专项行动领导小组要加大督办力度，推动挂牌督办事项取得实效。

会上，环境监察系统、污染防治部门、污染减排部门，分别就当前工作中的困难和问题以及推进2013年下半年重点工作进行了分组讨论。参会人员表示，一定要抓紧2103年下半年的时间，进一步加大工作力度，全力推进各项重点工作，务求取得实效。

七、云南省环境监察总队检查红河哈尼族彝族自治州涉重金属企业[②]

2014年7月21—26日，云南省环境监察总队对红河哈尼族彝族自治州涉及重金属企业开展了一轮现场监察，重点对红河哈尼族彝族自治州德远环境保护有限公司“红河危险废物和医疗废物处置场工程”项目进行了试生产前环境监察，并对红河哈尼族彝族自治州金平县的金平锌业有限责任公司、金平长安矿业有限公司等企业进行了现场检查。

在现场检查时，云南省环境监察总队发现“红河危险废物和医疗废物处置场工程”项目大约完成工程总量的90%，砼截洪沟、传达室、挖运基础土方、综合楼、隧道工程、食堂浴室小车库等尚未建成。个旧市云南乘风有色金属股份有限公司、红河合众锌

① 云南省环境监察总队：《云南省召开全省环境监察和污染防治工作会议》，http://sthjt.yn.gov.cn/hjjc/hbzxxd/201308/t20130801_39953.html（2013-08-01）。

② 云南省环境监察总队：《云南省环境监察总队检查红河州涉重金属企业》，http://sthjt.yn.gov.cn/hjjc/hbzxxd/201408/t20140815_49099.html（2014-08-15）。

业有限公司个旧化肥厂、个旧市锡城有色金属废渣处理厂 3 家企业的在线监测系统，存在着在线监测系统运维台账和日常巡检记录不规范、未完全记录数据异常情况产生原因和修复记录、标气和氮气过期的情况，而且在线监控室内均未安装空调，室内温度较高。金平锌业有限责任公司仍采用落后的工艺，生产设施简陋，露天作业，堆浸矿下方用塑料膜铺设收集堆浸液，存在着较大的环境安全隐患。云南省环境监察总队现场对相关企业提出了整改要求，明确了整改内容和整改时限。

八、曲靖市继续加大涉重金属企业的监察力度①

2014 年 8 月 20 日，曲靖市 2014 年整治违法排污企业保障群众健康环境保护专项行动已全面展开，其中重点对涉及重金属排放企业、医药制造企业环境保护措施落实情况进行检查、整治，推动全市环境质量进一步改善。曲靖市将利用 3 个月时间，集中对大气污染防治重点任务落实情况，以及重金属排放企业、医药制造企业环境保护措施落实情况进行全面排查，对存在的环境违法问题进行检查，查处一批典型违法案件，整治一批污染企业。实行明查与暗查、日常巡查与突击检查、昼查与夜查、工作日查与节假日查、晴天查与雨天查“五个结合”，并对重点污染源和问题突出企业实行监督，用例行检查、实时数据监控、行政处罚等方法，预防、打击和震慑环境违法行为。此次环境保护专项行动，将以污染严重的流域、区域为重点，着力解决损害群众监控和影响可持续发展的突出环境问题，并继续开展大气污染防治专项检查，加强重点污染源环境治理。

九、环境保护部西南督查中心对保山市进行环境执法稽查②

2015 年 5 月 11—15 日，环境保护部西南督查中心组成稽查组，对保山市及所辖部分县（区）开展了环境执法稽查。此次稽查采取摸底调查、查阅资料、开展现场检查相结合的方式。稽查主要内容为保山市各级人民政府及环境保护部门对《中华人民共和国环境保护法》和国务院办公厅《关于加强环境监管执法的通知》的落实情况。

稽查组一行查阅保山市各级环境保护部门及产业园区环境保护机构环境保护工作开展情况的档案材料，分别对保山市隆阳区、施甸县和腾冲县进行现场核查，并向保山市人民政府和环境保护部门反馈稽查情况。

---

① 云南省环境专项行动联席会议办公室：《曲靖市继续加大涉重金属企业的监察力度》，http://sthjt.yn.gov.cn/hjjc/hbzxxd/201409/t20140904_49402.html（2014-09-04）。

② 云南省环境监察总队：《环境保护部西南督查中心对保山市进行环境执法稽查》，http://sthjt.yn.gov.cn/zwxx/xxyw/xxywrdjj/201505/t20150527_78156.html（2015-05-27）。

稽查组认为保山市各级环境保护部门开展了大量日常性环境保护工作，政府领导对环境保护工作高度重视。同时指出保山市在《中华人民共和国环境保护法》施行和国务院办公厅《关于加强环境监管执法的通知》的落实方面还存在一些不足，各级党政领导、有关部门领导及企业事业单位领导等重点人群对《中华人民共和国环境保护法》的学习掌握还有待提高。稽查组对检查发现的问题一一进行了通报，要求相关责任单位立即着手整改，稽查组将随时关注整改情况。

十、云南省环境监察总队检查云南先锋化工有限公司①

2015 年 6 月 25 日，云南省环境监察总队对云南先锋化工有限公司进行现场环境监察。根据 2014 年 12 月 17 日《省环境保护厅约谈云南先锋化工有限责任公司会议纪要》（第 30 期）和《云南省环境安全隐患排查整治工作方案》要求，2015 年 4 月 14 日、6 月 3 日、6 月 25 日，云南省环境监察总队执法人员先后会同云南省环境保护厅环境影响评价管理处、昆明市环境保护局、寻甸县环境保护局对该公司进行现场检查，发现先锋褐煤洁净化利用试验示范工程四个项目（煤焦油加工及合成油项目，褐煤清洁煤气化项目，汽热电联产项目和液化天然气项目）均自 2014 年 4 月 9 日试生产起已超过 1 年未取得项目变更事项补充环境影响评价批复；试生产期间未办理环境保护竣工验收手续，且在昆明市环境保护局 2015 年 1 月 20 日、3 月 4 日不同意延期试生产的情况下，企业仍然开展生产，未取得排污许可证，属违法排污。

针对云南先锋化工有限公司未取得排污许可证违法排污的行为，云南省环境监察总队执法人员依据《中华人民共和国环境保护法》第四十五条规定当场责令其停止违法排污行为，并将相关调查报告上报云南省环境保护厅，拟对其环境违法行为进行立案处理。

十一、云南召开 2016 年全省环境监察暨环境应急工作会议②

2016 年 3 月 15—16 日，云南省 2016 年环境监察暨环境应急工作会议在昆明召开，各州（市）环境保护局分管监察的局领导、监察支队长等人员参加。云南省环境保护厅副厅长杨志强出席会议并作重要讲话，云南省纪委派驻云南省环境保护厅纪检组组长冯胜瑜为参会人员作党风廉政教育。

---

① 云南省环境监察总队：《云南省环境监察总队检查云南先锋化工有限公司》，http://sthjt.yn.gov.cn/zwxx/xxyw/xxywrdjj/201507/t20150707_90618.html（2015-07-07）。

② 云南省环境监察总队：《云南召开 2016 年全省环境监察暨环境应急工作会议》，http://sthjt.yn.gov.cn/zwxx/xxyw/xxywrdjj/201603/t20160328_151024.html（2016-03-28）。

会议总结了“十二五”以来全省环境监察工作，充分肯定了全省环境监察工作取得的成绩，分析了当前环境监察工作面临的形势和存在的问题，安排部署了2016年环境监察和环境应急工作。昆明市、德宏傣族景颇族自治州、大理白族自治州、文山壮族苗族自治州、富宁县分别围绕环境安全隐患大排查、洱海环境监管、后督查整改落实及突发环境事件应急处置工作做交流发言。

杨志强副厅长对“十二五”期间全省环境监察工作给予充分肯定，工作卓有成效，全省环境安全得到充分保障，但是能力建设仍有不足、应急处置能力与风险防范要求还有差距。2016 年是“十三五”开局之年，全省要全力抓好以下工作：一是安全隐患大排查的整改落实。二是进一步建立健全网格化环境监管体系。三是全面落实随机抽查方案。四是全力做好环境督查工作。五是继续抓好环境保护法实施。六是强化环境监察稽查和后督察工作。七是做好环境应急管理和排污费征收工作。八是严格环境执法信息公开。九是加强监察基础能力建设。

冯胜瑜就环境监管执法责任主体和党风廉政建设向与会人员作辅导，阐述了环境监察的重要性，深入分析当前生态文明建设和环境保护面临的形势，提出环境保护是生态文明建设的主战场，要求全省环境监察干部切实处理好经济发展与环境保护的关系，要大家保持共产党人的政治本色，做廉洁自律的表率，切实维护人民群众的环境权益。

十二、云南省环境监察总队约谈3家钢铁企业①

2016 年 4 月 19 日，云南省环境监察总队集体约谈了云南玉溪玉昆钢铁集团有限责任公司（以下简称玉昆钢铁）、玉溪新兴钢铁有限公司、云南玉溪仙福钢铁（集团）有限公司 3 家钢铁生产企业。

云南省环境监察总队通报了 3 家企业环境保护手续不全、未依法公开环境信息、不正常运行污染防治设施等问题。3 家企业代表对通报的问题均予以认可，并表示将积极进行整改。

在约谈会上，云南省环境监察总队总队长黄杰对3家企业提出了明确的整改要求。一是要进一步提高环境保护守法意识。当前，环境保护先行、绿色发展理念已经成为经济社会发展的普遍要求，希望企业认真学习新法新规、知法守法，努力尽好环境保护责任，做一个有担当的企业。二是要针对此次约谈告知的违法问题立即进行整改，要举一反三，认真查找企业环境保护相关环节是否还存在隐患，坚决杜绝类似违法问题再度发生。三是玉昆

① 云南省环境监察总队：《云南省环境监察总队约谈 3 家钢铁企业》，http://sthjt.yn.gov.cn/zwxx/xxyw/xxywrdjj/201604/t20160428_152148.html（2016-04-28）。

钢铁在约谈的3家企业中违法问题尤为严重，且近两年来连续因环境违法行为受到处罚，应当引起高度警觉，否则将被严厉的环境保护政策所淘汰，希望被约谈的其他两家企业引以为戒。四是对3家企业的环境违法问题，云南省环境监察总队将依据法律、法规做出处理。

十三、云南省环境监察总队集中约谈 10 家污水处理厂①

2016 年 9 月底，云南省环境监察总队组织对全省 10 家超标排放的污水处理厂进行了集体约谈。

云南省环境监察总队通报了对企业的检查情况、存在问题和违法事实。监控数据材料显示，2016 年 7 月期间，宜良县排水公司阳宗海污水处理厂、镇雄县水务产业投资有限公司、昭通市供排水公司污水处理厂、云县污水处理有限责任公司、镇康县恒稳市政供排水有限责任公司、个旧市污水处理厂、剑川县城市污水处理有限责任公司、香格里拉县供排水有限责任公司、维西县污水处理厂、芒市城市污水处理厂均存在超标排放的行为。

云南省环境监察总队针对以上的违法行为，通报了企业违反的法律法规及处理依据；10 家企业均认可所存在的违法事实，对存在的问题进行申辩陈述，并表示积极整改；云南省环境监察总队对企业提出了明确的环境保护管理要求，指出检查污水处理厂是环境保护部 2016 年重点行业环境保护专项执法检查工作的重要内容，对涉嫌环境犯罪的，要及时移送公安机关依法追究刑事责任。对 10 家企业的环境违法问题，云南省环境监察总队将依据法律、法规做出处理。

第六节　环境保护宣传教育史料

一、云南全省节能宣传活动在昆明启动②

2009 年 6 月 16 日，全国节能宣传周云南省宣传活动在昆明启动。

2009 年全国节能宣传周活动的主题是“推广使用节能产品，促进扩大消费需

---

① 云南省环境监察总队：《云南省环境监察总队集中约谈 10 家污水处理厂》，http://sthjt.yn.gov.cn/hjjc/hbzxxd/201609/t20160926_160169.html（2016-09-26）。

② 田逢春：《云南全省节能宣传活动在昆明启动》，http://sthjt.yn.gov.cn/zwxx/xxyw/xxywrdjj/200906/t2009 0617_6907.html（2009-06-17）。

求”。云南省将开展以绿色引领生活，节能在你身边为重点的丰富多彩的系列活动，在全省范围内宣传节能典型经验和先进适用技术，努力营造浓厚的节能氛围，倡导全社会共同行动，依法节能。

活动由云南省发展和改革委员会、教育厅、科技厅、财政厅、环境保护厅、建设厅、交通厅、农业厅等15个部门联合主办。

活动期间，云南省节能办公室和云南省质量监督局对昆明市内销售的家电产品能效标识、“家电下乡”及家电“以旧换新”等情况进行检查。此外，各州（市）、各行业也将开展丰富多彩的节能宣传周活动。

在节能启动仪式上，云南省表彰了2008年高效照明推广先进单位和先进个人，并举行了节能宣传车队发车仪式。

二、西双版纳傣族自治州开展领导干部生态文明宣传教育推进生态州建设①

2009年12月18日，为进一步推进西双版纳傣族自治州国家生态州建设，增强各级领导干部的生态文明理念，提高可持续发展观，西双版纳傣族自治州积极开展各级党政干部生态文明建设宣传培训。在培训中，州环境保护局领导分别多次就加快生态文明建设、实施生态立州战略、建设生态州有关内容进行宣传与授课。西双版纳傣族自治州先后对全州4期县处级干部培训班处级干部（475人）和5期州级机关科级干部培训班科级干部（约800多人），以及勐腊县两期乡科级干部（314人）进行了生态文明建设培训教育。同时，为推进农村生态创建工作。5月，勐海县环境保护局组织国家级农村环境保护示范县农村环境保护培训班，对全县117位领导干部进行了相关环境保护的培训与宣传。8月初，勐海县环境保护局再次就农村环境保护对相关领导干部进行了宣传和培训。

至此，西双版纳傣族自治州约2000位领导干部参加了生态文明相关知识的培训教育，为下一步全面推进生态州建设奠定了基础。

三、“昆明宣言”发出绿色倡议②

2010年12月12日，第三届中国绿色发展高层论坛在昆明通过“昆明宣言”，再次

① 西双版纳州环境保护局：《开展领导干部生态文明宣传教育 推进生态州建设》，https://sthjj.xsbn.gov.cn/315.news.detail.dhtml?news_id=654（2009-12-18）。

② 昆明市环境保护局：《“昆明宣言”发出绿色倡议》，http://sthjj.km.gov.cn/c/2010-12-13/2143557.shtml（2010-12-13）。

向世界发出绿色发展倡议。

宣言指出，当今世界，在经济发展与资源环境矛盾日益突出的情况下，发展绿色经济已成为一个重要趋势。如何在生态环境容量和资源承载力的约束条件下，坚持走以人为本、推动环境保护作为实现可持续发展重要支柱的新型发展之路，是实现世界和平发展和现代化的客观要求和必然选择。为此，倡议各级政府、各类企业以及媒体共同努力，实现“绿色梦想”。

宣言指出，各级政府应积极探索绿色发展模式，构筑绿色产业体系，推动绿色产业发展。应抓住绿色经济发展带来的契机，开展绿色发展合作，引导绿色投资，培育新能源、新材料等绿色产业新的增长点，建立健全绿色发展机制，加强绿色发展管理执法，实行绿色发展科学考核。

宣言倡议各类企业牢固树立生态文明理念，倡导绿色消费。企业应勇于承担绿色责任，积极开展绿色创新，大力推广绿色技术，加强绿色管理，生产绿色产品，把节约文化、环境道德纳入社会运行的公序良俗，把资源承载能力、生态环境容量作为经济活动的重要条件，引导公众自觉选择节约环境保护、低碳排放的消费模式。

宣言提出，媒体应广泛传播绿色文明理念，形成有利于绿色经济发展的舆论环境，争当绿色文化传播的使者，开展绿色教育，示范绿色实践。在所覆盖的范围内进行全方位、多层次的宣传，形成绿色传播网络，为提高公众的资源、环境、可持续发展意识而努力。

四、云南省多措并举增强六五世界环境日宣传渗透力①

2011 年六五世界环境日期间，云南省紧紧围绕“共建生态文明，共享绿色未来”这一世界环境日中国主题，结合正在全力推进的“两强一堡”发展战略和七彩云南保护行动，采取多种方式拓宽宣传途径，把基层环境保护一线主要工作和群众关心的热点问题作为宣传重点，切实增强宣传的吸引力和渗透力，更加充分调动了公众参与环境保护的积极性和自觉性。

在开展宣传活动中，云南省人民政府组织专题新闻发布会通报了全省环境保护工作情况、发布了《2010 年云南省环境质量状况公报》、在云南电视台举办了生态文明系列讲座。全省各地紧密结合环境保护工作实际，把宣传阵地设在城市广场、饮用水源保护区、主要河湖沿岸、乡镇集市和庙会、企业生产区等地，通过张贴环境保护标语、宣讲环境保

① 蒋朝晖、曹雄：《云南省多措并举增强“六·五”世界环境日宣传渗透力》，http://sthjt.yn.gov.cn/zwxx/xxyw/xxywrdjj/201106/t20110607_8639.html（2011-06-07）。

护法规、普及环境保护知识、践行环境保护活动、参观环境保护企业、体验环境保护成果等多种形式，吸引更多公众踊跃加入宣传活动。如昆明市利用新闻媒体刊登市领导署名文章和全市“十一五”环境保护成就、利用广播电视和公交车视频等播放宣传语、举办24小时环境保护生活十大创意金点子评选、通过手机短信发送保护滇池宣传语。同时，昆明市还把“生态文明新昆明·绿色健康好生活”主题活动现场设在滇池湖畔的盘龙江入湖口生态林广场，组织行政河长、市民河长与企业、媒体、部队、公众等代表一起发布保护环境联合宣言，引领公众体验“生态盘龙江·感受新昆明”。昆明市盘龙区、禄劝县、宜良县分别在松华坝水库、云龙水库水源保护地和南盘江两岸开展形式多样的水环境保护宣传活动，政府领导、环境保护人员面对面解答群众普遍关心的焦点和难点问题。昆明市西山区黑林铺街道办事处利用6月30日是当地海源寺传统庙会的日子，组织志愿者和社区工作人员在人员密集的庙会给老百姓发放宣传资料，发布“保护滇池，让母亲湖重放异彩”的倡议书，动员公众共同参与辖区6条入滇河道保护、监督违法排污行动。

此外，云南省各地还利用世界环境日宣传活动促进一些环境保护问题的尽快解决。如曲靖市陆良县委、县人民政府在加大对企业环境保护现状调研的基础上，组织政府相关部门领导和企业代表召开六五世界环境日专题座谈会，一起商讨解决当前环境保护重点难题的具体办法，深受企业欢迎。

为确保宣传活动质量，云南省环境保护厅副厅长任治忠带领云南省环境保护宣传教育中心人员多次到基层环境保护部门进行检查指导。全省各地按照云南省环境保护厅的统一部署，举办的一系列宣传纪念活动富有成效，公众参与热情显著增强。

五、云南省环境保护宣传教育中心开展业务知识讲座　提高人员业务水平①

2012年2月15—16日，云南省环境保护宣传教育中心邀请了云南省环境保护厅自然生态保护处孙凤智和总工程师杨春明两位同志，分别就公文的规范与写作和云南省环境保护工作形势及“十二五”工作思路，对全体职工进行了知识讲座。

孙凤智同志结合自身工作经验和中心上报公文中存在的问题，向大家讲解了机关公文的规范及常用几种公文写作的技巧、方法和注意事项。通过讲解，使云南省环境保护宣传教育中心全体人员对公文的规范和写作有了基本了解，对规范云南省环境保护宣传教育中心公文格式、提高公文写作能力奠定了基础。

---

① 云南省环境保护宣传教育中心：《云南省环境保护宣传教育中心开展业务知识讲座　提高人员业务水平》，http://sthjt.yn.gov.cn/zwxx/xxyw/xxywrdjj/201202/t20120223_9302.html（2012-02-23）。

杨春明总工程师引用大量的资料和数据，对我国、云南省现阶段的环境保护工作取得的成绩、存在的问题、面临的困难进行了讲解和分析，同时通过解读云南省“十二五”环境规划，特别对“十二五”环境保护工作的总体思路和框架，以及需要把握的重点进行了讲解，并对参会人员提出的问题做了详细解释。

2012 年是云南省环境保护宣传教育中心全面增强人员业务能力，提高工作质量建设年，云南省环境保护宣传教育中心将采取请进来、走出去、相互教、自己学，有计划、有步骤的采取业务知识讲座、送部分同志外出学习等办法，不断提高干部职工的业务素质。同时，云南省环境保护宣传教育中心将建立业务知识学习考核奖惩规定，激励和鞭策全体同志学习业务的积极性，全面提升云南省环境保护宣传教育中心人员的业务技能水平，促进各项工作的开展。

六、云南省环境保护宣传教育中心加强与高校环境保护社团合作[①]

2012 年 3 月 18 日上午，云南省环境保护宣传教育中心主任程伟平参加了云南大学环境保护社团唤青社成立十五周年的庆典活动并致辞。程伟平在致辞中充分肯定了云南大学唤青社十五年来为环境保护事业所做的工作，并对云南省环境保护宣传教育中心与唤青社等高校环境保护社团加强今后的合作从三个方面进行了明确说明。

一是要形成良好的长效合作机制。希望整合昆明各高校环境保护社团的力量与资源，通过有计划地开展有深度、有广度、能连续持久开展的有影响力的活动，加强与各高校环境保护社团的合作，并形成长效机制。

二是扩大合作的广度和深度。主要是多开展一些关系民生、公众关心的环境保护活动，并将此类活动不断引向深入，形成影响力，增强社团的生命力。

三是积极争取社会支持。大学生环境保护社团有热情、有知识、有活力，但普遍存在经费少的难题，可以通过合作开展有社会影响力的活动争取社会各方支持。

七、晋宁县环境保护局积极谋划 2013 年环境保护宣教工作[②]

2013 年 2 月，为切实加强环境保护宣传教育工作，努力营造良好的舆论氛围，促进

① 云南省环境保护宣传教育中心：《云南省环境保护宣传教育中心加强与高校环保社团合作》，http://sthjt.yn.gov.cn/zwxx/xxyw/xxywrdjj/201203/t20120321_9380.html（2012-03-21）。

② 昆明市环境保护局：《晋宁县环境保护局积极谋划 2013 年环保宣教工作》，http://sthjj.km.gov.cn/c/2013-02-28/2143707.shtml（2013-02-28）。

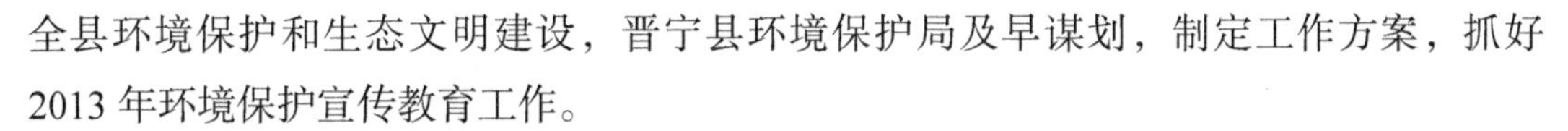

全县环境保护和生态文明建设，晋宁县环境保护局及早谋划，制定工作方案，抓好2013年环境保护宣传教育工作。

2013年，晋宁县环境保护局宣传教育工作指导思想是以党的十八大精神为指导，紧紧围绕全县环境保护中心工作和生态文明建设，服务大局，精心策划，内外协作，创新宣传形式，大力开展环境保护宣传工作，着力提高宣传工作水平。通过信息宣传、开展环境保护行动和生态文明建设，进一步普及环境保护法律、法规，增强全民环境保护意识，倡导绿色、低碳的生活消费方式，在全社会形成自觉保护环境和推进生态文明建设的强大合力，为生态文明建设提供强有力的舆论支持和浓厚的社会氛围。

一是充分利用报刊、网络、电视等形式，广泛深入地开展环境保护宣传工作。积极向主流媒体投稿，宣传报道晋宁环境保护工作取得的新成绩、新经验、新典型。

二是及时搞好环境保护专题会议的宣传报道工作，向社会宣传环境保护最新动态，弘扬生态文明。

三是深入开展丰富多彩的环境保护宣传活动。在六五世界环境日，组织开展形式多样、内容丰富、范围广泛的专题宣传活动，结合晋宁县开展的“四创两争”工作，大力宣传晋宁县环境保护事业发展取得的丰硕成果；开展环境保护宣传进学校、企业、农村、社区活动，激发群众参与环境保护、支持环境保护的热情，助力晋宁县生态文明建设。

四是开展绿色创建主题宣传。以创建“绿色社区”“绿色学校”“生态乡镇”“生态村”为重点，广泛宣传环境保护，引导大众参与环境保护，发挥典型示范作用，提升生态文明水平。

八、六五世界环境日宣传纪念活动顺利举行[①]

2013年6月3日上午，在昆明市第七污水处理厂门口，云南省环境保护厅举行六五世界环境日宣传纪念活动启动仪式，来自云南省环境保护厅、昆明市环境保护局等相关部门领导、专家和群众共200余人参加。在活动仪式上，云南省环境保护宣教中心书记程伟平宣布了“爱我美好家园，我们一起行动”的宣传主题，介绍了世界环境日的来由，呼吁全民参与环境保护行动。滇池度假区实验学校的学生代表环境保护小卫士在仪式上献辞，表达了争做环境保护小卫士的信心和决心，并号召昆明市的小学生都来争做环境保护小卫士。云南省环境保护厅副厅长陈志华宣布六五世界环境日宣传纪念活动启

① 昆明市环境保护局：《六·五世界环境日宣传纪念活动顺利举行》，http://sthjj.km.gov.cn/c/2013-08-09/2143774. shtml（2013-08-09）。

动仪式正式开始。

在活动仪式结束后，参加启动仪式的全体人员分为4个组开展活动，6位环境保护专家组成的宣传释疑组解答群众关心的环境保护问题；省、市、区领导，社区群众和小学生组成的植树组参加在滇池湿地的植树活动；云南省环境保护厅、共青团云南省委组成的垃圾清捡组开展垃圾清捡活动；昆明滇池国家旅游度假区环境保护局、海埂街道办事处工作人员组成的漂物打捞组参与河道保洁公司打捞河道漂浮物。参加仪式的人员都亲身体验了一次真正意义的环境保护活动。

通过此次宣传活动，宣传了环境保护法规，普及了环境保护知识，正面引导环境保护舆论，提高了公众环境保护意识，增强了公众保护环境的自觉性。

九、安宁市举行“生态文明建设托起美丽中国”专题宣讲活动①

2013年9月12日，由安宁市委宣传部牵头，邀请昆明市生态文明建设宣讲团成员、昆明市食品药品监督管理局机关党委书记罗斌作题为“生态文明建设托起美丽中国”的专题宣讲。安宁市各部门相关领导及市环境保护局全体干部职工共120多人听取宣讲。

在宣讲过程中，宣讲员罗斌同志结合实际、内容具体、深入浅出、简明易懂地宣讲了生态文明的内涵和做好生态文明的重要性、紧迫性等内容。

此次宣讲，与会人员很受启发。大家进一步认识到生态文明是人类在改造客观世界的同时，改善和优化人与自然的关系，建设科学有序的生态运行机制，体现了人类尊重自然、利用自然、保护自然、与自然和谐相处的文明理念。建设生态文明、树立生态文明观念，是推动科学发展、促进社会和谐的必然要求。它有助于唤醒全民族的生态忧患意识，认清生态环境问题的复杂性、长期性和艰巨性，持之以恒地重视生态环境保护工作，尽最大可能地节约资源、保护生态环境。

十、环境保护宣传深入企业②

2013年9月17日，晋宁县环境保护局组织6名环境保护宣传人员，深入晋宁县二街工业片区内的企业，开展了以“保护生态环境 建设美丽晋宁”为主题的环境保护宣传活动。

---

① 昆明市环境保护局：《安宁市举行“生态文明建设托起美丽中国”专题宣讲活动》，http://sthjj.km.gov.cn/c/2013-09-18/2143792.shtml（2013-09-18）。

② 昆明市环境保护局：《环保宣传 深入企业》，http://sthjj.km.gov.cn/c/2013-09-25/2143789.shtml（2013-09-25）。

宣传活动主要以向企业员工进行环境保护知识宣讲、发放宣传资料及召开专题座谈会的形式开展。在此期间，晋宁县环境保护局环境保护宣传人员热情地向企业员工讲解了环境保护的相关知识和法律法规，接待现场咨询 120 余人次，并组织专业人员就企业员工关心的环境保护问题召开了专题座谈会，会上企业员工踊跃提问，环境保护宣传人员都耐心的一一进行了作答。在宣传活动中，晋宁县环境保护局环境保护宣传人员向各企业员工发放了 280 多份环境保护宣传资料。

通过此次深入工业园区企业开展专题宣传活动，使企业员工进一步了解了当前晋宁县环境质量状况，提高了企业员工的环境保护观念，增强了企业员工的节能降耗意识。

下一步晋宁县环境保护局将继续加大环境保护科普宣传工作力度，形成长效机制，创新环境保护宣传形式，丰富科普宣传内容，增强宣传的针对性、时效性。从而提高科普活动的吸引力和公众参与度，使“保护生态环境，建设美丽晋宁”这一主题真正深入人心。

十一、昆明市盘龙区环境保护局积极组织“昆明市民看环境保护”①

2013 年 10 月 31 日下午，为贯彻落实昆明市委、昆明市人民政府关于开展“昆明市民看环境保护”活动的要求和精神，盘龙区环境保护局积极组织了 30 余名古幢小学师生和社区居民参观了位于春城路的南方电网节电服务中心。

在参观过程中，来自南方电网节电服务中心的专家向师生和居民们讲解了水力、火力、核能、风力、垃圾发电的原理和输电、变电常识，以及平时家庭节约用电小常识，并详细回答了同学们的提问。通过此次活动，一方面向师生普及了电力常识，提高了同学们节约用电的意识；另一方面也向社区居民进行了一次用电科普宣传。

今后，盘龙区还将继续深入开展“市民看环境保护”活动，主动让市民了解环境保护工作，接受市民的监督，倾听市民的意见和建议，为盘龙区的生态创建工作奠定扎实的群众基础！

十二、安宁市环境保护局开展市民看环境保护宣传工作②

2013 年 10 月 31 日、11 月 1 日，为普及环境保护知识，弘扬生态理念，推进安宁市

---

① 昆明市环境保护局：《盘龙区环境保护局积极组织“昆明市民看环保”》，http://sthjj.km.gov.cn/c/2013-11-01/2143803.shtml（2013-11-01）。

② 昆明市环境保护局：《安宁市环境保护局开展市民看环保宣传工作》，http://sthjj.km.gov.cn/c/2013-11-05/2143809. shtml（2013-11-05）。

各项环境保护工作，安宁市环境保护局组织安宁市金晖社区、百花社区、东湖社区、安宁市实验学校、昆钢一中等 60 人开展了“市民看环境保护”宣传活动。

在活动中，安宁市环境保护局陈光林副局长带领不同领域的市民代表参观了安宁市空气自动监测站、安宁市环境监测站、安宁市污水处理厂。对市民较为关注的“安宁市是否会出现雾霾天气？”“安宁市的空气质量如何？”等问题，对代表们做了翔实、科学的解答，一定程度消除了民众对环境保护的疑虑。市民代表认真参观了污水处理厂的进水泵房、生物反应池、活性污泥泵房、中心配水井等污水处理过程，认真听取污水处理厂厂长讲解。

通过形式多样、丰富多彩的环境宣传活动，进一步增强了群众环境保护意识，形成积极参与环境保护、支持环境保护、关心环境保护的良好氛围。

十三、昆明市盘龙区为水源区村民上环境保护课①

2013 年 11 月 13—15 日，昆明市盘龙区环境保护局工作人员在阿子营、滇源、松华三个街道办事处，免费为当地村民和相关行业负责人上环境保护培训课，向他们讲解环境保护法律法规和环境保护小常识，进一步从源头加强松华坝水源地保护工作。

松华坝水库这个数百万昆明人饮水的水源区，是昆明的主要供水地。盘龙区委、盘龙区人民政府历来非常重视松华坝水源地的保护，盘龙区环境保护局为了进一步加强源头监管，不断强化源头村民的环境保护意识，抽调了政策法规科、污染控制科、监察大队几名工作人员，为当地村民带来全面系统的环境保护培训课。

在滇源街道办事处培训会现场，很多村民和相关行业负责人早早就来了。盘龙局环境保护局工作人员结合环境污染刑事案件“两高”司法解释，以近几年或近段时间的环境保护典型案件为例，深入浅出地向大家讲解了环境保护法律法规及环境保护知识。

在培训期间，盘龙区环境保护局工作人员还向村民发放了 500 多份宣传资料。盘龙区环境保护局局长徐祥表示，环境污染事件往往是由于村民和企业负责人缺乏环境保护法律知识而导致，在水源地、河道源头开展这样的培训会，能防患于未然，能进一步加强松华坝集中式饮用水水源地的环境保护工作，切实规范水源区各类经营户的经营行为，增强当地村民的环境保护意识，建立水源地长效监管机制，确保水源安全。

① 昆明市环境保护局：《盘龙为水源区村民上环保课》，http://sthjj.km.gov.cn/c/2013-11-19/2143818.shtml（2013-11-19）。

十四、安宁市环境保护局开展法制宣传日环境保护宣传活动[①]

2013 年 12 月 4 日，为纪念第十三个全国法制宣传日，安宁市环境保护局在安宁市百花公园门口组织开展环境保护宣传活动。

在宣传活动中，安宁市环境保护局紧紧围绕“大力弘扬法治精神 共筑伟大中国梦”法制宣传日活动主题，向群众讲解环境保护知识，宣传环境保护法律、法规、政策，提供环境保护法律咨询服务，接受群众环境污染投诉。

在活动中，安宁市环境保护局发放环境保护购物袋 500 个、宣传资料 500 余份，张贴法制宣传海报 20 余份。现场解答群众咨询 7 人次，接待处理群众环境污染投诉 1 起。

通过开展形式多样的环境宣传教育工作，使环境保护宣传教育工作深入基层，接近群众，贴近生活，进一步增强了广大市民通过环境保护法律途径维护自身环境权益的意识，提高了大家节约资源，减少污染，参与保护环境的热情。

十五、晋宁县环境保护局以“三下乡”活动为契机深入开展环境保护宣传[②]

2014 年 1 月 22 日，晋宁县（今晋宁区，下同）2014 年文化科技卫生“三下乡”活动在城乡统筹实验示范区小梨园安置点正式启动，此次活动以“我们的中国梦”为主题，在全县范围内开展一系列群体性文体活动。在活动启动现场，晋宁县环境保护局组织工作人员对前来参加启动仪式的广大群众深入开展环境保护宣传工作。宣传活动主要以环境保护知识宣讲、发放宣传资料的形式开展。在此期间，晋宁县环境保护局工作人员热情向安置区广大群众讲解了环境保护的相关知识和法律法规，认真接待现场咨询。此次宣传活动，晋宁县环境保护局向民众发放了《辐射安全手册》等各类环境保护宣传资料共计 350 余份。

通过此次深入安置点开展专题宣传活动，使民众进一步了解了晋宁县的环境质量状况，提高了人民群众的环境保护观念，强化了民众的节约意识。下一步晋宁县环境保护局将继续深入开展环境保护宣传工作，并不断创新环境保护宣传形式，丰富宣传内容。通过大力的宣传提高晋宁县乡村民众的环境保护意识，促使民众为建设“美丽晋宁”贡献自己的力量。

---

① 昆明市环境保护局：《安宁市环境保护局开展“12・4”法制宣传日环保宣传活动》，http://sthjj.km.gov.cn/c/2013-12-09/2143820.shtml（2013-12-09）。

② 昆明市环境保护局：《晋宁县环境保护局以“三下乡”活动为契机深入开展环保宣传》，http://sthjj.km.gov.cn/c/2014-01-23/2143828.shtml（2014-01-23）。

十六、昆明盘龙区积极开展水源区环境保护宣传活动[①]

2014年4月24日上午，昆明市盘龙区环境保护局联合昆明市环境保护局宣传教育中心和监控中心，在松华街道办事处开展环境保护暨节能减排宣传活动。

活动现场，市、区环境保护工作人员和志愿者们向当地群众进行了以节能减排和生态建设为主的环境保护知识问答与讲解，同时免费发送环境保护布袋、节能减排手册和环境保护金点子等宣传资料。当地群众积极参与、热情高涨，有的居民还将宣传资料整理带回给同事和家人看。活动开始不到半小时，事先配套装好的1500余份宣传资料就已告罄。

在接下来的一个多月时间里，盘龙区将围绕“提高你的呼声而不是海平面”的世界主题和“向污染宣战”的中国主题，继续开展形式多样、贴近群众的环境保护宣传教育活动，从宣传战线为盘龙区生态建设添砖加瓦。

十七、昆明市呈贡区环境保护局积极参加低碳宣传活动[②]

2014年6月10日，云南省“低碳日”宣传活动开幕式在昆明会堂8号会议室隆重召开。同时，呈贡区“低碳日”宣传仪式也在呈贡区东盟大厦广场隆重举行，全区四大班子领导、企业代表、群众代表、大学生代表共计300余人参加了宣传仪式。在仪式现场，区委领导带头开展了现场兑换活动并进行了现场签名，呼吁社会各界人士参与到低碳环境保护活动中来，携手节能低碳，共建碧水蓝天。

呈贡区环境保护局全体干部职工更是以身作则，将低碳融入工作，贯穿生活。呈贡区环境保护局30余名干部职工，大部分采用步行、骑行、搭乘公共交通工具等低碳环境保护的方式上班或周末出行；各种场合尽量自带水杯，减少纸杯使用率；在进行环境保护宣传时，加大低碳宣传力度，提高民众低碳意识。呈贡区环境保护局还将继续践行各类低碳行为，以实际行动影响身边群众，共建美丽家园。

十八、昆明市盘龙区环境保护宣传教育进村入户[③]

2014年8月27日，昆明市环境保护局、盘龙区环境保护局和松华街道办事处，联

---

① 昆明市环境保护局：《盘龙区积极开展水源区环保宣传活动》，http://sthjj.km.gov.cn/c/2014-04-28/2143835.shtml（2014-04-28）。

② 昆明市环境保护局：《呈贡区环境保护局积极参加低碳宣传活动》，http://sthjj.km.gov.cn/c/2014-06-17/2143848.shtml（2014-06-17）。

③ 昆明市环境保护局：《环保宣教进村入户》，http://sthjj.km.gov.cn/c/2014-09-01/2143859.shtml（2014-09-01）。

合在位于松华坝水源保护区内的大摆村委会开展“环境保护宣传教育进村入户”活动。在松华街道办事处的统筹安排下，所有宣传用品，包括近 500 份环境保护布袋、遮阳帽、文具盒和宣传资料按村民小组被分成 5 份，并由社区工作人员逐户发送。市、区环境保护工作人员在发送的同时，还向村民宣传、讲解了水源保护区的环境保护要求和相关政策，并认真听取了村民反馈的意见和建议。所发送的宣传用品也因为实用而非常受村民欢迎。通过此次活动和交流，营造出了村民关注环境保护、支持环境保护、参与环境保护的良好氛围。

本次活动对于久旱的昆明具有重要意义，不但把环境保护宣传教育向农村家庭进行了延伸，还加强了环境保护工作人员与水源区群众之间的沟通和联系。下一步，盘龙区将再接再厉，开拓进取，不断提升环境管理的水平和质量，尤其做好松华坝水源区的保护与监管工作，为昆明市守护好后花园，也为昆明人守护好一池净水！

十九、昆明市经济技术开发区举行 2014 年滇池保护宣传月文艺演出①

2014 年 10 月 21 日，根据昆明市人民政府办公厅《关于印发滇池保护治理宣传工作实施方案的通知》要求，昆明市经济技术开发区环境保护局邀请昆明市总工会、昆明市滇池管理局、昆明滇池阳光艺术团、昆明市电视台、阿拉街道办事处等领导在阿拉街道办事处清水社区、高坡社区开展 2 场“经济技术开发区 2014 年滇池保护宣传月文艺演出活动”。

此次“经济技术开发区 2014 年滇池保护宣传月活动”共有 600 多个当地社区人员参加，活动采取以贴近群众、实际、基层的方式进行，通过艺术团演员生动活泼的花灯、歌舞、小品等节目表演，切实把滇池环境保护宣传工作深入群众、基层，大大提升了宣传效果，从而达到宣传保护滇池、河道的理念，确保实现“河道净、滇池清”的目标。

二十、云南举办“5·22 国际生物多样性日”系列宣传活动②

2015 年 5 月 22 日，为纪念第 20 个国际生物多样性日，中国生物多样性国家委员会举办了“2015 年 5·22 国家生物多样性展览”，环境保护部陈吉宁部长出席作重要讲话，并参观了展览。云南省环境保护厅积极参与了前期布展工作，展览设立了云南专版。

① 昆明市环境保护局：《经开区举行 2014 年滇池保护宣传月文艺演出》，http://sthjj.km.gov.cn/c/2014-10-24/2143870.shtml（2014-10-24）。

② 云南省环境保护厅自然生态保护处：《云南举办“5·22 国际生物多样性日”系列宣传活动》，http://sthjt.yn.gov.cn/zwxx/xxyw/xxywrdjj/201505/t20150522_78045.html（2015-05-22）。

为纪念国际生物多样性日，云南省环境保护厅举办了系列宣传活动，《中国环境报》记者对高正文副厅长就云南省生物多样性保护工作情况进行专访。云南生物多样性研究院举办了“保护生物多样性市区面对面”“云南首届大学生保护生物多样性宣传周”“大手拉小手保护生物多样性自然体验教育”等活动，传播生物多样性保护知识，以唤起公众的生物多样性保护意识，促进公众广泛关注和参与生物多样性保护。

二十一、“云南环境保护绿色讲堂进社区”活动正式启动①

2015年9月19日上午，“云南环境保护绿色讲堂进社区”活动在昆明市官渡广场举办的“社区文化大舞台”正式启动。本次活动由关上街道办事处、关上中心社区、云南省环境保护宣传教育中心、云南广播电视台都市频道、广发银行国贸支行联合组织，来自关上中心社区的居民、演员以及社区的六支志愿者队伍近万人参加了活动。

在启动仪式上，云南省环境保护宣传教育中心王云斋主任致辞，并将“云南环境保护绿色讲堂进社区”的绿旗授予了首次承办方昆明市官渡区关上中心社区主任，同时为社区居民们赠送了《环境保护小词典》。

此次活动运用多种形式和手段，深入开展保护生态、爱护环境、节约资源的宣传教育和知识普及活动，让生态文明教育进社区。同时，倡导绿色生活方式，加快建设美丽云南，使云南的天更兰、水更清、空气更清新，努力成为全国生态文明建设排头兵。启动的“云南环境保护绿色讲堂进社区”活动，就是希望通过环境保护绿色讲堂，为社区居民提供有关环境保护、生态文明和绿色生活等方面的知识培训，让他们了解环境保护的重要性、生态文明建设的必要性、绿色生活的有益性，进而加入到环境保护知识普及、绿色生活推广和建设美丽云南的行动中来，用他们自己的行动践行生态文明和绿色生活，为云南所有民众树立起标杆、榜样。

二十二、云南省环境保护宣教中心开展“12·4”全国法制宣传日活动②

2015年12月4日，云南省环境保护宣传教育中心在昆明大观公园举办了“增强环

① 云南省环境保护宣传教育中心：《“云南环保绿色讲堂进社区”活动正式启动》，http://sthjt.yn.gov.cn/zwxx/xxyw/xxywrdjj/201509/t20150928_93135.html（2015-09-28）。

② 巩立刚、厉云：《云南省环保宣传教育中心开展“12·4”全国法制宣传日活动》，http://sthjt.yn.gov.cn/zwxx/xxyw/xxywrdjj/201512/t20151205_99378.html（2015-12-05）。

境保护法制观念，保护七彩云南，共建美丽家园”主题法制宣传教育活动，向市民普及环境保护法律知识，增强环境保护法治意识，倡导市民自觉践行绿色生活，努力争做生态文明建设排头兵。云南省环境保护宣传教育中心主任王云斋同志率宣传教育中心全体人员参加了活动，云南省环境保护厅政策法规处人员莅临现场指导并参加活动。

清透的湖泊，水天一色，幽深的群山，古木参天，奇特的自然景观，旖旎秀美。在大观公园广场，一幅幅生态环境展板展现在市民面前。活动现场，整齐摆放着环境法制宣传牌，悬挂着法制宣传标语。图片展板的内容有《中华人民共和国环境保护法》、云南生物多样性概况、云南省九大高原湖泊概况及现状等。碧水蓝天，七彩祥云，大有可观。在广场大屏幕循环播放的云南生态文明建设成果宣传片等展现云南省秀丽山川、美好家园的歌曲吸引了众多群众。在活动中，云南省环境保护宣传教育中心工作人员利用展板、宣传资料向市民宣传国家环境保护法律法规，宣讲云南省加强环境保护的政策制度、措施手段、环境保护面临的形势，以及全面推进“七彩云南保护行动计划”情况。同时，现场还设置了咨询台，为群众提供环境保护方面的咨询解答，并向市民发放环境保护手册和环境保护袋1000余份。在霏霏细雨之中，大批游客驻足观看展板，与工作人员热情交谈，虽然天气寒冷，但是活动现场却暖意融融，充分体现了公众关心环境保护、热爱环境保护、参与环境保护的热情。通过此次环境保护宣传活动，市民进一步增强了环境保护法制意识、绿色生活理念和环境道德素养。

在2015年的环境保护法治文化宣传中，云南省环境保护宣传教育中心积极运用报刊、广播、电视、网站等方式，及时准确、广泛深入地宣传环境保护法律知识，使环境保护法治理念在润物无声、潜移默化中深入人心，走进千家万户。

二十三、云南省环境保护宣传教育中心参与主办“关上社区文化大舞台”活动并开展环境保护宣传①

2016年1月29日，官渡区关上中心社区2016年迎新春“社区文化大舞台”暨社会惠民服务系列活动在昆明市官渡广场隆重举行。活动以践行“创新、协调、绿色、开放、共享”五大发展理念为主题，着力打造良好精神家园、繁荣社区文化，共享文化发展成果，共谱“和谐社区”新乐章。此活动由云南省环境保护宣传教育中心、官渡区环

① 巩立刚、吴桂英：《云南省环保宣传教育中心参与主办“关上社区文化大舞台”活动并开展环保宣传》，http://sthjt.yn.gov.cn/zwxx/xxyw/xxywrdjj/201602/t20160203_102715.html（2016-02-03）。

境保护局等26家单位共同举办。云南省环境保护宣传教育中心全体人员参加了此次活动，并在活动现场组织开展了“践行绿色生活，共建美丽家园”主题环境宣传教育活动，向市民普及环境知识，倡导市民自觉践行绿色生活，共同做生态文明建设的宣传者、实践者、推动者。

活动现场，云南省环境保护宣教中心还向获得“云南省绿色社区”荣誉的关上中心社区进行了授牌。通过此次环境宣传活动，广大市民进一步增强了环境保护意识，提升了环境道德素养。

二十四、云南省环境保护宣传教育中心组织开展“4·22世界地球日”宣传活动①

2016年4月23日，由云南省环境保护宣传教育中心、昆明市园林绿化局、昆明市环境保护联合会主办，昆明市郊野公园协办的云南省环境保护流动展公益宣传活动——“4·22世界地球日纪念活动”正式举行，此次活动主要向市民普及环境保护知识，增强环境保护意识，倡导市民自觉践行绿色生活，共同做生态文明建设的宣传者、实践者、推动者，共同保护我们的地球家园。云南省环境保护宣传教育中心干部职工、昆明市市环境保护联合会秘书长傅维平和主办、协办单位相关人员参加了活动。

此次活动主要内容有五项：一是举行文艺演出。昆明市环境保护联合会合唱团演职人员围绕环境保护主题表演了合唱、独唱、舞蹈等丰富多彩的节目。二是开展环境保护宣传展览。现场展板展出了各类环境保护知识图片，并开办了环境保护宣传长廊，向市民广泛宣传国家环境保护法律法规、“十二五”云南省环境保护取得的成就，以及“十三五”提升生态环境质量、助推云南绿色发展工作重点。三是发放环境保护宣传资料。工作人员与群众亲切交谈，提供环境保护知识咨询，向市民发放环境保护手册、环境保护袋、环境保护围裙1000余个。四是开展有奖问答。设置环境保护小知识竞答，对答对的市民发放小奖品。五是向郊野公园赠送了环境保护书籍。

活动现场，精彩的节目吸引了很多游客驻足观看展板，踊跃参加有奖答题，活动现场精彩纷呈，气氛活跃，充分体现了公众关心环境、热爱绿色、参与环境保护的热情。通过此次环境保护宣传活动，进一步增强了公众关爱自然、关爱地球的理念，提升了市民环境道德素养。

---

① 巩立刚、吴桂英：《云南省环境保护宣传教育中心组织开展“4·22世界地球日”宣传活动》，http://sthjt.yn.gov.cn/zwxx/xxyw/xxywrdjj/201604/t20160425_152032.html（2016-04-25）。

二十五、“心愿熊回家”环境保护主题宣传活动启动①

2016 年 8 月 22 日下午，由南亚风情第一城、云南省环境保护宣传教育中心、昆明广播电视台联合组织开展的“心愿熊回家”活动在昆明正式启动。活动以保护生态环境、呵护地球家园为主题，着力向市民普及环境知识，倡导市民自觉践行绿色生活，共同建设美丽和谐家园。

“心愿熊回家”内容讲的是由于全球气候变暖，导致北极冰雪不断融化，北极熊不得不离开自己的生活栖息地，迷失在城市之中，人们热心帮助小熊“回家”的故事。同时，“心愿熊回家”活动也告诉人们，由于气候与环境的变化，其他一些物种也面临着“无家可归”情况，并威胁到整个地球的生态系统。在帮助“心愿熊回家”的系列活动中，小熊的故事让公众充分认识到保护环境的重要性、紧迫性和艰巨性，呼吁广大市民热爱自然、珍爱环境、关爱绿色，人人争做环境保护卫士和绿色家园的守望者、环境保护宣传的参与者、生态文明建设的推动者。

为期一个月的“心愿熊回家”活动，将组织开展“云南环境保护流动讲堂”“云南环境保护流动展”进社区、校园、公园活动，进行“聚爱同行，合力暖心”衣物捐赠，开展环境保护主题沙龙和辩论赛、“最美环境保护卫士”网络评选、千人环境保护绘画和环境保护志愿者公益活动。

二十六、云南省环境保护宣教中心抓住机会宣传云南生态文明传播绿色发展理念②

2016 年 11 月 1 日上午，应云南省清洁服务行业协会邀请，云南省环境保护宣传教育中心出席 2016 年中国首届清洁文化节系列活动。此次系列活动由中国中小商企业协会清洁行业分会举办，云南省清洁服务行业协会承办，来自全国各地清洁行业协会及全国 400 余家清洁企业 1200 余人参会。

此次系列活动主要是通过国内外清洁行业之间的交流、合作，提高云南省行业服务水平和环境维护与治理能力，进一步推动城乡环卫一体化建设，达到建设“美丽云南”“生态云南”的目标。云南省环境保护宣传教育中心为扩大环境保护宣传辐射面，主动

① 巩立刚：《“心愿熊回家”环保主题宣传活动启动》，http://sthjt.yn.gov.cn/zwxx/xxyw/xxywrdjj/201608/t20160823_158000.html（2016-08-23）。

② 云南省环境保护宣传教育中心：《云南省环保宣传教育中心抓住机会宣传云南生态文明传播绿色发展理念》，http://sthjt.yn.gov.cn/zwxx/xxyw/xxywrdjj/201611/t20161103_161423.html（2016-11-03）。

抓住机会，向所有与会代表们宣传云南良好的自然资源环境，宣传云南在努力争当全国生态文明建设排头兵所取得的重大成就，宣传云南环境保护行业涌现出的精彩故事。

在活动开幕式上，云南省环境保护宣传教育中心代表向与会人员介绍了开展清洁文化节与弘扬生态文明、加强环境保护的关系，以及提升城市清洁水平，改善城市环境、提高城市竞争力对促进全社会加强生态文明建设的重要意义；传播了绿色、和谐、发展的理念；提出了通过联动企业、公众等社会力量，从工业生产源头注重环境保护，共同促进生态文明建设，推动环境保护工作的重要性和必要性，同时呼吁大家以习总书记重要讲话精神为引领，积极投身生态建设和环境保护中来，共同建设美好家园。

在这一系列活动中，云南省环境保护宣传教育中心还通过环境保护宣传展板，发放环境保护宣传品，邀请环境保护艺术家书写环境保护标语的宣传方式，在向全国关注“清洁”、热心环境保护的各界人士进行宣传环境保护科普知识的同时，充分展示云南生态保护与绿色发展的优秀成果，并向活动组委会赠予环境保护书籍。

二十七、云南省环境保护厅“生态文明走边疆·看环境保护”宣传活动启动①

2016 年 12 月 8 日，由云南省环境保护厅组织的“生态文明走边疆·看环境保护”宣传活动启动，活动组织采访团深入西双版纳傣族自治州采访。新华网、中新网、中国环境报、中国经济时报、云南日报、云南电视台、云南广播电台、云南网、春城晚报等 10 家新闻媒体参加此次采访活动。本次宣传活动共计 5 天，采取座谈、采访、实地考察等形式，深入挖掘景洪市、勐海县、勐腊县等地在生态文明建设中取得的新成就、新经验。

近年来，云南省环境保护厅认真贯彻习近平总书记考察云南重要讲话精神，学习贯彻党中央、国务院关于生态文明建设的部署要求，认真落实云南省委、云南省人民政府的战略部署和陈豪书记“严格依法管理、服务绿色发展”，以及刘慧晏副省长“讲好云南生态环境保护故事”的要求，坚持绿色发展，扎实推进生态环境保护工作，在争当生态文明建设排头兵中取得了丰硕成果。根据云南省环境保护厅领导关于加大环境保护宣传力度的批示要求，本着环境保护宣传教育为基层服务的精神，云南省环境保护厅启动了此次活动。

“十二五”以来，西双版纳傣族自治州着眼于生态文明建设新要求，深入实施“生态立州”战略，在加大资金保障力度、治理城乡环境污染、推进产业转型升级等方面不

---

① 段先鹤：《云南省环境保护厅“生态文明走边疆·看环保”宣传活动启动》，http://sthjt.yn.gov.cn/zwxx/xxyw/xxywrdjj/201612/t20161208_162823.html（2016-12-08）。

断取得新突破，为持续优化区域生态环境质量、增强经济社会可持续发展后劲发挥了重要作用。“生态文明走边疆·看环境保护”宣传活动旨在全方位、多角度展现西双版纳这片神奇美丽的乐土、和谐生态的家园。

此次活动由云南省环境保护宣传教育中心承办，西双版纳傣族自治州环境保护局协办。

第二章　云南九大高原湖泊环境保护史料

第一节　九大高原湖泊环境综合治理情况

一、云南省九大高原湖泊 2009 年第一季度水质状况及治理情况公告①

2009 年 6 月 24 日，云南省九大高原湖泊水污染综合防治领导小组办公室发布了云南省九大高原湖泊 2009 年第一季度水质状况及治理情况，具体内容见表 2-1、表 2-2、表 2-3、表 2-4。

（一）2009 年第一季度九大高原湖泊水质状况

表 2-1　2009 年第一季度九大高原湖泊水质状况表

湖泊	水域功能	水质综合评价	透明度（米）	营养状态指数	主要污染指标	污染程度
滇池草海	V	＞V	0.43	81.50	五日生化需氧量、氨氮、总磷、总氮	重度污染
滇池外海	V	＞V	0.42	66.50	总氮	重度污染
阳宗海	Ⅱ	V	4.43	42.80	砷	重度污染
洱海	Ⅱ	Ⅲ	2.73	34.70		优

① 云南省九大高原湖泊水污染综合防治领导小组办公室：《云南省九大高原湖泊 2009 年一季度水质状况及治理情况公告》，http://sthjt.yn.gov.cn/gyhp/jhdt/200907/t20090713_11683.html（2009-07-13）。

续表

湖泊	水域功能	水质综合评价	透明度（米）	营养状态指数	主要污染指标	污染程度
抚仙湖	Ⅰ	Ⅰ	6.09	18.70		优
星云湖	Ⅲ	Ⅴ	1.29	56.60	总氮、总磷	重度污染
杞麓湖	Ⅲ	＞Ⅴ	0.55	62.50	总氮	重度污染
程海	Ⅲ	Ⅲ	2.50	37.20		良
泸沽湖	Ⅰ	Ⅰ	11.07	14.20		优
异龙湖	Ⅲ	＞Ⅴ	0.57	63.10	总氮	重度污染

注：（1）评价执行《地表水环境质量标准》（GB3838—2002）。（2）以云南省环境监测中心站提供数据为准

（二）2009年第一季度九大高原湖泊主要入湖河流水质状况

表2-2　2009年第一季度九大高原湖泊主要入湖河流水质状况表

湖泊	主要入湖河流	监测断面名称	水域功能	水质类别	主要污染指标
滇池草海	新河	积中村	Ⅳ	＞Ⅴ	溶解氧、五日生化需氧量、石油类、氨氮、总磷等
	船房河	入湖口	Ⅳ	＞Ⅴ	氨氮、五日生化需氧量
	运粮河	入湖口	Ⅳ	＞Ⅴ	溶解氧、高锰酸盐指数、氨氮、总磷、五日生化需氧量
	乌龙河	入湖口	Ⅳ	＞Ⅴ	高锰酸盐指数、溶解氧、五日生化需氧量、氨氮、总磷
	采莲河	入湖口	Ⅳ	＞Ⅴ	高锰酸盐指数、溶解氧、五日生化需氧量、氨氮、总磷
滇池外海	盘龙江	松华坝口	Ⅱ	Ⅱ	
		小人桥	Ⅳ	＞Ⅴ	氨氮
		严家村桥	Ⅳ	＞Ⅴ	五日生化需氧量、氨氮、总磷
	大清河	入湖口	Ⅴ	＞Ⅴ	高锰酸盐指数、溶解氧、五日生化需氧量、氨氮、总磷
	金家河	金太塘	Ⅲ	＞Ⅴ	高锰酸盐指数、溶解氧、五日生化需氧量、氨氮、总磷
	小清河	六甲乡新二村	Ⅲ	＞Ⅴ	溶解氧、高锰酸盐指数、氨氮、总磷
	西坝河	平桥村	Ⅲ	＞Ⅴ	溶解氧、高锰酸盐指数、五日生化需氧量、氨氮、总磷
	大观河	篆塘	Ⅲ	＞Ⅴ	五日生化需氧量、氨氮、总磷
	王家堆渠	入湖口	Ⅲ	＞Ⅴ	高锰酸盐指数、溶解氧、五日生化需氧量、氨氮、总磷
	六甲宝象河	东张村	Ⅲ	＞Ⅴ	溶解氧、高锰酸盐指数、五日生化需氧量、氨氮、总磷
	五甲宝象河	曹家村	Ⅲ	＞Ⅴ	溶解氧、高锰酸盐指数、五日生化需氧量、氨氮、总磷
	老宝象河	龙马村	Ⅲ	＞Ⅴ	氨氮、总磷
	新宝象河	宝丰村	Ⅲ	＞Ⅴ	氨氮、总磷
	虾坝河	五甲村	Ⅲ	＞Ⅴ	高锰酸盐指数、总磷、氨氮
	海河	入湖口	Ⅲ	＞Ⅴ	溶解氧、高锰酸盐指数、五日生化需氧量、氨氮、总磷

续表

湖泊	主要入湖河流	监测断面名称	水域功能	水质类别	主要污染指标
滇池外海	马料河	溪波村	Ⅲ	＞Ⅴ	高锰酸盐指数、五日生化需氧量、氨氮、挥发酚、总磷
	洛龙河	入湖口	Ⅲ	Ⅴ	溶解氧
	胜利河	入湖口	Ⅲ	Ⅳ	五日生化需氧量
	南冲河	入湖口	Ⅲ	Ⅳ	高锰酸盐指数、五日生化需氧量、石油类、氨氮
	淤泥河	入湖口	Ⅲ	＞Ⅴ	高锰酸盐指数、五日生化需氧量、石油类
	柴河	入湖口	Ⅲ	＞Ⅴ	石油类
	白鱼河	入湖口	Ⅲ	Ⅴ	高锰酸盐指数、五日生化需氧量、氨氮
	茨港河	牛恋河	Ⅲ	＞Ⅴ	氨氮、总磷
	城河	昆阳码头	Ⅲ	＞Ⅴ	氨氮、总磷、砷
	东大河	入湖口	Ⅲ	Ⅳ	石油类
	古城河	马鱼滩	Ⅲ	＞Ⅴ	总磷
阳宗海	阳宗大河	入湖口	Ⅱ	Ⅲ	总磷、五日生化需氧量
	七星河	七星河	Ⅱ	Ⅲ	总磷
洱海	弥苴河	银桥村	Ⅱ	Ⅱ	
		江尾桥	Ⅱ	Ⅱ	
	永安江	桥下村	Ⅱ	Ⅱ	五日生化需氧量
		江尾东桥	Ⅱ	Ⅱ	溶解氧
	罗时江	沙坪桥	Ⅱ	Ⅲ	溶解氧、高锰酸盐指数、五日生化需氧量
		莲河桥	Ⅱ	Ⅲ	溶解氧、五日生化需氧量
	波罗江	入湖口	Ⅱ	＞Ⅴ	氨氮、总磷、五日生化需氧量
	万花溪	喜州桥	Ⅱ	Ⅱ	
	白石溪	丰呈庄	Ⅱ	Ⅴ	总磷
	白鹤溪	丰呈庄	Ⅱ	Ⅳ	总磷
抚仙湖	马料河	马料河	Ⅰ	Ⅴ	石油类、五日生化需氧量、石油类
	隔河	隔 河	Ⅰ	Ⅳ	五日生化需氧量、石油类
	路居河	路居河	Ⅰ	＞Ⅴ	高锰酸盐指数、氨氮、五日生化需氧量、总磷
星云湖	东西大河	东西大河	Ⅲ	＞Ⅴ	总磷、五日生化需氧量、氨氮
	大街河	大街河	Ⅲ	＞Ⅴ	高锰酸盐指数、五日生化需氧量、氨氮、总磷
	渔村河	渔村河	Ⅲ	Ⅴ	溶解氧、五日生化需氧量、氨氮、五日生化需氧量
杞麓湖	红旗河	红旗河	Ⅲ	＞Ⅴ	溶解氧、五日生化需氧量、氨氮
异龙湖	城河	3 号闸	Ⅲ	＞Ⅴ	高锰酸盐指数、溶解氧、五日生化需氧量、氨氮、总磷、石油类

注：以云南省环境监测中心站提供数据为准

（三）2009年第一季度九大高原湖泊流域污水处理厂运行情况

表2-3　2009年第一季度九大高原湖泊流域污水处理厂运行情况表

名称	设计处理能力（万吨/日）	处理量（万吨）
昆明市第一污水处理厂	12	896.26
昆明市第二污水处理厂	10	1011.46
昆明市第三污水处理厂	15	1039.56
昆明市第四污水处理厂	6	453.92
昆明市第五污水处理厂	7.5	952.15
昆明市第六污水处理厂	5	272.22
呈贡县污水处理厂	1.5	81.71
晋宁县污水处理厂	1.5	118.61
宜良县阳宗海污水处理厂	0.5	17.05
大理市污水处理厂	5.4	409.34
洱源县污水处理厂	0.5	9.50
大理市庆中污水处理厂	1	51.17
澄江县污水处理厂	1	47.65
澄江县禄冲污水处理厂	0.2	4.69
江川县污水处理厂	1	53.74
江川县小马沟污水处理站	0.1	3.28
通海县污水处理厂	1	39.78
永胜县污水处理厂	0.5	30.00
宁蒗县泸沽湖污水处理站	0.1	9.00
石屏县污水处理厂	1	42.79
合计	70.8	5543.88

（四）2009年第一季度九大高原湖泊“十一五”目标责任书项目进展情况

表2-4　2009年第一季度九大高原湖泊“十一五”目标责任书项目进展情况表

项目名称	湖泊名称	项目数（个）	已完成（个）	在建（个）	前期工作（个）	未动工（个）	开工率（%）	累计完成投资（万元）
九大高原湖泊“十一五”目标责任书	滇池	65	8	45	12		81.54	354 175.48
	阳宗海	△15	6	6	3	0	80	1950
		*6	2	1	3		50	920.55
	洱海	30	9	16	5	0	83.3	72 289.85

续表

项目名称	湖泊名称	项目数（个）	已完成（个）	在建（个）	前期工作（个）	未动工（个）	开工率（%）	累计完成投资（万元）
九大高原湖泊“十一五”目标责任书	抚仙湖	24	3	16	5	0	79.17	8063.7
	星云湖	17	6	8	3	0	82.35	33 722.4
	杞麓湖	15	3	4	8	0	46.67	15 176.6
	程海	10	3	5	2	0	80	3507
	泸沽湖	11	1	6	4		63.64	2530.2
	异龙湖	14	3	9	2	0	85.7	3673.25
	合计	207	44	116	47	0	77.29	496 009.03

注：阳宗海项目栏中“△”表示昆明市部分；“*”表示玉溪市部分

（五）2009 年第一季度九大高原湖泊水污染防治工作情况

1. 九大高原湖泊水污染防治“十一五”规划和污染治理重点项目实施进度加快

由表2-4可知，截至2009年3月底，九大高原湖泊“十一五”规划项目完成44项，在建项目116项，开展前期工作47项。由表2-3可知，九大高原湖泊流域共建有污水处理厂20座，处理能力达70. 8万吨/日，第一季度共处理生活污水5543.88吨。

（1）滇池。滇池北岸水环境综合治理工程全部开工建设。截至 2009 年 3 月，第一、二、三、四、五、六污水处理厂改扩建工作有序推进，第七污水处理厂完成总工程量的56%；5个片区管网累计铺设管道89.9千米；8条入湖河道水环境综合整治项目正在紧张建设；环湖截污工程中环湖东路城区段截污管道工程已经动工建设，其余部分路段正在抓紧各项建设工作。滇池湖滨生态建设，截至2009年3月底，滇池沿湖共完成“退耕、退塘”35 540亩，完成环湖生态建设16 755亩，“退房”3195平方米，拆除防浪堤2050米；草海完成湖滨生态建设4842亩，栽种乔木类植物近50万株，种植水生植物96.5万丛。

（2）阳宗海（昆明部分）。完成了火山石吸附处理阳宗海低浓度含砷水工程试验，积极开展阳宗海水资源调度工作；制定了砷污染影响区渔民和养鱼户补助方案，做好补助款项兑付工作；加大对阳宗海水质监测的频次、增加监测点位（断面），对湖体及出湖河流水质每周监测一次，并加强对沿湖群众饮用水水质监测，保障群众饮水安全。

（3）阳宗海（玉溪部分）。阳宗海南岸西段湖滨湿地生态恢复建设工程已完工，林业生态建设工程正在实施；积极开展砷污染治理。

（4）洱海。完成29个污水处理系统建设工程；完成洱海湖滨带西区生态修复示范

工程；洱海流域已完成6座太阳能中温沼气站建设；喜洲镇污水收集管网及处理工程已全面开工；苍洱大道至214国道排污干管工程已全面接通；洱源县城老城区污水管网改造全面完成；邓川镇污水处理厂及配套管网工程正在进行工程初步设计。

（5）抚仙湖。抚仙湖东岸（澄江段）截污治污工程、退塘退田还湖工程、农村环境综合整治、牛摩湖滨带生态示范工程等16个项目正在建设。

（6）星云湖。江川县县城污水处理厂管网配套完善工程配套管网已全部埋设完成，江川县城生活垃圾处理工程、星云湖农业固体废物及湿地植物残体资源化综合利用示范项目等8个项目正在建设。

（7）杞麓湖。杞麓湖调蓄水泄洪隧道工程已完成，金山村、兴义村、六街村环境综合整治工程，杞麓湖底泥疏浚工程、者湾河末端治理等4个项目正在建设。

（8）程海。2009年1—3月，程海沼气池建设工程完成河口村、新华村、藩莨村沼气池87口；泸沽湖流域面源污染控制示范项目已完成106口沼气池和厕所建设。

（9）泸沽湖。泸沽湖环境承载力研究等7个科技示范项目已实施1个，另外6个已完成前期工作，待资金落实后即可实施。

（10）异龙湖。第一季度完成污染底泥疏浚量1.4万立方米、测土配方施肥技术推广28.25万亩、沼气池建设279口、退塘还湖160亩。

2. 加强监督管理，促进依法治污

云南省人民政府滇池水污染防治专家督导组，加大了对滇池治理规划实施的督导，并协调解决滇池治理中遇到的困难和问题。本季度，云南省环境监察总队、昆明市等五州（市）及相关县（区、市）环境监察部门紧紧围绕九大高原湖泊流域内国控省控企业、城市生活污水处理厂、2009年应完工的责任书项目、滇池治理“十一五”规划北岸环境综合治理工程项目等重点监察对象，采取日常监管与现场检查、环境监察与环境监测、投诉案件与现场查办等方式，按照《2009年九大高原湖泊流域环境监察方案》规定的监察时间和监察频次，出动环境监察人员909人次，查处环境违法企业6家（滇池4家、星云湖1家、杞麓湖1家）。强化了九大高原湖泊流域企业的监管力度，改善了九大高原湖泊流域生态环境的质量。

3. 积极开展阳宗海水资源调度，加快推进阳宗海砷污染治理工作

云南省水利厅按照《阳宗海砷污染治理近期水资源调度方案》对阳宗海水资源进行了科学调度。2009年3月31日，阳宗海水位已从泄流前的1769.76米下降至1768.23米，约下泄水量3760万立方米。昆明市对宜良县阳宗海灌区农田栽插时间进行调整，对宜良县受影响的32951亩农田，按照30元/亩的标准给予一次性补助。玉溪市加快推

进阳宗海砷污染治理工作。一是开展了磷石膏浸出毒性鉴别实验，结果显示云南澄江锦业工贸有限责任公司磷石膏不是危险废弃物。二是开展磷石膏新渣场项目可研、环境影响评价前期工作。三是开展磷石膏水泥回转窑协同处理中试，对水泥回转窑协同处理磷石膏的可行性进一步论证。四是完成磷石膏渣场遮盖、防渗漏工作，防止砷进一步渗入水体。五是对厂区深坑进行填埋压实硬化，防止雨水进入坑内，引起高浓度含砷污水渗入阳宗海水体。六是完成了含高浓度砷泉眼及围隔湖水处理招标工作，对围隔内高浓度泉眼及湖水进行处理，以保证处理水质砷浓度低于0.05毫克/升。

4. 其他

2009年1月8日，云南省人民政府召开了滇池治理工作会议，对滇池水污染防治工作进行总结，同时研究和部署2009年的目标和任务。会议要求要坚持“生态立省”战略，努力争当全国生态文明建设的排头兵，要继续加大对滇池水污染的综合治理力度，全面推进滇池水污染防治“十一五”规划，确保圆满实现治理工作的阶段性目标。2009年3月12日—13日，财政部、环境保护部联合在大理召开了中央农村环境保护专项资金管理座谈会，会议对贯彻落实《国务院办公厅转发环境保护部等部门关于实行“以奖促治”加快解决突出的农村环境问题实施方案的通知》进行了安排布置，并就如何因地制宜地开展好村庄环境综合整治工作进行了交流和实地考察。

二、云南省九大高原湖泊2009年第二季度水质状况及治理情况公告①

2009年9月11日，云南省九大高原湖泊水污染综合防治领导小组办公室发布了云南省九大高原湖泊2009年第二季度水质状况及治理情况，具体内容见表2-5、表2-6、表2-7、表2-8。

（一）2009年第二季度九大高原湖泊水质状况

表2-5　2009年第二季度九大高原湖泊水质状况表

湖泊	水域功能	水质综合评价	透明度（米）	营养状态指数	主要污染指标	污染程度
滇池草海	V	＞V	0.57	81.2	高锰酸盐指数、五日生化需氧量、氨氮、总磷、总氮	重度污染
滇池外海	V	＞V	0.42	68.1	总磷、总氮	重度污染

① 云南省九大高原湖泊水污染综合防治领导小组办公室：《云南省九大高原湖泊2009年二季度水质状况及治理情况公告》，http://sthjt.yn.gov.cn/gyhp/jhdt/200911/t20091104_11684.html（2009-11-04）。

续表

湖泊	水域功能	水质综合评价	透明度（米）	营养状态指数	主要污染指标	污染程度
阳宗海	Ⅱ	＞Ⅴ	3.87	41.3	砷	重度污染
洱海	Ⅱ	Ⅲ	1.70	38.9	总磷、总氮	良
抚仙湖	Ⅰ	Ⅰ	6.13	18.7		优
星云湖	Ⅲ	＞Ⅴ	1.08	64.4	五日生化需氧量、总氮	重度污染
杞麓湖	Ⅲ	＞Ⅴ	1.18	60.2	总氮	重度污染
程海	Ⅲ	Ⅲ	3.30	32.9		良
泸沽湖	Ⅰ	Ⅰ	12.10	13.9		优
异龙湖	Ⅲ	＞Ⅴ	1.23	70.7	总氮	重度污染

注：（1）评价执行《地表水环境质量标准》（GB3838—2002）。（2）以云南省环境监测中心站提供数据为准

（二）2009年第二季度九大高原湖泊主要入湖河流水质状况

表2-6　2009年第二季度九大高原湖泊主要入湖河流水质状况表

湖泊	主要入湖河流	监测断面名称	水域功能	水质类别	主要污染指标
滇池草海	新河	积中村	Ⅳ	＞Ⅴ	高锰酸盐指数、溶解氧、五日生化需氧量、氨氮、总磷
	船房河	入湖口	Ⅳ	＞Ⅴ	五日生化需氧量、氨氮
	运粮河	入湖口	Ⅳ	＞Ⅴ	高锰酸盐指数、溶解氧、五日生化需氧量、氨氮、总磷
	乌龙河	入湖口	Ⅳ	＞Ⅴ	溶解氧、五日生化需氧量、氨氮、总磷
	采莲河	入湖口	Ⅳ	＞Ⅴ	高锰酸盐指数、溶解氧、五日生化需氧量、氨氮、总磷
滇池外海	盘龙江	松华坝口	Ⅱ	Ⅱ	
		小人桥	Ⅳ	＞Ⅴ	氨氮、总磷
		严家村桥	Ⅳ	＞Ⅴ	五日生化需氧量、氨氮、总磷
	大清河	入湖口	Ⅴ	＞Ⅴ	高锰酸盐指数、溶解氧、五日生化需氧量、氨氮、总磷
	金家河	金太塘	Ⅲ	＞Ⅴ	高锰酸盐指数、溶解氧、五日生化需氧量、氨氮、总磷
	小清河	六甲乡新二村	Ⅲ	＞Ⅴ	高锰酸盐指数、溶解氧、五日生化需氧量、氨氮、总磷
	西坝河	平桥村	Ⅲ	＞Ⅴ	氨氮、总磷
	大观河	篆塘	Ⅲ	＞Ⅴ	五日生化需氧量、氨氮、总磷
	王家堆渠	入湖口	Ⅲ	＞Ⅴ	高锰酸盐指数、溶解氧、五日生化需氧量、氨氮、总磷
	六甲宝象河	东张村	Ⅲ	＞Ⅴ	高锰酸盐指数、五日生化需氧量、氨氮、总磷
	五甲宝象河	曹家村	Ⅲ	＞Ⅴ	高锰酸盐指数、五日生化需氧量、氨氮、总磷
	老宝象河	龙马村	Ⅲ	Ⅴ	氨氮、总磷
	新宝象河	宝丰村	Ⅲ	＞Ⅴ	高锰酸盐指数、五日生化需氧量、氨氮、总磷

续表

湖泊	主要入湖河流	监测断面名称	水域功能	水质类别	主要污染指标
滇池外海	虾坝河	五甲村	Ⅲ	＞V	高锰酸盐指数、五日生化需氧量、氨氮、总磷
	海河	入湖口	Ⅲ	＞V	溶解氧、高锰酸盐指数、五日生化需氧量、氨氮、总磷
	马料河	溪波村	Ⅲ	＞V	溶解氧、高锰酸盐指数、五日生化需氧量、氨氮
	洛龙河	入湖口	Ⅲ	V	溶解氧
	胜利河	入湖口	Ⅲ	Ⅳ	溶解氧、氨氮、总磷
	南冲河	入湖口	Ⅲ	V	溶解氧、石油类、高锰酸盐指数、五日生化需氧量、氨氮
	淤泥河	入湖口	Ⅲ	＞V	溶解氧、高锰酸盐指数、五日生化需氧量、氨氮
	柴河	入湖口	Ⅲ	Ⅳ	氨氮
	白鱼河	入湖口	Ⅲ	Ⅳ	高锰酸盐指数、五日生化需氧量、氨氮、总磷
	茨港河	牛恋河	Ⅲ	＞V	氨氮、总磷
	城河	昆阳码头	Ⅲ	＞V	氨氮、总磷
	东大河	入湖口	Ⅲ	Ⅲ	
	古城河	马鱼滩	Ⅲ	＞V	总磷
阳宗海	阳宗大河	入湖口	Ⅱ	Ⅲ	总磷、五日生化需氧量
	七星河	七星河	Ⅱ	＞V	总磷
	摆依河引洪渠	摆依河引洪渠	Ⅱ		断流
洱海	弥苴河	江尾桥	Ⅱ	Ⅳ	五日生化需氧量
		江尾桥	Ⅱ	Ⅳ	溶解氧、五日生化需氧量
	永安江	桥下村	Ⅱ	Ⅲ	溶解氧、五日生化需氧量
		江尾东桥	Ⅱ	＞V	溶解氧、五日生化需氧量
	罗时江	沙坪桥	Ⅱ	＞V	溶解氧、五日生化需氧量
		莲河桥	Ⅱ	V	高锰酸盐指数、溶解氧、五日生化需氧量
	波罗江	入湖口	Ⅱ	＞V	氨氮、总磷
	万花溪	喜州桥	Ⅱ		断流
	白石溪	丰呈庄	Ⅱ	Ⅲ	溶解氧、五日生化需氧量
	白鹤溪	丰呈庄	Ⅱ	Ⅲ	溶解氧、五日生化需氧量
抚仙湖	马料河	马料河	Ⅰ	V	溶解氧、氨氮、石油类
	隔河	隔河	Ⅰ	Ⅳ	五日生化需氧量、石油类
	路居河	路居河	Ⅰ	＞V	溶解氧、高锰酸盐指数、五日生化需氧量、氨氮、总磷
星云湖	东西大河	东西大河	Ⅲ	＞V	五日生化需氧量、总磷、氨氮
	大街河	大街河	Ⅲ	＞V	溶解氧、高锰酸盐指数、五日生化需氧量、氨氮、总磷
	渔村河	渔村河	Ⅲ	V	五日生化需氧量、氨氮

续表

湖泊	主要入湖河流	监测断面名称	水域功能	水质类别	主要污染指标
杞麓湖	红旗河	红旗河	Ⅲ	＞Ⅴ	五日生化需氧量、氨氮
异龙湖	城河	3 号闸	Ⅲ	＞Ⅴ	石油类、高锰酸盐指数、溶解氧、五日生化需氧量、氨氮、总磷

注：以云南省环境监测中心站提供数据为准

（三）2009 年第二季度九大高原湖泊流域污水处理厂运行情况

表 2-7　2009 年第二季度九大高原湖泊流域污水处理厂运行情况表

名称	设计处理能力（万吨/日）	处理量（万吨）
昆明市第一污水处理厂	12	922.53
昆明市第二污水处理厂	10	870.22
昆明市第三污水处理厂	15	1277.41
昆明市第四污水处理厂	6	558.44
昆明市第五污水处理厂	7.5	1019.62
昆明市第六污水处理厂	5	381.79
呈贡县污水处理厂	1.5	89.53
晋宁县污水处理厂	1.5	106.50
宜良县阳宗海污水处理厂	0.5	29.80
大理市污水处理厂	5.4	461.61
洱源县污水处理厂	0.5	14.18
大理市庆中污水处理厂	1	51.14
澄江县污水处理厂	1	44.58
澄江县禄冲污水处理厂	0.2	4.94
江川县污水处理厂	1	76.48
江川县小马沟污水处理站	0.1	4.63
通海县污水处理厂	1	39.94
永胜县污水处理厂	0.5	32.60
宁蒗县泸沽湖污水处理站	0.1	5.04
石屏县污水处理厂	1	64.56
石屏县坝心污水处理厂	0.1	2.46
合计	70.9	6058

（四）2009年第二季度九大高原湖泊“十一五”目标责任书项目进展情况

表2-8　2009年第二季度九大高原湖泊“十一五”目标责任书项目进展情况表

项目名称	湖泊名称	项目数（个）	已完成（个）	在建（个）	前期工作（个）	未动工（个）	开工率（%）	累计完成投资（万元）
九大高原湖泊“十一五”目标责任书	滇池	65	18	45	2		96.92	37 8000
	阳宗海	△15	6	6	3		80	1950
		*6	2	2	2		66.67	920.55
	洱海	30	8	18	4		86.67	78 626.89
	抚仙湖	24	5	14	5	0	79.17	12 495.58
	星云湖	17	6	9	1	1	88.24	34 267.40
	杞麓湖	15	3	5	7	0	53.3	17 828.50
	程海	10	3	5	2	0	80	3507
	泸沽湖	11	2	5	4		63.64	2530.20
	异龙湖	14	3	9	2	0	85.71	8910.05
	合计	207	56	118	32	1	84.06	539 036.17

注：阳宗海项目栏中“△”表示昆明市部分；“*”表示玉溪市部分

（五）2009年第二季度九大高原湖泊水污染防治工作情况

1. 九大高原湖泊水污染防治“十一五”规划项目加快实施

由表2-8可知2009年第二季度，九大高原湖泊“十一五”目标责任书项目完成56项，开工建设118项，开展前期工作32项，累计完成投资超过53.9亿元，其中滇池完成投资37.8亿元，其他八湖完成投资超过16.1亿元。由表2-7可知，2009年第二季度九大高原湖泊流域共有污水处理厂21座，处理能力达70.9万吨/日，第二季度共处理生活污水6058万吨。

（1）滇池。城市再生水利用设施建设、水源区推广沼气池、畜禽养殖污染防治、流域面山绿化、滇池西岸生态恢复与建设、垃圾填埋场渗滤液处理站建设、五华区垃圾综合处理厂、乌龙河综合整治、船房河综合整治、松华坝水库自动监测站建设、滇池南岸自然湿地建设示范、城市污水综合利用研究、流域内企业清洁生产审核及循环经济示范区建设、外海南岸矿山生态修复、滇池流域水环境保护长远规划研究、南岸截污前期工作等十八个项目已完工；滇池北岸水环境综合治理工程及其他城镇污水处理设施建设、饮用水水源地污染控制、垃圾及粪便污染治理、入湖河道水环境综合整治、环境监管及研究示范项目等六大类四十五个子项目正在实施；滇池外海主要入湖河口及重点区域底泥疏浚、西山区垃圾综合处理厂正在开展前期工作。

（2）阳宗海（昆明部分）。流域水土流失治理、农村卫生旱厕推广、阳宗海流域入湖污染负荷调查研究、阳宗海流域陆域数字地图制作四个项目已完成；林业生态建设、农村沼气池推广、测土配方施肥技术推广、村落污水处理示范、摆衣河引洪渠环境治理、春城湖畔高尔夫球场污染调查与控制研究等九个项目正在实施；汤池镇垃圾填埋场及清运、阳宗海度假区截污管网建设二期工程正在开展前期工作。

（3）阳宗海（玉溪部分）。入湖河道治理、阳宗海水下地形测量已完成；生物净化公厕、生态旱厕、垃圾坑建设、林业生态建设工程正在建设；水土流失治理工程正在开展前期工作。

（4）洱海。洱源县军马场垃圾处理场、大理医疗废弃物垃圾处理场、大理市东城区排水管网（二期）、沼气池建设、农村卫生旱厕、公益林建设等八个项目已完工；洱海湖泊生态系统修复工程、大理旅游度假区污水收集管网、流域村落污水收集处理系统建设、永安江水环境综合整治工程、弥苴河水环境综合整治工程、罗时江水环境综合整治工程、苍山十八溪水环境综合整治、波罗江水环境综合整治工程、洱海东区湖滨带生态修复工程、洱海控藻技术及河道减污技术研究等十八个工程项目正在实施；洱源县污水厂及配套管网（二期）、邓川污水处理厂及污水管网工程、洱源县县城垃圾处理场建设工程等四项工程正在开展前期工作。

（5）抚仙湖。水土流失治理、澄江县污水处理厂管网配套、禄充旅游景区污水处理站管网配套、小马沟旅游景区污水处理站管网配套等五项工程已完工；农村环境综合整治、沼气池建设、测土配方施肥技术推广、退塘退田还湖、湖滨带建设、入湖河道治理、林业生态建设、帽天山动物化石群保护区周边生态修复等九项工程项目正在实施；抚仙湖人工湿地及湖滨带工程效益、抚仙湖水环境承载力、抚仙湖流域主要污染物总量分配、水生生态与抗浪鱼种群保护等五个研究项目正在实施。澄江县城镇生活垃圾无害化处理、海镜城镇生活垃圾无害化处理、路居城镇生活垃圾无害化处理、抚仙湖监测能力建设等五个项目正在进行前期工作。

（6）星云湖。星云湖陈家湾村环境综合整治、测土配方施肥、螺蛳铺河污染控制及湖滨带恢复、水土流失治理工程等六项已完工；农村环境综合整治、生物净化公厕、生态旱厕、垃圾坑建设、沼气池建设、林业生态建设、江川磷矿区开采对星云湖污染调查研究等九个项目正在建设；星云湖底泥环境疏浚正在进行前期工作；有机食品基地建设尚未动工。

（7）杞麓湖。通海县城生活垃圾处理、农业面源污染控制等三项工程已完工；农村环境综合整治、者湾河末端治理、林业生态建设、杞麓湖底泥疏浚、杞麓湖入湖污染负荷调查研究五项工程正在实施；通海县污水处理厂管网配套、通海县四街镇污水处理厂管网配套、生物净化公厕、大新河末端治理、小流域治理等七项个工程正在进行前期工作。

（8）程海。程海公益林建设、程海流域面源污染控制等三项工程已完工；永胜县县城垃圾处理厂、沼气池建设、小流域治理、环境监测监察能力建设等五个项目已开工建设。程海流域基础地理数据库建设、程海生态系统研究正在进行前期工作。

（9）泸沽湖。污水处理系统和山垮河治理工程已完成；农村面源污染控制示范、湖滨带建设、沼气池建设、环境监测能力建设、泸沽湖环境承载力研究五个项目正在实施；泸沽湖浪放河道泥石流防治、泸沽湖公益林建设、泸沽湖流域基础地理数据库建设、泸沽湖主要污染物输移规律研究正在进行前期工作。

（10）异龙湖。石屏县城排污配套管网建设、水域边界界定等三项工程已完工；石屏县垃圾处理厂续建、污染底泥疏浚续建、测土配方施肥技术推广、沼气池建设、异龙湖小流域综合治理、异龙湖流域防护林体系建设、退塘还湖试点、异龙湖流域环境监测等九个项目正在实施；补水工程、水生植物残体底泥资源化利用工程正在开展前期工作。

2. 加强监督管理，促进依法治污

2009 年第二季度，云南省环境监察总队、昆明市等五州（市）及九大高原湖泊所在县（市、区）环境监察部门紧紧围绕九大高原湖泊流域内国控省控企业、城市生活污水处理厂、2009 年应完工的责任书项目、滇池治理“十一五”规划北岸环境综合治理工程项目等重点监察对象，出动环境监察人员 1000 多人次，查处环境违法企业 14 家（滇池 12 家、杞麓湖 2 家）。6 月 1—5 日，云南省环境监察总队分三组出动环境监察人员 88 人次，重点对滇池、洱海、抚仙湖流域内 18 家国控企业（含污水处理厂 14 家）、12 家省控企业进行了现场抽查。通过检查，强化了对九大高原湖泊流域企业的监管力度，促进了九大高原湖泊流域生态环境质量的提高。

3. 阳宗海砷污染事件一案完成一审和宣判

2009 年 4 月 14—19 日，云南省澄江县人民法院开庭审理了云南阳宗海砷污染事件一案，澄江县人民检察院以重大环境污染事故罪，对澄江锦业工贸有限责任公司及其董事长、法人代表李大宏（右），总经理李耀鸿（中），以及公司生产部部长金大东（左）三人提起公诉。6 月 2 日上午，云南澄江县法院对阳宗海砷污染刑事案件进行公开宣判，判决认定被告单位云南澄江锦业工贸有限责任公司犯重大环境污染事故罪，判处罚金人民币1600万元；被告人李大宏犯重大环境污染事故罪，判处有期徒刑4年，并处罚金人民币 30 万元；被告人李耀鸿、金大东犯重大环境污染事故罪，各判处有期徒刑 3 年，并处罚金人民币 15 万元。

4. 云南省人民政府滇池水污染防治专家督导组积极开展滇池重点治理项目督导

2009 年 6 月，云南省人民政府滇池水污染防治专家督导组对牛栏江—滇池补水工程控制性实验场地已开工的 3 个工区建设和滇池环湖截污工程建设情况进行调研，并召开了有昆明市和13个省级责任厅（局）负责人参加的省市滇池水污染防治工作联席会议。云南省人民政府滇池水污染防治专家督导组对涉及的相关问题，包括滇池“十一五”规划重点项目、环湖截污工程、牛栏江—滇池补水工程、草海底泥疏浚、饮用水水源地保护、污水垃圾处理费调整等数十项具体工作进行对接、沟通和协调，同时对相关的落实情况进行检查和督导。

5. 其他

2009年5月7日，国家发展和改革委员会、环境保护部、水利部、住房和城乡建设部对《滇池流域水污染防治规划（2006—2010年）》补充报告进行了批复，同意将环湖截污工程和牛栏江—滇池补水工程作为“十一五”规划的重点项目实施。2009年4月16日，云南省人民政府批复同意了《抚仙湖流域水环境保护与水污染规划》和《异龙湖水污染综合治理方案》。

三、云南省九大高原湖泊2009年第三季度水质状况及治理情况公告①

2009 年 12 月 1 日，云南省九大高原湖泊水污染综合防治领导小组办公室发布了云南省九大高原湖泊 2009 年第三季度水质状况及治理情况，具体内容见表 2-9、表 2-10、表 2-11、表 2-12。

（一）2009年第三季度九大高原湖泊水质状况

表 2-9　2009 年第三季度九大高原湖泊水质状况表

湖泊	水域功能	水质综合评价	透明度（米）	营养状态指数	主要污染指标	污染程度
滇池草海	Ⅴ	＞Ⅴ	0.47	82.20	高锰酸盐指数、五日生化需氧量、氨氮、总磷、总氮	重度污染
滇池外海	Ⅴ	＞Ⅴ	0.44	66.57	总磷、总氮	重度污染
阳宗海	Ⅱ	＞Ⅴ	2.33	43.73	砷	重度污染
洱海	Ⅱ	Ⅲ	1.44	44.47	总磷、总氮	良

① 云南省九大高原湖泊水污染综合防治领导小组办公室：《云南省九大高原湖泊 2009 年三季度水质状况及治理情况公告》，http://sthjt.yn.gov.cn/gyhp/jhdt/200912/t20091215_11685.html（2009-12-15）。

续表

湖泊	水域功能	水质综合评价	透明度（米）	营养状态指数	主要污染指标	污染程度
抚仙湖	Ⅰ	Ⅰ	4.75	19.3		优
星云湖	Ⅲ	＞Ⅴ	0.41	66.97	五日生化需氧量、总氮、总磷	重度污染
杞麓湖	Ⅲ	＞Ⅴ	0.75	62.20	高锰酸盐指数、五日生化需氧量、总氮	重度污染
程海	Ⅲ	Ⅲ	2.10	33.83		良
泸沽湖	Ⅰ	Ⅰ	9.70	13.57		优
异龙湖	Ⅲ	＞Ⅴ	0.22	78.13	高锰酸盐指数、五日生化需氧量、溶解氧、总磷、总氮	重度污染

注：（1）评价执行《地表水环境质量标准》（GB3838—2002）。（2）以云南省环境监测中心站提供数据为准

（二）2009年第三季度九大高原湖泊主要入湖河流水质状况

表2-10　2009年第三季度九大高原湖泊主要入湖河流水质状况表

湖泊	主要入湖河流	监测断面名称	水域功能	水质类别	主要污染指标
滇池草海	新河	积中村	Ⅳ	＞Ⅴ	高锰酸盐指数、溶解氧、五日生化需氧量、氨氮、总磷
	船房河	入湖口	Ⅳ	＞Ⅴ	溶解氧、五日生化需氧量、氨氮
	运粮河	入湖口	Ⅳ	＞Ⅴ	氨氮、总磷
	乌龙河	入湖口	Ⅳ	＞Ⅴ	高锰酸盐指数、五日生化需氧量、氨氮、总磷
	采莲河	入湖口	Ⅳ	＞Ⅴ	高锰酸盐指数、溶解氧、五日生化需氧量、氨氮、总磷
滇池外海	盘龙江	松华坝口	Ⅱ	Ⅱ	
		小人桥	Ⅳ	＞Ⅴ	五日生化需氧量、氨氮、、总磷
		严家村桥	Ⅳ	＞Ⅴ	溶解氧、氨氮、总磷
	大清河	入湖口	Ⅴ	＞Ⅴ	高锰酸盐指数、溶解氧、五日生化需氧量、氨氮、总磷
	金家河	金太塘	Ⅲ	＞Ⅴ	高锰酸盐指数、溶解氧、五日生化需氧量、氨氮、总磷
	小清河	六甲乡新二村	Ⅲ	＞Ⅴ	高锰酸盐指数、五日生化需氧量、氨氮、总磷
	西坝河	平桥村	Ⅲ		断流
	大观河	篆塘	Ⅲ	＞Ⅴ	五日生化需氧量、氨氮
	王家堆渠	入湖口	Ⅲ	＞Ⅴ	高锰酸盐指数、溶解氧、五日生化需氧量、氨氮、总磷
	六甲宝象河	东张村	Ⅲ	＞Ⅴ	高锰酸盐指数、溶解氧、五日生化需氧量、氨氮、总磷
	五甲宝象河	曹家村	Ⅲ	＞Ⅴ	高锰酸盐指数、溶解氧、五日生化需氧量、氨氮、总磷
	老宝象河	龙马村	Ⅲ	Ⅴ	高锰酸盐指数、总磷
	新宝象河	宝丰村	Ⅲ	＞Ⅴ	氨氮、总磷

续表

湖泊	主要入湖河流	监测断面名称	水域功能	水质类别	主要污染指标
滇池外海	虾坝河	五甲村	Ⅲ	>Ⅴ	高锰酸盐指数、五日生化需氧量、氨氮
	海河	入湖口	Ⅲ	>Ⅴ	溶解氧、高锰酸盐指数、五日生化需氧量、氨氮、总磷
	马料河	溪波村	Ⅲ	>Ⅴ	五日生化需氧量、氨氮
	洛龙河	入湖口	Ⅲ	Ⅳ	溶解氧、氨氮、总磷
	胜利河	入湖口	Ⅲ	Ⅳ	溶解氧、氨氮、总磷
	南冲河	入湖口	Ⅲ	Ⅲ	溶解氧、石油类、高锰酸盐指数、五日生化需氧量、氨氮
	淤泥河	入湖口	Ⅲ	>Ⅴ	溶解氧、高锰酸盐指数、五日生化需氧量、氨氮
	柴河	入湖口	Ⅲ	>Ⅴ	氨氮
	白鱼河	入湖口	Ⅲ	>Ⅴ	高锰酸盐指数、五日生化需氧量、氨氮、总磷
	茨港河	牛恋河	Ⅲ	>Ⅴ	氨氮、总磷
	城河	昆阳码头	Ⅲ	>Ⅴ	氨氮、总磷
	东大河	入湖口	Ⅲ	Ⅲ	
	古城河	马鱼滩	Ⅲ	>Ⅴ	总磷
阳宗海	阳宗大河	入湖口	Ⅱ	Ⅳ	总磷、五日生化需氧量
	七星河	入湖口	Ⅱ	Ⅴ	总磷
	摆依河引洪渠	摆依河引洪渠	Ⅱ	Ⅴ	溶解氧
洱海	弥苴河	银桥村	Ⅱ	Ⅳ	总磷
		江尾桥	Ⅱ	Ⅳ	溶解氧、总磷
	永安江	桥下村	Ⅱ	Ⅴ	溶解氧
		江尾东桥	Ⅱ	>Ⅴ	溶解氧、五日生化需氧量
	罗时江	沙坪桥	Ⅱ	>Ⅴ	溶解氧、五日生化需氧量
		莲河桥	Ⅱ	>Ⅴ	溶解氧、五日生化需氧量
	波罗江	入湖口	Ⅱ	>Ⅴ	溶解氧、五日生化需氧量
	万花溪	喜州桥	Ⅱ	Ⅱ	
	白石溪	丰呈庄	Ⅱ	Ⅲ	氨氮、总磷
	白鹤溪	丰呈庄	Ⅱ	Ⅳ	五日生化需氧量、总磷
抚仙湖	马料河	马料河	Ⅰ	>Ⅴ	溶解氧、总磷
	隔河	隔 河	Ⅰ	Ⅳ	五日生化需氧量
	路居河	路居河	Ⅰ	Ⅴ	五日生化需氧量

续表

湖泊	主要入湖河流	监测断面名称	水域功能	水质类别	主要污染指标
星云湖	东西大河	东西大河	Ⅲ	＞V	总磷
	大街河	大街河	Ⅲ	＞V	五日生化需氧量、氨氮
	渔村河	渔村河	Ⅲ	V	五日生化需氧量、氨氮
杞麓湖	红旗河	红旗河	Ⅲ	＞V	五日生化需氧量
异龙湖	城河	3 号闸	Ⅲ	＞V	高锰酸盐指数、溶解氧、五日生化需氧量、氨氮、总磷

注：以云南省环境监测中心站提供数据为准

（三）2009 年第三季度九大高原湖泊流域污水处理厂运行情况

表 2-11　2009 年第三季度九大高原湖泊流域污水处理厂运行情况表

名称	设计处理能力（万吨/日）	处理量（万吨）
昆明市第一污水处理厂	12	1086.31
昆明市第二污水处理厂	10	933.16
昆明市第三污水处理厂	15	1510.92
昆明市第四污水处理厂	6	603.55
昆明市第五污水处理厂	7.5	954.30
昆明市第六污水处理厂	5	533.79
呈贡县污水处理厂	1.5	94.25
晋宁县污水处理厂	1.5	119.43
宜良县阳宗海污水处理厂	0.5	33.56
大理市污水处理厂	5.4	486.54
洱源县污水处理厂	0.5	15.40
大理市庆中污水处理厂	1	50.47
澄江县污水处理厂	1	59.88
澄江县禄冲污水处理厂	0.2	15.54
江川县污水处理厂	1	83.02
江川县小马沟污水处理站	0.1	6.92
通海县污水处理厂	1	41.75
永胜县污水处理厂	0.5	21.20
宁蒗县泸沽湖污水处理站	0.1	6.40
石屏县污水处理厂	1	88.22
石屏县坝心污水处理厂	0.1	2.44
合计	70.9	6747.05

（四）2009年第三季度九大高原湖泊“十一五”目标责任书项目进展情况

表 2-12　2009 年第三季度九大高原湖泊“十一五”目标责任书项目进展情况表

项目名称	湖泊名称	项目数（个）	已完成（个）	在建（个）	前期工作（个）	开工率（%）	累计完成投资（万元）
九大高原湖泊“十一五”目标责任书	滇池	65	20	44	1	96.92	472 500
	阳宗海	△15	5	8	2	80	1192.44
		*6	2	3	1	66.67	624.44
	洱海	30	8	18	4	86.67	79 959.89
	抚仙湖	24	5	15	4	83.3	13 127.99
	星云湖	17	11	6	0	100	34 267.40
	杞麓湖	15	4	6	5	66.7	19 044.50
	程海	10	2	5	3	80	3011.40
	泸沽湖	11	1	5	5	63.64	2430
	异龙湖	14	3	10	1	85.71	9726.03
	合计	207	61	120	26	84.06	635 884.09

注：阳宗海项目栏中“△”表示昆明市部分；“*”表示玉溪市部分

（五）2009年第三季度九大高原湖泊水污染防治工作情况

1. 九大高原湖泊水污染防治“十一五”规划目标责任书项目进展情况

由表 2-12 可知，2009 年第三季度，九大高原湖泊“十一五”目标责任书项目完成 61 项，开工建设 120 项，开展前期工作 26 项，累计完成投资 63.59 亿元。其中，滇池完成投资 47.25 亿元，其他八湖完成投资 16.34 亿元。

2. 加强监督管理，促进依法治污

2009 年第三季度，云南省环境监察总队、昆明市等五州（市）及九大高原湖泊所在县（市、区）环境监察部门紧紧围绕九大高原湖泊流域内国控省控企业、城市生活污水处理厂、2009 年应完工的责任书项目、滇池治理“十一五”规划北岸环境综合治理工程项目等重点监察对象，出动环境监察人员 975 人次，查处环境违法企业 13 家（滇池 12 家、阳宗海 1 家）。通过检查，对存在环境违法行为的企业进行了查处，强化了九大高原湖泊流域企业的监管力度；对红河哈尼族彝族自治州石屏县坝心污水处理站、大理白族自治州洱源县污水处理厂运行中存在的问题提出了整改措施，并建议两州环境保护局加大检查力度。

3. 积极开展阳宗海砷污染治理

一是云南大学开展了阳宗海湖泊水体沉淀降砷试验、天津大学开展了采用离子筛吸附阳宗海含砷水试验工作，试验期间，已开展了 6 次水质监测工作。二是玉溪市完成了《阳宗海砷污染源综合治理工程可行性研究报告》编制工作，并上报云南省人民政府审批。三是 3 号泉眼点附近高浓度含砷泉水混凝土围隔施工已完成，澄江县委托云南大学对围隔内含砷污水治理进行治理。

4. 完成了九大高原湖泊“十一五”规划中期评估和九大高原湖泊水质分析

云南省环境保护局组织昆明市、玉溪市、大理白族自治州、红河哈尼族彝族自治州、丽江市五州（市）环境保护局完成了九大高原湖泊“十一五”规划中期评估，跟踪分析了九大高原湖泊“十一五”规划确定的目标、重点任务、政策措施的落实情况，提出了“十二五”规划编制的意见建议；组织五州（市）环境保护局和云南省环境监测中心站完成了九大高原湖泊水质分析。通过对 2002 年以来对水温、透明度、总磷、总氮、藻类、营养状态指数和综合污染指数等水质指标变化情况的全面分析，预测了九大高原湖泊水质状况和主要水质污染指标变化趋势。

5. 积极组积开展滇池重点治理项目督导

云南省人民政府滇池水污染防治专家督导组会同昆明市人民政府组成恳谈组，到官渡区、西山区、晋宁县对 8 家搬迁单位逐家进行了恳谈，就搬迁的指导思想和原则、选址、人员安置、资金筹措、过渡方案、相关保障措施及搬迁时间进度等基本问题，与动迁单位进行坦诚交流和协商，针对存在的困难及问题，共同研究解决的措施和办法。2009 年 8 月 31 日，恳谈组召开滇池水污染防治工作第七次联席会议，强调 2009 年后 4 个月省市两级人民政府要共同努力，抓好主城区 8 个污水处理厂升级改造、扩建、新建，入湖河道截污和水环境治理，东岸、南岸截污，牛栏江—滇池补水工程各项审批，污水处理厂配套管网等 12 项工作，力争在 2009 年底滇池“十一五”规划项目累计完成投资 60 亿。

6. 九大高原湖泊水污染综合防治“十一五”规划项目得到积极推进

（1）滇池。一是“四退三还”及生态修复力度进一步加大。截至 2009 年 9 月 30 日，共完成退塘、退田 39487 亩，“退人”1002 人，“退房”60557 平方米，建设各类湿地 40584 亩。二是入湖河道水环境综合整治工程在原有开展 13 项规划整治项目的基础上，再新增 36 条入湖河道开展了环境综合整治。其中，15 条河道有了改善，7 条河道有明显改善。三是完成集中养殖区、禁止养殖区和限制养殖区的划定工作，禁止养殖区已关闭搬迁畜禽养殖户 14781 户、畜禽 498.369 万头（只）。

（2）异龙湖。一是退塘还湖及生态修复工程。已累计签订退塘还湖协议 2265.59 亩，拆除塘埂 1996.31 亩，完成投资 1585.91 万元。二是豆制品加工产业园区建设及沿湖村庄环境综合整治工程。豆制品加工产业园区建设工程已完成选址工作，正在编制初步设计。其中，《异龙湖沿湖村庄环境综合整治工程可行性研究报告》已获云南省发展和改革委员会批复。三是《西岸截污及河道整治工程可行性研究报告》已获云南省发展和改革委员会批复。四是异龙湖补输水工程。新街海河整治工程共计完成河道开挖 4000 米，土方开挖 41.04 万立方米，浆砌石方 3.41 万立方米，支砌挡墙 2230 米，河道翻拱 1310 米。

7. 其他

2009 年 8 月 24—26 日，九大高原湖泊水污染综合防治领导小组办公室在晋宁县召开了云南省九大高原湖泊水污染综合防治领导小组办公室主任会议，在全国“三湖”治理座谈会后，九大高原湖泊治理力度不断加大，项目建设进度加快，水环境治理初见成效，九大高原湖泊治理难点正在攻坚，经验不断发展，教训深入人心，加大治理保护力度的良好的工作状态正在形成。今后要努力实现九大高原湖泊水污染防治“五大转变”，建立九大高原湖泊水污染防治的“五大体系”，为全面完成九大高原湖泊治理“十一五”规划目标任务打下坚实基础。

四、云南省九大高原湖泊 2009 年度水质状况及治理情况公告①

2010 年 4 月 15 日，云南省九大高原湖泊水污染综合防治领导小组办公室发布了云南省九大高原湖泊 2009 年度水质状况及治理情况，具体内容见表 2-13、表 2-14、表 2-15、表 2-16、表 2-17。

（一）2009 年九大高原湖泊水质状况

表 2-13　2009 年九大高原湖泊水质状况表

湖泊	水域功能	水质综合评价	透明度（米）	营养状态指数	主要污染指标	污染程度
滇池草海	V	＞V	0.52	80.98	高锰酸盐指数、五日生化需氧量、氨氮、总磷、总氮	重度污染
滇池外海	V	＞V	0.42	67.28	总磷、总氮	重度污染
阳宗海	Ⅱ	＞V	3.20	43.79	砷	重度污染
洱海	Ⅱ	Ⅲ	1.88	40.53	总磷、总氮	良

① 云南省九大高原湖泊水污染综合防治领导小组办公室：《云南省九大高原湖泊 2009 年度水质状况及治理情况公告》，http://sthjt.yn.gov.cn/gyhp/jhdt/201006/t20100603_11638.html（2010-06-03）。

续表

湖泊	水域功能	水质综合评价	透明度（米）	营养状态指数	主要污染指标	污染程度
抚仙湖	Ⅰ	Ⅰ	5.43	18.50		优
星云湖	Ⅲ	＞Ⅴ	0.74	63.44	五日生化需氧量、总氮、总磷	重度污染
杞麓湖	Ⅲ	＞Ⅴ	0.72	60.68	高锰酸盐指数、五日生化需氧量、总氮	重度污染
程海	Ⅲ	Ⅲ	2.54	33.48		良
泸沽湖	Ⅰ	Ⅰ	10.57	13.97		优
异龙湖	Ⅲ	＞Ⅴ	0.32	72.86	高锰酸盐指数、五日生化需氧量、溶解氧、总磷、总氮	重度污染

注：（1）评价执行《地表水环境质量标准》（GB3838—2002）。（2）以云南省环境监测中心站提供数据为准

（二）2009年九大高原湖泊水质类别情况

表2-14　2009年九大高原湖泊水质类别情况表

湖泊＼月份	1月	2月	3月	4月	5月	6月	7月	8月	9月	10月	11月	12月
滇池草海	＞Ⅴ	＞Ⅴ	＞Ⅴ	＞Ⅴ	＞Ⅴ	＞Ⅴ	＞Ⅴ	＞Ⅴ	＞Ⅴ	＞Ⅴ	＞Ⅴ	＞Ⅴ
滇池外海	＞Ⅴ	＞Ⅴ	＞Ⅴ	＞Ⅴ	＞Ⅴ	Ⅴ	＞Ⅴ	Ⅴ	Ⅴ	Ⅴ	Ⅴ	＞Ⅴ
洱海	Ⅲ	Ⅲ	Ⅱ	Ⅱ	Ⅲ	Ⅲ	Ⅲ	Ⅲ	Ⅲ	Ⅲ	Ⅲ	Ⅲ
抚仙湖	Ⅰ	Ⅰ	Ⅰ	Ⅰ	Ⅰ	Ⅰ	Ⅰ	Ⅰ	Ⅰ	Ⅰ	Ⅱ	Ⅱ
星云湖	＞Ⅴ	Ⅴ	Ⅴ	＞Ⅴ	＞Ⅴ	＞Ⅴ	＞Ⅴ	＞Ⅴ	＞Ⅴ	＞Ⅴ	＞Ⅴ	＞Ⅴ
杞麓湖	＞Ⅴ	＞Ⅴ	＞Ⅴ	＞Ⅴ	＞Ⅴ	＞Ⅴ	＞Ⅴ	＞Ⅴ	＞Ⅴ	＞Ⅴ	＞Ⅴ	＞Ⅴ
程海	Ⅲ	Ⅲ	Ⅲ	Ⅱ	Ⅲ	Ⅱ	Ⅲ	Ⅲ	Ⅲ	Ⅲ	Ⅱ	Ⅱ
泸沽湖	Ⅱ	Ⅰ	Ⅰ	Ⅰ	Ⅰ	Ⅰ	Ⅰ	Ⅰ	Ⅰ	Ⅰ	Ⅰ	Ⅰ
异龙湖	Ⅴ	＞Ⅴ	＞Ⅴ	＞Ⅴ	＞Ⅴ	＞Ⅴ	＞Ⅴ	＞Ⅴ	＞Ⅴ	＞Ⅴ	＞Ⅴ	＞Ⅴ
阳宗海	＞Ⅴ	＞Ⅴ	＞Ⅴ	＞Ⅴ	＞Ⅴ	＞Ⅴ	＞Ⅴ	＞Ⅴ	＞Ⅴ	＞Ⅴ	＞Ⅴ	＞Ⅴ

（三）2009年九大高原湖泊主要入湖河流水质状况

表2-15　2009年九大高原湖泊主要入湖河流水质状况表

湖泊	主要入湖河流	监测断面名称	水域功能	水质类别	主要污染指标
滇池草海	新河	积中村	Ⅳ	＞Ⅴ	高锰酸盐指数、溶解氧、五日生化需氧量、氨氮、总磷
	船房河	入湖口	Ⅳ	＞Ⅴ	溶解氧、五日生化需氧量、氨氮
	运粮河	入湖口	Ⅳ	＞Ⅴ	高锰酸盐指数、溶解氧、五日生化需氧量、氨氮、总磷
	乌龙河	入湖口	Ⅳ	＞Ⅴ	高锰酸盐指数、五日生化需氧量、溶解氧、氨氮、总磷
	采莲河	入湖口	Ⅳ	＞Ⅴ	高锰酸盐指数、溶解氧、五日生化需氧量、氨氮、总磷

续表

湖泊	主要入湖河流	监测断面名称	水域功能	水质类别	主要污染指标
滇池外海	盘龙江	松华坝口	Ⅱ	Ⅱ	
		小人桥	Ⅳ	＞Ⅴ	五日生化需氧量、氨氮、总磷、溶解氧
		严家村桥	Ⅳ	＞Ⅴ	溶解氧、氨氮、总磷、生化需氧量
	大清河	入湖口	Ⅴ	＞Ⅴ	高锰酸盐指数、溶解氧、五日生化需氧量、氨氮、总磷
	金家河	金太塘	Ⅲ	＞Ⅴ	高锰酸盐指数、溶解氧、五日生化需氧量、氨氮、总磷
	小清河	六甲乡新二村	Ⅲ	＞Ⅴ	高锰酸盐指数、溶解氧、五日生化需氧量、氨氮、总磷
	西坝河	平桥村	Ⅲ	＞Ⅴ	高锰酸盐指数、溶解氧、五日生化需氧量、氨氮、总磷
	大观河	篆塘	Ⅲ	＞Ⅴ	生化需氧量、氨氮、总磷
	王家堆渠	入湖口	Ⅲ	＞Ⅴ	高锰酸盐指数、溶解氧、五日生化需氧量、氨氮、总磷
	六甲宝象河	东张村	Ⅲ	＞Ⅴ	高锰酸盐指数、溶解氧、五日生化需氧量、氨氮、总磷
	五甲宝象河	曹家村	Ⅲ	＞Ⅴ	高锰酸盐指数、溶解氧、五日生化需氧量、氨氮、总磷
	老宝象河	龙马村	Ⅲ	Ⅴ	高锰酸盐指数、氨氮、总磷
	新宝象河	宝丰村	Ⅲ	＞Ⅴ	高锰酸盐指数、氨氮、总磷
	虾坝河	五甲村	Ⅲ	＞Ⅴ	高锰酸盐指数、五日生化需氧量、氨氮、总磷
	海河	入湖口	Ⅲ	＞Ⅴ	溶解氧、高锰酸盐指数、五日生化需氧量、氨氮、总磷
	马料河	溪波村	Ⅲ	＞Ⅴ	溶解氧、高锰酸盐指数、五日生化需氧量、氨氮、总磷、挥发酚
	洛龙河	入湖口	Ⅲ	Ⅳ	溶解氧、氨氮、总磷
	胜利河	入湖口	Ⅲ	Ⅳ	溶解氧、氨氮、总磷、五日生化需氧量
	南冲河	入湖口	Ⅲ	Ⅲ	溶解氧、石油类、高锰酸盐指数、五日生化需氧量、氨氮
	淤泥河	入湖口	Ⅲ	＞Ⅴ	溶解氧、高锰酸盐指数、五日生化需氧量、氨氮
	柴河	入湖口	Ⅲ	＞Ⅴ	氨氮、石油类
	白鱼河	入湖口	Ⅲ	＞Ⅴ	高锰酸盐指数、五日生化需氧量、氨氮、总磷
	茨港河	牛恋河	Ⅲ	＞Ⅴ	氨氮、总磷
	城河	昆阳码头	Ⅲ	＞Ⅴ	氨氮、总磷、砷
	东大河	入湖口	Ⅲ	Ⅳ	石油类
	古城河	马鱼滩	Ⅲ	＞Ⅴ	总磷
阳宗海	阳宗大河	入湖口	Ⅱ	Ⅳ	总磷、五日生化需氧量
	七星河	入湖口	Ⅱ	Ⅴ	总磷
	摆衣河引宏渠	摆衣河引宏渠	Ⅱ	Ⅴ	溶解氧、五日生化需氧量

续表

湖泊	主要入湖河流	监测断面名称	水域功能	水质类别	主要污染指标
洱海	弥苴河	银桥村	Ⅱ	Ⅳ	溶解氧、总磷
		江尾桥	Ⅱ	Ⅳ	溶解氧、总磷
	永安江	桥下村	Ⅱ	Ⅴ	溶解氧
		江尾东桥	Ⅱ	＞Ⅴ	溶解氧、五日生化需氧量
	罗时江	沙坪桥	Ⅱ	＞Ⅴ	溶解氧、五日生化需氧量
		莲河桥	Ⅱ	＞Ⅴ	溶解氧、五日生化需氧量
	波罗江	入湖口	Ⅱ	＞Ⅴ	溶解氧、五日生化需氧量、总磷
	万花溪	喜州桥	Ⅱ	Ⅲ	总磷
	白石溪	丰呈庄	Ⅱ		溶解氧、五日生化需氧量、氨氮、总磷
	白鹤溪	丰呈庄	Ⅱ	Ⅳ	溶解氧、五日生化需氧量、总磷
抚仙湖	马料河	马料河	Ⅰ	＞Ⅴ	溶解氧、总磷、氨氮、石油类
	隔河	隔 河	Ⅰ	Ⅳ	生化需氧量、石油类
	路居河	路居河	Ⅰ	＞Ⅴ	高锰酸盐指数、溶解氧、五日生化需氧量、氨氮、总磷
星云湖	东西大河	东西大河	Ⅲ	＞Ⅴ	五日生化需氧量、总磷、氨氮
	大街河	大街河	Ⅲ	＞Ⅴ	高锰酸盐指数、溶解氧、五日生化需氧量、氨氮、总磷
	渔村河	渔村河	Ⅲ	＞Ⅴ	溶解氧、五日生化需氧量、氨氮
杞麓湖	红旗河	红旗河	Ⅲ	＞Ⅴ	溶解氧、五日生化需氧量、氨氮
异龙湖	城河	3号闸	Ⅲ	＞Ⅴ	高锰酸盐指数、溶解氧、五日生化需氧量、氨氮、总磷

注：以云南省环境监测中心站提供数据为准

（四）2009年九大高原湖泊流域污水处理厂运行情况

表2-16　2009年九大高原湖泊流域污水处理厂运行情况表

名称	设计处理能力（万吨/日）	处理量（万吨）
昆明市第一污水处理厂	12	3999.78
昆明市第二污水处理厂	10	3870.01
昆明市第三污水处理厂	21	5164.04
昆明市第四污水处理厂	6	2187.61
昆明市第五污水处理厂	18.5	4206.43
昆明市第六污水处理厂	13	1678.72
昆明市第七污水处理厂	20	

续表

名称	设计处理能力（万吨/日）	处理量（万吨）
昆明市第八污水处理厂	10	
呈贡县污水处理厂	1.5	349.5
晋宁县污水处理厂	1.5	436.27
宜良县阳宗海污水处理厂	0.5	115.19
大理市污水处理厂	5.4	1810.25
洱源县污水处理厂	0.5	63.98
大理市庆中污水处理厂	1	201.66
澄江县污水处理厂	1	225.65
澄江县禄冲污水处理厂	0.2	29.97
江川县污水处理厂	1	294.11
江川县小马沟污水处理站	0.1	19.7
通海县污水处理厂	1	160.99
永胜县污水处理厂	0.5	117.25
宁蒗县泸沽湖污水处理站	0.1	24.25
石屏县污水处理厂	1	273.02
石屏县坝心污水处理厂	0.1	6.99
合计	125.9	25235.37

（五）2009年九大高原湖泊“十一五”目标责任书项目进展情况

表2-17　2009年九大高原湖泊“十一五”目标责任书项目进展情况

<table>
<tr><th>项目名称</th><th>湖泊名称</th><th>项目数（个）</th><th>已完成（个）</th><th>在建（个）</th><th>前期工作（个）</th><th>开工率（%）</th><th>累计完成投资（万元）</th></tr>
<tr><td rowspan="12">九大高原湖泊“十一五”目标责任书</td><td>滇池</td><td>65</td><td>29</td><td>35</td><td>1</td><td>98.46</td><td>665 800</td></tr>
<tr><td rowspan="2">阳宗海</td><td>△15</td><td>8</td><td>6</td><td>1</td><td>93.33</td><td>1291.24</td></tr>
<tr><td>*6</td><td>3</td><td>3</td><td>0</td><td>100</td><td>672.55</td></tr>
<tr><td>洱海</td><td>30</td><td>8</td><td>20</td><td>2</td><td>93.33</td><td>79 959.89</td></tr>
<tr><td>抚仙湖</td><td>24</td><td>7</td><td>16</td><td>1</td><td>95.83</td><td>14 447.02</td></tr>
<tr><td>星云湖</td><td>17</td><td>10</td><td>5</td><td>2</td><td>88.24</td><td>37 562.40</td></tr>
<tr><td>杞麓湖</td><td>15</td><td>8</td><td>6</td><td>1</td><td>93.33</td><td>19 885</td></tr>
<tr><td>程海</td><td>10</td><td>2</td><td>7</td><td>1</td><td>90</td><td>3154</td></tr>
<tr><td>泸沽湖</td><td>11</td><td>3</td><td>7</td><td>1</td><td>90.91</td><td>2579</td></tr>
<tr><td>异龙湖</td><td>14</td><td>3</td><td>10</td><td>1</td><td>92.86</td><td>9864.23</td></tr>
<tr><td>合计</td><td>207</td><td>81</td><td>115</td><td>11</td><td>94.69</td><td>835 215.33</td></tr>
</table>

注：阳宗海项目栏中“△”表示昆明部分；“*”表示玉溪部分

（六）2009年九大高原湖泊水污染防治工作情况

（1）环湖截污治污。滇池流域加速污水处理厂及配套管网建设，昆明主城区8个污水处理厂完成升级改造、扩建和新建，污水处理规模由原来的58.5万吨/日提高到113.5万吨/日，铺设雨、污水主干管网179.5千米，完成雨、污水分流次干管及支管101.5千米，环湖东岸、南岸干渠截污工程全面开工建设。抚仙湖东岸总长18千米的截污干渠已完成15千米，大理洱海截污干渠新增完成4千米。滇池完善城市再生水利用及雨水收集利用政策措施，完成再生水利用专业规划编制，2009年建成73座再生水利用设施，设计处理能力达5.48万吨/日，全市再生水利用设施累计建成233座，日处理规模达7.5万吨/日。

（2）环湖生态建设。滇池共完成退塘、退田4.2万亩，“退房”74.1万平方米，“退人”14548人，建成湖滨生态湿地5.1万亩，完成面山绿化32966亩，完成水土流失整治325.5平方千米。洱海流域完成48千米湖滨带生态建设工程，已完成土地清退1089亩，完成拆迁房屋658院，恢复湿地2100亩。异龙湖累计签订退塘还湖协议3305.2亩，拆除塘埂1996.31亩。其中，2009年签订退塘还湖协议1619.07亩，拆除塘埂1454.8亩。

（3）入湖河道整治。昆明市采取堵口查污、截污导流、拆临拆违、道路平整、两岸绿化、入湖湿地、河道保洁、中水回用等措施强力推进35条入湖河道的综合整治。在河道两旁拆迁各类建（构）筑物181.1万平方米，铺设、改造截污管985千米，建成垃圾池166个、垃圾中转站9座，全面关闭和搬迁河道两岸各200米范围内的畜禽养殖户，绿化河道478.75千米，种植各类植物240余万株，绿化面积688.74万平方米。通过整治，35条主要入湖河道水质均有改善。抚仙湖北岸东大河环境综合治理工程基本完工，洱海完成永安江、罗时江、弥苴河生态河道综合整治约20千米。

（4）外流域补水。牛栏江—滇池补水工程控制性实验场地建设稳步推进，德泽水库大坝已实现截流，完成了牛栏江—滇池补水工程可行性研究报告、环境影响评价报告、牛栏江生态环境保护规划的编制，截至2009年底，累计完成投资15.2亿元。杞麓湖调蓄水隧道工程全线贯通。异龙湖新街海河疏挖和城南河整治工程稳步推进。

（5）农业农村面源治理。在滇池流域划定了畜禽集中养殖区、禁养区和限养区，已关闭养殖户1.54万户，迁出禁养畜禽630万头（只）；调整滇池流域农业产业结构，在湖滨退出蔬菜、花卉种植面积1.1万亩，在4个乡镇开展禁售化肥、农药试点工作。玉溪实施了16个村落环境综合整治工程，建成农村污水处理系统11套、日处理能力1271吨，太阳能中温沼气池站2座、日产沼气能力达500立方米。洱海流域建成9座乡镇垃圾中转站，对70个自然村开展乡村环境保护工程，共建成简易农户庭院污水处理系统7378座，安装完成10座小型垃圾焚烧炉设施，建成10座太阳能中温沼气站和44

座村落污水处理系统，完成测土配方施肥技术 13.5 万亩。

（6）内源治理。滇池污染底泥疏浚二期工程顺利实施，草海清淤约完成 210 万立方米，外海重点区域清淤工程前期工作已经开展。杞麓湖杨广小海片区污染底泥疏浚及处置工程已完成疏浚 65 万立方米。异龙湖污染底泥疏浚已完成疏浚量 65 万立方米。滇池、杞麓湖、异龙湖、星云湖共完成水葫芦及水生植物残体打捞 101.5 万吨。

（7）监督管理。《云南省滇池保护条例》、《云南省云龙水库保护条例》、《云南省牛栏江保护条例》正积极开展起草、调研、论证等相关工作。昆明、玉溪市在全国率先成立了公安环境保护分局，大理白族自治州成立了洱海环境监察大队。

五、云南省九大高原湖泊 2010 年第一季度水质状况及治理情况公告①

2010 年 6 月 28 日，云南省九大高原湖泊水污染综合防治领导小组办公室发布了云南省九大高原湖泊 2010 年第一季度水质状况及治理情况，具体内容见表 2-18、表 2-19、表 2-20、表 2-21、表 2-22。

（一）2010 年第一季度九大高原湖泊水质状况

表 2-18　2010 年第一季度九大高原湖泊水质状况表

湖泊	水域功能	水质综合评价	透明度（米）	营养状态指数	主要污染指标	污染程度
滇池草海	Ⅳ	＞Ⅴ	0.78	75.13	高锰酸盐指数、五日生化需氧量、氨氮、总磷、总氮	重度污染
滇池外海	Ⅲ	＞Ⅴ	0.36	66.03	总磷、总氮	重度污染
阳宗海	Ⅱ	＞Ⅴ	2.35	43.83	砷	重度污染
洱海	Ⅱ	Ⅱ	1.88	38.30		良
抚仙湖	Ⅰ	Ⅱ	5.10	18.93	溶解氧	优
星云湖	Ⅲ	＞Ⅴ	1.02	60.03	五日生化需氧量、总氮、总磷	重度污染
杞麓湖	Ⅲ	＞Ⅴ	1.28	53.30	高锰酸盐指数、五日生化需氧量、总氮	重度污染
程海	Ⅲ	Ⅲ	2.30	42.63		良
泸沽湖	Ⅰ	Ⅱ	12.46	13.10	溶解氧	优
异龙湖	Ⅲ	＞Ⅴ	0.26	75.60	高锰酸盐指数、五日生化需氧量、总磷、总氮	重度污染

注：（1）评价执行《地表水环境质量标准》（GB3838—2002）。（2）以云南省环境监测中心站提供数据为准

① 云南省九大高原湖泊水污染综合防治领导小组办公室：《云南省九大高原湖泊 2010 年一季度水质状况及治理情况公告》，http://sthjt.yn.gov.cn/gyhp/jhdt/201006/t20100628_11687.html（2010-06-28）。

（二）2010年第一季度九大高原湖泊水质类别情况

表2-19　2010年第一季度九大高原湖泊水质类别情况表

湖泊＼月份	1月	2月	3月
滇池草海	＞Ⅴ	＞Ⅴ	＞Ⅴ
滇池外海	＞Ⅴ	＞Ⅴ	＞Ⅴ
洱海	Ⅱ	Ⅱ	Ⅱ
抚仙湖	Ⅱ	Ⅱ	Ⅰ
星云湖	＞Ⅴ	Ⅴ	Ⅴ
杞麓湖	＞Ⅴ	＞Ⅴ	＞Ⅴ
程海	Ⅲ	Ⅲ	Ⅲ
泸沽湖	Ⅱ	Ⅱ	Ⅰ
异龙湖	Ⅴ	＞Ⅴ	＞Ⅴ
阳宗海	＞Ⅴ	＞Ⅴ	Ⅳ

注：抚仙湖、泸沽湖1、2月水质超标因子为溶解氧

（三）2010年第一季度九大高原湖泊主要入湖河流水质状况

表2-20　2010年第一季度九大高原湖泊主要入湖河流水质状况表

湖泊	主要入湖河流	监测断面名称	水域功能	水质类别	主要污染指标
滇池草海	新河	积中村	Ⅳ	＞Ⅴ	高锰酸盐指数、溶解氧、五日生化需氧量、氨氮、总磷
	船房河	入湖口	Ⅳ	＞Ⅴ	氨氮
	运粮河	入湖口	Ⅳ	＞Ⅴ	氨氮、总磷
	乌龙河	入湖口	Ⅳ	＞Ⅴ	五日生化需氧量
	采莲河	入湖口	Ⅳ	＞Ⅴ	高锰酸盐指数、五日生化需氧量、氨氮、总磷
滇池外海	盘龙江	松华坝口	Ⅱ	Ⅱ	
		小人桥	Ⅳ	＞Ⅴ	氨氮、总磷
		严家村桥	Ⅳ	＞Ⅴ	氨氮
	大清河	入湖口	Ⅴ	＞Ⅴ	氨氮、总磷
	金家河	金太塘	Ⅲ	＞Ⅴ	高锰酸盐指数、五日生化需氧量、氨氮、总磷
	小清河	六甲乡新二村	Ⅲ	＞Ⅴ	高锰酸盐指数、五日生化需氧量、氨氮
	西坝河	平桥村	Ⅲ	＞Ⅴ	氨氮
	大观河	篆塘	Ⅲ	＞Ⅴ	五日生化需氧量、氨氮、总磷
	王家堆渠	入湖口	Ⅲ	＞Ⅴ	五日生化需氧量、氨氮、总磷

续表

湖泊	主要入湖河流	监测断面名称	水域功能	水质类别	主要污染指标
滇池外海	六甲宝象河	东张村	Ⅲ	Ⅴ	氨氮
	五甲宝象河	曹家村	Ⅲ	＞Ⅴ	五日生化需氧量、氨氮
	老宝象河	龙马村	Ⅲ	Ⅳ	石油类、五日生化需氧量
	新宝象河	宝丰村	Ⅲ	＞Ⅴ	石油类、总磷
	虾坝河	五甲村	Ⅲ	＞Ⅴ	高锰酸盐指数、五日生化需氧量、氨氮、总磷
	海河	入湖口	Ⅲ	＞Ⅴ	溶解氧、五日生化需氧量、氨氮、总磷
	马料河	溪波村	Ⅲ		断流
	洛龙河	入湖口	Ⅲ	Ⅳ	溶解氧
	胜利河	入湖口	Ⅲ	Ⅳ	溶解氧、五日生化需氧量
	南冲河	入湖口	Ⅲ	Ⅳ	高锰酸盐指数、氨氮
	淤泥河	入湖口	Ⅲ	Ⅲ	
	柴河	入湖口	Ⅲ	Ⅲ	
	白鱼河	入湖口	Ⅲ	Ⅳ	高锰酸盐指数
	茨港河	牛恋河	Ⅲ	＞Ⅴ	氨氮、总磷
	城河	昆阳码头	Ⅲ	Ⅳ	氨氮
	东大河	入湖口	Ⅲ	Ⅲ	
	古城河	马鱼滩	Ⅲ	Ⅴ	总磷
阳宗海	阳宗大河	入湖口	Ⅱ	Ⅲ	氨氮、五日生化需氧量
	七星河	入湖口	Ⅱ	Ⅱ	
	摆依河引洪渠	摆依河引洪渠	Ⅱ	Ⅳ	五日生化需氧量
洱海	弥苴河	银桥村	Ⅱ	Ⅱ	
		江尾桥	Ⅱ	Ⅱ	
	永安江	桥下村	Ⅱ	Ⅳ	溶解氧
		江尾东桥	Ⅱ	Ⅳ	溶解氧
	罗时江	沙坪桥	Ⅱ	Ⅳ	溶解氧、五日生化需氧量
		莲河桥	Ⅱ	Ⅲ	高锰酸盐指数、溶解氧、五日生化需氧量
	波罗江	入湖口	Ⅱ	＞Ⅴ	溶解氧、五日生化需氧量、总磷
	万花溪	喜州桥	Ⅱ		断流
	白石溪	丰呈庄	Ⅱ		断流
	白鹤溪	丰呈庄	Ⅱ		断流

续表

湖泊	主要入湖河流	监测断面名称	水域功能	水质类别	主要污染指标
抚仙湖	马料河	马料河	Ⅰ	Ⅴ	溶解氧、总磷、石油类
	隔河	隔 河	Ⅰ	Ⅳ	五日生化需氧量、溶解氧
	路居河	路居河	Ⅰ	＞Ⅴ	高锰酸盐指数、五日生化需氧量、氨氮、总磷
星云湖	东西大河	东西大河	Ⅲ	＞Ⅴ	五日生化需氧量、氨氮、总磷
	大街河	大街河	Ⅲ	＞Ⅴ	高锰酸盐指数、五日生化需氧量、氨氮、总磷
	渔村河	渔村河	Ⅲ	＞Ⅴ	五日生化需氧量
杞麓湖	红旗河	红旗河	Ⅲ	Ⅴ	溶解氧、五日生化需氧量、氨氮
异龙湖	城河	3 号闸	Ⅲ	＞Ⅴ	高锰酸盐指数、溶解氧、五日生化需氧量、氨氮、总磷

注：以云南省环境监测中心站提供数据为准

（四）2010 年第一季度九大高原湖泊流域污水处理厂运行情况

表 2-21　2010 年第一季度九大高原湖泊流域污水处理厂运行情况表

名称	设计处理能力（万吨/日）	处理量（万吨）
昆明市第一污水处理厂	12	954.22
昆明市第二污水处理厂	10	976.28
昆明市第三污水处理厂	21	1477.94
昆明市第四污水处理厂	6	532.23
昆明市第五污水处理厂	18.5	1484.18
昆明市第六污水处理厂	13	341.49
昆明市第七污水处理厂	20	
昆明市第八污水处理厂	10	
呈贡县污水处理厂	1.5	89.90
晋宁县污水处理厂	1.5	92.74
宜良县阳宗海污水处理厂	0.5	23.79
大理市污水处理厂	5.4	434.07
洱源县污水处理厂	0.5	25.98
大理市庆中污水处理厂	1	45.32
澄江县污水处理厂	1	55.47
澄江县禄冲污水处理厂	0.2	5.54
江川县污水处理厂	1	70.68
江川县小马沟污水处理站	0.1	4.17
通海县污水处理厂	1	36.84

续表

名称	设计处理能力（万吨/日）	处理量（万吨）
永胜县污水处理厂	0.5	30.36
宁蒗县泸沽湖污水处理站	0.1	3.80
石屏县污水处理厂	1	70.24
石屏县坝心污水处理厂	0.1	1.40
合计	125.9	6756.64

（五）2010年第一季度九大高原湖泊“十一五”目标责任书项目进展情况

表 2-22　2010 年第一季度九大高原湖泊“十一五”目标责任书项目进展情况表

项目名称	湖泊名称	项目数（个）	已完成（个）	在建（个）	前期工作（个）	开工率（%）	累计完成投资（万元）
九大高原湖泊“十一五”目标责任书	滇池	65	32	32	1	98.46	762 000
	阳宗海	△15	8	7	0	100	1346
		*6	3	3	0	100	736.23
	洱海	30	9	19	2	93.33	88 800
	抚仙湖	24	9	14	1	95.83	16 388.66
	星云湖	17	12	5	0	100.0	38 788
	杞麓湖	15	9	5	1	93.33	20 888.30
	程海	10	2	7	1	90	3154
	泸沽湖	11	3	7	1	90.91	2579
	异龙湖	14	8	6	0	100	9905.28
	合计	207	95	105	7	96.62	944 585.47

注：阳宗海项目栏中“Δ”表示昆明市部分；“*”表示玉溪市部分

（六）2010年第一季度九大高原湖泊水污染防治工作情况

（1）九大高原湖泊水污染防治“十一五”规划目标责任书项目进展情况。由表2-22可知，截至2010年3月31日，九大高原湖泊“十一五”规划目标责任书项目207项，完成95项，正在建设105项，开展前期工作7项，累计完成投资94.46亿元。其中，滇池完成投资76.2亿元，其他八湖完成投资18.26亿元。

（2）加强监督管理，促进依法治污。云南省环境保护厅下发了《云南省环境保护厅关于印发2010年九大高原湖泊流域环境监察方案的通知》，按照通知要求，云南省环境监察总队、昆明市等五州（市）及九大高原湖泊所在县（市、区）环境监察部门以九大高原湖泊流域内国控省控企业、城市生活污水处理厂、2010年应完工的责任书项目、滇池治理“十一五”规划北岸环境综合治理工程项目等重点监察对象，出动环境监察人员1459人次，查处环境违法企业6家，通过检查，对存在环境违法行为的企业进行了查处，强化了九大高原湖泊流域企业的监管力度。

（3）阳宗海砷污染治理工作取得积极进展。阳宗海湖体降砷试验工程取得积极进展，湖泊水体砷浓度由2008年10月1日的0.134毫克/升下降到了2010年3月23日的0.092毫克/升，水质由劣Ⅴ类逐步恢复到了Ⅳ类标准。

（4）滇池水污染防治专家督导组积极开展滇池重点治理项目督导。2010年第一季度，云南省人民政府滇池水污染防治专家督导组召开2次省、市滇池治理联席会议，总结了2009年滇池督导工作，提出了2010年督导工作要点。对洛龙河、中河、东大河、船房河、大观河5条主要入湖河道进行了调研，要求对目前水质变化不大、效果不明显的河道要加大整治力度，确保2010年底35条入湖河道彻底截污。

（七）云南省人民政府召开了云南省九大高原湖泊水污染综合防治领导小组会议和2010年滇池治理工作会议

2010年3月24—25日，云南省人民政府在昆明召开了云南省九大高原湖泊水污染综合防治领导小组会议和2010年滇池治理工作会议。会议要求：一是九大高原湖泊治理要切实加强组织领导，确保九大高原湖泊治理各项工作措施的落实，各有关部门要加强配合，对涉及九大高原湖泊治理项目的立项审批、用地审批、环境影响评价审批、水土保持审批、竣工验收等都要特事特办。二是各级各部门的领导干部和生产经营单位的负责人要认真履行好“一岗双责”，切实承担起湖泊水污染防治的责任，要严格考核，并将考核结果作为对五州（市）领导班子和领导干部综合考核评价和云南省今后流域生态补偿奖惩机制的重要依据。三是要创新思路，积极探索切实可行的资本运作模式，增加湖泊治理的投入。四是要努力提高湖泊治理的科技支撑能力，全面开展九大高原湖泊流域入湖污染总量控制研究，启动九大高原湖泊产业结构调整及水环境保护规划研究，推进九大高原湖泊流域产业结构调整，优化城乡社会发展。五是为加强对九大高原湖泊治理工作的指导、检查和监督，推进云南省委、云南省人民政府重大决策事项的落实，云南省人民政府专门成立了九大高原湖泊水污染综合防治督导组，并在会上向督导组成员颁发了聘书。六是要立足长远，及早谋划，抓紧开展九大高原湖泊治理“十二五”规划编制工作，确保下一步更加科学有效地推进治理工作。

六、云南省九大高原湖泊2010年第二季度水质状况及治理情况公告①

2010年8月18日，云南省九大高原湖泊水污染综合防治领导小组办公室发布了云南省九大高原湖泊2010年第二季度水质状况及治理情况，具体内容见表2-23、表2-24、表2-25、表2-26、表2-27、表2-28。

（一）2010年第二季度九大高原湖泊水质状况

表2-23　2010年第二季度九大高原湖泊水质状况表

湖泊	水域功能	水质综合评价	透明度（米）	营养状态指数	主要污染指标	污染程度
滇池草海	Ⅳ	＞Ⅴ	0.85	72	五日生化需氧量、氨氮、总磷	重度污染
滇池外海	Ⅲ	＞Ⅴ	0.33	71.30	总磷、总氮	重度污染
阳宗海	Ⅱ	Ⅳ	2.63	41.80	砷	重度污染
洱海	Ⅱ	Ⅲ	2.41	37.30	溶解氧、总氮	良
抚仙湖	Ⅰ	Ⅰ	5.32	22.03		优
星云湖	Ⅲ	＞Ⅴ	0.60	68.50	五日生化需氧量、总氮、总磷	重度污染
杞麓湖	Ⅲ	＞Ⅴ	0.72	61.17	总氮	重度污染
程海	Ⅲ	Ⅲ	1.83	42.80		良
泸沽湖	Ⅰ	Ⅰ	9.97	13.43		优
异龙湖	Ⅲ	＞Ⅴ	0.34	75.43	高锰酸盐指数、五日生化需氧量、总磷、总氮	重度污染

注：（1）评价执行《地表水环境质量标准》（GB3838—2002）。（2）以云南省环境监测中心站提供数据为准

（二）2010年第二季度九大高原湖泊水质类别情况

表2-24　2010年第二季度九大高原湖泊水质类别情况表

湖泊＼月份	4月	5月	6月
滇池草海	＞Ⅴ	＞Ⅴ	＞Ⅴ
滇池外海	＞Ⅴ	＞Ⅴ	＞Ⅴ
洱海	Ⅱ	Ⅲ	Ⅲ
抚仙湖	Ⅰ	Ⅰ	Ⅰ

① 云南省九大高原湖泊水污染综合防治领导小组办公室：《云南省九大高原湖泊2010年二季度水质状况及治理情况公告》，http://sthjt.yn.gov.cn/gyhp/jhdt/201008/t20100823_11642.html（2010-08-23）。

续表

月份 湖泊	4月	5月	6月
星云湖	＞Ⅴ	＞Ⅴ	＞Ⅴ
杞麓湖	＞Ⅴ	＞Ⅴ	＞Ⅴ
程海	Ⅲ	Ⅲ	Ⅲ
泸沽湖	Ⅰ	Ⅰ	Ⅰ
异龙湖	＞Ⅴ	＞Ⅴ	＞Ⅴ
阳宗海	Ⅳ	Ⅳ	Ⅳ

注：抚仙湖、泸沽湖1、2月水质超标因子为溶解氧

（三）2010年第二季度九大高原湖泊主要入湖河流水质状况

表2-25　2010年第二季度九大高原湖泊主要入湖河流水质状况表

湖泊	主要入湖河流	监测断面名称	水域功能	水质类别	主要污染指标
滇池草海	新河	积中村	Ⅳ	＞Ⅴ	高锰酸盐指数、溶解氧、五日生化需氧量、氨氮、总磷
	船房河	入湖口	Ⅳ	＞Ⅴ	氨氮
	运粮河	入湖口	Ⅳ	＞Ⅴ	氨氮、总磷
	乌龙河	入湖口	Ⅳ	＞Ⅴ	五日生化需氧量
	采莲河	入湖口	Ⅳ	＞Ⅴ	高锰酸盐指数、五日生化需氧量、氨氮、总磷
滇池外海	盘龙江	松华坝口	Ⅱ	Ⅱ	
		小人桥	Ⅳ	＞Ⅴ	氨氮、总磷
		严家村桥	Ⅳ	＞Ⅴ	氨氮
	大清河	入湖口	Ⅴ	＞Ⅴ	氨氮、总磷
	金家河	金太塘	Ⅲ	＞Ⅴ	高锰酸盐指数、五日生化需氧量、氨氮、总磷
	小清河	六甲乡新二村	Ⅲ	＞Ⅴ	五日生化需氧量、氨氮
	西坝河	平桥村	Ⅲ	＞Ⅴ	氨氮、总磷
	大观河	篆塘	Ⅲ	＞Ⅴ	五日生化需氧量、氨氮、总磷
	王家堆渠	入湖口	Ⅲ	＞Ⅴ	五日生化需氧量、氨氮、总磷
	六甲宝象河	东张村	Ⅲ	＞Ⅴ	五日生化需氧量
	五甲宝象河	曹家村	Ⅲ	Ⅳ	五日生化需氧量、氨氮
	老宝象河	龙马村	Ⅲ	＞Ⅴ	五日生化需氧量
	新宝象河	宝丰村	Ⅲ	Ⅴ	总磷
	虾坝河	五甲村	Ⅲ	Ⅴ	五日生化需氧量

续表

湖泊	主要入湖河流	监测断面名称	水域功能	水质类别	主要污染指标
滇池外海	海河	入湖口	Ⅲ	＞Ⅴ	溶解氧、五日生化需氧量、氨氮
	马料河	溪波村	Ⅲ	Ⅴ	高锰酸盐指数
	洛龙河	入湖口	Ⅲ	Ⅳ	溶解氧、高锰酸盐指数、五日生化需氧量、氨氮
	胜利河	入湖口	Ⅲ	Ⅳ	溶解氧、五日生化需氧量、氨氮
	南冲河	入湖口	Ⅲ	Ⅲ	
	淤泥河	入湖口	Ⅲ	＞Ⅴ	五日生化需氧量
	柴河	入湖口	Ⅲ	Ⅲ	
	白鱼河	入湖口	Ⅲ	Ⅲ	高锰酸盐指数
	茨港河	牛恋河	Ⅲ	＞Ⅴ	氨氮
	城河	昆阳码头	Ⅲ	＞Ⅴ	氨氮
	东大河	入湖口	Ⅲ		断流
	古城河	马鱼滩	Ⅲ	＞Ⅴ	总磷
阳宗海	阳宗大河	入湖口	Ⅱ	Ⅳ	氨氮、五日生化需氧量
	七星河	入湖口	Ⅱ	Ⅳ	溶解氧
	摆依河引洪渠	摆依河引洪渠	Ⅱ		断流
洱海	弥苴河	银桥村	Ⅱ	Ⅲ	高锰酸盐指数、溶解氧、五日生化需氧量
		江尾桥	Ⅱ	Ⅳ	溶解氧
	永安江	桥下村	Ⅱ	＞Ⅴ	溶解氧
		江尾东桥	Ⅱ	Ⅳ	溶解氧、五日生化需氧量
	罗时江	沙坪桥	Ⅱ	Ⅳ	溶解氧、五日生化需氧量
		莲河桥	Ⅱ	Ⅲ	高锰酸盐指数、溶解氧、五日生化需氧量
	波罗江	入湖口	Ⅱ	＞Ⅴ	溶解氧、五日生化需氧量
	万花溪	喜州桥	Ⅱ		断流
	白石溪	丰呈庄	Ⅱ		断流
	白鹤溪	丰呈庄	Ⅱ		断流
抚仙湖	马料河	马料河	Ⅰ	＞Ⅴ	溶解氧、总磷、石油类、氨氮
	隔河	隔 河	Ⅰ	Ⅳ	五日生化需氧量
	路居河	路居河	Ⅰ	＞Ⅴ	五日生化需氧量、氨氮、总磷

续表

湖泊	主要入湖河流	监测断面名称	水域功能	水质类别	主要污染指标
星云湖	东西大河	东西大河	Ⅲ	＞Ⅴ	五日生化需氧量、氨氮
	大街河	大街河	Ⅲ	＞Ⅴ	高锰酸盐指数、五日生化需氧量、氨氮、总磷
	渔村河	渔村河	Ⅲ	＞Ⅴ	五日生化需氧量、氨氮、总磷
杞麓湖	红旗河	红旗河	Ⅲ	＞Ⅴ	五日生化需氧量、氨氮
异龙湖	城河	3 号闸	Ⅲ	＞Ⅴ	高锰酸盐指数、溶解氧、五日生化需氧量、氨氮、总磷

注：以云南省环境监测中心站提供数据为准

（四）2010 年第二季度九大高原湖泊流域污水处理厂运行情况

表 2-26　2010 年第二季度九大高原湖泊流域污水处理厂运行情况表

名称	设计处理能力（万吨/日）	处理量（万吨）
昆明市第一污水处理厂	12	1054.90
昆明市第二污水处理厂	10	1018.85
昆明市第三污水处理厂	21	1912.40
昆明市第四污水处理厂	6	升级改造
昆明市第五污水处理厂	18.5	1927.28
昆明市第六污水处理厂	13	641.14
昆明市第七污水处理厂	20	调试
昆明市第八污水处理厂	10	调试
呈贡县污水处理厂	1.5	93.83
晋宁县污水处理厂	1.5	92.51
宜良县阳宗海污水处理厂	0.5	34.93
大理市污水处理厂	5.4	455.46
洱源县污水处理厂	0.5	28.35
大理市庆中污水处理厂	1	49.12
澄江县污水处理厂	1	59.22
澄江县禄冲污水处理厂	0.2	8.47
江川县污水处理厂	1	56.93
江川县小马沟污水处理站	0.1	4.86
通海县污水处理厂	1	15.80
永胜县污水处理厂	0.5	30.85

续表

名称	设计处理能力（万吨/日）	处理量（万吨）
宁蒗县泸沽湖污水处理站	0.1	5.17
石屏县污水处理厂	1	38.38
石屏县坝心污水处理厂	0.1	1.47
合计	125.9	7529.92

（五）2010 年第二季度九大高原湖泊“十一五”目标责任书项目进展情况

表 2-27　2010 年第二季度九大高原湖泊“十一五”目标责任书项目进展情况表

项目名称	湖泊名称	项目数（个）	已完成（个）	在建（个）	前期工作（个）	开工率（%）	累计完成投资（万元）
九大高原湖泊“十一五”目标责任书	滇池	65	42	22	1	98.46	789 400
	阳宗海	△15	8	6		93.33	1401.20
		*6	4	2		100	815
	洱海	30	12	16	2	93.33	97 000
	抚仙湖	24	10	13	1	95.83	28 538
	星云湖	17	13	3		94.12	40 005
	杞麓湖	15	9	4	1	86.67	19 126
	程 海	10	5	5	0	100	3538.50
	泸沽湖	11	6	4	1	90.91	2855
	异龙湖	14	9	4	1	9（2）86	10 941.48
	合计	207	118	79	7	95.12	993 620.18

注：阳宗海项目栏中“Δ”表示昆明市部分；“*”表示玉溪市部分

（六）2010 年第二季度九大高原湖泊环境违法项目查处情况统计表

表 2-28　2010 年第二季度九大高原湖泊环境违法项目查处情况统计表

项目名称	所在流域	处罚事由	处罚时间	实施处罚单位	处罚结果
昆明晋宁云峰钢铁有限公司	滇池	该公司 420 立方米炼铁高炉、90 平方米机烧生产线技术改造项目未办理环境影响评价审批手续	2010 年 5 月 12 日	晋宁县环境保护局	责令停止生产，并于 2010 年 6 月 5 日前补办环境保护审批手续
晋宁昆阳五一玉花卤菜摊	滇池	未办理环境保护审批手续，擅自建成并投入生产，生产废水未采取有效措施外排入东大河	2010 年 6 月 9 日	晋宁县环境保护局	责令停止生产，罚款 1 万元
晋宁锐驰砂石料有限公司	滇池	未报批环境影响评价审批手续，擅自建成并投入生产	2010 年 6 月 11 日	晋宁县环境保护局	责令停止生产
晋宁县晋城海清酒房	滇池	未办理环境影响评价审批手续，擅自建成并投入生产	2010 年 6 月 10 日	晋宁县环境保护局	责令停止生产

续表

项目名称	所在流域	处罚事由	处罚时间	实施处罚单位	处罚结果
晋宁县晋城德山酒房	滇池	未办理环境影响评价审批手续，擅自建成并投入生产	2010年6月10日	晋宁县环境保护局	责令停止生产
马琼珍冰瓶加工厂	滇池	未办理环境保护审批手续	2010年3月18日	呈贡县环境保护局	限2010年4月30日前办理环境保护审批手续
呈贡中林藤木制品厂	滇池	未办理环境保护审批手续	2010年4月22日	呈贡县环境保护局	限2010年5月21日前办理环境保护验收手续
呈贡县龙城镇伊兰园饭店	滇池	未办理环境保护审批手续	2010年3月23日	呈贡县环境保护局	责令停止经营和使用，罚款1万元
呈贡县龙城镇浦记清汤鹅店	滇池	未办理环境保护审批手续	2010年3月23日	呈贡县环境保护局	责令停止经营和使用，罚款1万元
呈贡利民塑料制品厂	滇池	未办理环境保护验收手续	2010年4月22日	呈贡县环境保护局	限2010年5月21日前办理环境保护验收手续
昆明理工大学（呈贡校区）	滇池	昆明理工大学（呈贡校区）中水站未办理环境保护验收手续	2010年5月24日	呈贡县环境保护局	责令尽快恢复污水处理设施正常使用，责令污水处理设施1个月内办理建设项目竣工环境保护验收手续，罚款8万元
呈贡福康白龙潭水上乐园	滇池	未办理环境保护验收手续	2010年5月22日	呈贡县环境保护局	责令停止经营和使用
宜良县排水公司阳宗海污水处理厂	阳宗海	未经环境保护部门批准，闲置污水处理设施	2010年4月3日	宜良县环境保护局	罚款1万元
云南农生饲料有限公司	滇池	污染物排放浓度超过国家标准	2010年4月13日	澄江县环境保护局	责令限期改正，罚款2万元
澄江磷化工金龙有限责任公司	珠江	2009年污染物排放浓度超过国家标准	2010年4月16日	澄江县环境保护局	责令限期改正，罚款1万元
云南澄江磷化工华业有限责任公司	珠江	2009年度污染物排放浓度超过国家标准	2010年4月15日	澄江县环境保护局	责令限期改正，罚款1万元

（七）2010年第二季度九大高原湖泊水污染防治工作情况

（1）九大高原湖泊水污染防治“十一五”规划目标责任书项目进展情况。由表2-27可知，2010年第二季度，九大高原湖泊“十一五”规划目标责任书项目共计207项，完成118项，正在建设79项，开展前期工作7项，累计完成投资99.36亿元。其中，滇池完成投资78.94亿元，其他八湖完成投资20.42亿元。

（2）加强监督管理，促进依法治污。按照《云南省环境保护厅关于印发2010年九大高原湖泊流域环境监察方案的通知》要求，云南省环境监察总队、昆明市等五州（市）及九大高原湖泊所在县（市、区）环境监察部门紧紧围绕九大高原湖泊流域内国控省控企业、城市生活污水处理厂、2010年应完工的责任书项目、滇池治理“十一五”规划北岸环境综合治理工程项目等重点监察对象，在2010年第二季度出动环境监察人员1914人次。通过检查对16家企业和新建项目环境违法行为进行了处理、处罚，责令企业停产或停止运营、建设8家，限期整改或补办环境保护手续8家，共处罚款16万元。通过检查，强化了对九大高原湖泊流域企业的监管力度。

（3）阳宗海砷污染治理工作取得积极进展。阳宗海风景名胜区组建工作顺利开展，昆明市印发《关于组建昆明阳宗海风景名胜区管理委员会的实施方案》的通知，两市三县托管工作稳步推进。阳宗海湖体降砷试验工程取得积极进展，湖泊水体砷浓度由 2008 年 10 月 1 日的 0.134 毫克/升下降到了 2010 年 6 月 2 日的 0.064 毫克/升，水质由劣Ⅴ类恢复到了Ⅳ类标准。

（4）积极开展九大高原湖泊治理督导。2010 年 4 月 1 日，云南省人民政府滇池水污染防治专家督导组对环湖截污工程、环湖公路工程、滇池污染底泥疏挖二期工程、采莲河东沟入湖口水质情况及云南国资水泥海口有限公司搬迁进展情况进行督导。2010 年 4 月 20—21 日，云南省人民政府九大高原湖泊水污染综合防治督导组到大理对洱海水污染综合防治工作进行督导，听取了大理白族自治州委、州人民政府关于洱海水污染综合防治工作情况汇报。2010 年 5 月 6—7 日，云南省人民政府九大高原湖泊水污染综合防治督导组到玉溪对抚仙湖、星云湖、杞麓湖水污染综合防治工作进行督导。

（5）积极开展九大高原湖泊流域“河道保洁周”活动。为切实加强河道治理和监管，有效削减入湖污染物，提高沿河沿湖群众保护环境意识，推进生态文明建设进程，促进九大高原湖泊流域水污染综合防治，九大高原湖泊流域于2010年4月开展了以“清洁河道，保护湖泊”为主题的“河道保洁周”活动。九大高原湖泊流域共有 16 万余人参加“河道保洁周”活动，出动挖掘机、装载机、清运车辆等各类机械共 1315 台，共清理河道总长 264.81 千米、湖堤 385.27 千米，清理河道漂浮物 2 万余吨，污染淤泥及垃圾约 16.53 万吨，经过保洁的河道基本实现了河底无淤积、水面无杂物、河岸无垃圾、河道畅通、河岸堵住排污口的“三无一通一堵”目标。由于本次活动取得显著成效，云南省九大高原湖泊水污染综合防治领导小组办公室研究决定，将每年 4 月第一周定为九大高原湖泊“河道保洁周”，积极动员各级政府和广大人民群众参与九大高原湖泊水污染防治工作，不断增强广大人民群众保护九大高原湖泊生态环境的意识，为保护九大高原湖泊环境创造良好的社会氛围，全面提升九大高原湖泊流域入湖河道环境管理水平，促进九大高原湖泊水污染综合防治。

七、云南省九大高原湖泊 2010 年第三季度水质状况及治理情况公告①

2010 年 11 月 18 日，云南省九大高原湖泊水污染综合防治领导小组办公室发布了云

① 云南省九大高原湖泊水污染综合防治领导小组办公室：《云南省九大高原湖泊 2010 年三季度水质状况及治理情况公告》，http://sthjt.yn.gov.cn/gyhp/jhdt/201012/t20101213_11689.html（2010-12-13）。

南省九大高原湖泊2010年第三季度水质状况及治理情况，具体内容见表2-29、表2-30、表2-31、表2-32、表2-33、表2-34。

（一）2010年第三季度九大高原湖泊水质状况

表2-29　2010年第三季度九大高原湖泊水质状况表

湖泊	水域功能	水质综合评价	透明度（米）	营养状态指数	主要污染指标	污染程度
滇池草海	Ⅳ	>Ⅴ	0.73	71.13	五日生化需氧量、氨氮、总氮、总磷	重度污染
滇池外海	Ⅲ	>Ⅴ	0.32	71.03	高锰酸盐指数、总氮	重度污染
阳宗海	Ⅱ	Ⅱ	1.98	46.07		重度污染
洱海	Ⅱ	Ⅲ	1.49	43.07	溶解氧、总氮、总磷	良
抚仙湖	Ⅰ	Ⅰ	4.91	18.73		优
星云湖	Ⅲ	>Ⅴ	0.49	71	总磷	重度污染
杞麓湖	Ⅲ	>Ⅴ	0.50	67.07	总氮	重度污染
程海	Ⅲ	Ⅲ	1.97	40.07		良
泸沽湖	Ⅰ	Ⅰ	10.2	17.10		优
异龙湖	Ⅲ	>Ⅴ	0.22	82.17	高锰酸盐指数、五日生化需氧量、总磷、总氮	重度污染

注：（1）评价执行《地表水环境质量标准》（GB3838—2002）。（2）以云南省环境监测中心站提供数据为准

（二）2010年第三季度九大高原湖泊水质类别情况

表2-30　2010年第三季度九大高原湖泊水质类别情况表

湖泊＼月份	7月	8月	9月
滇池草海	>Ⅴ	>Ⅴ	>Ⅴ
滇池外海	>Ⅴ	>Ⅴ	>Ⅴ
洱海	Ⅲ	Ⅲ	Ⅲ
抚仙湖	Ⅰ	Ⅰ	Ⅰ
星云湖	>Ⅴ	>Ⅴ	>Ⅴ
杞麓湖	>Ⅴ	>Ⅴ	>Ⅴ
程海	Ⅲ	Ⅲ	Ⅲ
泸沽湖		Ⅰ	Ⅰ
异龙湖	>Ⅴ	>Ⅴ	>Ⅴ
阳宗海	Ⅳ	Ⅱ	Ⅱ

注：7月份泸沽湖由于连续降雨，道路被冲断，未取到水样

（三）2010年第三季度九大高原湖泊主要入湖河流水质状况

表2-31　2010年第三季度九大高原湖泊主要入湖河流水质状况表

湖泊	主要入湖河流	监测断面名称	水域功能	水质类别	主要污染指标
滇池草海	新河	积中村	Ⅳ	＞Ⅴ	高锰酸盐指数、溶解氧、五日生化需氧量、氨氮、总磷
	船房河	入湖口	Ⅳ	＞Ⅴ	氨氮
	运粮河	入湖口	Ⅳ	＞Ⅴ	氨氮、总磷
	乌龙河	入湖口	Ⅳ	＞Ⅴ	五日生化需氧量
	采莲河	入湖口	Ⅳ	＞Ⅴ	高锰酸盐指数、五日生化需氧量、氨氮、总磷
滇池外海	盘龙江	松华坝口	Ⅱ	Ⅱ	
		小人桥	Ⅳ	＞Ⅴ	氨氮、总磷
		严家村桥	Ⅳ	＞Ⅴ	氨氮
	大清河	入湖口	Ⅴ	＞Ⅴ	氨氮、总磷
	金家河	金太塘	Ⅲ	＞Ⅴ	高锰酸盐指数、五日生化需氧量、氨氮、总磷
	小清河	六甲乡新二村	Ⅲ	＞Ⅴ	五日生化需氧量、氨氮
	西坝河	平桥村	Ⅲ	＞Ⅴ	氨氮、总磷
	大观河	篆塘	Ⅲ	＞Ⅴ	五日生化需氧量、氨氮、总磷
	王家堆渠	入湖口	Ⅲ	＞Ⅴ	五日生化需氧量、氨氮、总磷
	六甲宝象河	东张村	Ⅲ	＞Ⅴ	五日生化需氧量
	五甲宝象河	曹家村	Ⅲ	Ⅳ	五日生化需氧量、氨氮
	老宝象河	龙马村	Ⅲ	＞Ⅴ	五日生化需氧量
	新宝象河	宝丰村	Ⅲ	Ⅴ	总磷
	虾坝河	五甲村	Ⅲ	Ⅴ	五日生化需氧量
	海河	入湖口	Ⅲ	＞Ⅴ	溶解氧、五日生化需氧量、氨氮
	马料河	溪波村	Ⅲ	Ⅴ	高锰酸盐指数
	洛龙河	入湖口	Ⅲ	Ⅳ	溶解氧、高锰酸盐指数、五日生化需氧量、氨氮
	胜利河	入湖口	Ⅲ	Ⅳ	溶解氧、五日生化需氧量、氨氮
	南冲河	入湖口	Ⅲ	Ⅳ	
	淤泥河	入湖口	Ⅲ	Ⅴ	总磷
	柴　河	入湖口	Ⅲ	Ⅳ	
	白鱼河	入湖口	Ⅲ	Ⅳ	高锰酸盐指数
	茨港河	牛恋河	Ⅲ	＞Ⅴ	氨氮、总磷
	城河	昆阳码头	Ⅲ	＞Ⅴ	氨氮、溶解氧
	东大河	入湖口	Ⅲ	Ⅲ	
	古城河	马鱼滩	Ⅲ	＞Ⅴ	总磷、石油类

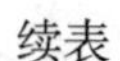

续表

湖泊	主要入湖河流	监测断面名称	水域功能	水质类别	主要污染指标
阳宗海	阳宗大河	入湖口	Ⅱ	Ⅲ	高锰酸盐指数
	七星河	入湖口	Ⅱ	Ⅳ	高锰酸盐指数、总磷
	摆依河引洪渠	摆依河引洪渠	Ⅱ	Ⅴ	总磷
洱海	弥苴河	银桥村	Ⅱ	Ⅳ	溶解氧
		江尾桥	Ⅱ	＞Ⅴ	五日生化需氧量
	永安江	桥下村	Ⅱ	＞Ⅴ	溶解氧、五日生化需氧量
		江尾东桥	Ⅱ	Ⅴ	溶解氧
	罗时江	沙坪桥	Ⅱ	＞Ⅴ	溶解氧、五日生化需氧量
		莲河桥	Ⅱ	＞Ⅴ	溶解氧、五日生化需氧量
	波罗江	入湖口	Ⅱ	Ⅳ	溶解氧、总磷
	万花溪	喜州桥	Ⅱ	Ⅲ	溶解氧
	白石溪	丰呈庄	Ⅱ	Ⅲ	溶解氧、总磷
	白鹤溪	丰呈庄	Ⅱ	Ⅳ	总磷
抚仙湖	马料河	马料河	Ⅰ	＞Ⅴ	溶解氧、总磷、五日生化需氧量
	隔 河	隔 河	Ⅰ	Ⅲ	溶解氧、五日生化需氧量、总磷
	路居河	路居河	Ⅰ	Ⅴ	高锰酸盐指数、溶解氧、五日生化需氧量、氨氮、总磷
星云湖	东西大河	东西大河	Ⅲ	＞Ⅴ	溶解氧、总磷、氨氮、五日生化需氧量
	大街河	大街河	Ⅲ	＞Ⅴ	氨氮、总磷
	渔村河	渔村河	Ⅲ	＞Ⅴ	五日生化需氧量、氨氮、总磷
杞麓湖	红旗河	红旗河	Ⅲ	＞Ⅴ	溶解氧、五日生化需氧量、氨氮、总磷
异龙湖	城河	3 号闸	Ⅲ	＞Ⅴ	高锰酸盐指数、溶解氧、五日生化需氧量、氨氮、总磷、石油类

注：以云南省环境监测中心站提供数据为准

（四）2010 年第三季度九大高原湖泊流域污水处理厂运行情况

表 2-32　2010 年第三季度九大高原湖泊流域污水处理厂运行情况表

名称	设计处理能力（万吨/日）	处理量（万吨）
昆明市第一污水处理厂	12	1290.25
昆明市第二污水处理厂	10	1049.67
昆明市第三污水处理厂	21	2149.99
昆明市第四污水处理厂	6	139.04
昆明市第五污水处理厂	18.5	2036.88
昆明市第六污水处理厂	13	1041.39

续表

名称	设计处理能力（万吨/日）	处理量（万吨）
昆明市第七、八污水处理厂	20	2726.48
呈贡县污水处理厂	1.5	108.64
晋宁县污水处理厂	1.5	115.90
宜良县阳宗海污水处理厂	0.5	35.04
大理市污水处理厂	5.4	486.48
洱源县污水处理厂	0.5	33.03
大理市庆中污水处理厂	0.5	47.67
澄江县污水处理厂	1	56.97
澄江县禄冲污水处理厂	0.2	10.8
江川县污水处理厂	1	64.36
江川县小马沟污水处理站	0.1	4.66
通海县污水处理厂	1	11.49
永胜县污水处理厂	0.5	50.36
宁蒗县泸沽湖污水处理站	0.1	7.97
石屏县污水处理厂	1	76.38
石屏县坝心污水处理厂	0.1	0
合计	115.4	11543.45

（五）2010 年第三季度九大高原湖泊“十一五”目标责任书项目进展情况

表 2-33　2010 年第三季度九大高原湖泊“十一五”目标责任书项目进展情况表

项目名称	湖泊名称	项目数（个）	已完成（个）	在建（个）	前期工作（个）	开工率（%）	累计完成投资（万元）
九大高原湖泊“十一五”目标责任书	滇池	67	50	15	2	97.01	1 398 000
	阳宗海	△16	9	6	1	93.75	1401.20
		*6	6	0		100	815
	洱海	30	21	9	0	100	171 000
	抚仙湖	24	11	12	1	95.83	30 400
	星云湖	17	14	2		94.12	41 600
	杞麓湖	15	10	3	1	92.86	20 000
	程海	11	5	5	0	90.91	3538.50
	泸沽湖	12	6	4	1	83.33	2855
	异龙湖	15	12	2		93.33	10 931.10
	合计	213	144	58	6	94.84	1680 540.80

注：阳宗海项目栏中“Δ”表示昆明市部分；“*”表示玉溪市部分

（六）2010年第三季度九大高原湖泊环境违法项目查处情况

表2-34　2010年第三季度九大高原湖泊环境违法项目查处情况统计表

项目名称	所在流域	处罚事由	处罚时间	实施处罚单位	处罚结果
王连成酿酒厂	阳宗海	未经环境部门审批，擅自动工建设并投入生产	2010年7月13日	宜良县环境保护局	罚款1万元
呈贡东兴汽车修配厂	滇池	未办理环境保护审批手续	2010年7月3日	呈贡县环境保护局	责令限期办理环境保护审批手续
呈贡云洋思路汽车报务部	滇池	未办理环境保护验收手续	2010年7月3日	呈贡县环境保护局	责令限期办理环境保护审批手续
云南民族大学（呈贡校区）	滇池	未办理建设项目竣工环境保护验收	2010年7月3日	呈贡县环境保护局	责令限期整改，并处罚款5万元
呈贡龙达有限责任公司	滇池	生活污水未经处理直接外排	2010年7月3日	呈贡县环境保护局	责令限期整改
昆明沅明废旧物资回收有限公司呈贡分公司	滇池	未办理环境保护审批手续	2010年8月5日	呈贡县环境保护局	责令停止生产，并处罚款5万元
张世科塑料颗粒加工建设项目	滇池	未办理环境保护审批手续	2010年8月9日	呈贡县环境保护局	责令停止生产，并处罚款2万元
谭检妹蜂煤加工建设项目	滇池	未办理环境保护审批手续	2010年8月9日	呈贡县环境保护局	责令停止生产，并处罚款2万元
张鹏混凝土加工建设项目	滇池	未办理环境保护审批手续	2010年8月18日	呈贡县环境保护局	责令停止生产，并处罚款2万元
中国中铁四局集团有限公司	滇池	施工废水未经处理直接排彩云南路雨水管网	2010年8月26日	呈贡县环境保护局	责令限期整改
马乔君宰牛点	滇池	未办理环境保护审批验收手续	2010月8月26日	呈贡县环境保护局	责令限期整改
昆明全民康餐具消毒有限公司	滇池	未办理环境保护审批手续	2010年8月25日	盘龙区环境保护局	责令停止生产，并处罚款3万元
昆明金渠混凝土有限公司	滇池	未完成建设项目竣工验收手续，主体工程擅自投入生产经营	2010年4月22日	盘龙区环境保护局	责令按要求完成竣工验收手续，并处罚款2万元

（七）2010年第三季度九大高原湖泊水污染防治工作情况

（1）九大高原湖泊水污染防治“十一五”规划目标责任书项目进展情况。由表2-33可知，2010年第三季度九大高原湖泊“十一五”期间规划项目共计213项，已经完成144项，正在建设58项，开展前期工作6项，累计完成投资168.05亿元。其中，滇池完成投资139.8亿元，其他八湖完成投资28.25亿元。

（2）加强监督管理，促进依法治污。按照《云南省环境保护厅关于印发2010年九大高原湖泊流域环境监察方案的通知》要求，云南省环境监察总队、昆明市等五州（市）及九大高原湖泊所在县（市、区）环境监察部门紧紧围绕九大高原湖泊流域内国控省控企业、城市生活污水处理厂、2010年应完工的责任书项目、滇池治理“十一五”规划北岸环境综合治理工程项目等重点监察对象，2010年第三季度出动环境监察人员1577人次，检查九大高原湖泊流域内各类企业255家，对滇池和阳宗海流域内的13家企业和新建项目环境违法行为进行了处理、处罚。

（3）云南省人民政府召开程海水污染防治现场办公会。2010年8月21—22日，云

南省人民政府在丽江召开程海水污染综合防治现场办公会，专题研究部署程海治理保护工作。会议要求程海治理保护要按照“截断污染、恢复生态、科学管理、绿色发展”的要求，通过实施好“六大工程”，落实好“一岗双责”，用3—5年的时间使程海水质稳定达到Ⅱ标准。会议决定，2010年云南省人民政府安排1亿元资金用于程海水污染防治工作，丽江市、永胜县要加强市县两级资金配套，确保重大项目的实施。

（4）开展云南省九大高原湖泊水污染综合防治“十一五”规划执行情况第一阶段末期考核。根据云南省九大高原湖泊水污染综合防治领导小组第八次会议的要求，云南省九大高原湖泊水污染综合防治领导小组办公室于2010年9月25—30日，组织省级有关部门及专家，对昆明市、玉溪市、大理白族自治州、红河哈尼族彝族自治州、丽江市人民政府执行《九大高原湖泊“十一五”规划》情况进行了第一阶段末期考核。考核结果显示：五州（市）党委、人民政府高度重视九大高原湖泊水污染防治工作，切实加强了对湖泊保护与治理工作的组织领导，强力推进《九大高原湖泊“十一五”规划》加快实施，监管力度不断加大，基本实现了责任落实、项目落实、资金落实和水质改善的目标，较好地完成了“十一五”规划的各项任务，污水处理能力得到大幅度提高。同时考核中还发现湖泊水污染防治形势依然严峻，湖泊治理投入不足，部分湖泊规划仍然滞后，全面完成规划项目任务还需进一步加大力度，项目建设管理程序不够规范，重点治理项目环境效益不突出，湖泊监管力度还有待进一步加大。

（5）积极开展九大高原湖泊治理督导。2010年7月1日，云南省人民政府九大高原湖泊水污染综合防治督导组对阳宗海水污染防治工作进行了调研督导。强调要加大砷污染治理力度，抓紧处置澄江锦业工贸有限责任公司现有危险固体废物，要高度重视农业农村面源污染，加强对阳宗海周边点源污染和入湖河道整治力度，千方百计确保阳宗海治理“十一五”规划全面完成，要高起点、高标准制定阳宗海风景名胜区管委会辖区建设发展规划和抓紧《云南省阳宗海保护条例》的修订工作。2010年7月7—8日，云南省人民政府九大高原湖泊水污染综合防治督导组到石屏县调研督导异龙湖水污染综合防治工作。督导组要求要千方百计完成“十一五”规划及规划外重点项目，要摸清污染现状，在截污上狠下功夫，抓紧抓好“十二五”规划的编制工作。2010年8月2日，云南省人民政府滇池水污染防治专家督导组召开滇池水污染防治工作第十一次联席会议，听取了昆明市人民政府和省级相关部门负责人情况汇报，督导组认为，实施“十一五”规划以来，昆明市及省级13个责任部门认真履行职责，加强协调配合，突出重点，抓好落实，做了大量有效的工作，加快推进了滇池治理进程。2009年水质监测显示：滇池外海有5个月已达到Ⅴ类水标准，滇池治理取得阶段性可喜成果。督导组要求要千方百计确保滇池“十一五”规划全面完成，始终把截污作为滇池治理的重中之重，加快实施好牛栏江—滇池补水工程。

八、云南省九大高原湖泊2010年第四季度水质状况及治理情况公告①

2011年3月4日，云南省九大高原湖泊水污染综合防治领导小组办公室发布了云南省九大高原湖泊2010年第四季度水质状况及治理情况，具体内容见表2-35、表2-36、表2-37、表2-38、表2-39、表2-40。

（一）2010年第四季度九大高原湖泊水质状况

表2-35　2010年第四季度九大高原湖泊水质状况表

湖泊	水域功能	水质综合评价	透明度（米）	营养状态指数	主要污染指标	污染程度
滇池草海	Ⅳ	＞Ⅴ	1.42	67.4	五日生化需氧量、氨氮、总氮、总磷	重度污染
滇池外海	Ⅲ	＞Ⅴ	0.37	70.57	总氮	重度污染
阳宗海	Ⅱ	Ⅳ	2.27	46.57	砷	重度污染
洱海	Ⅱ	Ⅲ	1.68	41.23	溶解氧、总氮	良
抚仙湖	Ⅰ	Ⅰ	5.65	18.07		优
星云湖	Ⅲ	＞Ⅴ	0.55	65.8	总磷	重度污染
杞麓湖	Ⅲ	＞Ⅴ	0.59	64.07	总氮	重度污染
程海	Ⅲ	Ⅲ	2.3	39.9		良
泸沽湖	Ⅰ	Ⅰ	11.9	16.6		优
异龙湖	Ⅲ	＞Ⅴ	0.18	83.3	高锰酸盐指数、五日生化需氧量、总氮	重度污染

注：（1）评价执行《地表水环境质量标准》（GB3838—2002）。（2）以云南省环境监测中心站提供数据为准

（二）2010年第四季度九大高原湖泊水质类别情况

表2-36　2010年第四季度九大高原湖泊水质类别情况表

湖泊＼月份	10月	11月	12月
滇池草海	＞Ⅴ	＞Ⅴ	＞Ⅴ
滇池外海	＞Ⅴ	＞Ⅴ	＞Ⅴ
洱海	Ⅲ	Ⅲ	Ⅲ
抚仙湖	Ⅰ	Ⅰ	Ⅰ
星云湖	＞Ⅴ	＞Ⅴ	＞Ⅴ

① 云南省九大高原湖泊水污染综合防治领导小组办公室：《云南省九大高原湖泊2010年四季度水质状况及治理情况公告》，http://sthjt.yn.gov.cn/gyhp/jhdt/201103/t20110308_11690.html（2011-03-08）。

续表

湖泊＼月份	10月	11月	12月
杞麓湖	＞Ⅴ	＞Ⅴ	＞Ⅴ
程海	Ⅲ	Ⅲ	Ⅲ
泸沽湖	Ⅰ		
异龙湖	＞Ⅴ	＞Ⅴ	＞Ⅴ
阳宗海	Ⅲ	Ⅳ	Ⅳ

注：11、12月泸沽湖由于道路施工，未取到水样

（三）2010年第四季度九大高原湖泊主要入湖河流水质状况

表2-37　2010年第四季度九大高原湖泊主要入湖河流水质状况表

湖泊	主要入湖河流	监测断面名称	水域功能	水质类别	主要污染指标
滇池草海	新河	积中村	Ⅳ	＞Ⅴ	高锰酸盐指数、溶解氧、五日生化需氧量、氨氮、总磷
	船房河	入湖口	Ⅳ	＞Ⅴ	总磷
	运粮河	入湖口	Ⅳ	＞Ⅴ	五日生化需氧量、氨氮
	乌龙河	入湖口	Ⅳ	Ⅴ	氨氮
	采莲河	入湖口	Ⅳ	＞Ⅴ	五日生化需氧量、氨氮、总磷
滇池外海	盘龙江	松华坝口	Ⅱ	Ⅱ	
		小人桥	Ⅳ	＞Ⅴ	氨氮、总磷
		严家村桥	Ⅳ	＞Ⅴ	总磷
	大清河	入湖口	Ⅴ	＞Ⅴ	氨氮
	金家河	金太塘	Ⅲ	＞Ⅴ	五日生化需氧量、氨氮、总磷
	小清河	六甲乡新二村	Ⅲ	＞Ⅴ	五日生化需氧量、氨氮、总磷
	西坝河	平桥村	Ⅲ	＞Ⅴ	氨氮
	大观河	篆塘	Ⅲ	Ⅴ	氨氮
	王家堆渠	入湖口	Ⅲ	＞Ⅴ	溶解氧、五日生化需氧量、氨氮、总磷
	六甲宝象河	东张村	Ⅲ	＞Ⅴ	五日生化需氧量、氨氮、总磷
	五甲宝象河	曹家村	Ⅲ	＞Ⅴ	氨氮、总磷
	老宝象河	龙马村	Ⅲ	Ⅳ	溶解氧、石油类
	新宝象河	宝丰村	Ⅲ	＞Ⅴ	石油类
	虾坝河	五甲村	Ⅲ	＞Ⅴ	氨氮
	海河	入湖口	Ⅲ	＞Ⅴ	氨氮

续表

湖泊	主要入湖河流	监测断面名称	水域功能	水质类别	主要污染指标
滇池外海	马料河	溪波村	Ⅲ	＞Ⅴ	氨氮
	洛龙河	入湖口	Ⅲ	Ⅳ	高锰酸盐指数、五日生化需氧量、氨氮
	胜利河	入湖口	Ⅲ	Ⅳ	五日生化需氧量
	南冲河	入湖口	Ⅲ	Ⅲ	
	淤泥河	入湖口	Ⅲ	Ⅴ	总磷、氨氮
	柴河	入湖口	Ⅲ	Ⅳ	溶解氧
	白鱼河	入湖口	Ⅲ	Ⅳ	氨氮、总磷
	茨港河	牛恋河	Ⅲ	＞Ⅴ	溶解氧、总磷
	城河	昆阳码头	Ⅲ	Ⅴ	氨氮
	东大河	入湖口	Ⅲ	Ⅴ	氨氮
	古城河	马鱼滩	Ⅲ	Ⅴ	总磷
阳宗海	阳宗大河	入湖口	Ⅱ	Ⅲ	高锰酸盐指数
	七星河	入湖口	Ⅱ	Ⅳ	高锰酸盐指数、总磷
	摆依河引洪渠	摆依河引洪渠	Ⅱ	Ⅴ	五日生化需氧量、总磷
洱海	弥苴河	银桥村	Ⅱ	Ⅲ	溶解氧、总磷
		江尾桥	Ⅱ	Ⅲ	五日生化需氧量
	永安江	桥下村	Ⅱ	Ⅳ	溶解氧
		江尾东桥	Ⅱ	Ⅲ	溶解氧
	罗时江	沙坪桥	Ⅱ	＞Ⅴ	溶解氧、五日生化需氧量
		莲河桥	Ⅱ	＞Ⅴ	溶解氧、五日生化需氧量
	波罗江	入湖口	Ⅱ	＞Ⅴ	溶解氧、总磷
	万花溪	喜州桥	Ⅱ	Ⅲ	溶解氧
	白石溪	丰呈庄	Ⅱ	Ⅳ	溶解氧、总磷
	白鹤溪	丰呈庄	Ⅱ	Ⅳ	总磷
抚仙湖	马料河	马料河	Ⅰ	＞Ⅴ	溶解氧、氨氮
	隔河	隔河	Ⅰ	＞Ⅴ	高锰酸盐指数、溶解氧、五日生化需氧量、总磷
	路居河	路居河	Ⅰ	＞Ⅴ	溶解氧、五日生化需氧量、氨氮、总磷
星云湖	东西大河	东西大河	Ⅲ	＞Ⅴ	溶解氧、总磷、氨氮、五日生化需氧量
	大街河	大街河	Ⅲ	＞Ⅴ	高锰酸盐指数、溶解氧、五日生化需氧量、氨氮、总磷
	渔村河	渔村河	Ⅲ	＞Ⅴ	高锰酸盐指数、溶解氧、五日生化需氧量、氨氮、总磷

续表

湖泊	主要入湖河流	监测断面名称	水域功能	水质类别	主要污染指标
杞麓湖	红旗河	红旗河	Ⅲ	＞Ⅴ	高锰酸盐指数、溶解氧、五日生化需氧量、氨氮、总磷
异龙湖	城河	3号闸	Ⅲ	＞Ⅴ	高锰酸盐指数、溶解氧、五日生化需氧量、氨氮、总磷、石油类

注：以云南省环境监测中心站提供数据为准

（四）2010年第四季度九大高原湖泊流域污水处理厂运行情况

表2-38　2010年第四季度九大高原湖泊流域污水处理厂运行情况表

名称	设计处理能力（万吨/日）	处理量（万吨）
昆明市第一污水处理厂	12	4389.99
昆明市第二污水处理厂	10	4052.36
昆明市第三污水处理厂	21	7508.8
昆明市第四污水处理厂	6	1195.06
昆明市第五污水处理厂	18.5	7187.36
昆明市第六污水处理厂	13	3224.33
昆明市第七、八污水处理厂	20	5856.89
呈贡县污水处理厂	1.5	400.02
晋宁县污水处理厂	1.5	411.16
宜良县阳宗海污水处理厂	0.5	125.88
大理市污水处理厂	5.4	1823.39
洱源县污水处理厂	0.5	123.63
大理市庆中污水处理厂	0.5	172.41
澄江县污水处理厂	1	231.58
澄江县禄冲污水处理厂	0.2	34.47
江川县污水处理厂	1	256.87
江川县小马沟污水处理站	0.1	17.03
通海县污水处理厂	1	63.23
永胜县污水处理厂	0.5	147.27
宁蒗县泸沽湖污水处理站	0.2	23.14
石屏县污水处理厂	1	244.01
合计	115.4	37488.88

（五）2010年第四季度九大高原湖泊“十一五”目标责任书项目进展情况

表2-39　2010年第四季度九大高原湖泊“十一五”目标责任书项目进展情况表

项目名称	湖泊名称	项目数（个）	已完成（个）	在建（个）	前期工作（个）	开工率（%）	累计完成投资（万元）
九大高原湖泊“十一五”目标责任书	滇池	67	58	9	0	100	1 717 700
	阳宗海	△16	15	1	0	100	1947.77
		*6	6	0	0	100	941.12
	洱海	30	28	1	0	100	171 000
	抚仙湖	25	24	0	0	100	43 873.89
	星云湖	17	16	0	0	100	55 025.97
	杞麓湖	15	12	1	0	100	29 284.61
	程海	11	10	1	0	100	5801.3
	泸沽湖	12	11	1	0	100	3948
	异龙湖	15	14	0	0	100	11 649.31
	合计	214	194	14	0	100	2 041 171.97

注：阳宗海项目栏中“△”表示昆明市部分；“*”表示玉溪市部分

（六）2010年第四季度九大高原湖泊环境违法项目查处情况

表2-40　2010年第四季度九大高原湖泊环境违法项目查处情况统计表

项目名称	所在流域	处罚事由	处罚时间	实施处罚单位	处罚结果
昆明市官渡区子君宏高免烧砖厂	滇池	未经环境部门审批，擅自动工建设	2010年10月23日	呈贡县环境保护局	责令限期办理环境保护审批手续，罚款2万元
云南省中医学院	滇池	未办理验收手续	2010年10月23日	呈贡县环境保护局	责令补办验收手续，罚款5万元
中国建设一局（集团）有限公司	滇池	生产废水未经处理直接外排	2010年11月10日	呈贡县环境保护局	责令清除被污染的路面及管网，罚款5万元
昆明恒宇成房地产开发公司	滇池	未办理建设项目竣工环境保护验收手续	2010年11月12日	呈贡县环境保护局	责令补办验收手续，处罚款5万元
昆明呈钢钢铁有限公司	滇池	技术改造项目未办理环境保护审批手续	2010年11月25日	呈贡县环境保护局	责令限期整改
昆明威尼拉大酒店	滇池	未办理环境保护审批手续，擅建成投入运营	2010年11月11日	晋宁县环境保护局	责令立即停止生产
云南运来工贸有限公司	滇池	云南运来工贸有限公司	2010年11月18日	晋宁县环境保护局	责令停止生产、建设，罚款5万元
云南澄江滇雄酒业有限公司	抚仙湖	未办理环境保护审批手续，擅自开工	2010年10月11日	澄江县环境保护局	责令限期整改，罚款2万元
澄江县安顺祥免烧砖厂	抚仙湖	未办理环境保护审批手续，擅自开工建设，并投入生产	2010年10月11日	澄江县环境保护局	责令限期整改，罚款1万元

续表

项目名称	所在流域	处罚事由	处罚时间	实施处罚单位	处罚结果
澄江县吉华水泥有限责任公司	抚仙湖	未办理环境保护审批手续，擅自开工建设，并投入生产	2010年10月10日	澄江县环境保护局	责令限期整改，罚款1万元
云南澄江天辰磷肥有限公司	抚仙湖	未正常使用污水处理设施	2010年12月2日	澄江县环境保护局	责令限期整改，罚款6.6元

（七）2010年第四季度九大高原湖泊水污染防治工作情况

（1）九大高原湖泊水污染防治“十一五”规划目标责任书项目进展情况。由表2-39可知，2010年第四季度九大高原湖泊“十一五”规划项目共214项，已经完工194项，正在建设14项，累计完成投资204.12亿元。其中，滇池完成投资171.77亿元，其他八湖完成投资32.36亿元。

（2）加强监督管理，促进依法治污。按照《云南省环境保护厅关于印发2010年九大高原湖泊流域环境监察方案的通知》要求，云南省环境监察总队、昆明市等五州（市）及九大高原湖泊所在县（市、区）环境监察部门紧紧围绕九大高原湖泊流域内国控省控企业、城市生活污水处理厂、2010年应完工的责任书项目、滇池治理“十一五”规划北岸环境综合治理工程项目等重点监察对象，第四季度出动环境监察人员1849人次，检查九大高原湖泊流域内各类企业292家。对滇池和抚仙湖流域内的11家企业和新建项目环境违法行为进行了处理、处罚。2010年11月22日—30日，云南省环境监察总队联合昆明市等市五州（市）环境监察支队，组成三个联合小组，采取交叉检查的方式，对九大高原湖泊流域内污水处理厂和重点减排责任书项目进行了现场检查。

（3）云南省人民政府召开杞麓湖水污染防治现场办公会。2010年12月3日，云南省人民政府在玉溪市通海县召开杞麓湖水污染综合防治现场办公会，专题研究部署杞麓湖治理保护工作。会议要求杞麓湖治理要突出五个方面的治理重点、一是实施面源污染整治工程，减轻农业农村面源污染。二是实施点源污染控制工程，推动流域产业结构调整。三是实施污水拦截和环湖公路工程，截断入湖污染来源。四是实施生态修复工程，增强湖泊水体自我修复功能。五是实施补水和调蓄水工程，突破生态用水不足制约。到2015年使杞麓湖水质达到Ⅳ水质标准。会议决定，2010—2012年，云南省人民政府安排5000万元专项资金用于杞麓湖水污染防治工作，各部门表态支持的资金，要在2011年6月底前完成项目审批程序，3年内实现资金全部到位；现场办公会确定的项目必须在2012年底前完成。玉溪市、通海县要加快推进项目前期工作，确保市县两级配套资金足额到位。云南省九大高原湖泊水污染综合防治督导组和云南省人民政府督查室要监督、指导玉溪市做好杞麓湖水污染防治工作，加大督促检查力度，推进杞麓湖水污染防治工作。

（4）云南省九大高原湖泊水污染综合防治“十二五”规划编制工作进展顺利。2010年10月15—16日，云南省九大高原湖泊水污染综合防治领导小组办公室在昆明主持召开了除滇池外其他八大高原湖泊流域水污染综合防治“十二五”规划大纲评审会。会议认为九大高原湖泊水污染综合防治“十二五”规划大纲思路清晰，技术路线合理，现状调查及基础工作扎实，功能分区符合实际情况。规划指标明确、内容全面、重点突出。

（5）积极开展九大高原湖泊治理督导。2010年10月11—15日，云南省人民政府九大高原湖泊水污染综合防治督导组到丽江调研程海、泸沽湖水污染综合防治工作。督导组要求：一是要坚决完成程海、泸沽湖“十一五”规划目标任务。二是要认真贯彻落实云南省人民政府8月程海现场办公会议精神；三是要充分认识程海水资源流失面临的严峻形势。四是要把截污治污作为泸沽湖保护工作的重中之重。五是要切实抓好泸沽湖女儿国镇项目的建设。六是要加强与四川省的沟通和协调。

九、云南省九大高原湖泊2011年第一季度水质状况及治理情况公告①

2011年7月1日，云南省九大高原湖泊水污染综合防治领导小组办公室发布了云南省九大高原湖泊2011年第一季度水质状况及治理情况，具体内容见表2-41、表2-42、表2-43、表2-44、表2-45、表2-46。

（一）2011年第一季度九大高原湖泊水质状况

表2-41 2011年第一季度九大高原湖泊水质状况表

湖泊	水域功能	水质综合评价	透明度（米）	营养状态指数	主要污染指标	污染程度
滇池草海	Ⅳ	＞Ⅴ	1.42	67.40	五日生化需氧量、总氮、总磷	重度污染
滇池外海	Ⅲ	＞Ⅴ	0.37	70.57	总氮	重度污染
阳宗海	Ⅱ	Ⅳ	2.37	46.57	砷	重度污染
洱海	Ⅱ	Ⅱ	1.68	41.23		良
抚仙湖	Ⅰ	Ⅰ	6.64	18.95		优
星云湖	Ⅲ	＞Ⅴ	1.44	60.47	总磷	重度污染
杞麓湖	Ⅲ	＞Ⅴ	0.53	66.82	总氮	重度污染
程海	Ⅲ	Ⅲ	2.50	44.70		良
泸沽湖	Ⅰ	Ⅰ	9.20	14.60		优
异龙湖	Ⅲ	＞Ⅴ	0.28	74.00	高锰酸盐指数、氨氮、总氮	重度污染

注：（1）评价执行《地表水环境质量标准》（GB3838—2002）。（2）以云南省环境监测中心站提供数据为准

① 云南省九大高原湖泊水污染综合防治领导小组办公室：《云南省九大高原湖泊2011年一季度水质状况及治理情况公告》，http://sthjt.yn.gov.cn/gyhp/jhdt/201107/t20110701_11691.html（2011-07-01）。

（二）2011年第一季度九大高原湖泊水质类别情况

表2-42　2011年第一季度九大高原湖泊水质类别情况表

湖泊＼月份	1月	2月	3月
滇池草海	＞Ⅴ	＞Ⅴ	＞Ⅴ
滇池外海	＞Ⅴ	＞Ⅴ	＞Ⅴ
洱海	Ⅱ	Ⅱ	Ⅱ
抚仙湖	Ⅰ	Ⅰ	Ⅰ
星云湖	＞Ⅴ	＞Ⅴ	＞Ⅴ
杞麓湖	＞Ⅴ	＞Ⅴ	＞Ⅴ
程海	Ⅲ	Ⅲ	Ⅲ
泸沽湖	Ⅰ	Ⅰ	Ⅰ
异龙湖	＞Ⅴ	＞Ⅴ	＞Ⅴ
阳宗海	Ⅳ	Ⅳ	Ⅲ

（三）2011年第一季度九大高原湖泊主要入湖河流水质状况

表2-43　2011年第一季度九大高原湖泊主要入湖河流水质状况

湖泊	主要入湖河流	监测断面名称	水域功能	水质类别	主要污染指标
滇池草海	新河	积中村	Ⅳ	＞Ⅴ	溶解氧、五日生化需氧量、氨氮、总磷
	船房河	入湖口	Ⅳ	＞Ⅴ	五日生化需氧量、总磷
	运粮河	入湖口	Ⅳ	＞Ⅴ	氨氮、总磷
	乌龙河	入湖口	Ⅳ	＞Ⅴ	氨氮
	采莲河	入湖口	Ⅳ	＞Ⅴ	五日生化需氧量、氨氮、总磷
滇池外海	盘龙江	松华坝口	Ⅱ	Ⅱ	
		小人桥	Ⅳ	Ⅴ	氨氮、总磷
		严家村桥	Ⅳ	＞Ⅴ	五日生化需氧量、总磷
	大清河	入湖口	Ⅴ	＞Ⅴ	氨氮、总磷
	金家河	金太塘	Ⅲ	＞Ⅴ	五日生化需氧量、氨氮、总磷
	小清河	六甲乡新二村	Ⅲ	＞Ⅴ	高锰酸盐指数、五日生化需氧量、氨氮、总磷
	西坝河	平桥村	Ⅲ	＞Ⅴ	高锰酸盐指数、五日生化需氧量、氨氮、总磷
	大观河	篆塘	Ⅲ	＞Ⅴ	五日生化需氧量、氨氮
	王家堆渠	入湖口	Ⅲ	＞Ⅴ	高锰酸盐指数、溶解氧、五日生化需氧量、氨氮、总磷

续表

湖泊	主要入湖河流	监测断面名称	水域功能	水质类别	主要污染指标
滇池外海	六甲宝象河	东张村	Ⅲ	＞Ⅴ	五日生化需氧量、氨氮、总磷
	五甲宝象河	曹家村	Ⅲ	＞Ⅴ	五日生化需氧量、氨氮、总磷
	老宝象河	龙马村	Ⅲ	Ⅳ	高锰酸盐指数、五日生化需氧量、石油类
	新宝象河	宝丰村	Ⅲ	＞Ⅴ	总磷
	虾坝河	五甲村	Ⅲ	＞Ⅴ	高锰酸盐指数、溶解氧、五日生化需氧量、石油类
	海河	入湖口	Ⅲ	＞Ⅴ	氨氮、五日生化需氧量
	马料河	溪波村	Ⅲ	＞Ⅴ	高锰酸盐指数、五日生化需氧量、石油类
	洛龙河	入湖口	Ⅲ	Ⅳ	溶解氧
	胜利河	入湖口	Ⅲ	＞Ⅴ	氨氮
	南冲河	入湖口	Ⅲ	Ⅲ	
	淤泥河	入湖口	Ⅲ	Ⅴ	总磷、氨氮
	柴河	入湖口	Ⅲ	Ⅲ	
	白鱼河	入湖口	Ⅲ	Ⅲ	
	茨港河	牛恋河	Ⅲ	Ⅲ	
	城河	昆阳码头	Ⅲ	Ⅴ	氨氮
	东大河	入湖口	Ⅲ	Ⅲ	
	古城河	马鱼滩	Ⅲ	Ⅲ	
阳宗海	阳宗大河	入湖口	Ⅱ	Ⅳ	高锰酸盐指数、溶解氧
	七星河	入湖口	Ⅱ	Ⅲ	溶解氧
	摆依河引洪渠	摆依河引洪渠	Ⅱ		断流
洱海	弥苴河	银桥村	Ⅱ	Ⅳ	溶解氧
		江尾桥	Ⅱ	Ⅳ	溶解氧
	永安江	桥下村	Ⅱ	Ⅳ	溶解氧
		江尾东桥	Ⅱ	Ⅲ	溶解氧
	罗时江	沙坪桥	Ⅱ	Ⅳ	高锰酸盐指数、五日生化需氧量
		莲河桥	Ⅱ	Ⅳ	溶解氧
	波罗江	入湖口	Ⅱ	Ⅳ	溶解氧
	万花溪	喜州桥	Ⅱ		断流
	白石溪	丰呈庄	Ⅱ		断流
	白鹤溪	丰呈庄	Ⅱ	Ⅳ	总磷

续表

湖泊	主要入湖河流	监测断面名称	水域功能	水质类别	主要污染指标
抚仙湖	马料河	马料河	Ⅰ	＞Ⅴ	溶解氧、五日生化需氧量
	隔河	隔河	Ⅰ	＞Ⅴ	溶解氧、五日生化需氧量
	路居河	路居河	Ⅰ	＞Ⅴ	氨氮、总磷
星云湖	东西大河	东西大河	Ⅲ	＞Ⅴ	总磷、氨氮
	大街河	大街河	Ⅲ	＞Ⅴ	氨氮、总磷
	渔村河	渔村河	Ⅲ	＞Ⅴ	氨氮、总磷
杞麓湖	红旗河	红旗河	Ⅲ	＞Ⅴ	高锰酸盐指数、五日生化需氧量、氨氮、总磷
异龙湖	城河	3 号闸	Ⅲ	＞Ⅴ	高锰酸盐指数、溶解氧、五日生化需氧量、氨氮、总磷

注：以云南省环境监测中心站提供数据为准

（四）2011 年第一季度九大高原湖泊流域污水处理厂运行情况

表 2-44　2011 年第一季度九大高原湖泊流域污水处理厂运行情况表

名称	设计处理能力（万吨/日）	处理量（万吨）
昆明市第一污水处理厂	12	950.95
昆明市第二污水处理厂	10	965.80
昆明市第三污水处理厂	21	1748.75
昆明市第四污水处理厂	6	459.08
昆明市第五污水处理厂	18.5	1516.28
昆明市第六污水处理厂	13	885.96
昆明市第七、八污水处理厂	20	2830.89
呈贡县污水处理厂	1.5	94.23
晋宁县污水处理厂	1.5	105.95
宜良县阳宗海污水处理厂	0.5	28.33
大理市污水处理厂	5.4	437.16
洱源县污水处理厂	0.5	32.19
大理市庆中污水处理厂	0.5	45.90
澄江县污水处理厂	1	54.26
澄江县禄冲污水处理厂	0.2	8.20
江川县污水处理厂	1	54.65
江川县小马沟污水处理站	0.1	2.61

续表

名称	设计处理能力（万吨/日）	处理量（万吨）
通海县污水处理厂	1	9.24
永胜县污水处理厂	0.5	25.60
宁蒗县泸沽湖污水处理站	0.2	4.40
石屏县污水处理厂	1	43.03
合计	115.4	10303.46

（五）2011年第一季度九大高原湖泊“十一五”目标责任书项目完成情况

表2-45　2011年第一季度九大高原湖泊“十一五”目标责任书项目完成情况

项目名称	湖泊	项目数	已完成	在建	调减	开工率（%）	累计完成投资（万元）
九大高原湖泊“十一五”目标责任书	滇池	67	58	9	0	100	1 717 700.00
	阳宗海	△16	15	1	0	100	1947.77
		*6	6	0	0	100	941.12
	洱海	30	28	1	1	100	171 000.00
	抚仙湖	25	24	0	1	100	43 873.89
	星云湖	17	16	0	1	100	55 025.97
	杞麓湖	15	12	1	2	100	29 284.61
	程海	11	10	1	0	100	5801.30
	泸沽湖	12	11	1	0	100	3948.00
	异龙湖	15	14	0	1	100	11 649.31
	合计	214	194	14	6	100	2 041 171.97

注：阳宗海项目栏中“△”表示昆明市部分；“*”表示玉溪市部分

（六）2011年第一季度九大高原湖泊环境违法项目查处情况

表2-46　2011年第一季度九大高原湖泊环境违法项目查处情况统计表

项目名称	所在流域	处罚事由	处罚时间	实施处罚单位	处罚结果
沈迪康塑料颗粒厂	滇池	未办理环境保护手续	2011年3月7日	呈贡县环境保护局	责令停止生产经营，罚款1万元
沈华春塑料颗粒厂	滇池	未办理环境保护手续	2011年3月7日	呈贡县环境保护局	责令停止生产经营，罚款1万元
肖帝康塑料颗粒厂	滇池	未办理环境保护手续	2011年3月7日	呈贡县环境保护局	责令停止生产经营，罚款1万元
云南澄江木森苗木经营有限公司	抚仙湖	未办理环境保护手续	2011年2月23日	玉溪市环境保护局	限期于3月20日前补办环境保护手续

（七）2011年第一季度九大高原湖泊水污染防治工作情况

（1）组织开展九大高原湖泊水污染防治“十一五”规划及目标责任书执行情况末期考核。根据云南省九大高原湖泊水污染综合防治领导小组办公室《关于开展九大高原湖泊水污染综合防治“十一五”规划执行情况末期考核的通知》，2011年1月5—18日，在五州（市）人民政府、省级13个责任厅（局）完成自检自查的基础上，云南省九大高原湖泊水污染综合防治领导小组办公室组织省级有关部门和专家，通过听取汇报、查阅档案资料、实地抽查重点项目建设情况等方法，对九大高原湖泊所在地的昆明市、玉溪市、大理白族自治州、红河哈尼族彝族自治州、丽江市人民政府及云南省发展和改革委员会、财政厅、环境保护厅、住房和城乡建设厅、农业厅、林业厅、水利厅、国土资源厅、科技厅、工业和信息化委员会、交通运输厅、旅游局、审计厅执行九大高原湖泊“十一五”规划及目标责任书完成情况进行了末期考核。考核结果显示，到2010年底，九大高原湖泊水质总体保持稳定，主要入湖污染物总量基本得到控制，抚仙湖、泸沽湖稳定保持地表水Ⅰ类标准，程海稳定在地表水Ⅲ类标准，实现了“十一五”规划目标水质和水环境功能目标；洱海水质保持在地表水Ⅲ类标准、少数月份为Ⅱ类标准，实现“十一五”规划水质目标，但未达到水环境功能要求；滇池、星云湖、杞麓湖、异龙湖仍维持在地表水劣Ⅴ类标准，未实现规划目标和未达到水环境功能要求，但水体水质总体保持稳定，主要污染指标有所下降。

（2）加强监督管理，促进依法治污。云南省环境保护厅印发了2011年九大高原湖泊流域环境监察工作方案，按照要求，云南省环境监察总队、昆明市等五州（市）及九大高原湖泊所在县（市、区）环境监察部门紧紧围绕九大高原湖泊流域内国控省控企业、城市生活污水处理厂、2010年未完工的“十一五”规划及责任书项目等重点监察对象，出动环境监察人员1442人次，检查九大高原湖泊流域内各类企业212家。重点检查了流域内41家企业、17个目标责任书项目和140个新建项目，对滇池和抚仙湖流域内的4家环境违法企业进行了处罚，责令大理水泥（集团）有限公司等2家企业限期整改。

（3）云南省人民政府召开阳宗海、异龙湖、杞麓湖、程海水污染防治现场办公会会议精神专题督办会。自2008年以来，云南省人民政府相继召开了阳宗海、异龙湖、程海和杞麓湖水污染综合防治现场办公会，为进一步贯彻落实云南省人民政府现场办公会精神，2011年2月28日，云南省九大高原湖泊水污染综合防治领导小组办公室、环境保护厅会同云南省人民政府督查室，召集昆明市、玉溪市、丽江市、红河哈尼族彝族自治州人民政府领导及省级相关部门负责人，召开了2011年的第一次九大高原湖泊水污染防治专题督办会议。会上，昆明市、玉溪市、丽江市、红河哈尼族彝族自治州人民政府领导就贯彻落实云南省人民政府现场办公会会议精神的情况进行了汇报，省级有关部门的负责同志发表了意见。会议要求各州（市）和各有关部门要进一步增强做好湖泊治理的责任感和使命感，提高认识，统一思想，要有一种“立下愚公移山志、敢叫九大高原湖泊换新颜”的精神，把九大高原湖泊水污染防治放到更加重要、更加突出的位置，狠抓会议精神的落实，加大力度抓好综合防治，圆满完成云南省人民政府现场办公会确定的各项目标任务，力争各湖水污染防治在云南省人民政府确定的时间内取得实质性进展。

（4）完成云南省九大高原湖泊水污染综合防治“十二五”规划初稿编制。按照云南省环境保护厅的要求，九大高原湖泊所在五州市组织完成了九大高原湖泊水污染综合防治“十二五”规划初稿编制，并在相关部门广泛征求意见。

（5）积极开展九大高原湖泊治理督导。2011 年 2 月 17 日，云南省人民政府滇池水污染防治专家督导组对纳入滇池十一五规划河道水环境综合整治的 13 条河道进行督导。督导组要求昆明市近期要抓好以下几方面工作：一是力争在 2011 年 3 月底前完成捞鱼河、洛龙河、马料河、护城河 4 条河道整治工程收尾工作。二是加强河道保洁与管护。三是做好国家滇池“十一五”规划项目验收准备工作。四是认真细化 2011 年年度目标任务。

十、云南省九大高原湖泊 2011 年第二季度水质状况及治理情况公告①

2011 年 9 月 19 日，云南省九大高原湖泊水污染综合防治领导小组办公室发布了云南省九大高原湖泊 2011 年第二季度水质状况及治理情况，具体内容见表 2-47、表 2-48、表 2-49、表 2-50、表 2-51。

（一）2011 年第二季度九大高原湖泊水质状况

表 2-47　2011 年第二季度九大高原湖泊水质状况

湖泊	水域功能	水质综合评价	透明度（米）	营养状态指数	主要污染指标	污染程度
滇池草海	Ⅳ	＞Ⅴ	0.72	72.40	五日生化需氧量、总氮、总磷、氨氮	重度污染
滇池外海	Ⅲ	＞Ⅴ	0.41	66.10	总氮	重度污染
阳宗海	Ⅱ	Ⅳ	1.82	43.50	总氮、总磷	轻度污染

① 云南省九大高原湖泊水污染综合防治领导小组办公室：《云南省九大高原湖泊 2011 年二季度水质状况及治理情况公告》，http://sthjt.yn.gov.cn/gyhp/jhdt/201111/t20111101_11649.html（2011-11-01）。

续表

湖泊	水域功能	水质综合评价	透明度（米）	营养状态指数	主要污染指标	污染程度
洱海	Ⅱ	Ⅲ	2.53	37.57	溶解氧、总氮	良
抚仙湖	Ⅰ	Ⅰ	6.16	18.10		优
星云湖	Ⅲ	＞Ⅴ	0.67	66.27	总磷	重度污染
杞麓湖	Ⅲ	＞Ⅴ	0.39	69.90	总氮	重度污染
程海	Ⅲ	Ⅲ	1.7	42.83		良
泸沽湖	Ⅰ	Ⅰ	11.27	13.23		优
异龙湖	Ⅲ	＞Ⅴ	0.28	74.10	高锰酸盐指数、五日生化需氧量、总氮	重度污染

注：（1）评价执行《地表水环境质量标准》（GB3838—2002）。（2）以云南省环境监测中心站提供数据为准

（二）2011 年第二季度九大高原湖泊水质类别情况

表 2-48　2011 年第二季度九大高原湖泊水质类别情况表

湖泊＼月份	4 月	5 月	6 月
滇池草海	＞Ⅴ	＞Ⅴ	＞Ⅴ
滇池外海	＞Ⅴ	＞Ⅴ	＞Ⅴ
洱海	Ⅲ	Ⅲ	Ⅲ
抚仙湖	Ⅰ	Ⅰ	Ⅰ
星云湖	＞Ⅴ	＞Ⅴ	＞Ⅴ
杞麓湖	＞Ⅴ	＞Ⅴ	＞Ⅴ
程 海	Ⅲ	Ⅲ	Ⅲ
泸沽湖	Ⅰ	Ⅰ	Ⅰ
异龙湖	＞Ⅴ	＞Ⅴ	＞Ⅴ
阳宗海	Ⅳ	Ⅱ	Ⅲ

（三）2011 年第二季度九大高原湖泊主要入湖河流水质状况

表 2-49　2011 年第二季度九大高原湖泊主要入湖河流水质状况表

湖泊	主要入湖河流	监测断面名称	水域功能	水质类别	主要污染指标
滇池草海	新河	积中村	Ⅳ	＞Ⅴ	溶解氧、五日生化需氧量、氨氮、总磷
	船房河	入湖口	Ⅳ	Ⅴ	氨氮
	运粮河	入湖口	Ⅳ	＞Ⅴ	五日生化需氧量、氨氮、总磷
	乌龙河	入湖口	Ⅳ	＞Ⅴ	五日生化需氧量、氨氮
	采莲河	入湖口	Ⅳ	＞Ⅴ	溶解氧、五日生化需氧量、氨氮、总磷

续表

湖泊	主要入湖河流	监测断面名称	水域功能	水质类别	主要污染指标
滇池外海	盘龙江	松华坝口	Ⅱ	Ⅱ	
		小人桥	Ⅳ	Ⅳ	
		严家村桥	Ⅳ	＞Ⅴ	五日生化需氧量、总磷
	大清河	入湖口	Ⅴ	＞Ⅴ	氨氮、溶解氧、石油类
	金家河	金太塘	Ⅲ	＞Ⅴ	高锰酸盐指数、五日生化需氧量、氨氮、总磷
	小清河	六甲乡新二村	Ⅲ	＞Ⅴ	高锰酸盐指数、五日生化需氧量、氨氮、总磷
	西坝河	平桥村	Ⅲ	＞Ⅴ	溶解氧、五日生化需氧量、氨氮、总磷
	大观河	篆塘	Ⅲ	＞Ⅴ	五日生化需氧量、氨氮
	王家堆渠	入湖口	Ⅲ	＞Ⅴ	溶解氧、五日生化需氧量、氨氮、总磷
	六甲宝象河	东张村	Ⅲ	＞Ⅴ	高锰酸盐指数、五日生化需氧量、氨氮、总磷
	五甲宝象河	曹家村	Ⅲ	＞Ⅴ	五日生化需氧量、氨氮、总磷
	老宝象河	龙马村	Ⅲ	＞Ⅴ	高锰酸盐指数、五日生化需氧量
	新宝象河	宝丰村	Ⅲ	＞Ⅴ	五日生化需氧量、氨氮
	虾坝河	五甲村	Ⅲ	＞Ⅴ	高锰酸盐指数、溶解氧、五日生化需氧量、氨氮、总磷
	海河	入湖口	Ⅲ	＞Ⅴ	氨氮、五日生化需氧量
	马料河	溪波村	Ⅲ	Ⅴ	氨氮
	洛龙河	入湖口	Ⅲ	＞Ⅴ	溶解氧
	胜利河	入湖口	Ⅲ	＞Ⅴ	溶解氧、五日生化需氧量、总磷
	南冲河	入湖口	Ⅲ	Ⅲ	
	淤泥河	入湖口	Ⅲ	Ⅳ	溶解氧、氨氮
	柴河	入湖口	Ⅲ	Ⅳ	溶解氧
	白鱼河	入湖口	Ⅲ	Ⅳ	溶解氧
	茨港河	牛恋河	Ⅲ	Ⅴ	溶解氧、总磷
	城河	昆阳码头	Ⅲ	Ⅴ	溶解氧、总磷、氨氮
	东大河	入湖口	Ⅲ		断流
	古城河	马鱼滩	Ⅲ	Ⅳ	溶解氧、总磷
阳宗海	阳宗大河	入湖口	Ⅱ	Ⅳ	高锰酸盐指数、五日生化需氧量、氨氮
	七星河	入湖口	Ⅱ	Ⅲ	高锰酸盐指数、溶解氧、总氮
	摆依河引洪渠	摆依河引洪渠	Ⅱ		断流

续表

湖泊	主要入湖河流	监测断面名称	水域功能	水质类别	主要污染指标
洱海	弥苴河	银桥村	Ⅱ	Ⅳ	高锰酸盐指数、溶解氧
		江尾桥	Ⅱ	Ⅳ	高锰酸盐指数、溶解氧
	永安江	桥下村	Ⅱ	Ⅳ	溶解氧
		江尾东桥	Ⅱ	Ⅳ	溶解氧、五日生化需氧量
	罗时江	沙坪桥	Ⅱ	Ⅴ	高锰酸盐指数、溶解氧
		莲河桥	Ⅱ	＞Ⅴ	溶解氧
	波罗江	入湖口	Ⅱ	Ⅳ	溶解氧、五日生化需氧量、氨氮、总磷
	万花溪	喜州桥	Ⅱ	Ⅲ	溶解氧、总磷
	白石溪	丰呈庄	Ⅱ		断流
	白鹤溪	丰呈庄	Ⅱ	Ⅱ	总
抚仙湖	马料河	马料河	Ⅰ	＞Ⅴ	溶解氧
	隔河	隔河	Ⅰ	＞Ⅴ	溶解氧、五日生化需氧量 、石油类
	路居河	路居河	Ⅰ	＞Ⅴ	五日生化需氧量 、氨氮、总磷
星云湖	东西大河	东西大河	Ⅲ	＞Ⅴ	溶解氧、总磷、氨氮
	大街河	大街河	Ⅲ	＞Ⅴ	高锰酸盐指数、五日生化需氧量、氨氮、总磷
	渔村河	渔村河	Ⅲ	＞Ⅴ	五日生化需氧量、氨氮、总磷
杞麓湖	红旗河	红旗河	Ⅲ	＞Ⅴ	五日生化需氧量、氨氮、总磷
异龙湖	城河	3 号闸	Ⅲ	＞Ⅴ	高锰酸盐指数、溶解氧、五日生化需氧量、氨氮、总磷

注：以云南省环境监测中心站提供数据为准

（四）2011 年第二季度九大高原湖泊流域污水处理厂运行情况

表 2-50　2011 年第二季度九大高原湖泊流域污水处理厂运行情况表

名称	设计处理能力（万吨/日）	处理量（万吨）
昆明市第一污水处理厂	12	1069.25
昆明市第二污水处理厂	10	977.89
昆明市第三污水处理厂	21	1823.54
昆明市第四污水处理厂	6	547.46
昆明市第五污水处理厂	18.5	1683.29
昆明市第六污水处理厂	13	904.51
昆明市第七、八污水处理厂	20	2597.24

续表

名称	设计处理能力（万吨/日）	处理量（万吨）
呈贡县污水处理厂	1.5	96.90
晋宁县污水处理厂	1.5	106.61
宜良县阳宗海污水处理厂	0.5	31.07
大理市污水处理厂	5.4	415.02
洱源县污水处理厂	0.5	29.60
大理市庆中污水处理厂	0.5	43.80
澄江县污水处理厂	1	42.50
澄江县禄冲污水处理厂	0.2	12.57
江川县污水处理厂	1	68.01
江川县小马沟污水处理站	0.1	4.87
通海县污水处理厂	1	18.04
永胜县污水处理厂	0.5	34.40
宁蒗县泸沽湖污水处理站	0.2	6.40
石屏县污水处理厂	1	57.07
合计	115.4	10570.04

（五）2011 年第二季度九大高原湖泊环境违法项目查处情况

表 2-51　2011 年第二季度九大高原湖泊环境违法项目查处情况统计表

项目名称	所在流域	处罚事由	处罚时间	处罚依据	实施处罚单位	处罚结果
云南华建混凝土有限公司	滇池	建设项目的环境影响评价文件未经审批，擅自投入生产	2010 年 4 月 14 日	《中华人民共和国环境影响评价法》第三十一条第二款	昆明市环境保护局	责令停产，罚款 10 万元
云南东皇混凝土有限公司	滇池	建设项目的环境影响评价文件未经审批，擅自投入生产	2010 年 4 月 14 日	《建设项目环境保护条例》第三十一条第二款	昆明市环境保护局	责令停产，罚款 10 万元
云南优克制药有限公司	牛栏江	污水处理系统未运行，污水池内的污水通过暗沟渗入围墙外的山地	2010 年 6 月 15 日	《中华人民共和国水污染防治法》第七十四条第一款、第七十五条第二款	昆明市环境保护局	责令对暗沟封堵，罚款 10 万元
昆明市官渡区天和园饭店	滇池	未进行污染物排放登记	2010 年 4 月 12 日	《排放污染物申报登记管理规定》第十五条	昆明市环境保护局	罚款 1000 元
云南宏斌绿色食品有限公司	星云湖	超标排污	2010 年 5 月 10 日	《中华人民共和国水污染防治法》第七十四条	玉溪市环境保护局	已结案

续表

项目名称	所在流域	处罚事由	处罚时间	处罚依据	实施处罚单位	处罚结果
澄江磷化工华业有限责任公司	抚仙湖	项目建设内容增加，未重新办理环境影响评价手续，擅自建成投入生产	2011 年 4 月 9 日	《建设项目环境保护条例》第二十八条	玉溪市环境保护局	已结案
通海县智群工业有限公司	杞麓湖	项目建设内容增加，未重新办理环境影响评价手续，擅自建成投入生产	2011 年 5 月 13 日	《建设项目环境保护条例》第二十八条	玉溪市环境保护局	尚未结案
通海天浩管业有限公司	杞麓湖	项目建设内容发生变更，未重新办理环境影响评价手续，擅自建成投入生产	2011 年 5 月 10 日	《建设项目环境保护条例》第二十八条	玉溪市环境保护局	尚未结案

（六）2011 年第二季度九大高原湖泊水污染防治工作情况

（1）完成《云南省九大高原湖泊水污染防治目标责任书（2011—2012 年）》编制。为推进云南省九大高原湖泊水污染综合防治“十二五”规划实施工作，严格执行云南省九大高原湖泊保护条例，落实《云南省人民政府关于环境保护全面推行“一岗双责”制度的决定》，确保云南省九大高原湖泊水污染综合防治“十二五”规划任务的全面完成，实现九大高原湖泊水污染综合防治目标，云南省九大高原湖泊水污染综合防治领导小组参照“十五”“十一五”目标责任书签订方式，在反复征求昆明市、玉溪市、大理白族自治州、丽江市、红河哈尼族彝族自治州人民政府及省级有关部门意见的基础上，制定了《云南省九大高原湖泊水污染综合防治目标责任书（2011—2012 年）》，并上报云南省人民政府审核。

（2）云南省人民政府召开“十二五”滇池治理工作会议。2011年5月6，云南省人民政府召开“十二五”滇池治理工作会议。会议指出，“十一五”期间，是滇池治理力度最大、投入最多、成效最明显的五年。通过五年来坚持不懈努力，滇池治理取得重要的阶段性成果，滇池水质快速恶化的趋势得到遏制，水环境质量整体保持稳定，滇池湖体局部水域、主要入湖河道水体景观及周边环境明显改善，流域生态系统逐步恢复，滇池已从污染治理湖泊向生态恢复湖泊转变。“十二五”是滇池治理的攻坚期和关键期，“十二五”滇池治理的总体目标，就是湖体总体水质要稳定在Ⅴ类，退出国家“三湖三河”重点污染治理名单，力争湖体总体水质达到Ⅳ类。在“十一五”基础上，继续推进实施环湖截污和交通工程、农业农村面源治理工程、生态修复与建设工程、入湖河道整治工程、生态清淤工程和外流域调水及节水工程。努力实现政府主导向全社会共同推进转变、实现从外源治理为主向内源削减为主的转变。会议强调，在“十二五”规划的组织实施过程中，要坚持过去好的经验和做法，并根据新的情况和需要，不断创新工作思路和方法，强化组织、投入、监管、落实4个保障，确保滇池治理各阶段目标任务顺利实现。坚持省级统筹、昆明市为主体、省级各相关部门加强配合的组织保障，共同推进滇池污染治理。要把破解资金难题放在更加重要的位置，省级财政每年安排5亿元补助资金，昆明市也要加大投入，确保“十二五”期间对滇池水污染防治的投入不低于“十一五”时期。省级各相关部门要加大支持力度，共同推动滇池治理不断取得新的成效。

（3）加强监督管理，促进依法治污。云南省环境保护厅印发了2011年九大高原湖泊流域环境监察工作方案，云南省环境监察总队、昆明市等五州（市）及九大高原湖泊所在县（市、区）环境监察部门紧紧围绕九大高原湖泊流域内国控省控企业、城市生活污水处理厂、2010年未完工的“十一五”规划及责任书项目等重点监察对象，出动环境监察人员1780人次，重点检查了流域内44家企业、12个目标责任书项目和275个新建项目。对滇池、抚仙湖、星云湖、杞麓湖、牛栏江流域内的8家环境违法企业进行了处罚，责令云南华建混凝土有限公司等4家企业停产整改。

（4）阳宗海“三禁”解除。2011年6月23日，经云南省人民政府批准同意，昆明市人民政府公告解除阳宗海“三禁”。公告认为自阳宗海砷污染事件发生以来，在中共云南省委、云南省人民政府的坚强领导下，昆明市，玉溪市通过采取一系列强有力的水污染综合整治措施，阳宗海水质已达《地表水环境质量标准》（GB3838—2002）Ⅲ类水标准，阳宗海水可作为饮用水源、农业灌溉用水和畜牧业生产用水。同时，结合珠江上游禁渔工作，在2011年12月31日以前，阳宗海湖体水域范围内实行封湖禁渔。封湖禁渔期间，禁止所有捕捞行为。

（5）积极开展九大高原湖泊治理督导。2011年5月16日，云南省人民政府九大高原湖泊水污染综合防治督导组调研抚仙湖水污染综合防治工作。督导组要求，2011年是“十二五”的开局之年，为确保“十二五”末抚仙湖水质全面稳定在Ⅰ类水质标准，玉溪市要进一步认清形势，统一思想，增强危机感、紧迫感，科学规划，精心组织，进一步加大抚仙湖保护治理的力度。一是要切实抓好抚仙湖“十二五”规划的编制工作。二是要始终把截污治污作为抚仙湖保护治理的重中之重。加快抚仙湖一级保护区退田、退人、退房步伐，确保“十二五”期间全面完成；积极开展产业结构调整，做到保护与开发的有机统一。三是千方百计筹措治理资金。四是坚持群防群治，鼓励社会力量参与抚仙湖保护治理。

十一、云南省九大高原湖泊 2011 年第三季度水质状况及治理情况公告①

2011 年 11 月 1 日，云南省九大高原湖泊水污染综合防治领导小组办公室发布了云南省九大高原湖泊 2011 年第三季度水质状况及治理情况，具体内容见表 2-52、表 2-53、表 2-54、表 2-55、表 2-56。

（一）2011 年第三季度九大高原湖泊水质状况

表 2-52　2011 年第三季度九大高原湖泊水质状况表

湖泊	水域功能	水质综合评价	透明度（米）	营养状态指数	主要污染指标	污染程度
滇池草海	Ⅳ	＞Ⅴ	0.74	68.97	五日生化需氧量、总氮、总磷	重度污染
滇池外海	Ⅲ	＞Ⅴ	0.38	70.4	总氮	重度污染
阳宗海	Ⅱ	Ⅳ	1.60	44.70	砷	重度污染
洱海	Ⅱ	Ⅱ	1.40	43.77		良
抚仙湖	Ⅰ	Ⅰ	7.83	18.60		优
星云湖	Ⅲ	＞Ⅴ	0.61	65.55	总磷	重度污染
杞麓湖	Ⅲ	＞Ⅴ	0.66	64.59	总氮	重度污染
程海	Ⅲ	Ⅲ	1.90	49.10		良
泸沽湖	Ⅰ	Ⅰ	100	18.10		优
异龙湖	Ⅲ	＞Ⅴ	0.19	81	高锰酸盐指数、氨氮、总氮	重度污染

注：（1）评价执行《地表水环境质量标准》（GB3838—2002）。（2）以云南省环境监测中心站提供数据为准

（二）2011 年第三季度九大高原湖泊水质类别情况

表 2-53　2011 年第三季度九大高原湖泊水质类别情况表

湖泊＼月份	7月	8月	9月
滇池草海	＞Ⅴ	＞Ⅴ	＞Ⅴ
滇池外海	＞Ⅴ	＞Ⅴ	＞Ⅴ
洱 海	Ⅲ	Ⅲ	Ⅲ
抚仙湖	Ⅰ	Ⅰ	Ⅰ
星云湖	＞Ⅴ	＞Ⅴ	＞Ⅴ

① 云南省九大高原湖泊水污染综合防治领导小组办公室：《云南省九大高原湖泊 2011 年三季度水质状况及治理情况公告》，http://sthjt.yn.gov.cn/gyhp/jhdt/201111/t20111103_11650.html（2011-11-03）。

续表

湖泊＼月份	7月	8月	9月
杞麓湖	＞Ⅴ	＞Ⅴ	＞Ⅴ
程海	Ⅲ	Ⅲ	Ⅲ
泸沽湖	Ⅰ	Ⅰ	Ⅰ
异龙湖	＞Ⅴ	＞Ⅴ	＞Ⅴ
阳宗海	Ⅲ	Ⅲ	Ⅲ

（三）2011年第三季度九大高原湖泊主要入湖河流水质状况

表2-54 2011年第三季度九大高原湖泊主要入湖河流水质状况表

湖泊	主要入湖河流	监测断面名称	水域功能	水质类别	主要污染指标
滇池草海	新河	积中村	Ⅳ	＞Ⅴ	高锰酸盐指数、溶解氧、五日生化需氧量、氨氮、总磷
	船房河	入湖口	Ⅳ	＞Ⅴ	氨氮、五日生化需氧量、总磷
	运粮河	入湖口	Ⅳ	＞Ⅴ	高锰酸盐指数、溶解氧、五日生化需氧量、氨氮、总磷
	乌龙河	入湖口	Ⅳ	＞Ⅴ	五日生化需氧量、氨氮、总磷
	采莲河	入湖口	Ⅳ	＞Ⅴ	溶解氧、五日生化需氧量、氨氮、总磷
滇池外海	盘龙江	松华坝口	Ⅱ	Ⅱ	
		小人桥	Ⅳ	＞Ⅴ	总磷
		严家村桥	Ⅳ	Ⅴ	溶解氧
	大清河	入湖口	Ⅴ	＞Ⅴ	溶解氧、五日生化需氧量、总磷
	金家河	金太塘	Ⅲ	＞Ⅴ	溶解氧、五日生化需氧量、氨氮、总磷
	小清河	六甲乡新二村	Ⅲ	＞Ⅴ	溶解氧、高锰酸盐指数、五日生化需氧量、氨氮、总磷
	西坝河	平桥村	Ⅲ	＞Ⅴ	溶解氧、高锰酸盐指数、五日生化需氧量、氨氮、总磷
	大观河	篆塘	Ⅲ	＞Ⅴ	溶解氧、五日生化需氧量
	王家堆渠	入湖口	Ⅲ	＞Ⅴ	溶解氧、五日生化需氧量、氨氮、总磷
	六甲宝象河	东张村	Ⅲ	＞Ⅴ	溶解氧、五日生化需氧量、氨氮、总磷
	五甲宝象河	曹家村	Ⅲ	＞Ⅴ	高锰酸盐指数、溶解氧、五日生化需氧量、氨氮、总磷
	老宝象河	龙马村	Ⅲ	Ⅳ	高锰酸盐指数、五日生化需氧量
	新宝象河	宝丰村	Ⅲ	＞Ⅴ	总磷、五日生化需氧量
	虾坝河	五甲村	Ⅲ	＞Ⅴ	高锰酸盐指数、五日生化需氧量、氨氮
	海河	入湖口	Ⅲ	＞Ⅴ	氨氮、五日生化需氧量、总磷
	马料河	溪波村	Ⅲ	Ⅴ	五日生化需氧量、石油类

续表

湖泊	主要入湖河流	监测断面名称	水域功能	水质类别	主要污染指标
滇池外海	洛龙河	入湖口	Ⅲ	Ⅳ	溶解氧
	胜利河	入湖口	Ⅲ	＞Ⅴ	氨氮、五日生化需氧量、总磷
	南冲河	入湖口	Ⅲ	Ⅲ	
	淤泥河	入湖口	Ⅲ	Ⅲ	
	柴河	入湖口	Ⅲ	Ⅲ	
	白鱼河	入湖口	Ⅲ	Ⅲ	
	茨港河	牛恋河	Ⅲ	Ⅲ	
	城河	昆阳码头	Ⅲ	Ⅴ	氨氮
	东大河	入湖口	Ⅲ	Ⅱ	
	古城河	马鱼滩	Ⅲ	Ⅲ	
阳宗海	阳宗大河	入湖口	Ⅱ	Ⅳ	高锰酸盐指数、总磷
	七星河	入湖口	Ⅱ	Ⅳ	溶解氧
	摆依河引洪渠	摆依河引洪渠	Ⅱ		断流
洱海	弥苴河	银桥村	Ⅱ	Ⅱ	
		江尾桥	Ⅱ	Ⅳ	溶解氧
	永安江	桥下村	Ⅱ	＞Ⅴ	溶解氧、氨氮
		江尾东桥	Ⅱ	＞Ⅴ	高锰酸盐指数、溶解氧、氨氮
	罗时江	沙坪桥	Ⅱ	＞Ⅴ	溶解氧、氨氮
		莲河桥	Ⅱ	＞Ⅴ	溶解氧、氨氮
	波罗江	入湖口	Ⅱ	Ⅳ	溶解氧
	万花溪	喜州桥	Ⅱ	Ⅱ	
	白石溪	丰呈庄	Ⅱ	Ⅲ	五日生化需氧量、总磷
	白鹤溪	丰呈庄	Ⅱ	Ⅳ	五日生化需氧量、总磷
抚仙湖	马料河	马料河	Ⅰ	＞Ⅴ	溶解氧、总磷
	隔河	隔 河	Ⅰ	Ⅳ	溶解氧
	路居河	路居河	Ⅰ	＞Ⅴ	总磷、五日生化需氧量
星云湖	东西大河	东西大河	Ⅲ	＞Ⅴ	总磷、氨氮
	大街河	大街河	Ⅲ	＞Ⅴ	溶解氧、氨氮、总磷、五日生化需氧量
	渔村河	渔村河	Ⅲ	＞Ⅴ	解氧、氨氮、总磷、五日生化需氧量
杞麓湖	红旗河	红旗河	Ⅲ	＞Ⅴ	五日生化需氧量、氨氮、总磷
异龙湖	城河	3 号闸	Ⅲ	＞Ⅴ	五日生化需氧量、氨氮、总氮、总磷

注：以云南省环境监测中心站提供数据为准

（四）2011 年第三季度九大高原湖泊流域污水处理厂运行情况

表 2-55　2011 年第三季度九大高原湖泊流域污水处理厂运行情况

名称	设计处理能力（万吨/日）	处理量（万吨）
昆明市第一污水处理厂	12	1182.12
昆明市第二污水处理厂	10	1013.58
昆明市第三污水处理厂	21	2275.18
昆明市第四污水处理厂	6	554.87
昆明市第五污水处理厂	18.5	1815.23
昆明市第六污水处理厂	13	1065.71
昆明市第七、八污水处理厂	20	2703.87
呈贡县污水处理厂	1.5	105.82
晋宁县污水处理厂	1.5	117.93
宜良县阳宗海污水处理厂	0.5	32.64
大理市污水处理厂	5.4	500.62
洱源县污水处理厂	0.5	31.38
大理市庆中污水处理厂	0.5	47.36
澄江县污水处理厂	1	67.59
澄江县禄冲污水处理厂	0.2	23.67
江川县污水处理厂	1	79.76
江川县小马沟污水处理站	0.1	6.45
通海县污水处理厂	1	26.43
永胜县污水处理厂	0.5	44
宁蒗县泸沽湖污水处理站	0.2	7.20
石屏县污水处理厂	1	72.92
合计	115.4	11 774.33

（五）2011 年第三季度九大高原湖泊环境违法项目查处情况

表 2-56　2011 年第三季度九大高原湖泊环境违法项目查处情况统计表

项目名称	所在流域	处罚事由	处罚时间	处罚依据	实施处罚单位	处罚结果
昆明华三建筑材料有限公司	阳宗海	生产时未正常使用除尘器	2011 年 7 月 25 日	《中华人民共和国大气污染防治法》第四十六条的规定	阳宗海环境和水资源保护局	罚款 6000 元

续表

项目名称	所在流域	处罚事由	处罚时间	处罚依据	实施处罚单位	处罚结果
昆明荣德福管材制造有限公司	阳宗海	未经环境保护部门审批，擅自动工建设并投入生产	2011年8月8日	《建设项目环境保护管理条例》第二十四条的规定	阳宗海环境和水资源保护局	罚款5000元
昆明市宜良造纸厂	阳宗海	生产时未正常使用污水处理设施，部分生产废水未经处理经雨水沟外排	2011年9月2日	《中华人民共和国水污染防治法》第七十三条的规定	阳宗海环境和水资源保护局	罚款10 000元
昆明市官渡区永胜美丰食品厂	滇池	未进行排污申报	2011年7月5日	《排放污染物申报登记管理规定》	官渡区环境保护局	罚款1000元
昆明亚丁海湾酒店有限公司	滇池	未进行排污申报	2011年7月28日	《排放污染物申报登记管理规定》	官渡区环境保护局	罚款1000元
十四冶建设云南勘察设计有限公司	滇池	昼夜施工	2011年7月26日	《昆明市环境噪声污染防治管理办法》	官渡区环境保护局	罚款2000元
昆明赤远拆迁有限公司	滇池	拆迁过程中未洒水	2011年8月10日	《中华人民共和国水污染防治法》	官渡区环境保护局	罚款1000元
昆明市官渡区明祥莊酒楼	滇池	使用高污染燃料	2011年8月31日	《昆明市高污染禁燃区管理规定》	官渡区环境保护局	罚款1000元
昆明市官渡区湘西部落酒楼	滇池	未进行排污申报	2011年9月2日	《排放污染物申报登记管理规定》	官渡区环境保护局	罚款1000元
昆明市顺祥骨角工艺厂	滇池	未办理环境保护手续	2011年7月15日	《建设项目环境保护管理条例》第二十八条的规定	呈贡县环境保护局	责令停止生产经营，罚款20 000元
何九州塑料加工厂	滇池	未办理环境保护手续	2011年8月15日	《建设项目环境保护管理条例》第二十八条的规定	呈贡县环境保护局	责令停止生产经营
沈阳远大铝业过程有限公司	滇池	未办理环境保护手续	2011年8月1日	《建设项目环境保护管理条例》第二十八条的规定	呈贡县环境保护局	罚款10 000元
晋宁云鑫商贸有限公司	滇池	环境保护设施未经验收，擅自投入使用	2011年6月24日	《建设项目环境保护管理条例》第二十八条	晋宁县环境保护局	责令停止使用冷库，罚款5000元
昆明圣雄维科技有限公司晋宁粉磨分公司	滇池	未正常使用大气污染防治设施	2011年7月15日	《中华人民共和国大气污染防治法》第四十六条	晋宁县环境保护局	责令该公司恢复设施的正常使用，罚款5000元
云南澄江天辰磷肥有限公司	南盘江	不正常使用水污染治理设施	2011年8月9日	《中华人民共和国水污染防治法》第七十三条	澄江县环境保护局	责令限期改正，罚款31 286元
云南澄江天辰磷肥有限公司	南盘江	违法排放大气污染物	2011年8月9日	《中华人民共和国大气污染防治法》第六十一条	澄江县环境保护局	责令限期改正，罚款1890元

续表

项目名称	所在流域	处罚事由	处罚时间	处罚依据	实施处罚单位	处罚结果
云南澄江金龙磷化工有限责任公司	南盘江	未执行危险废物转移联单制度	2011 年 4 月 26 日	《中华人民共和国固体废物污染环境防治法》第七十五条	澄江县环境保护局	责令限期改正，罚款 60 000 元
江川县供排水有限公司污水处理厂	星云湖	2011 年第一、二季度部分污染物超标	2011 年 8 月 2 日	《中华人民共和国水污染防治法》第七十四条	玉溪市环境保护局	尚未结案
大理市彩滨沙石服务站	洱海	洗沙废水、浆污染滩地及水体	2011 年 8 月 30 日	洱海管理条例行政处罚法	大理白族自治州环境保护局	现场处罚 1000 元
天南水洗沙场	洱海	洗沙废水、浆污染滩地及水体	2011 年 8 月 30 日	洱海管理条例行政处罚法	大理白族自治州环境保护局	现场处罚 1000 元
代光旭水洗沙场	洱海	洗沙废水、浆污染滩地及水体	2011 年 9 月 2 日	洱海管理条例行政处罚法	大理白族自治州环境保护局	现场处罚 500 元

（六）2011 年第三季度九大高原湖泊水污染防治工作情况

（1）组织专家对九大高原湖泊水污染防治“十二五”规划进行审查。2011 年 7 月 26—28 日，云南省环境保护厅、九大高原湖泊水污染综合防治领导小组办公室在昆明组织有关专家对抚仙湖、洱海、阳宗海、星云湖、杞麓湖、程海、异龙湖、泸沽湖水污染综合防治“十二五”规划进行了审查，专家组按照审查方案要求，通过听取五州（市）人民政府及规划编制组的汇报，查看文本及项目支撑材料等方式对抚仙湖等八个湖泊“十二五”规划文本进行了认真审查。专家组认为八湖规划充分体现了云南省委、云南省人民政府在高原湖泊治理工作中的路线、方针、政策，云南省委、云南省人民政府以桥头堡建设和西部大开发为契机，坚持科学发展观，贯彻落实七彩云南保护行动，以改善湖泊水体生态环境为目的，以削减污染物总量为根本任务，继续坚持以“六大工程”为主的治污方针，紧紧围绕规划的指导性和可实施性，做到了坚持环境保护优先，环境保护与经济协调发展不动摇，着力推进生态经济示范区建设，实现湖泊保护与经济发展协调的新突破。云南省委、云南省人民政府坚持治污优先、生态为本的工作不动摇，着力建设湖泊保护的试点示范区，实现湖泊保护的新突破；坚持一湖一策，突出重点工作不动摇，着力构建湖泊的良性生态系统，实现水质改善的新突破。云南省委、云南省人民政府坚持实施六大工程为主线的治理工程不动摇，着力建立湖泊保护的长效机制，实现湖泊保护的新突破，有效改善了湖泊水环境质量，实现九大高原湖泊流域社会经济和生态环境的协调发展；规划确定的水质目标、总量目标和管理目标科学合理。

（2）加强监督管理，促进依法治污。云南省环境保护厅印发了 2011 年九大高原湖泊流域环境监察工作方案，按照方案要求，本季度，云南省环境监察总队、昆明市等五州（市）及九大高原湖泊所在县（区）环境监察部门紧紧围绕九大高原湖泊流域内国控

省控企业、城市生活污水处理厂、2010年未完工的“十一五”规划及责任书项目等重点监察对象，出动环境监察人员1590人次，对九大高原湖泊流域内24家污水处理厂、24家国控（省控）企业、12个个目标责任书项目和298个新建项目进行了重点检查，查处了昆明华三建筑材料有限公司等22家环境违法企业。

（3）积极开展九大高原湖泊治理督导。2011年7月21—22日，云南省人民政府滇池水污染防治督导组一行就牛栏江—滇池补水工程建设及牛栏江流域水环境保护工作情况进行调研，对补水工程进度、相关污水处理厂建设、项目申报、资金筹措等问题进行了协调、督促和检查。督导组认为牛栏江—滇池补水工程报批工作取得重大进展，控制性工程实验场地建设快速稳步推进，征地补偿和移民安置工作积极推进；昆明、曲靖两市高度重视牛栏江流域水环境保护工作，通过加强组织领导，建立健全工作机制，落实目标责任，认真落实环境保护准入政策，严格控制工业污染，加快推进城镇生活垃圾处理设施建设，加快农业农村生态建设，大力削减面源污染及不断加强环境监察力度等措施，水质较2010年有了进一步的改善。督导组要求：一要坚持工程质量第一。二要着力抓好工业污染源的治理。三要加强县城及集镇污水处理厂建设。四要积极推进农业农村点面源污染防治工作。五要切实做好《牛栏江流域水环境保护规划》的落实工作。六要做好出台牛栏江保护条例相关前期工作。七要进一步加强水质监测。八是各级各部门要加强沟通配合，积极争取各方资金支持，积极探索建立生态补偿机制，实现生态建设可持续发展。

十二、云南省九大高原湖泊2011年第四季度水质状况及治理情况公告①

2012年2月13日，云南省九大高原湖泊水污染综合防治领导小组办公室发布了云南省九大高原湖泊2011年第四季度水质状况及治理情况，具体内容见表2-57、表2-58、表2-59、表2-60、表2-61。

（一）2011年第四季度九大高原湖泊水质状况

表2-57　2011年第四季度九大高原湖泊水质状况

湖泊	水域功能	水质综合评价	透明度（米）	营养状态指数	主要污染指标	污染程度
滇池草海	Ⅳ	＞Ⅴ	1.41	62.23	五日生化需氧量、总氮、总磷	重度污染

① 云南省九大高原湖泊水污染综合防治领导小组办公室：《云南省九大高原湖泊2011年四季度水质状况及治理情况公告》，http://sthjt.yn.gov.cn/gyhp/jhdt/201202/t20120215_11694.html（2012-02-15）。

续表

湖泊	水域功能	水质综合评价	透明度（米）	营养状态指数	主要污染指标	污染程度
滇池外海	Ⅲ	＞Ⅴ	0.47	68.77	总氮、总磷、高锰酸盐指数	重度污染
阳宗海	Ⅱ	Ⅳ	1.96	39.80	砷	重度污染
洱海	Ⅱ	Ⅲ	1.81	38.77	总氮、总磷	良
抚仙湖	Ⅰ	Ⅰ	6.99	16.30		优
星云湖	Ⅲ	＞Ⅴ	0.54	65.63	五日生化需氧量、总氮、总磷	重度污染
杞麓湖	Ⅲ	＞Ⅴ	0.79	62.23	五日生化需氧量、总氮、总磷	重度污染
程海	Ⅲ	Ⅲ	2.30	40.07		良
泸沽湖	Ⅰ	Ⅰ	11.40	17.80		优
异龙湖	Ⅲ	＞Ⅴ	0.26	78.00	高锰酸盐指数、五日生化需氧量、总氮、总磷	重度污染

注：（1）评价执行《地表水环境质量标准》（GB3838—2002）。（2）以云南省环境监测中心站提供数据为准。（3）部分湖泊由于连续三年干旱，水位下降较多，导致部分指标浓度有所上升，水质有所下降

（二）2011年第四季度九大高原湖泊水质类别情况

表2-58　2011年第四季度九大高原湖泊水质类别情况表

湖泊 \ 月份	10月	11月	12月
滇池草海	＞Ⅴ	＞Ⅴ	＞Ⅴ
滇池外海	＞Ⅴ	＞Ⅴ	＞Ⅴ
洱海	Ⅲ	Ⅱ	Ⅱ
抚仙湖	Ⅰ	Ⅰ	Ⅰ
星云湖	＞Ⅴ	＞Ⅴ	＞Ⅴ
杞麓湖	＞Ⅴ	＞Ⅴ	＞Ⅴ
程海	Ⅲ	Ⅲ	Ⅲ
泸沽湖	Ⅰ	Ⅰ	Ⅰ
异龙湖	＞Ⅴ	＞Ⅴ	＞Ⅴ
阳宗海	Ⅱ	Ⅲ	Ⅳ

（三）2011年第四季度九大高原湖泊主要入湖河流水质状况

表2-59　2011年第四季度九大高原湖泊主要入湖河流水质状况

湖泊	主要入湖河流	监测断面名称	水域功能	水质类别	主要污染指标
滇池草海	新河	积中村	Ⅳ	＞Ⅴ	高锰酸盐指数、溶解氧、五日生化需氧量、氨氮、总磷
	船房河	入湖口	Ⅳ	＞Ⅴ	氨氮、总磷

续表

湖泊	主要入湖河流	监测断面名称	水域功能	水质类别	主要污染指标
滇池草海	运粮河	入湖口	Ⅳ	>Ⅴ	五日生化需氧量、总磷
	乌龙河	入湖口	Ⅳ	>Ⅴ	五日生化需氧量、氨氮、总磷
	采莲河	入湖口	Ⅳ	>Ⅴ	五日生化需氧量、氨氮、总磷
滇池外海	盘龙江	松华坝口	Ⅱ	Ⅱ	
		小人桥	Ⅳ	>Ⅴ	氨氮
		严家村桥	Ⅳ	Ⅴ	
	大清河	入湖口	Ⅴ	>Ⅴ	五日生化需氧量、氨氮、总磷
	金家河	金太塘	Ⅲ	>Ⅴ	五日生化需氧量、总磷
	小清河	六甲乡新二村	Ⅲ	>Ⅴ	溶解氧、高锰酸盐指数、五日生化需氧量、氨氮、总磷
	西坝河	平桥村	Ⅲ	>Ⅴ	溶解氧、五日生化需氧量、氨氮、总磷
	大观河	篆塘	Ⅲ	>Ⅴ	氨氮、五日生化需氧量
	王家堆渠	入湖口	Ⅲ	>Ⅴ	溶解氧、高锰酸盐指数、五日生化需氧量、氨氮、总磷
	六甲宝象河	东张村	Ⅲ	>Ⅴ	高锰酸盐指数、五日生化需氧量、氨氮、总磷
	五甲宝象河	曹家村	Ⅲ	>Ⅴ	五日生化需氧量、氨氮、总磷
	老宝象河	龙马村	Ⅲ	>Ⅴ	高锰酸盐指数、五日生化需氧量
	新宝象河	宝丰村	Ⅲ	>Ⅴ	总磷、五日生化需氧量
	虾坝河	五甲村	Ⅲ	>Ⅴ	高锰酸盐指数、五日生化需氧量、氨氮、石油类、溶解氧
	海河	入湖口	Ⅲ	>Ⅴ	氨氮
	马料河	溪波村	Ⅲ	Ⅴ	高锰酸盐指数
	洛龙河	入湖口	Ⅲ	Ⅳ	溶解氧
	胜利河	入湖口	Ⅲ	>Ⅴ	溶解氧、总磷
	南冲河	入湖口	Ⅲ	Ⅳ	溶解氧
	淤泥河	入湖口	Ⅲ	Ⅳ	溶解氧
	柴河	入湖口	Ⅲ	Ⅲ	
	白鱼河	入湖口	Ⅲ	Ⅳ	五日生化需氧量
	茨港河	牛恋河	Ⅲ	Ⅳ	石油类、总磷
	城河	昆阳码头	Ⅲ	Ⅴ	氨氮、总磷
	东大河	入湖口	Ⅲ	Ⅲ	
	古城河	马鱼滩	Ⅲ	Ⅳ	总磷

续表

湖泊	主要入湖河流	监测断面名称	水域功能	水质类别	主要污染指标
阳宗海	阳宗大河	入湖口	Ⅱ	Ⅳ	总磷
	七星河	入湖口	Ⅱ	Ⅳ	高锰酸盐指数、五日生化需氧量
	摆依河引洪渠	摆依河引洪渠	Ⅱ		断流
洱海	弥苴河	银桥村	Ⅱ	Ⅲ	溶解氧
		江尾桥	Ⅱ	Ⅲ	五日生化需氧量
	永安江	桥下村	Ⅱ	Ⅳ	溶解氧、五日生化需氧量
		江尾东桥	Ⅱ	Ⅳ	溶解氧、五日生化需氧量
	罗时江	沙坪桥	Ⅱ	＞Ⅴ	溶解氧
		莲河桥	Ⅱ	＞Ⅴ	溶解氧、氨氮
	波罗江	入湖口	Ⅱ		断流
	万花溪	喜州桥	Ⅱ	Ⅱ	
	白石溪	丰呈庄	Ⅱ	Ⅳ	石油类
	白鹤溪	丰呈庄	Ⅱ	Ⅳ	石油类、总磷
抚仙湖	马料河	马料河	Ⅰ	＞Ⅴ	溶解氧、氨氮、总磷
	隔河	隔河	Ⅰ	Ⅴ	溶解氧
	路居河	路居河	Ⅰ	＞Ⅴ	高锰酸盐指数、总磷、氨氮、五日生化需氧量
星云湖	东西大河	东西大河	Ⅲ	＞Ⅴ	溶解氧、总磷、氨氮
	大街河	大街河	Ⅲ	＞Ⅴ	溶解氧、氨氮、总磷、五日生化需氧量
	渔村河	渔村河	Ⅲ	＞Ⅴ	溶解氧、氨氮、总磷、五日生化需氧量
杞麓湖	红旗河	红旗河	Ⅲ	＞Ⅴ	氨氮
异龙湖	城河	3 号闸	Ⅲ	＞Ⅴ	高锰酸盐指数、溶解氧、五日生化需氧量、氨氮、总磷

注：以云南省环境监测中心站提供数据为准

（四）2011 年第四季度九大高原湖泊流域污水处理厂运行情况

表 2-60　2011 年第四季度九大高原湖泊流域污水处理厂运行情况

名称	设计处理能力（万吨/日）	处理量（万吨）
昆明市第一污水处理厂	12	1093.35
昆明市第二污水处理厂	10	1003.98
昆明市第三污水处理厂	21	1904.77
昆明市第四污水处理厂	6	541.96

续表

名称	设计处理能力（万吨/日）	处理量（万吨）
昆明市第五污水处理厂	18.5	1484.15
昆明市第六污水处理厂	13	860.42
昆明市第七、八污水处理厂	20	287（2）74
呈贡县污水处理厂	1.5	11（2）01
晋宁县污水处理厂	1.5	113.34
宜良县阳宗海污水处理厂	0.5	35.4
大理市污水处理厂	5.4	468.82
洱源县污水处理厂	0.5	2（2）27
大理市庆中污水处理厂	0.5	
澄江县污水处理厂	1	68.27
澄江县禄冲污水处理厂	0.2	1（2）85
江川县污水处理厂	1	70.97
江川县小马沟污水处理站	0.1	4.91
通海县污水处理厂	1	27.99
永胜县污水处理厂	0.5	37.11
宁蒗县泸沽湖污水处理站	0.2	7.47
石屏县污水处理厂	1	55.84
合计	115.4	10798.62

（五）2011年第四季度九大高原湖泊环境违法项目查处情况

表 2-61　2011 年第四季度九大高原湖泊环境违法项目查处情况统计表

项目名称	所在流域	处罚事由	处罚时间	处罚依据	实施处罚单位	处罚结果
晋宁县晋城面粉厂	滇池流域	未办理验收手续，擅自生产	2011 年 11 月 2 日	《建设项目环境保护管理条例》第二条、第二十三条、第二十八条	晋宁县环境保护局	责令停产，罚款5000 元
昆明市金荣市场管理有限公司	滇池流域	验收不合格，擅自生产	2011 年 12 月 6 日	《建设项目环境保护管理条例》第二十三条、第二十八条	晋宁县环境保护局	责令停产，罚款5000 元
昆明市晟宇经贸有限公司	滇池流域	验收不合格，擅自生产	2011 年 12 月 6 日	《建设项目环境保护管理条例》第二十三条、第二十八条	晋宁县环境保护局	责令停产，罚款5000 元
宜良胜利奶牛养殖业专业合作社	南盘江流域	养殖业水经简单处理后排入河道	2011 年 8 月 29 日	《畜禽养殖污染防治管理办法》第二十八条	宜良县环境保护局	罚款2000 元

续表

项目名称	所在流域	处罚事由	处罚时间	处罚依据	实施处罚单位	处罚结果
呈贡郝运生态农业开发有限公司	滇池流域	未办理环境保护评审手续	2011 年 11 月 3 日	《建设项目环境保护管理条例》第二十八条	呈贡县环境保护局	责令停产，罚款 20000 元
云南师范大学	滇池流域	未办理环境保护竣工验收手续	2011 年 11 月 24 日	《中华人民共和国水污染防治法》	呈贡县环境保护局	责令改正，罚款 5000 元
中承时空逸翔网络有限公司	阳宗海流域	未进行排污申报	2011 年 11 月 27 日	《排放污染物申请登记管理规定》	官渡区环境保护局	罚款 1000 元
富大建筑有限公司	滇池流域	未采取降尘降噪措施	2011 年 11 月 26 日	《中华人民共和国大气污染防治法》	官渡区环境保护局	罚款 1000 元
昆明东站商业有限公司	滇池流域	未进行排污申报	2011 年 11 月 16 日	《排放污染物申请登记管理规定》	官渡区环境保护局	罚款 1000 元
昆明玻璃股份有限公司	滇池流域	废气超标排放	2011 年 10 月 11 日	《中华人民共和国大气污染防治法》	昆明市环境保护局	罚款 10 万元
昆明市西山区喜而康餐具消毒配运经营部	滇池流域	今未办理过相关环境保护手续	2011 年 10 月 21 日	《建设项目环境保护管理条例》	昆明市环境保护局	限期关闭并搬迁
大理市彩滨沙石服务站	洱海流域	洗沙废水、泥浆污染洱海滩地及水体	2011 年 8 月 30 日	《中华人民共和国水污染防治法》	大理白族自治州环境保护局	罚款 500 元
天南水洗沙场	洱海流域	洗沙废水污染洱海滩地及水体	2011 年 8 月 30 日	《中华人民共和国水污染防治法》	大理白族自治州环境保护局	罚款 1000 元
代光旭水洗沙场	洱海流域	洗沙废水及泥浆污染洱海滩地及水体	2011 年 9 月 02 日	《中华人民共和国水污染防治法》	大理白族自治州环境保护局	罚款 500 元

（六）2011 年第四季度九大高原湖泊水污染防治工作情况

（1）完成九大高原湖泊水污染防治“十二五”规划编制并按程序上报云南省人民政府审批。2011 年 11 月 3 日，云南省环境保护厅、云南省九大高原湖泊水污染综合防治领导小组办公室在昆明组织云南省发展和改革委员会、财政厅、农业厅、水利厅、林业厅、科技厅、交通运输厅、旅游局、审计厅等省级部门对抚仙湖、洱海、阳宗海、星云湖、杞麓湖、程海、异龙湖、泸沽湖水污染综合防治“十二五”规划进行了讨论，各部门结合各自的职能职责对上述 8 个湖“十二五”规划提出了修改意见。

（2）云南省人民政府召开泸沽湖保护治理工作现场办公会。2011 年 10 月 30 日，云南省人民政府在丽江市宁蒗县召开泸沽湖保护与治理工作会议，专题研究泸沽湖保护与治理工作，听取了丽江市、云南省水利厅、云南省九大高原湖泊水污染综合防治领导小组办公室有关泸沽湖保护治理工作的汇报，举行了泸沽湖志愿护湖队授旗、颁证、颁牌仪式。会议认为，泸沽湖是我国现有为数不多的仍然保持原始风貌且水质较好的高原湖泊，但是泸沽湖流域内生态环境总体比较脆弱，治理保护工作面临一些新的问题，流域水环境保护和治理的形势比较严峻。会议指出，要从全省九大高原湖泊水污染治理工

作和实现流域科学发展的全局和战略高度，充分认识泸沽湖保护治理工作的重大意义，切实把泸沽湖水污染防治摆到更加突出的位置，采取更加有力的措施，切实保护治理泸沽湖，为流域地区经济社会可持续发展和各族群众脱贫致富提供有力保障。

（3）云南省九大高原湖泊水污染综合防治领导小组办公室组织召开九大高原湖泊水污染综合防治领导小组办公室主任会议。为全面贯彻云南省人民政府泸沽湖保护与治理工作会议精神，认真总结“十一五”九大高原湖泊水污染防治的成绩和经验，明确“十二五”工作的思路、目标和任务，确保九大高原湖泊生态环境不断持续改善。2011 年 11 月 17—18 日，云南省九大高原湖泊水污染综合防治领导小组办公室在红河哈尼族彝族自治州石屏县组织召开九大高原湖泊水污染综合防治领导小组办公室主任会议，会议认为“十一五”期间九大高原湖泊水污染综合防治取得了新成效。一是领导重视，机制健全，为九大高原湖泊治理提供了强有力的组织保障。二是转变思路，一湖一策，为九大高原湖泊治理探索出了新模式。三是加快工程建设，加强项目管理，为九大高原湖泊治理提供了强有力的硬件保障。四是拓宽渠道，加大投入，为九大高原湖泊治理提供了强有力的资金保障。五是加强立法，强化监管，为九大高原湖泊治理提供了强有力的法制保障。会议强调要高度认识九大高原湖泊保护与治理面临的重大机遇与挑战。

（4）加强监督管理，促进依法治污。云南省环境保护厅印发了 2011 年九大高原湖泊流域环境监察工作方案，按照方案要求，2011 年云南省环境监察总队、昆明市等五州（市）及九大高原湖泊所在县（区）环境监察部门紧紧围绕九大高原湖泊流域内国控省控企业、城市生活污水处理厂、2011 年完工的“十一五”规划及责任书项目等重点监察对象，出动环境监察人员 6970 人次，对九大高原湖泊流域内 24 家污水处理厂、24 家国控（省控）企业、12 个目标责任书项目、1170 家企业和 949 个新建项目进行了重点检查，查处了 50 家环境违法企业。其中，第四季度出动环境监察人员 2158 人次，检查企业 311 家，取缔企业 4 家（含洗车厂 3 家），查处环境违法企业 14 家，共罚款 14.75 万元，对 24 家排污企业下达了限期整改通知书。

（5）积极开展九大高原湖泊治理督导。2011 年 10 月 31—11 月 2 日，云南省人民政府九大高原湖泊水污染防治督导组到丽江督查程海、泸沽湖水污染综合防治工作。督导组要求：一是要进一步统一认识、振奋精神、狠抓落实。二是要高度重视泸沽湖里格、落水、蒗放 3 个旅游片区的规划建设和协调发展，要保护好泸沽湖的文化生态和自然生态。三是要始终把截污和环境综合整治作为泸沽湖、程海治理的重中之重。四是要高度重视程海水位下降问题。

十三、云南省九大高原湖泊 2012 年第一季度水质状况及治理情况公告①

2012 年 5 月 31 日，云南省九大高原湖泊水污染综合防治领导小组办公室发布了云南省九大高原湖泊 2012 年第一季度水质状况及治理情况，具体内容见表 2-62、表 2-63、表 2-64、表 2-65、表 2-66、表 2-67。

（一）2012 年第一季度九大高原湖泊水质状况

表 2-62　2012 年第一季度九大高原湖泊水质状况表

湖泊	水域功能	水质综合评价	透明度（米）	营养状态指数	主要污染指标	污染程度
滇池草海	Ⅳ	＞Ⅴ	0.71	67.4	总氮、总磷	重度污染
滇池外海	Ⅲ	＞Ⅴ	0.41	69.1	总氮、总磷、高锰酸盐指数、化学需氧量	重度污染
阳宗海	Ⅱ	Ⅳ	1.86	42.2	总氮、总磷、砷	重度污染
洱海	Ⅱ	Ⅲ	2.45	36.4	化学需氧量	良
抚仙湖	Ⅰ	Ⅰ	6.25	17.2		优
星云湖	Ⅲ	＞Ⅴ	0.47	68.5	五日生化需氧量、总氮、总磷	重度污染
杞麓湖	Ⅲ	＞Ⅴ	0.49	70	五日生化需氧量、总氮、总磷、高锰酸盐指数、化学需氧量	重度污染
程海	Ⅲ	Ⅳ	2.03	42.4	化学需氧量	良
泸沽湖	Ⅰ	Ⅰ	11.80	17.1		优
异龙湖	Ⅲ	＞Ⅴ	0.39	74.2	五日生化需氧量、总氮、总磷、高锰酸盐指数、化学需氧量	重度污染

注：（1）评价执行《地表水环境质量标准》（GB3838—2002）。（2）以云南省环境监测中心站提供数据为准。（3）部分湖泊由于连续三年干旱，水位下降较多，导致部分指标浓度有所上升，水质有所下降

（二）2012 年第一季度九大高原湖泊水质类别情况

表 2-63　2012 年第一季度九大高原湖泊水质类别情况表

湖泊＼月份	1月	2月	3月
滇池草海	＞Ⅴ	＞Ⅴ	＞Ⅴ
滇池外海	＞Ⅴ	＞Ⅴ	＞Ⅴ
洱海	Ⅱ	Ⅲ	Ⅲ
抚仙湖	Ⅰ	Ⅰ	Ⅰ

① 云南省九大高原湖泊水污染综合防治领导小组办公室：《云南省九大高原湖泊 2012 年一季度水质状况及治理情况公告》，http://sthjt.yn.gov.cn/gyhp/jhdt/201206/t20120607_11652.html（2012-06-07）。

续表

湖泊 \ 月份	1月	2月	3月
星云湖	>V	>V	>V
杞麓湖	>V	>V	>V
程海	Ⅲ	Ⅳ	Ⅳ
泸沽湖	Ⅰ	Ⅰ	Ⅰ
异龙湖	>V	>V	>V
阳宗海	Ⅳ	Ⅳ	Ⅳ

（三）2012年第一季度九大高原湖泊主要入湖河流水质状况

表2-64　2012年第一季度九大高原湖泊主要入湖河流水质状况

湖泊	主要入湖河流	监测断面名称	水域功能	水质类别	主要污染指标
滇池草海	新河	积中村	Ⅳ	>V	高锰酸盐指数、溶解氧、五日生化需氧量、氨氮、总磷
	船房河	入湖口	Ⅳ	Ⅳ	高锰酸盐指数、五日生化需氧量、氨氮、化学需氧量
	运粮河	入湖口	Ⅳ	>V	五日生化需氧量、氨氮、总磷、化学需氧量
	乌龙河	入湖口	Ⅳ	>V	五日生化需氧量、氨氮、总磷
	采莲河	入湖口	Ⅳ	>V	高锰酸盐指数、五日生化需氧量、氨氮、总磷、化学需氧量
滇池外海	盘龙江	松华坝口	Ⅱ	V	溶解氧
		小人桥	Ⅳ	>V	氨氮、总磷
		严家村桥	Ⅳ	V	五日生化需氧量、氨氮、化学需氧量
	大清河	入湖口	Ⅲ	V	总磷
	金家河	金太塘	Ⅲ	>V	溶解氧、五日生化需氧量、氨氮、总磷
	小清河	六甲乡新二村	Ⅲ	>V	溶解氧、高锰酸盐指数、五日生化需氧量、氨氮、总磷、化学需氧量
	西坝河	平桥村	Ⅲ	>V	溶解氧、五日生化需氧量、氨氮、总磷、化学需氧量
	大观河	篆塘	Ⅲ	>V	氨氮、五日生化需氧量、总磷
	王家堆渠	入湖口	Ⅲ	>V	溶解氧、高锰酸盐指数、五日生化需氧量、氨氮、总磷、化学需氧量
	六甲宝象河	东张村	Ⅲ	>V	溶解氧、高锰酸盐指数、五日生化需氧量、氨氮、总磷
	五甲宝象河	曹家村	Ⅲ	>V	溶解氧、高锰酸盐指数、五日生化需氧量、氨氮、总磷、化学需氧量
	老宝象河	龙马村	Ⅲ	Ⅳ	石油类、高锰酸盐指数、总磷
	新宝象河	宝丰村	Ⅲ	V	总磷、五日生化需氧量
	虾坝河	五甲村	Ⅲ	>V	高锰酸盐指数、五日生化需氧量、化学需氧量
	海河	入湖口	Ⅲ	>V	氨氮、化学需氧量

续表

湖泊	主要入湖河流	监测断面名称	水域功能	水质类别	主要污染指标
滇池外海	马料河	溪波村	Ⅲ	Ⅳ	石油类、高锰酸盐指数、总磷
	洛龙河	入湖口	Ⅲ	Ⅳ	化学需氧量、五日生化需氧量
	胜利河	入湖口	Ⅲ	＞Ⅴ	总磷
	南冲河	入湖口	Ⅲ	Ⅲ	
	淤泥河	入湖口	Ⅲ	Ⅳ	五日生化需氧量
	柴河	入湖口	Ⅲ	Ⅳ	化学需氧量
	白鱼河	入湖口	Ⅲ	Ⅳ	五日生化需氧量
	茨港河	牛恋河	Ⅲ	Ⅳ	溶解氧、石油类
	城河	昆阳码头	Ⅲ	Ⅴ	溶解氧、五日生化需氧量、氨氮、总磷
	东大河	入湖口	Ⅲ	Ⅲ	
	古城河	马鱼滩	Ⅲ	Ⅳ	化学需氧量、总磷
阳宗海	阳宗大河	入湖口	Ⅱ	Ⅳ	五日生化需氧量
	七星河	七星河	Ⅱ	Ⅳ	化学需氧量
	摆依河引洪渠	摆依河引洪渠	Ⅱ		断流
洱海	弥苴河	银桥村	Ⅱ	Ⅳ	五日生化需氧量
		江尾桥	Ⅱ	Ⅲ	石油类、五日生化需氧量
	永安江	桥下村	Ⅱ	Ⅴ	溶解氧
		江尾东桥	Ⅱ	Ⅲ	五日生化需氧量
	罗时江	沙坪桥	Ⅱ	Ⅳ	化学需氧量
		莲河桥	Ⅱ	Ⅳ	五日生化需氧量、化学需氧量
	波罗江	入湖口	Ⅱ		断流
	万花溪	喜州桥	Ⅱ		断流
	白石溪	丰呈庄	Ⅱ		断流
	白鹤溪	丰呈庄	Ⅱ	Ⅳ	总磷
抚仙湖	马料河	马料河	Ⅰ	＞Ⅴ	溶解氧、氨氮、总磷、五日生化需氧量、化学需氧量
	隔河	隔 河	Ⅰ	Ⅴ	溶解氧
	路居河	路居河	Ⅰ	＞Ⅴ	化学需氧量、高锰酸盐指数、总磷、氨氮五日生化需氧量
星云湖	东西大河	东西大河	Ⅲ	＞Ⅴ	溶解氧、总磷、氨氮、五日生化需氧量
	大街河	大街河	Ⅲ	＞Ⅴ	化学需氧量、溶解氧、氨氮、总磷、五日生化需氧量

续表

湖泊	主要入湖河流	监测断面名称	水域功能	水质类别	主要污染指标
星云湖	渔村河	渔村河	Ⅲ	＞V	溶解氧、氨氮、总磷、五日生化需氧量、化学需氧量
杞麓湖	红旗河	红旗河	Ⅲ	＞V	高锰酸盐指数、氨氮、总磷、化学需氧量、五日生化需氧量
异龙湖	城河	3号闸	Ⅲ	＞V	化学需氧量、五日生化需氧量、氨氮、总氮、总磷、溶解氧

注：以云南省环境监测中心站提供数据为准

（四）2012年第一季度九大高原湖泊流域污水处理厂运行情况

表 2-65　2012 年第一季度九大高原湖泊流域污水处理厂运行情况表

名称	设计处理能力（万吨/日）	第一季度处理量（万吨）
昆明市第一污水处理厂	12	1029.4
昆明市第二污水处理厂	10	968.55
昆明市第三污水处理厂	21	1752.31
昆明市第四污水处理厂	6	493.7
昆明市第五污水处理厂	18.5	1225.55
昆明市第六污水处理厂	13	739.04
昆明市第七、八污水处理厂	20	2605.52
呈贡县污水处理厂	1.5	99.18
晋宁县污水处理厂	1.5	102.32
宜良县阳宗海污水处理厂	0.5	33.81
大理市污水处理厂	5.4	464.46
洱源县污水处理厂	0.5	36.8
大理市庆中污水处理厂	0.5	0
澄江县污水处理厂	1	56.2
澄江县禄冲污水处理厂	0.2	9.52
江川县污水处理厂	1	55.45
江川县小马沟污水处理站	0.1	3.82
通海县污水处理厂	1	24.13
永胜县污水处理厂	0.5	39.2
宁蒗县泸沽湖污水处理站	0.2	7.3
石屏县污水处理厂	1	46.56
合计	115.4	9792.82

（五）2012 年第一季度九大高原湖泊“十二五”规划项目进展情况

表 2-66　2012 年第一季度九大高原湖泊“十二五”规划项目进展情况表

湖泊	项目数（个）	已完工（个）	完工率（%）	在建（个）	开展前期工作（个）	开工率（%）	第一季度完成投资（万元）	累计完成投资（万元）
滇池	101	3	3	34	57	36.6	59666.93	537 666.93
阳宗海	24	1	4	1	2	8.3	1864.55	2286
洱海	48	10	20.8	4		29.2	4534	33 595
抚仙湖	28	3	10.7	7	4	35.7	5880	19 408
星云湖	17	1	5.9	7	8	47.1	510	10 795
杞麓湖	21	0	0	14	7	66.7	9083.49	25 591.6
程海	9	0	0	6	1	66.7	7374.15	20 776.86
泸沽湖	13	1	7.7	0	10	7.7	0	7760
异龙湖	34	0	0	5	14	14.7	2130	11 690
合计	295	19	6.44	78	103	3（2）88	91043.12	668 269.4

（六）2011 年第四季度九大高原湖泊环境违法项目查处情况

表 2-67　2011 年第四季度九大高原湖泊环境违法项目查处情况统计表

项目名称	所在流域	处罚事由	处罚时间	处罚依据	实施处罚单位	处罚结果
昆明市呈贡七甸酱菜厂	滇池流域	外排废水超标，监测报告显示化学需氧量 6800 毫克/升，pH 值 5.08	2012 年 3 月 7 日	《中华人民共和国水污染防治法》第七十四条	昆明阳宗海风景名胜区管委会环境和水资源保护局	罚款 5345.00 元
七彩云乳业股份有限公司	滇池流域	该公司污水处理站暗管排口外排废水超标，监测报告显示化学需氧量 15900 毫克/升，超标 30.8 倍，动植物油 247 毫克/升，超标 1.47 倍，污水处理站废水收集池废水外溢化学需氧量 2160 毫克/升，超标 3.32 倍，动植物油 141 毫克/升，超标 0.41 倍	2012 年 3 月 29 日	《中华人民共和国水污染防治法》第七十四条	昆明阳宗海风景名胜区管委会环境和水资源保护局	罚款 109 175.00 元
呈贡方圆铸造厂	滇池流域	未办理环境保护验收手续	2012 年 2 月 28 日	《建设项目环境保护管理条例》第二十七条	呈贡区环境保护局	下达限期改正通知书
呈贡毓秀酒吧	滇池流域	未办理环境保护验收手续	2012 年 1 月 9 日	《建设项目环境保护管理条例》第二十七条	呈贡区环境保护局	下达限期改正通知书

（七）2011年第四季度九大高原湖泊水污染防治工作情况

（1）完成九大高原湖泊水污染防治“十二五”规划公示。根据《云南省人民政府关于在全省县级以上行政机关推行重大决策听证重要事项公示重点工作通报政务信息查询四项制度的决定》文件规定，2012年3月6—22日，云南省人民政府将《抚仙湖、洱海、星云湖、杞麓湖、阳宗海、程海、泸沽湖、异龙湖八大高原湖泊水污染综合防治“十二五”规划（简本）》向社会进行了公示。在公示初期，这些公示内容引起了社会各界的高度重视，其内容被多家媒体网站引用和报道，并给予了很多肯定的评价。总的看来，社会公众对上述公示内容确定的指导思想、目标任务、项目投资等内容提出的意见不多，评价较好。

（2）完成抚仙湖、洱海生态环境保护试点实施方案编制并上报云南省人民政府审批。2011年，财政部、环境保护部将云南省抚仙湖、洱海列入国家生态环境保护试点湖泊，并给以了资金支持，为进一步推进抚仙湖、洱海生态环境保护试点工作，根据财政部、环境保护部关于印发《湖泊生态环境保护试点管理办法》的通知有关项要求，玉溪市和大理白族自治州分别组织编制了《抚仙湖生态环境保护试点实施方案》《洱海生态环境保护试点实施方案》，并由财政部、环境保护部组织有关专家进行了评审论证。2012年2月21日、3月8日，玉溪市、大理白族自治州分别将《抚仙湖生态环境保护试点实施方案》《洱海生态环境保护试点实施方案》上报云南省人民政府，请求批准实施并转报财政部、环境保护部备案。云南省环境保护厅将《抚仙湖生态环境保护试点实施方案》《洱海生态环境保护试点实施方案》印送省级有关部门征求了意见，玉溪市、大理白族自治州根据省级部门意见对实施方案进行了修改完善。2012年，财政部、环境保护部将云南省泸沽湖也纳入了国家湖泊生态环境保护试点湖泊，并安排云南省抚仙湖、洱海、泸沽湖生态保护试点资金1.8亿元。

（3）云南省人民政府与环境保护部、住房和城乡建设部签订“十二五”水专项合作协议。2012年2月28日国家水专项领导小组在北京召开“水体污染控制与治理科技重大专项实施推进大会暨部省合作协议签约仪式”，云南省人民政府副省长和段琪、昆明市人民政府副市长王道兴作为重点流域水专项协调领导小组成员出席了会议，并与环境保护部、住房和城乡建设部签订了部省共同推进水专项合作协议，云南省环境保护厅厅长王建华参加了会议。会上，环境保护部周生贤部长指出，“十二五”是水专项攻坚的关键阶段，做好这一阶段的工作必须更加注重流域统筹，更加注重成果集成，更加注重绩效管理，更加注重发挥地方政府作用，更加注重产业化目标，并提出“要坚持既定目标、多出成果、协同创新、强化管理”的工作总要求。

（4）加强监督管理，促进依法治污。云南省环境保护厅印发了2012年九大高原湖泊流域环境监察工作方案。按照方案要求，2012 年第一季度，云南省环境监察总队、昆明市等五州（市）及九大高原湖泊所在县（区）环境监察部门紧紧围绕九大高原湖泊流域内国控省控企业、城市生活污水处理厂、“十二五”规划及责任书项目等重点监察对象，出动环境监察人员 1247 人次，对九大高原湖泊流域内 26 家污水处理厂、28 家国控（省控）企业、34 个目标责任书项目以及 124 个新建项目进行了重点检查，查处了 2 家环境违法企业，共罚款 11.45 万元。

（5）积极开展九大高原湖泊治理督导。2012 年 2 月 8 日，云南省人民政府滇池水污染防治专家督导组召开省滇池水污染防治工作第十七次联席会议。督导组认为，滇池水体景观和周边环境明显改善，滇池综合整治取得了可喜的成绩。但是，滇池治理形势依然严峻，滇池“十二五”规划建设时间紧、任务重，许多工作已进入攻坚阶段，各级各部门要进一步提高认识，明确治理目标，坚定信心，2012 年要扎实做好以下几项工作：一是全面完成滇池“十一五”规划各项收尾工作。二是抓紧完成环湖截污及相关配套工程建设。三是继续做好“四退三还”工作。四是切实加强入湖河道综合整治工作。五是积极制定蓝藻爆发处置预案。六是加快牛栏江—滇池补水工程建设步伐。七是积极做好向国家有关部委及国务院领导汇报相关工作。

十四、云南省九大高原湖泊 2012 年第二季度水质状况及治理情况公告①

2012 年 9 月 3 日，云南省九大高原湖泊水污染综合防治领导小组办公室发布了云南省九大高原湖泊 2012 年第二季度水质状况及治理情况，具体内容见表 2-68、表 2-69、表 2-70、表 2-71、表 2-72、表 2-73。

（一）2012 年第二季度九大高原湖泊水质状况

表 2-68　2012 年第二季度九大高原湖泊水质状况表

湖泊	水域功能	水质综合评价	透明度（米）	营养状态指数	主要污染指标	污染程度
滇池草海	Ⅳ	＞Ⅴ	0.62	70.50	五日生化需氧量、总氮、总磷、氨氮、化学需氧量	重度污染
滇池外海	Ⅲ	＞Ⅴ	0.36	68.30	总氮、总磷、高锰酸盐指数、化学需氧量	重度污染
阳宗海	Ⅱ	Ⅳ	1.91	42.13	总氮、化学需氧量、砷	重度污染

① 云南省九大高原湖泊水污染综合防治领导小组办公室：《云南省九大高原湖泊 2012 年二季度水质状况及治理情况公告》，http://sthjt.yn.gov.cn/gyhp/jhdt/201209/t20120903_34993.html（2012-09-03）。

续表

湖泊	水域功能	水质综合评价	透明度（米）	营养状态指数	主要污染指标	污染程度
洱海	Ⅱ	Ⅲ	2.03	38.40	化学需氧量	良
抚仙湖	Ⅰ	Ⅰ	6.34	16.10		优
星云湖	Ⅲ	＞Ⅴ	0.46	69.30	五日生化需氧量、总氮、总磷、化学需氧量	重度污染
杞麓湖	Ⅲ	＞Ⅴ	0.39	69.30	五日生化需氧量、总氮、总磷、高锰酸盐指数、化学需氧量	重度污染
程海	Ⅲ	Ⅳ	2.34	38.90	化学需氧量	良
泸沽湖	Ⅰ	Ⅰ	11.03	14.47		优
异龙湖	Ⅲ	＞Ⅴ	0.20	81.17	五日生化需氧量、总氮、总磷、高锰酸盐指数、化学需氧量	重度污染

注：（1）评价执行《地表水环境质量标准》（GB3838—2002）。（2）以云南省环境监测中心站提供数据为准。（3）部分湖泊由于连续三年干旱，水位下降较多，导致部分指标浓度有所上升，水质有所下降

（二）2012年第二季度九大高原湖泊水质类别情况

表 2-69　2012年第二季度九大高原湖泊水质类别情况表

湖泊＼月份	4月	5月	6月
滇池草海	＞Ⅴ	＞Ⅴ	＞Ⅴ
滇池外海	＞Ⅴ	＞Ⅴ	＞Ⅴ
洱海	Ⅲ	Ⅲ	Ⅲ
抚仙湖	Ⅰ	Ⅰ	Ⅰ
星云湖	＞Ⅴ	＞Ⅴ	＞Ⅴ
杞麓湖	＞Ⅴ	＞Ⅴ	＞Ⅴ
程海	Ⅳ	Ⅳ	Ⅳ
泸沽湖	Ⅰ	Ⅰ	Ⅰ
异龙湖	＞Ⅴ	＞Ⅴ	＞Ⅴ
阳宗海	Ⅳ	Ⅳ	Ⅳ

（三）2012年第二季度九大高原湖泊主要入湖河流水质状况

表 2-70　2012年第二季度九大高原湖泊主要入湖河流水质状况表

湖泊	主要入湖河流	监测断面名称	水域功能	水质类别	主要污染指标
滇池草海	新河	积中村	Ⅳ	＞Ⅴ	高锰酸盐指数、溶解氧、五日生化需氧量、氨氮、总磷、氟化物
	船房河	入湖口	Ⅳ	Ⅳ	五日生化需氧量、氨氮
	运粮河	入湖口	Ⅳ	＞Ⅴ	溶解氧、五日生化需氧量、氨氮、总磷、化学需氧量

续表

湖泊	主要入湖河流	监测断面名称	水域功能	水质类别	主要污染指标
滇池草海	乌龙河	入湖口	Ⅳ	＞Ⅴ	氨氮
	采莲河	入湖口	Ⅳ	＞Ⅴ	五日生化需氧量、氨氮、总磷、化学需氧量
滇池外海	盘龙江	松华坝口	Ⅱ	Ⅱ	
		小人桥	Ⅳ	＞Ⅴ	五日生化需氧量、氨氮、总磷、化学需氧量、阴离子表面活性剂
		严家村桥	Ⅳ	＞Ⅴ	五日生化需氧量、氨氮
	大清河	入湖口	Ⅲ	＞Ⅴ	总磷、氨氮
	金家河	金太塘	Ⅲ	＞Ⅴ	氨氮、总磷
	小清河	六甲乡新二村	Ⅲ	＞Ⅴ	溶解氧、高锰酸盐指数、五日生化需氧量、氨氮、总磷、化学需氧量
	西坝河	平桥村	Ⅲ	＞Ⅴ	溶解氧、高锰酸盐指数、五日生化需氧量、氨氮、总磷、化学需氧量、阴离子表面活性剂
	大观河	篆塘	Ⅲ	＞Ⅴ	氨氮、五日生化需氧量、溶解氧
	王家堆渠	入湖口	Ⅲ	＞Ⅴ	溶解氧、高锰酸盐指数、五日生化需氧量、氨氮、总磷、化学需氧量
	六甲宝象河	东张村	Ⅲ	＞Ⅴ	溶解氧、高锰酸盐指数、五日生化需氧量、氨氮、总磷、化学需氧量
	五甲宝象河	曹家村	Ⅲ	＞Ⅴ	高锰酸盐指数、五日生化需氧量、氨氮、总磷、化学需氧量
	老宝象河	龙马村	Ⅲ	Ⅴ	溶解氧、石油类、高锰酸盐指数、总磷、五日生化需氧量、化学需氧量
	新宝象河	宝丰村	Ⅲ	＞Ⅴ	总磷、氨氮
	虾坝河	五甲村	Ⅲ	＞Ⅴ	氨氮、化学需氧量
	海河	入湖口	Ⅲ	＞Ⅴ	总磷、氨氮、五日生化需氧量
	马料河	溪波村	Ⅲ	＞Ⅴ	高锰酸盐指数、五日生化需氧量
	洛龙河	入湖口	Ⅲ		断流
	胜利河	入湖口	Ⅲ	＞Ⅴ	总磷
	南冲河	入湖口	Ⅲ	Ⅴ	化学需氧量、氨氮
	淤泥河	入湖口	Ⅲ	Ⅳ	化学需氧量、氨氮
	柴河	入湖口	Ⅲ	Ⅳ	化学需氧量、氨氮
	大河	入湖口	Ⅲ	Ⅴ	化学需氧量
	茨港河	牛恋河	Ⅲ	Ⅳ	化学需氧量、氨氮
	城河	昆阳码头	Ⅲ	Ⅴ	化学需氧量、氨氮、总磷
	东大河	入湖口	Ⅲ	Ⅴ	化学需氧量
	古城河	马鱼滩	Ⅲ	Ⅴ	化学需氧量、氨氮

续表

湖泊	主要入湖河流	监测断面名称	水域功能	水质类别	主要污染指标
阳宗海	阳宗大河	入湖口	Ⅱ	Ⅲ	高锰酸盐指数、总磷
	七星河	入湖口	Ⅱ	Ⅲ	高锰酸盐指数、总磷、五日生化需氧量、溶解氧
	摆依河引洪渠	摆依河引洪渠	Ⅱ	Ⅴ	总磷
洱海	弥苴河	银桥村	Ⅱ	Ⅳ	高锰酸盐指数、总磷、化学需氧量
		江尾桥	Ⅱ	Ⅳ	高锰酸盐指数、五日生化需氧量、化学需氧量
	永安江	桥下村	Ⅱ	Ⅴ	溶解氧、化学需氧量
		江尾东桥	Ⅱ	＞Ⅴ	五日生化需氧量、总磷、溶解氧
	罗时江	沙坪桥	Ⅱ	＞Ⅴ	化学需氧量、溶解氧、五日生化需氧量
		莲河桥	Ⅱ	＞Ⅴ	化学需氧量、溶解氧、五日生化需氧量
	波罗江	入湖口	Ⅱ	Ⅳ	五日生化需氧量、化学需氧量
	万花溪	喜州桥	Ⅱ		断流
	白石溪	丰呈庄	Ⅱ		断流
	白鹤溪	丰呈庄	Ⅱ	Ⅳ	断流
抚仙湖	马料河	马料河	Ⅰ	＞Ⅴ	溶解氧、总磷、化学需氧量
	隔 河	隔 河	Ⅰ	Ⅳ	溶解氧、化学需氧量、高锰酸盐指数、总磷、五日生化需氧量
	路居河	路居河	Ⅰ	＞Ⅴ	总磷、氨氮
星云湖	东西大河	东西大河	Ⅲ	＞Ⅴ	溶解氧、总磷、氨氮、五日生化需氧量
	大街河	大街河	Ⅲ	＞Ⅴ	高锰酸盐指数、化学需氧量、溶解氧、氨氮、总磷、五日生化需氧量
	渔村河	渔村河	Ⅲ	＞Ⅴ	总磷、五日生化需氧量、化学需氧量
杞麓湖	红旗河	红旗河	Ⅲ	＞Ⅴ	化学需氧量、五日生化需氧量
异龙湖	城河	3号闸	Ⅲ		断流

注：以云南省环境监测中心站提供数据为准

（四）2012年第二季度九大高原湖泊流域污水处理厂运行情况

表2-71　2012年第二季度九大高原湖泊流域污水处理厂运行情况表

名称	设计处理能力（万吨/日）	第二季度处理量（万吨）
昆明市第一污水处理厂	12	1070.15
昆明市第二污水处理厂	10	986.41
昆明市第三污水处理厂	21	1902.11
昆明市第四污水处理厂	6	491.45

续表

名称	设计处理能力（万吨/日）	第二季度处理量（万吨）
昆明市第五污水处理厂	18.5	1341.34
昆明市第六污水处理厂	13	834.96
昆明市第七、八污水处理厂	20	2411.52
呈贡县污水处理厂	1.5	93.45
晋宁县污水处理厂	1.5	109.91
宜良县阳宗海污水处理厂	0.5	25.08
大理市污水处理厂	5.4	465.67
洱源县污水处理厂	0.5	16.20
大理市庆中污水处理厂	0.5	43.20
澄江县污水处理厂	1	61.74
澄江县禄冲污水处理厂	0.2	15.43
江川县污水处理厂	1	60.68
江川县小马沟污水处理站	0.1	3.65
通海县污水处理厂	1	15.64
永胜县污水处理厂	0.5	58.50
宁蒗县泸沽湖污水处理站	0.2	9
石屏县污水处理厂	1	25.39
合计	115.4	10041.48

（五）2012 年第二季度九大高原湖泊“十二五”规划项目进展情况

表 2-72　2012 年第二季度九大高原湖泊“十二五”规划项目进展情况表

湖泊	项目（个）	已完工（个）	完工率（%）	在建（个）	开展前期工作（个）	开工率（%）	累计完成投资（万元）
滇池	101	3	3	41	57	43.6	943000
阳宗海	24	3	12.5	6	4	37.5	7357
洱海	48	10	20.8	10	25	41.7	69000
抚仙湖	28	3	10.7	7	18	3（2）1	29258
星云湖	17	1	5.9	7	8	47.1	10795
杞麓湖	21	0	0	14	7	66.7	29809
程海	9	0	0	5	2	66.7	23767

续表

湖泊	项目（个）	已完工（个）	完工率（%）	在建（个）	开展前期工作（个）	开工率（%）	累计完成投资（万元）
泸沽湖	13	1	7.7	2	8	23.08	9002
异龙湖	34	0	0	9	17	26.5	15692
合计	295	19	6.4	102	147	41	1137680

（六）2012年第二季度九大高原湖泊环境违法项目查处情况统计表

表 2-73　2012 年第二季度九大高原湖泊环境违法项目查处情况统计表

项目名称	所在流域	处罚事由	处罚时间	处罚依据	实施处罚单位	处罚结果
呈贡江湖翅客烧烤店	滇池流域	油烟污染	2012 年 5 月 2 日	《中华人民共和国大气污染防治法》第五十六条第四款	呈贡区环境保护局	已关停
王强塑料片加工厂	滇池流域	未办理环境保护验收手续	2012 年 5 月 3 日	《建设项目环境保护管理条例》第二十七条	呈贡区环境保护局	已关停
澄江县三元德隆铝业有限公司	抚仙湖流域	未按国家有关规定处置危险废物	2012 年 3 月 14 日	《中华人民共和国固体废物污染防治法》第七十五条第一款	澄江县环境保护局	罚款1万元，责令限期改正
澄江县三元德隆铝业有限公司	抚仙湖流域	向大气排放污染物浓度超过国家和地方的排放标准	2012 年 3 月 14 日	《中华人民共和国大气污染防治法》第四十八条	澄江县环境保护局	罚款1万元，责令限期改正
云南溦泉古真酒庄有限公司	抚仙湖流域	未办理环境影响评价手续擅自开工建设并建成投产	2012 年 6 月 5 日	《建设项目环境保护管理条例》第二十八条	玉溪市环境保护局	责令停止蒸煮试验车间生产，罚款 8 万元
云南江川翠峰水泥有限公司	星云湖流域	不正常使用大气污染防治设施	2012 年 4 月 24 日	《中华人民共和国大气污染防治法》第四十六条第三款	玉溪市环境保护局	责令改正环境违法行为，罚款 1 万元
通海县城市污水处理厂	杞麓湖流域	2011 年上半年监督性监测部分污染物超过国家排放标准	2012 年 4 月 24 日	《中华人民共和国水污染防治法》第七十四条	玉溪市环境保护局	限期治理，罚款 8 万元
江川县长宏蛋鸡养殖场	星云湖流域	未办理环评手续，擅自扩建鸡舍并投入使用	2012 年 5 月 3 日	《建设项目环境保护管理条例》第二十八条	江川县环境保护局	缴罚款 1 万元，正在补办环境影响评价手续
江川县永丰钙业有限公司年产 30 万吨环境保护节能自动化石灰窑炉项目	星云湖流域	建设项目环境影响评价文件未经批准，擅自恢复开工建设	2012 年 5 月 16 日	《建设项目环境保护管理条例》第二十五条	江川县环境保护局	缴纳罚款1万元，环境影响评价于 2012 年 5 月 17 日经县环境保护局审批

续表

项目名称	所在流域	处罚事由	处罚时间	处罚依据	实施处罚单位	处罚结果
通海鉷泰建材有限公司里山水泥厂	杞麓湖流域	调试期间未配套使用大气污染防治设施	2012 年 6 月 6 日	《中华人民共和国大气污染防治法》第四十六条第三款	玉溪市环境保护局	责令改正环境违法行为，罚款 1 万元

（七）2012 年第二季度九大高原湖泊水污染防治工作情况

（1）九大高原湖泊水污染防治“十二五”规划得到国务院和云南省人民政府批复。2012 年 4 月，国务院批复了滇池流域在内的《重点流域水污染防治规划（2011—2015 年）》；5 月，云南省人民政府批准同意了抚仙湖、洱海、星云湖、杞麓湖、阳宗海、程海、泸沽湖、异龙湖八湖流域水污染综合防治规划（2011—2015 年）。批复确定了各湖到 2015 年的水质目标、总量控制目标、考核指标，指出规划是各湖流域水污染综合防治工作的重要依据，要纳入各地的经济社会发展总体规划，各流域的经济建设活动必须符合规划要求。规划明确地方人民政府主要负责人是湖泊水污染综合防治的第一责任人，省直有关部门要按照职能、职责积极支持配合，州（市）人民政府和省级有关部门要按照规划要求，制定实施方案，分解工作任务，落实具体责任单位和责任人，多方筹措资金，抓紧实施规划项目，确保规划目标实现。

（2）云南省人民政府批复同意抚仙湖、洱海生态环境保护试点实施方案，并上报财政部、环境保护部备案。根据财政部、环境保护部关于印发《湖泊生态环境保护试点管理办法》的通知有关项要求，2012 年 5 月 16 日云南省人民政府批复同意了《抚仙湖生态环境保护试点实施方案》、《洱海生态环境保护试点实施方案》，转报财政部、环境保护部备案，并印送省级有关部门。方案共设置各类项目 82 项，总统投资 88.37 亿元，其中抚仙湖 21 项，共投资 39.24 亿元；洱海 61 项，共投资 49.13 亿元。

（3）云南省人民政府召开滇池水污染治理工作会。2012 年 6 月 15 日，云南省人民政府召开 2012 年滇池水污染综合治理工作会议。省委副书记、省长李纪恒，省委常委、常务副省长李江等领导实地察看了昆明市第十污水处理厂工程建设情况。

李纪恒省长指出，面对新阶段新形势新任务，一定要站在全局和战略高度，深刻认识抓好滇池流域水污染综合防治的重大意义，深刻认识滇池治理既是历史责任，更是政治责任，深刻认识滇池治理既是一项环境工程，更是一项民心工程、德政工程，进一步统一思想、坚定信心、明确责任、突出重点，进一步增强对滇池治理工作长期性、艰巨性、复杂性的认识，拿出更大的气魄、采取更加有力的措施，切实提高滇池治理的科学性和系统性，坚定不移、毫不松懈地抓好滇池流域水污染综合防治各项工作，让滇池这

颗高原明珠早日重放光彩。

李纪恒省长要求，各级各部门要加强领导，落实责任，为滇池治理“十二五”规划的实施提供强有力的保障。要加强组织领导，抓紧制定责任分解方案，在工作协调、项目审批、政策支持等方面加强配合；要重视项目实施，做深做扎实项目前期工作，抓紧推进在建项目建设，及时组织好项目竣工验收；要加强资金筹措，加大争取国家支持力度，强化市场运作，重视抓好滇池治理资金的审计监督；要完善工作机制，制定切实可行的污染物总量削减方案，加强环境执法，加快构建滇池流域水质风险预测预警系统，不断增强应急能力建设。

（4）云南省环境保护厅组织召开水质良好湖泊生态环境保护工作座谈会。2012年6月11日，云南省环境保护厅、九大高原湖泊水污染综合防治领导小组办公室在昆明组织召开了水质良好湖泊生态环境保护工作座谈会，会议听取了玉溪市抚仙湖、大理白族自治州洱海和丽江市泸沽湖湖泊生态环境保护工作开展情况汇报。会议要求，一是各地要加强对水质良好湖泊生态环境保护工作的领导，按照云南省人民政府批复的方案认真组织实施。二是要对已建设的项目进行认真清理，好好总结思考，分析存在的问题。三是要尽快修改完善2012年度实施方案，按照中央资金支持额度所能做的项目内容认真组织实施。四是要抓紧2011年的项目续建工作，确保项目尽快完工。五是要抓好项目的前期工作，在2013年6月30日前，要全面完成试点方案确定的重点项目前期工作，最好完成初步设计审批。六是要尽快梳理洱海经验，抚仙湖要按照确定的思路尽快向前推进，泸沽湖方案云南部分尽快上报云南省人民政府审批后报环境保护部和财政部。

（5）环境保护部周生贤部长对滇池水污染综合治理工作进行调研。2012年4月10日，环境保护部部长周生贤一行，在云南省人民政府和段琪副省长，云南省环境保护厅王建华厅长，昆明市王道兴副市长等相关领导的陪同下，对昆明滇池水污染综合治理等工作进行调研。周部长一行考察了五家堆湿地、昆明市第十污水处理厂施工现场、海明河调蓄池施工现场，对滇池水污染防治工作取得的成效表示肯定。周部长指出，昆明市建立了一系列滇池治理工作的体制，成立了全国第一支环境保护公安队伍，创新和完善了“河（段）长负责制”、环境保护执法联动机制等工作新机制，使滇池治理工作走向了规范化、法制化、常态化。周部长强调，滇池治理，要做好截污和河道清理工作，从源头上堵住污染；做好督查工作，做好滇池治理工作。同时他还要求，要以科学的态度，正视和认清滇池治理的长期性、艰巨性和复杂性，理清工作思路、明确目标责任、做好项目规划，力争滇池治理在“十二五”取得实质性突破，实现滇池流域生态环境良性循环，让高原明珠再放光彩。

（6）加强监督管理，促进依法治污。云南省环境保护厅印发了2012年九大高原湖泊流域环境监察工作方案。按照方案要求，2012年第二季度，云南省环境监察总队、昆明市等五州（市）及九大高原湖泊所在县（区）环境监察部门重点对九大高原湖泊流域内的27家城镇生活污水处理厂、32家国控省控企业、14个责任书重点项目，以及309个新建项目进行了现场监察。共出动环境监察人员1506人次，查处环境违法企业10家，共罚款22万元。其中，关停2家违法排污企业，对8家排污企业下达了限期整改通知书。

（7）积极开展九大高原湖泊治理督导。2012年4月18日，云南省人民政府滇池水污染防治专家督导组对滇池外海防浪堤拆除工作情况进行实地调研，督导组认为昆明市委、昆明市人民政府做出拆除防浪堤的决策是完全正确的。督导组建议昆明市要进一步摸清底数，做实做细相关工作，严格落实目标责任制，确保年内完成一期48.6千米防浪堤的拆除工作。

2012年4月24日，督导组召开滇池水环境综合整治专题座谈会，就牛栏江—滇池引水工程入湖方案的制定、滇池水葫芦控养实验性项目实施情况、《云南省滇池保护条例》立法情况等进行了协调。

十五、云南省九大高原湖泊2012年第三季度水质状况及治理情况公告①

2012年11月23日，云南省九大高原湖泊水污染综合防治领导小组办公室发布了云南省九大高原湖泊2012年第三季度水质状况及治理情况，具体内容见表2-74、表2-75、表2-76、表2-77、表2-78、表2-79。

（一）2012年第三季度九大高原湖泊水质状况

表2-74　2012年第三季度九大高原湖泊水质状况

湖泊	水域功能	水质综合评价	透明度（米）	营养状态指数	主要污染指标	污染程度
滇池草海	Ⅳ	＞V	0.53	72.90	五日生化需氧量、总氮、总磷、氨氮、	重度污染
滇池外海	Ⅲ	＞V	0.36	68.30	总氮、总磷、化学需氧量	重度污染
阳宗海	Ⅱ	Ⅳ	1.58	45.60	高锰酸盐指数、砷	轻度污染
洱海	Ⅱ	Ⅲ	1.46	44.60	总氮、溶解氧、化学需氧量	良
抚仙湖	Ⅰ	Ⅰ	5.64	16.87		优

① 云南省九大高原湖泊水污染综合防治领导小组办公室：《云南省九大高原湖泊2012年三季度水质状况及治理情况公告》，http://sthjt.yn.gov.cn/gyhp/jhdt/201211/t20121127_36656.html（2012-11-27）。

续表

湖泊	水域功能	水质综合评价	透明度（米）	营养状态指数	主要污染指标	污染程度
星云湖	Ⅲ	＞Ⅴ	0.43	72.40	五日生化需氧量、总氮、总磷、化学需氧量	重度污染
杞麓湖	Ⅲ	＞Ⅴ	0.54	66.03	高锰酸盐指数、五日生化需氧量、总氮、总磷、化学需氧量	重度污染
程海	Ⅲ	Ⅳ	1.69	39.60	化学需氧量	良
泸沽湖	Ⅰ	Ⅰ	9.23	17.60		优
异龙湖	Ⅲ	＞Ⅴ	0.64	79.07	五日生化需氧量、总氮、总磷、高锰酸盐指数、化学需氧量	重度污染

注：（1）评价执行《地表水环境质量标准》（GB3838—2002）。（2）以云南省环境监测中心站提供数据为准。（3）部分湖泊由于连续三年干旱，水位下降较多，导致部分指标浓度有所上升，水质有所下降

（二）2012年第三季度九大高原湖泊水质类别情况

表2-75　2012年第三季度九大高原湖泊水质类别情况表

湖泊＼月份	7月	8月	9月
滇池草海	＞Ⅴ	＞Ⅴ	＞Ⅴ
滇池外海	＞Ⅴ	＞Ⅴ	＞Ⅴ
洱海	Ⅲ	Ⅲ	Ⅲ
抚仙湖	Ⅰ	Ⅰ	Ⅰ
星云湖	＞Ⅴ	＞Ⅴ	＞Ⅴ
杞麓湖	＞Ⅴ	＞Ⅴ	＞Ⅴ
程海	Ⅴ	Ⅴ	Ⅳ
泸沽湖	Ⅰ	Ⅰ	Ⅰ
异龙湖	＞Ⅴ	＞Ⅴ	＞Ⅴ
阳宗海	Ⅳ	Ⅳ	Ⅳ

（三）2012年第三季度九大高原湖泊主要入湖河流水质状况

表2-76　2012年第三季度九大高原湖泊主要入湖河流水质状况表

湖泊	主要入湖河流	监测断面名称	水域功能	水质类别	主要污染指标
滇池草海	新河	积中村	Ⅳ	＞Ⅴ	溶解氧、氨氮、总磷
	船房河	入湖口	Ⅳ	＞Ⅴ	氨氮
	运粮河	入湖口	Ⅳ	＞Ⅴ	五日生化需氧量、氨氮、总磷
	乌龙河	入湖口	Ⅳ	＞Ⅴ	氨氮
	大观河	篆塘	Ⅲ	＞Ⅴ	氨氮、五日生化需氧量
	采莲河	入湖口	Ⅳ	＞Ⅴ	溶解氧、五日生化需氧量、氨氮、总磷、化学需氧量

续表

湖泊	主要入湖河流	监测断面名称	水域功能	水质类别	主要污染指标
滇池外海	盘龙江	松华坝口	Ⅱ	Ⅱ	
		小人桥	Ⅳ	>Ⅴ	氨氮
	盘龙江	严家村桥	Ⅳ	>Ⅴ	氨氮
	柴河	入湖口	Ⅲ	Ⅳ	溶解氧、化学需氧量
	东大河	入湖口	Ⅲ	Ⅳ	溶解氧、五日生化需氧量、化学需氧量
	新宝象河	宝丰村	Ⅲ	>Ⅴ	溶解氧、五日生化需氧量、化学需氧量
	洛龙河	入湖口	Ⅲ	Ⅳ	溶解氧
	大清河	严家村	Ⅲ	Ⅴ	溶解氧、总磷
	金家河	金太塘	Ⅲ	>Ⅴ	溶解氧、五日生化需氧量、氨氮、总磷
	小清河	六甲乡新二村	Ⅲ	>Ⅴ	溶解氧、高锰酸盐指数、五日生化需氧量、氨氮、总磷、化学需氧量
	西坝河	平桥村	Ⅲ	>Ⅴ	溶解氧、氨氮、总磷、阴离子表面活性剂
	王家堆渠	入湖口	Ⅳ	>Ⅴ	溶解氧、五日生化需氧量、氨氮、总磷、化学需氧量
	六甲宝象河	东张村	Ⅲ	>Ⅴ	溶解氧、五日生化需氧量、氨氮、总磷
	五甲宝象河	曹家村	Ⅲ	>Ⅴ	溶解氧、五日生化需氧量、氨氮、总磷
	老宝象河	龙马村	Ⅲ	Ⅴ	五日生化需氧量
	虾坝河	五甲村	Ⅲ	>Ⅴ	溶解氧、高锰酸盐指数、五日生化需氧量、氨氮、化学需氧量
	海河	入湖口	Ⅲ	>Ⅴ	溶解氧、五日生化需氧量、氨氮、总磷、化学需氧量、总磷
	马料河	溪波村	Ⅲ	>Ⅴ	高锰酸盐指数
	捞鱼河（胜利河）	入湖口	Ⅲ	>Ⅴ	氨氮、总磷、化学需氧量、总磷
	南冲河	入湖口	Ⅲ	Ⅴ	化学需氧量
	淤泥河	入湖口	Ⅲ	Ⅳ	五日生化需氧量、化学需氧量、氨氮
	大河	入湖口	Ⅲ	Ⅴ	化学需氧量
	茨港河（原柴河）	牛恋河	Ⅲ	Ⅳ	化学需氧量
	城河（中河）	昆阳码头	Ⅲ	Ⅴ	化学需氧量、氨氮
	古城河	马鱼滩	Ⅲ	Ⅴ	化学需氧量
阳宗海	阳宗大河	入湖口	Ⅱ	Ⅲ	高锰酸盐指数、总磷、五日生化需氧量、溶解氧、化学需氧量
	七星河	入湖口	Ⅱ	Ⅲ	高锰酸盐指数、总磷、五日生化需氧量、溶解氧、化学需氧量
	摆依河引洪渠	摆依河引洪渠	Ⅱ	Ⅴ	五日生化需氧量、石油类、化学需氧量、总磷

续表

湖泊	主要入湖河流	监测断面名称	水域功能	水质类别	主要污染指标
洱海	弥苴河	银桥村	Ⅱ	Ⅲ	高锰酸盐指数、五日生化需氧量、氨氮、总磷
		江尾桥	Ⅱ	Ⅲ	高锰酸盐指数、五日生化需氧量、化学需氧量
	永安江	桥下村	Ⅱ	＞V	溶解氧
		江尾东桥	Ⅱ	＞V	溶解氧
	罗时江	沙坪桥	Ⅱ	＞V	溶解氧、五日生化需氧量
		莲河桥	Ⅱ	＞V	溶解氧
	波罗江	入湖口	Ⅱ	Ⅳ	五日生化需氧量
	万花溪	喜州桥	Ⅱ	V	氨氮、总磷
	白石溪	丰呈庄	Ⅱ	Ⅲ	氨氮
	白鹤溪	丰呈庄	Ⅱ	V	石油类、总磷
抚仙湖	马料河	马料河	Ⅰ	＞V	溶解氧、总磷
	隔河	隔河	Ⅰ	＞V	溶解氧、化学需氧量、总磷、五日生化需氧量
	路居河	路居河	Ⅰ	＞V	总磷、化学需氧量
星云湖	东西大河	东西大河	Ⅲ	＞V	总磷
	大街河	大街河	Ⅲ	＞V	化学需氧量、溶解氧、氨氮、总磷、五日生化需氧量
	渔村河	渔村河	Ⅲ	＞V	高锰酸盐指数、总磷、五日生化需氧量、化学需氧量
杞麓湖	红旗河	红旗河	Ⅲ	V	化学需氧量、总磷
异龙湖	城河	3号闸	Ⅲ	＞V	高锰酸盐指数、总磷、五日生化需氧量、化学需氧量

注：以云南省环境监测中心站提供数据为准

（四）2012年第三季度九大高原湖泊流域污水处理厂运行情况

表 2-77　2012年第三季度九大高原湖泊流域污水处理厂运行情况

名称	设计处理能力（万吨/日）	第三季度处理量（万吨）
昆明市第一污水处理厂	12	1245.17
昆明市第二污水处理厂	10	991.14
昆明市第三污水处理厂	21	2106.24
昆明市第四污水处理厂	6	537.12
昆明市第五污水处理厂	18.5	1866.4
昆明市第六污水处理厂	13	1131.41
昆明市第七、八污水处理厂	20	2856.46
呈贡县污水处理厂	1.5	101.46

续表

名称	设计处理能力（万吨/日）	第三季度处理量（万吨）
晋宁县污水处理厂	1.5	119.86
宜良县阳宗海污水处理厂	0.5	19.86
大理市污水处理厂	5.4	480.08
洱源县污水处理厂	0.5	30.28
大理市庆中污水处理厂	0.5	未上报
澄江县污水处理厂	1	71.52
澄江县禄冲污水处理厂	0.2	26.65
江川县污水处理厂	1	71.12
江川县小马沟污水处理站	0.1	4.75
通海县污水处理厂	1	30.76
永胜县污水处理厂	0.5	90.81
宁蒗县泸沽湖污水处理站	0.2	10.1
石屏县污水处理厂	1	33.91
合计	115.4	11825.1

（五）2012年第三季度九大高原湖泊“十二五”规划项目进展情况

表 2-78　2012年第三季度九大高原湖泊“十二五”规划项目进展情况

湖泊	项目数（个）	已完工（个）	完工率（%）	在建（个）	开展前期工作（个）	开工率（%）	累计完成投资（万元）
滇池	101	3	3.0	53	45	55.4	1117668
阳宗海	24	3	1（2）5	6	4	37.5	7357
洱海	48	10	20.8	11	24	43.8	71595
抚仙湖	28	1	3.6	9	18	35.7	31275
星云湖	17	1	5.9	9	7	58.8	11989
杞麓湖	21	0	0.0	14	7	66.7	38548
程海	9	0	0.0	8	1	88.9	26047
泸沽湖	13	1	7.7	4	7	38.5	9338
异龙湖	34	0	0.0	9	17	26.5	17541
合计	295	19	6.4	123	130	48.1	1331358

（六）2012年第三季度九大高原湖泊环境违法项目查处情况

表2-79　2012年第三季度九大高原湖泊环境违法项目查处情况统计表

项目名称	所在流域	处罚事由	处罚时间	处罚依据	实施处罚单位	处罚结果
冯晓文混凝土搅拌站	滇池	未办理环境保护审批手续	2012年8月1日	《建设项目环境保护管理条例》第二十四条第一款第一项	呈贡区环境保护局	罚款1万元
呈贡景色园艺保洁服务部	滇池	在高污染燃料禁燃区使用高污染燃料（当场处罚）	2012年8月23日	《昆明市高污染燃料禁燃区管理规定》第十三条和《中华人民共和国行政处罚法》第三十三条	呈贡区环境保护局	罚款1000元
昆明易利丰经贸有限公司	滇池	磨机配套的布袋除尘设施未运行，粉尘外排	2012年7月2日	《中华人民共和国大气污染防治法》第十二条第二款、第四十六条第三款	晋宁县环境保护局	罚款1万元
晋宁县化乐乡磷矿一矿	滇池	逾期未验收，粉尘产生点未建配套的环境保护除尘设施	2012年8月6日	《建设项目环境保护管理条例》第十六条、第二十三条、二十八条	晋宁县环境保护局	罚款1万元
通海西南焊管有限公司	杞麓湖	年产45000吨焊管生产线项目环境影响评价报告表未经批准擅自开工建设并建成投入生产	2012年9月6日	《建设项目环境保护管理条例》第二十八条	玉溪市环境保护局	罚款2万元，责令停止生产
云南江川翠峰水泥有限公司	星云湖	大量水泥粉尘无组织排放	2012年4月23日	《中华人民共和国大气污染防治法》第四十六条第三款	玉溪市环境保护局	罚款1万元，责令限期改正
江川世涛房地产开发有限公司	星云湖	项目环境影响评价，报告表未经批准擅自开工建设	2012年7月9日	《中华人民共和国环境影响评价法》第三十一条	玉溪市环境保护局	罚款11万元，责令停止建设
云南澄江昌安机械制造有限公司	南盘江	建设项目的大气污染防治设施没有建成就投入生产或使用	2012年7月9日	《中华人民共和国大气污染防治法》第四十七条	澄江县环境保护局	罚款1万元，责令停止生产或使用
石屏县污水处理厂	异龙湖	一期反应池设备未正常运行，在线自动监测设备未正常运行，二期未经竣工环境保护验收	2012年8月23日	《中华人民共和国水污染防治法》第七十一条	红河哈尼族彝族自治州环境保护局	罚款11万元

（七）2012年第三季度九大高原湖泊水污染防治工作情况

（1）云南省人民政府召开2012年云南省九大高原湖泊水污染综合防治领导小组会议暨洱海保护工作会议。2012年9月24日，云南省九大高原湖泊水污染综合防治领导小组会议暨洱海保护工作会议在大理召开，会议代表实地考察了洱海治理的3个项目，举行了洱海流域“三万亩湿地建设”、“亿方清水入湖”工程启动仪式；大会由省人民政府秘书长卯稳国主持，会上和段琪副省长与五州（市）政府及省级13个相关部门签订了《云南省九大高原湖泊水污染综合防治目标责任书（2011—2015 年）》；云南省政协副主席王学智，云南省委副书记、省长李纪恒做了重要讲话。李纪恒省长认为，洱海经验主要体现在：一是常抓不懈。大理白族自治州历届党委、政府围绕洱海保护治理长期规划，党政领导一任接一任地抓，干部群众一批接一批地干，一步一个脚印，不断积小成变大成。二是综合治理。坚持减源、截污、修复、再利用“四措并举”，全力实施生态修复、环湖污染截流、城镇垃圾收集和污水处理系统建设、流域农业农村面源污染治理、流域水土保持“六大工程”。三是明确责任。成立了州和流域县（市）、乡（镇）洱海综合治理保护工作领导小组，完善以流域县（市）行政主管部门为主体的多层级流域基层管理模式，实现州、县（市）、乡（镇）、村四级联动。四是全民参与。突出群众在洱海保护治理中的主体地位，广泛深入开展宣传教育活动，让湖泊保护治理融入经济社会发展的各个方面。五是立法保护。先后制定出台了《云南省大理白族自治州洱海管理条例》以及洱海水污染防治等实施办法，调整理顺流域行政管理体制。

（2）环境保护部财政部开展水质良好湖泊生态环境保护试点工作检查。2012 年 7 月 22—28 日，由环境保护部规化财务司张士宝副司长带队的财政部、环境保护部水质良好湖泊生态环境保护工作监督检查组一行到云南省抚仙湖、洱海、泸沽湖开展湖泊生态环境保护工作实施情况监督检查。云南省环境保护厅左伯俊副厅长陪同检查，并向检查组全面汇报了云南省水质良好湖泊生态环境保护工作开展情况。检查组认为云南省紧紧抓住水质良好湖泊生态环境保护建设试点的历史机遇，从项目建设入手，迅速启动，强力推进，试点工作取得了初步成效。一是抚仙湖、洱海试点总体方案已经云南省人民政府批复，并报财政部、环境保护部备案。二是 27 项试点项目全面启动，完善了流域防污治污设施，有效削减了入湖污染负荷。三是改善了抚仙湖和洱海水质和生态环境，确保了抚仙湖水质总体保持 I 类标准。四是建立健全了组织领导机制、投融资机制、环境保护设施的运营保障机制、目标责任机制、监督检查机制，为湖泊保护治理提供了坚强的组织和制度保障。检查组要求云南省水质良好湖泊生态环境保护工作要按照“方向明，方法对、路线清，过程严、工程优、绩效好”的试点要求，坚持“突出重点、择优保护、一湖一策、绩效管理”原则认真组织实施。

（3）完成抚仙湖、洱海、泸沽湖 2011、2012 年生态环境保护试点实施方案编制，并上报财政部、环境保护部备案。根据财政部、环境保护部关于印发《湖泊生态环境保护试点管理办法》的通知要求，玉溪市、大理白族自治州、丽江市分别组织编制了抚仙湖、洱海、泸沽湖生态环境保护试点 2011、2012 年度实施方案，2012 年 9 月，云南省环境保护厅与财政厅联合进行了批复，明确了抚仙湖、洱海和泸沽湖生态环境保护试点工作的年度目标、工程项目和投资计划。

（4）加强监督管理，促进依法治污。云南省环境保护厅印发了2012年九大高原湖泊流域环境监察工作方案。按照方案要求，2012年第三季度云南省环境监察总队、昆明等五州（市）及九大高原湖泊所在县（区）环境监察部门重点对九大高原湖泊流域内的26家城镇生活污水处理厂、32家国控省控企业、13个责任书重点项目以及237个新建项目进行了现场监察。共出动环境监察人员1328人次，查处环境违法企业9家，共罚款27.1万元。其中，关停3家违法排污企业，对2家排污企业下达了限期整改通知书。

（5）积极开展九大高原湖泊治理督导。2012年7月3日，云南省人民政府滇池水污染防治专家督导组召开省滇池水污染防治工作第18次联席会议。会议认为滇池治理取得了可喜的阶段性成绩，但面临的形势依然严峻，治理资金缺口大、截污不彻底、管网不配套、污水收集处理率低、生态湿地效果有待提升等问题必须引起高度重视，截污仍是滇池治理的重中之重，要认真贯彻云南省委、云南省人民政府的安排部署，尤其是落实6月15日云南省人民政府滇池治理工作会议精神和李纪恒省长的重要讲话精神。督导组要求：一是抓紧牛栏江引水工程相关配套项目建设。二是继续加大35条入湖河道综合整治力度，确保每年至少要完成7条河道整治。三是切实加快第九、第十污水处理厂建设步伐。四是抓紧完善环湖截污及配套管网工程。五是集中完成环湖路内官渡、呈贡辖区大棚拆除工作。六是加大滇池外海防浪堤拆除力度。七是继续推进八家省属及驻昆部队单位搬迁。八是加强宣传教育，营造全民参与的治理氛围。

十六、云南省九大高原湖泊2012年第四季度水质状况及治理情况公告①

2013年2月25日，云南省九大高原湖泊水污染综合防治领导小组办公室发布了云南省九大高原湖泊2012年第四季度水质状况及治理情况，具体内容见表2-80、表2-81、表2-82、表2-83、表2-84、表2-85。

（一）2012年第四季度九大高原湖泊水质状况

表2-80　2012年第四季度九大高原湖泊水质状况

湖泊	水域功能	水质综合评价	透明度（米）	营养状态指数	主要污染指标	污染程度
滇池草海	Ⅳ	＞Ⅴ	0.78	66.47	五日生化需氧量、总氮、总磷、氨氮、化学需氧量	重度污染
滇池外海	Ⅲ	＞Ⅴ	0.38	67.50	总氮、总磷、化学需氧量	重度污染

① 云南省九大高原湖泊水污染综合防治领导小组办公室：《云南省九大高原湖泊2012年四季度水质状况及治理情况公告》，http://sthjt.yn.gov.cn/gyhp/jhdt/201303/t20130304_37733.html（2013-03-04）。

续表

湖泊	水域功能	水质综合评价	透明度（米）	营养状态指数	主要污染指标	污染程度
阳宗海	Ⅱ	Ⅳ	1.99	42.80	总氮、化学需氧量、砷	轻度污染
洱海	Ⅱ	Ⅱ	1.72	41	总氮	良
抚仙湖	Ⅰ	Ⅰ	5.82	17.1		优
星云湖	Ⅲ	＞Ⅴ	0.56	68.57	高锰酸盐指数、总氮、总磷、化学需氧量	重度污染
杞麓湖	Ⅲ	＞Ⅴ	0.40	69.47	高锰酸盐指数、总氮、总磷、化学需氧量	重度污染
程海	Ⅲ	＞Ⅴ	3.67	36.17	化学需氧量、氟化物	良
泸沽湖	Ⅰ	Ⅰ	12.60	13.23		优
异龙湖	Ⅲ	＞Ⅴ	0.20	78.50	五日生化需氧量、总氮、总磷、高锰酸盐指数、化学需氧量	重度污染

注：（1）评价执行《地表水环境质量标准》（GB3838—2002）。（2）以云南省环境监测中心站提供数据为准。（3）部分湖泊由于连续三年干旱，水位下降较多，导致部分指标浓度有所上升，水质有所下降

（二）2012年第四季度九大高原湖泊水质类别情况表

表2-81　2012年第四季度九大高原湖泊水质类别情况表

湖泊＼月份	10月	11月	12月
滇池草海	＞Ⅴ	＞Ⅴ	＞Ⅴ
滇池外海	＞Ⅴ	＞Ⅴ	＞Ⅴ
洱海	Ⅲ	Ⅱ	Ⅱ
抚仙湖	Ⅰ	Ⅰ	Ⅰ
星云湖	＞Ⅴ	＞Ⅴ	＞Ⅴ
杞麓湖	＞Ⅴ	＞Ⅴ	＞Ⅴ
程海	＞Ⅴ	Ⅴ	＞Ⅴ
泸沽湖	Ⅰ	Ⅰ	Ⅰ
异龙湖	＞Ⅴ	＞Ⅴ	＞Ⅴ
阳宗海	Ⅳ	Ⅳ	Ⅳ

（三）2012年第四季度九大高原湖泊主要入湖河流水质状况

表2-82　2012年第四季度九大高原湖泊主要入湖河流水质状况

湖泊	主要入湖河流	监测断面名称	水域功能	水质类别	主要污染指标
滇池草海	新河	积善村桥	Ⅳ	＞Ⅴ	氨氮、五日生化需氧量
	船房河	一检站	Ⅳ	＞Ⅴ	氨氮、总磷、化学需氧量
	运粮河	积下村	Ⅳ	＞Ⅴ	溶解氧、五日生化需氧量、氨氮、总磷、化学需氧量

续表

湖泊	主要入湖河流	监测断面名称	水域功能	水质类别	主要污染指标
滇池草海	乌龙河	明波村	Ⅳ	>Ⅴ	五日生化需氧量、氨氮
	大观河	篆塘	Ⅲ	>Ⅴ	氨氮、五日生化需氧量
	采莲河	入湖口	Ⅳ	>Ⅴ	溶解氧、五日生化需氧量、氨氮、总磷、化学需氧量
滇池外海	盘龙江	松华坝口	Ⅱ	Ⅱ	
		小人桥	Ⅳ	Ⅴ	总磷
		严家村桥	Ⅳ	Ⅴ	五日生化需氧量
	柴河	入湖口	Ⅲ	Ⅳ	溶解氧、化学需氧量
	东大河	入湖口	Ⅲ	Ⅳ	化学需氧量
	宝象河	宝丰村	Ⅲ	>Ⅴ	氨氮、总磷
	洛龙河	入湖口	Ⅲ	Ⅱ	
	大清河	严家村	Ⅲ	Ⅴ	溶解氧、总磷
	金家河	金太塘	Ⅲ	>Ⅴ	溶解氧、高锰酸盐指数、五日生化需氧量、氨氮、总磷
	小清河	六甲乡新二村	Ⅲ	>Ⅴ	溶解氧、高锰酸盐指数、五日生化需氧量、氨氮、总磷、化学需氧量
	西坝河	平桥村	Ⅲ	>Ⅴ	溶解氧、高锰酸盐指数、五日生化需氧量、氨氮、总磷、阴离子表面活性剂
	王家堆渠	入湖口	Ⅳ	>Ⅴ	溶解氧、高锰酸盐指数、五日生化需氧量、氨氮、总磷、化学需氧量
	六甲宝象河	东张村	Ⅲ		断流
	五甲宝象河	曹家村	Ⅲ		断流
	老宝象河	龙马村	Ⅲ	Ⅳ	溶解氧、高锰酸盐指数、五日生化需氧量、化学需氧量
	虾坝河	五甲村	Ⅲ	>Ⅴ	溶解氧、高锰酸盐指数、五日生化需氧量、氨氮、总磷、化学需氧量
	海河	入湖口	Ⅲ	>Ⅴ	溶解氧、五日生化需氧量、氨氮、总磷、化学需氧量
	马料河	溪波村	Ⅲ	>Ⅴ	高锰酸盐指数、化学需氧量
	捞鱼河（胜利河）	入湖口	Ⅲ	>Ⅴ	氨氮、总磷、化学需氧量、总磷
	南冲河	入湖口	Ⅲ	Ⅳ	化学需氧量
	淤泥河	入湖口	Ⅲ	Ⅳ	五日生化需氧量、化学需氧量、氨氮
	大河	入湖口	Ⅲ	Ⅴ	化学需氧量
	茨港河（原柴河）	牛恋河	Ⅲ	Ⅴ	化学需氧量、氨氮
	城河（中河）	昆阳码头	Ⅲ	Ⅴ	化学需氧量、氨氮
	古城河	马鱼滩	Ⅲ	Ⅴ	化学需氧量

续表

湖泊	主要入湖河流	监测断面名称	水域功能	水质类别	主要污染指标
阳宗海	阳宗大河	入湖口	Ⅱ	Ⅲ	五日生化需氧量、溶解氧、化学需氧量
	七星河	入湖口	Ⅱ	Ⅳ	石油类
	摆依河引洪渠	摆依河引洪渠	Ⅱ	Ⅴ	五日生化需氧量、化学需氧量、总磷
洱海	弥苴河	银桥村	Ⅱ	Ⅱ	
		江尾桥	Ⅱ	Ⅱ	
	永安江	桥下村	Ⅱ	Ⅱ	
		江尾东桥	Ⅱ	Ⅱ	
	罗时江	沙坪桥	Ⅱ	＞Ⅴ	溶解氧、高锰酸盐指数、化学需氧量
		莲河桥	Ⅱ	＞Ⅴ	溶解氧、高锰酸盐指数、化学需氧量
	波罗江	入湖口	Ⅱ	Ⅳ	溶解氧、总磷、五日生化需氧量
	万花溪	喜州桥	Ⅱ	Ⅲ	总磷
	白石溪	丰呈庄	Ⅱ	Ⅲ	总磷
	白鹤溪	丰呈庄	Ⅱ	Ⅳ	总磷
抚仙湖	马料河	马料河	Ⅰ	＞Ⅴ	溶解氧、总磷
	隔河	隔 河	Ⅰ	＞Ⅴ	溶解氧、化学需氧量、总磷、五日生化需氧量
	路居河	路居河	Ⅰ	＞Ⅴ	总磷、化学需氧量
星云湖	东西大河	东西大河	Ⅲ	＞Ⅴ	溶解氧、总磷
	大街河	大街河	Ⅲ	＞Ⅴ	高锰酸盐指数、化学需氧量、溶解氧、氨氮、总磷、五日生化需氧量
	渔村河	渔村河	Ⅲ	＞Ⅴ	溶解氧、高锰酸盐指数、总磷、五日生化需氧量、化学需氧量
杞麓湖	红旗河	红旗河	Ⅲ	Ⅴ	化学需氧量、五日生化需氧量、总磷、氨氮
异龙湖	城河	3 号闸	Ⅲ	断流	

注：以云南省环境监测中心站提供数据为准

（四）2012 年第四季度九大高原湖泊流域污水处理厂运行情况

表 2-83　2012 年第四季度九大高原湖泊流域污水处理厂运行情况表

名称	设计处理能力（万吨/日）	处理量（万吨）
昆明市第一污水处理厂	12	936.75
昆明市第二污水处理厂	10	769.87
昆明市第三污水处理厂	21	2013.39
昆明市第四污水处理厂	6	560.18

续表

名称	设计处理能力（万吨/日）	处理量（万吨）
昆明市第五污水处理厂	18.5	1440.65
昆明市第六污水处理厂	13	724.74
昆明市第七、八污水处理厂	20	3088.33
呈贡县污水处理厂	1.5	89.37
晋宁县污水处理厂	1.5	116.02
宜良县阳宗海污水处理厂	0.5	26.64
大理市污水处理厂	5.4	432.53
洱源县污水处理厂	0.5	38.72
大理市庆中污水处理厂	0.5	41.86
澄江县污水处理厂	1	55.39
澄江县禄冲污水处理厂	0.2	15.55
江川县污水处理厂	1	63.54
江川县小马沟污水处理站	0.1	4.95
通海县污水处理厂	1	15.67
永胜县污水处理厂	0.5	72.30
宁蒗县泸沽湖污水处理站	0.2	8.30
石屏县污水处理厂	1	20.50
合计	115.4	10535.25

（五）2012年第四季度九大高原湖泊“十二五”规划项目进展情况

表2-84　2012年第四季度九大高原湖泊“十二五”规划项目进展情况表

湖泊	项目数（个）	已完工（个）	完工率（%）	在建（个）	开展前期工作（个）	开工率（%）	累计完成投资（万元）
滇池	101	7	6.93	53	41	59.4	1388532
阳宗海	24	4	16.67	8	3	50	13637.95
洱 海	48	11	2（2）92	19	18	6（2）5	85677
抚仙湖	28	1	3.6	9	15	35.7	43711.43
星云湖	17	1	5.9	9	7	58.8	10895.51
杞麓湖	21	4	19.05	10	7	66.7	44141.76
程海	9	2	2（2）22	6	1	88.9	28288.10

续表

湖泊	项目数（个）	已完工（个）	完工率（%）	在建（个）	开展前期工作（个）	开工率（%）	累计完成投资（万元）
泸沽湖	13	1	7.7	4	7	38.5	9914.30
异龙湖	34	0	0.0	13	16	38.23	28191.21
合计	295	31	10.51	131	115	54.92	1652989.26

（六）2012 年第四季度九大高原湖泊环境违法项目查处情况

表 2-85　2012 年第四季度九大高原湖泊环境违法项目查处情况统计表

项目名称	所在流域	处罚事由	处罚时间	处罚依据	实施处罚单位	处罚结果
呈贡小矮人汽车快修服务部	滇池	未重新申报环境影响评价登记表	2012 年 11 月 6 日	《建设项目环境保护管理条例》第二十四条第二款	呈贡区环境保护局	罚款 1 万元
中共云南省委办公厅机关服务中心银联加油站	滇池	未完成验收就投入生产	2012 年 11 月 29 日	《建设项目环境保护管理条例》第二十八条	五华区环境保护局	罚款 1000 元

（七）2012 年第四季度九大高原湖泊水污染防治工作情况

（1）召开 2012 年云南省九大高原湖泊水污染综合防治领导小组办公室主任会议。2012 年 10 月 24 日，云南省九大高原湖泊水污染综合防治领导小组办公室主任会议在泸沽湖召开，会议总结了“十二五”以来云南九大高原湖泊治理保护工作，分析了面临的主要困难和问题。传达了 2012 年云南省九大高原湖泊水污染综合防治领导小组会议暨洱海保护工作会议精神。会议认为 2011 年以来九大高原湖泊水污染综合防治工作进展良好。一是九大高原湖泊治理“十二五”规划项目稳步推进。二是落实云南省人民政府异龙湖、程海、杞麓湖及泸沽湖水污染防治现场办公会议精神迅速。三是抚仙湖、洱海、泸沽湖水质良好，湖泊生态环境保护推进顺利。四是九大高原湖泊水质基本保持稳定，总体状况趋于好转。会议强调：各级各部门必须按照云南省委。云南省人民政府的安排和部署，按照“强化截污、突出生态、加强监管、科学治湖”的总要求，狠抓九大高原湖泊治理“十二五”规划的实施。会议要求：一是切实抓好九大高原湖泊“十二五”规划实施，力争 2013 年 6 月底前 100%完成项目的前期工作，到 2013 年底，“十二五”规划项目开工率达到 80%、完工率力争达到 40%。二是要加大资金投入，推动九大高原湖泊治理项目建设。三是要加大对湖泊污染治理设施的日常运营监管，确保已完工污染治理设施的正常运转和环境效益的充分发挥。四是各级各部门按照职责分工，密切配合，通力合作，发挥整体合力作用保护治理湖泊。五是强化科技支撑，加强队伍建设，提升湖泊保护、治理与管理能力。六是加强宣传教育，增强湖泊治理保护意识。

（2）财政部、环境保护部对云南省抚仙湖、洱海生态环境保护项目进行预算评审。2012 年 11 月 16—25 日，受财政部、环境保护部委托，四川省财政投资评审中心、四川省国家投资项目评审中心组织有关专家对云南省抚仙湖、洱海生态环境保护项目进行预算评审，评审组认为云南省紧紧抓住水质良好湖泊生态环境保护建设试点的历史机遇，从项目建设入手，迅速启动，强力推进，试点工作取得了初步成效。一是抚仙湖、洱海试点总体方案编制规范，并经云南省人民政府批复，报财政部、环境保护部备案。二是试点项目投资较为实在。三是试点项目的实施将有效改善抚仙湖、洱海水质和生态环境，确保抚仙湖水质总体保持Ⅰ类标准、洱海达到Ⅱ类水质标准。评审组要求抚仙湖、洱海生态环境保护项目投资主要以国家试点资金支持的方向为重点，不属于国家资金支持的内容不纳入项目总投资。

（3）启动抚仙湖、洱海、泸沽湖 2013 年生态环境保护试点实施方案编制。根据财政部、环境保护部《水质良好湖泊生态环境保护工作指南》要求，玉溪市、大理白族自治州、丽江市分别启动了抚仙湖、洱海、泸沽湖生态环境保护试点 2013 年度实施方案编制，2012 年 12 月 21—22 日，环境保护部、财政部委托中国环境科学研究院对抚仙湖、洱海、泸沽湖生态环境保护试点 2013 年度实施方案进行了评审，要求尽快按照专家意见修改，在省财政厅、环境保护厅尽快审批以后，上报财政部、环境保护部备案。

（4）加强监督管理，促进依法治污。云南省环境保护厅印发了 2012 年九大高原湖泊流域环境监察工作方案。按照方案要求，2012 年第四季度，云南省环境监察总队、昆明市等五州（市）及九大高原湖泊所在县（区）环境监察部门重点对九大高原湖泊流域内的 27 家城镇生活污水处理厂、32 家国控省控企业、13 个责任书重点项目，以及 294 个新建项目进行了现场监察。共出动环境监察人员 1582 人次，查处环境违法企业 2 家，共罚款 1.2 万元。

（5）积极开展九大高原湖泊治理督导。2012 年 10 月 9 日，云南省九大高原湖泊水污染综合防治督导组召开滇池、阳宗海水环境治理工作推进会。督导组要求：一是加快阳宗海治理“十二五”规划实施进度，确保 2013 年规划项目开工率不低于 80%。二是切实加大滇池水葫芦采收处置力度。按照“全收集、全上岸、全处置”要求，确保 2012 年底 50 万吨水葫芦全部妥善处置。三是继续加快推进省属及驻昆部队单位搬迁工作。四要进一步坚定滇池、阳宗海治理的信心和决心。

2012 年 11 月 15—16 日，云南省九大高原湖泊水污染综合防治督导组督查阳宗海水环境综合治理、滇池入湖河道综合整治以及水葫芦处置工作。针对阳宗海治理情况督导组认为磷石膏异地清运工作成效显著，取得了阶段性的重要成果。督导组要求：一是搞好磷石膏清运的收尾工作。二是要加大力度对地下含砷的有毒有害物质认真调查和处理。三是要进一步查找湖体水质尚不稳定的原因，采取相应的积极措施彻底消除隐患。

四是要坚持做好摆衣河、阳宗大河、七星河三条主要入湖河道的截污治污工作。五是抓紧做好阳宗海水资源平衡，确保生态安全。六是切实加快推进阳宗海 “十二五”规划的实施。

第二节　九大高原湖泊环境保护措施与行动

一、云南滇池治理 2009 年要抓好七项工作①

2009 年，昆明市将在 2008 年滇池治理基础上，围绕“湖外截污、湖内清淤、外域调水、生态修复”四大刚性目标，以及 35 条入滇河道综合整治等重点，展开 7 项工作，强力推进滇池治理。

2008 年，昆明市作为滇池治理的实施主体，全面加速滇池治理，截至 2018 年底，滇池流域禁养区域共关闭、搬迁养殖户 10761 户，全市共完成城乡面山绿化造林 70230 亩。编制完成了《滇池流域水环境综合治理总体方案》，并通过了国家相关部委专家组评审。

2009 年，昆明市在滇池治理中将重点抓好以下七项工作。一是要完成《滇池“十一五”规划》所有项目的前期工作，启动城市污水处理厂污泥处理处置一期项目、滇池污染底泥疏挖及处置二期工程等项目；全面推进实施滇池北岸工程。二是全面实施环湖截污工程。三是全面推进环湖生态建设，完成 10 000 亩湖滨生态建设。四是按综合整治要求，继续加大 35 条滇池主要入湖河道整治工作，加强入湖河道水质监测系统建设，全面完成自动监测站点的建设。五是继续推动以农村垃圾和污水处置为主的农村面源污染控制的生态示范村建设，推广测土配方 8 万亩，有害生物综合防治 1 万亩，全面启动滇池流域禁养区畜禽养殖外迁工作，推进规模化畜禽养殖粪便资源化利用，建设大中型沼气工程 4 座。六是配合实施牛栏江—池补水工程，开展征地拆迁及移民安置工作和主城入滇河道配水前期研究工作。七是加快产业结构调整，落实减排措施，滇池流域化学需氧量（化学需氧量）排放量较 2008 年削减 2%以上。严格环境执法，广泛动员社会各界参与滇池治理和保护。

---

① 吴清泉：《云南滇池治理今年要抓好七项工作》，http://sthjt.yn.gov.cn/zwxx/xxyw/xxywrdjj/200901/t2009 0106_6418.html（2009-01-06）。

二、2009年年内滇池流域治理和城市污水处理项目全部开建[1]

2009年2月25日，昆明将全力抓好以滇池流域为重点的生态环境建设，抓好滇池治理和城市的污水处理，不断改善生态环境和人居环境，争当云南省生态文明建设的排头兵。

2009年是实施滇池治理“十一五”规划的关键一年，昆明市将围绕“湖外截污、湖内清淤、外域调水、生态修复”四大刚性目标，坚定不移地抓环湖截污、交通和农业农村面源污染治理、生态修复与建设、入湖河道整治、生态清淤、外流域调水及节水“六大工程”，坚定不移开展“一湖两江”流域“四全”工作，坚定不移实施环湖生态建设“四退三还”，坚定不移推进35条入滇池河道综合整治。昆明市决心在2009年第一季度内，除滇池外海清淤项目外，完成“十一五”规划所有项目的前期工作，全部项目在2009年开工建设。为了加快推进环湖截污工程建设，昆明将以滇池北岸工程和截污干渠工程为抓手，开展滇池流域排水管网和污水收集处理设施建设，开展主城区雨污分流，完善配套管网建设，加快污水处理厂改、扩建，提高城市污水处理能力，实施流域集镇及村庄污水收集处理设施建设，开展污水再生利用。全力开展农业农村面源治理。

昆明市按照“户清扫、组保洁、村收集、乡（镇）转运、县（区）处理”的要求，加快建立完善农村生活垃圾收集、清运、处置系统，实现无害化处理；2009年将在滇池流域内和水源保护区完成推广测土配方8万亩、有害生物综合防治技术1万亩；流域各县区全面推开生态县创建工作。全面搞好环湖生态修复建设。昆明将以滇池外海湖滨“退人退房”为重点，全面实施并完成滇池外海“退田还林、退塘还湿、退房还岸、退人护水”“四退三还一护”，并全面实现滇池外海环湖生态闭合；绿化滇池面山5000亩，在水源保护区通过“农改林”转换种植户身份的工作，控制和减少保护区人口数量。开展生态清淤、外流域调水及节水工程。昆明市要求市滇管局负责组织开展滇池草海污染底泥疏挖及处置二期工程，年内完成工程量的60%，同时，组织开展滇池外海主要入湖河口及重点区域底泥疏浚前期工作；昆明主城污水处理厂污泥处置一期工程2009年也将动工；昆明将加大再生水利用设施建设力度，对管网不能覆盖、不具备集中式再生水利用设施建设条件的区域，采取“拼户、拼区、拼院”的方式组织实施，力争做到主城污水处理全覆盖。

---

① 和光亚、刘红：《今年内滇池流域治理和城市污水处理项目全部开建》，http://sthjt.yn.gov.cn/zwxx/xxyw/xxywrdjj/200902/t20090226_6556.html（2009-02-26）。

城镇污水和垃圾污染直接影响经济社会可持续发展，影响城市环境和人民群众生活质量。为此，昆明将加快污水处理新改（扩）建及管网建设，力争 2009 年底完成东川、经开区等 9 个县区的污水处理厂及配套管网工程。2009 年第一季度，开工建设嵩明、富民等 7 个县区的生活垃圾处理工程，第二季度开工建设呈贡新区和西山区的生活垃圾焚烧发电项目，10 月前，完成主城生活垃圾应急处理场、禄劝县撒营盘镇垃圾处理场和云龙集镇垃圾处理场的前期工作并于年内动工建设。2009 年底，昆明还将建成东郊垃圾焚烧发电厂并投入使用。

三、40 亿贷款提速滇池治理 环湖南岸截污工程 2010 年完工[①]

2009 年 5 月 14 日，中国银行云南省分行与昆明滇池投资有限责任公司签订合作协议，中国银行云南省分行将提供 40 亿元贷款授信，用于支持滇池环湖南岸截污工程及滇池外海环湖生态湿地等项目建设。

据了解，滇池环湖南岸截污工程全长 29.92 千米，最终将污水就近引入拟建的淤泥河、白鱼河、昆阳、海口 4 个污水处理厂，配套雨水处理站 4 座。项目施工期预计将于 2010 年完成。

2009 年，滇池环湖截污将依托环湖公路建设，同步推进东岸和南岸环湖干渠截污工程，其中环湖南岸干渠截污工程将完成基础工程量的 40%，配合完成 4 座污水处理厂和雨水处理站土建工程量的 30%。

四、债券筹措湖泊治理资金 8 亿元滇池治理企业债券首发[②]

2009 年 4 月 21 日，国家发展和改革委员会正式核准批复昆明滇池投资有限责任公司发行 8 亿元滇池治理企业债券。本期债券发行主体为昆明滇池投资有限责任公司，由昆明钢铁控股有限公司提供担保，主承销商为西南证券股份有限公司。根据批复，债券承销商于 2009 年 4 月 27 日通过承销团债券销售系统和上海证券交易所，向境内机构投资者公开发行。到 4 月 29 日，8 亿元债券资金即成功募集到位。

本期企业债券全部用于昆明市主城区雨污分流次干管及支管配套项目建设。债券期限 6 年，票面年利率为 5.90%，采取固定利率形式，附设发行人上调票面利率选择权和

① 黄莺：《40 亿贷款提速滇池治理 环湖南岸截污工程明年完工》，http://sthjt.yn.gov.cn/zwxx/xxyw/xxywrdjj/200905/t20090518_6806.html（2009-05-18）。
② 和光亚：《债券筹措湖泊治理资金 8 亿元滇池治理企业债券首发》，http://sthjt.yn.gov.cn/zwxx/xxyw/xxywrdjj/200905/t20090520_6828.html（2009-05-20）。

投资者回售选择权，即在本期债券存续期第 5 年末，发行人可选择在原债券票面年利率基础上上调 0—100 个基点；投资者有权选择将持有的本期债券部分或全部回售给发行人。

分管滇池治理工作的昆明市副市长王道兴表示，此次债券的成功发行，改变了滇池治理依赖政府投资和银行贷款的单一融资模式，拓宽了融资渠道，对昆明市乃至云南省的投融资工作都具有积极的推动作用。

五、环境保护部副部长吴晓青在滇池调研时说：滇池治理　看到希望　任重道远①

2009 年 6 月 26 日，环境保护部副部长吴晓青在云南省副省长和段琪等省市领导的陪同下到滇池进行了考察调研。

吴晓青在坐船实地查看滇池水质，并考察了数个水质监测站后捧起滇池的水闻了闻后说："基本没有黑臭现象了。"他对滇池治理的"河长制"给予了充分肯定。吴晓青表示，按现在的治理思路走下去，滇池恢复原貌大有希望。

在滇池观音山国家水质自动监测站内，吴晓青仔细查看了监测站内的水质数据。在看到环境一号卫星拍摄的滇池流域卫星图时，他说："环境正在应用自动监测和环境卫星同时监测滇池的水质和蓝藻状况，水质自动监测站就像人的'眼睛'，要在所有重要入湖河道上建设水质自动监测站，治理效果要让数据说话。现在，滇池湖体已设置了 2 个国家级水质监测站，下一步，滇池外海要增设水质自动监测站，以全面反映滇池水质状况。

据了解，截至2009年6月，昆明市境内有6个水质自动监测站。其中，滇池流域有 2 个，入滇河道有 3 个，阳宗海有 1 个。滇池流域和阳宗海的 3 个水质监测站都是与中国环境监测总站联网。2009 年，昆明还要在 6 条入滇河道上建监测站，对河道实施即时监控。

据滇池管理部门介绍，2009 年上半年滇池和 2008 年同期相比没有明显变化，综合营养状态指数略有下降，主要超标指标分别为总氮、总磷。监测结果表明，经过 1 年多来的河道综合整治，35 条入湖河道水质明显改善，主要污染物指标化学需氧量、总磷、总氮都有不同程度下降。据昆明市环境监测中心的监测数据显示，2008 年，35 条入湖河道达到Ⅱ类水的有 2 条，Ⅲ类水的有 1 条，Ⅳ类水 3 条，Ⅴ类 2 条，劣Ⅴ类 27

① 郑劲松：《环保部副部长吴晓青在滇池调研时说：滇池治理　看到希望　任重道远》，http://sthjt.yn.gov.cn/zwxx/xxyw/xxywrdjj/200906/t20090629_6935.html（2009-06-29）。

条。2009 年 1—6 月，达到Ⅱ类水的有 3 条，Ⅲ类水 3 条，Ⅳ类水 3 条，Ⅴ类 2 条，劣Ⅴ类 24 条。滇池外海、草海总体水质仍为劣Ⅴ类。

六、云南省九大高原湖泊水污染综合防治领导小组办公室主任会议顺利召开①

2009 年 8 月 24—26 日，云南省九大高原湖泊水污染综合防治领导小组办公室主任会议在晋宁召开。云南省九大高原湖泊领导小组成员单位、五州（市）湖泊水污染防治办公室、九大高原湖泊所在县（市、区）政府等参加了会议。

与会人员先后考察观摩了宝象河水环境综合整治、第三污水处理厂运行、西华街生态湿地建设、双龙村村落污水处理、东大河水环境综合整治及湿地建设等工程现场。在会议上，五州（市）环境保护局做了会议交流发言；云南省九大高原湖泊水污染综合防治领导小组办公室副主任、云南省环境保护厅副厅长左伯俊通报了九大高原湖泊治理有关情况；与会代表就九大高原湖泊水污染治理共同面对的困难、问题和今后两年的任务进行了充分的讨论；云南省九大高原湖泊水污染综合防治领导小组办公室主任、云南省环境保护厅厅长王建华出席会议并做了重要讲话。

王建华厅长认为，在党中央、国务院和云南省委、云南省人民政府的正确领导下，九大高原湖泊治理力度不断加大，项目进度加快，治理初见成效。一是难点正在攻坚。滇池是云南省九大高原湖泊治理的难点，近 3 年滇池治理全面提速，且效果非常明显。二是经验不断发展。洱海是环境保护部推荐的全国城市近郊治理与保护效果最好的湖泊，要把洱海总结的经验在其他高原湖泊进行推广。三是教训深入人心。阳宗海的教训非常深刻，为阳宗海砷污染感到心痛的同时，也敲响了警钟。四是加大九大高原湖泊治理保护的良好工作状态正在形成。各地各部门结合各个湖的实际，治理力度不断加大，项目进度加快，九大高原湖泊治理取得了明显的成效，水质基本保持稳定。

王建华厅长强调，当前和今后一段时期，九大高原湖泊水污染综合防治的指导思想和总体思路是以邓小平理论和“三个代表”重要思想为指导，深入贯彻落实科学发展观，以生态文明建设作为促进九大高原湖泊流域经济社会可持续发展和维护湖泊环境良性循环的战略目标，以改善湖泊水环境质量为根本任务，坚持开发与保护并重的原则，大力调整经济结构，转变增长方式，以防为主、防治结合，逐步建立高效的湖泊治理保

---

① 云南省九大高原湖泊水污染综合防治领导小组办公室：《云南省九大高原湖泊水污染综合防治办公室主任会议顺利召开》，http://sthjt. yn.gov.cn/zwxx/xxyw/xxywrdjj/200909/t20090901_7129.html（2009-09-18）。

护体系，大幅度削减入湖主要污染物。进一步完善法制、健全机制体制，加大投入、强化监管，多管齐下、综合治理，广泛发动、全社会参与，努力实现治理思想、治理系统化、工程建设与监管并重、多渠道投融资机制、广大群众共同参与的“五大转变”。建立健全湖泊污染控制、生态保护、环境监管、环境政策、领导责任“五大体系”。正确处理九大高原湖泊治理与发展现代农业、新型工业化、新型城市化、旅游业二次创业、促进社会和谐的“五大关系”。

王建华厅长要求，当前加快九大高原湖泊水污染防治工作，要做好以下五个方面工作：一是要深刻认识九大高原湖泊治理的长期性、艰巨性、复杂性。二是要坚决完成九大高原湖泊“十一五”水污染防治任务。三是要多渠道筹措资金推动九大高原湖泊治理项目建设。四是要充分发挥九大高原湖泊治理工程项目的效益。五是要认真谋划九大高原湖泊治理“十二五”规划工作。

七、滇池水污染防治会：确保滇池治理年度目标任务完成①

2009年10月27日，云南省滇池水污染防治工作第八次联席会议召开。会议提出，要进一步狠抓落实，确保滇池治理年度目标任务的完成。云南省人民政府滇池水污染防治专家督导组组长牛绍尧、副组长高晓宇出席会议。牛绍尧对下一步滇池治理工作做了具体安排和部署。

在联席会议上，督导组听取了昆明市政府及云南省发展和改革委员会、水利厅、环境保护厅关于滇池水污染防治工作进展和牛栏江—滇池补水工程实施情况的汇报，并检查了督导组第七次联席会议所要求事项的落实情况。牛绍尧指出，13个省级责任部门及昆明市围绕督导组第七次联席会上要求的12项工作，积极主动，狠抓落实，为完成2009年目标任务和滇池“十一五”规划奠定了坚实基础。在下一步的工作中，一是进一步抓好35条入湖河道综合整治，确保2010年底35条入湖河道消除黑臭，全面达到景观水要求。二是进一步抓好 8 个污水处理厂的新设、改扩建工作。三是确保完成 2009年“四退三还”目标任务，抓紧安排部署2010年工作。四是推进水源地移民安置工作。五是抓紧滇池东岸和南岸的环湖截污工程建设。六是保证2009年牛栏江引水工程实现投资15亿元，要高度重视牛栏江上游水系的保护工作。

① 浦美玲：《滇池水污染防治会：确保滇池治理年度目标任务完成》，http://sthjt.yn.gov.cn/zwxx/xxyw/xxywrdjj/200910/t20091029_7262.html（2009-10-29）。

八、云南省环境保护厅王建华厅长到杞麓湖调研①

2010年1月7日，云南省环境保护厅王建华厅长率云南省九大高原湖泊水污染综合防治领导小组办公室有关人员和云南省环境科学研究院专家到玉溪市通海县，专题调研杞麓湖综合治理情况。玉溪市环境保护局、通海县人民政府有关负责人陪同调研。

王建华厅长一行实地察看了杞麓湖红旗河污染现状、杞麓湖周边农田退水治理示范工程选址、沤肥池建设、者湾河末端治理工程建设情况后，他肯定了杞麓湖在综合治理上取得了一定成绩，并与市县两级领导共同研究杞麓湖的保护治理工作。

王厅长指出，杞麓湖治理虽然取得进展，但形势依然严峻，还存在着许多困难和问题。主要入湖河流治理未取得实质性进展，入湖污染负荷未得到削减，主城排水管网按要求建设有一定难度，沿湖村落环境综合整治尚未全面开展，杞麓湖“十一五”规划15个项目中还有1个项目尚未启动，这些问题都需要在2010年的工作中抓紧解决。

王厅长强调，要坚定杞麓湖治理的信心和决心。杞麓湖治理正处在关键时期，要抓住机遇，抢时间，认真贯彻落实云南省人民政府关于杞麓湖治理的各项指示和措施，千方百计确保杞麓湖“十一五”规划目标任务的完成。突出重点，狠抓落实。按照“十一五”规划目标要求，重点抓好管网建设，加大入湖河道整治，完成沿湖村落环境综合整治，确保在2010年底4条入湖河道达到水环境功能要求。

王厅长要求，杞麓湖的保护治理必须要理清思路，抓住重点，全面实施治理工作。2010年要突出抓好以下六个方面的工作：一是要全力以赴抓好“十一五”规划目标责任书项目建设，确保全面完成目标任务。二是要重点抓好杞麓湖入湖水量最大的红旗河污染治理工作，完成红旗河流域10个村落污水收集与处置工程，尽快完成红旗河末端治理工程的前期工作，力争尽快开工建设；三是要抓好杞麓湖周边农田治理示范项目，尽快启动示范项目建设，做好研究工作。同时，要调查杞麓湖周边有条件做治理工程的新的师范点，开展前期工作，争取在农田治理方面取得突破。四是要抓好杞麓湖沿湖村落环境综合治理工作，分轻重缓急逐步实施村落治理。五是要加强对沿湖群众的宣传教育和引导工作，提高老百姓的环境保护意识。六是在雨季来临之前，开展一次以“七彩云南保护行动”为主题的环境保护活动，发动机关干部、沿湖企业和群众对入湖河道及杞麓湖周边的垃圾进行清理打捞。

---

① 云南省九大高原湖泊水污染综合防治领导小组办公室：《王建华厅长到杞麓湖调研》，http://sthjt.yn.gov.cn/gyhp/jhdt/201001/t20100120_11637.html（2010-01-20）。

九、通海县杞麓湖入湖河道保洁周专项行动工作圆满结束[①]

2010 年 4 月 16—25 日，通海县组织开展了以“清理河道、清洁家园”为主题的杞麓湖入湖河道清理保洁周专项行动。为确保本次活动取得实效，通海县人民政府召开常务会议进行专题研究，成立了入湖河道清理保洁专项行动指挥部，制定了《通海县开展杞麓湖入湖河道清理保洁专项行动实施方案》。按照方案要求，4 月 16 日上午，通海县委、通海县人民政府召开了“通海县杞麓湖入湖河道清理保洁专项行动”动员大会，安排部署杞麓湖入湖河道清理保洁专项行动工作。通海县委、通海县人民政府等参加了会议。会上就开展清理活动做了具体的安排部署。动员会后，各乡镇、村委会认真勘查现场，及时召开会议进行宣传和部署，将辖区内的河段、湖堤细化分解到村、组，落实到个人。使整个清理保洁行动上下分工明确，层层责任落实。

本次活动于 4 月 16 日开始对红旗河、者湾河、大新河等 6 条杞麓湖主要入湖河道及相连沟渠、部分湖堤进行集中清理。4 月 20 日，通海县政府组织 2 万余人参加清理保洁活动，集中对红旗河及相连沟渠、湖堤进行集中清理，云南省环境保护厅副厅长左伯俊、任治忠，玉溪市常务副市长谢兴荣带领省、市、县环境保护系统职工 300 余人参与了此次活动。

清理保洁活动于 25 日结束，活动期间有 28300 余人次参加清理活动，共动用运输车辆 795 辆，装卸机械 96 台，木船 16 只，共清理河道总长 46.12 千米、湖堤 21 千米，清除垃圾、污染淤泥约 7.5 万吨，有效清除了入湖河道的污染负荷，入湖河道、湖堤环境质量明显改善。此次专项行动，使广大干部群众、特别是领导干部进一步看清了入湖河道污染现状，认识到农村面源污染对湖泊的危害，激发了保护杞麓湖的责任感和紧迫感，提高了广大干部群众的环境保护意识。

十、云南省九大高原湖泊水污染综合防治领导小组办公室组织召开九大高原湖水污染综合防治 2010 年第二次调度会议[②]

2010 年 7 月 15 日，云南省九大高原湖泊水污染综合防治领导小组办公室在昆明组织召开了九大高原湖泊水污染治 2010 年第二次调度会议。云南省发展和改革委员会、

① 云南省九大高原湖泊水污染综合防治领导小组办公室：《保护母亲湖 全民在行动—通海县杞麓湖入湖河道保洁周专项行动工作圆满结束》，http://sthjt.yn.gov.cn/gyhp/jhdt/201006/t20100603_11640.html（2010-06-03）。

② 云南省九大高原湖泊水污染综合防治领导小组办公室：《省九湖办组织召开九大高原湖水污染综合防治 2010 年度第二次调度会议》，http：//sthjt.yn.gov.cn/gyhp/jhdt/201009/t20100903_11643.html（2010-09-03）。

财政厅、科技厅、农业厅、林业厅、水利厅等有关负责同志参加会议。会议听取了五州（市）环境保护局对九大高原湖泊“十一五”规划项目、“十一五”规划外重点项目、九大高原湖泊专项资金及国家资金支持项目的进展情况，以及 2010 年上半年九大高原湖泊水质监测情况的汇报，对存在问题及原因进行认真分析，并对下一步工作进行了安排部署。据调查统计，九大高原湖泊水污染防治“十一五”规划项目共 212 项，截至 2010 年 6 月底，已完工 111 项，调试 8 项，在建 82 项，开展前期工作 4 项，未动工 5 项，调减 2 项，累计完成投资 99.36 亿元（其中滇池 78.94 亿元，其他八湖 20.42 亿元），占规划总投资 118.37 亿元的 83.94%。九大高原湖泊水质情况为抚仙湖（Ⅰ类）、泸沽湖（Ⅰ类）、程海（Ⅲ类）水质，达到水环境功能要求。滇池（劣Ⅴ类）、洱海（Ⅲ类）、星云湖（劣Ⅴ类）、杞麓湖（劣Ⅴ类）、异龙湖（劣Ⅴ类）、阳宗海（Ⅲ类）水质，未达到水环境功能要求。

会议强调，各地要全面推行环境保护“一岗双责”制度，促进九大高原湖泊治理工作落实；加快九大高原湖泊治理项目的建设进度，全面完成九大高原湖泊治理“十一五”规划任务；加强污染源的监管，大幅度削减入湖污染物总量；加强领导，认真组织开展九大高原湖泊治理“十一五”规划实施情况考核；加强九大高原湖泊流域水质监测及信息分析工作，为“十二五”规划编制和行政决策提供依据。

十一、石屏县召开异龙湖水污染综合防治工作推进会[①]

2010 年 8 月 6 日，石屏县召开了异龙湖水污染综合防治工作推进会，全县四大班子正副职领导及异龙湖水污染综合防治工作领导小组成员单位主要领导参加了会议。

会议在听取异龙湖水污染综合防治工作进展情况以及存在的问题和困难的基础上，就如何快速、有效推进异龙湖综合治理各项工作进行了认真分析和研究，并提出了意见和建议。一是要充分认识到异龙湖水污染防治工作的重要性，采取各种有效措施迅速推进异龙湖水污染综合防治各项工作，确保异龙湖“十一五”规划项目和省州县确定的重点项目按时完成。二是对已完工但未验收的 8 个“十一五”规划项目必须在 2010 年 8 月底以前完成并通过验收，对在建的 4 个项目和其他重点项目，要认真分析存在的问题，找准原因，加快推进，确保完成。三是加强对各项目资金的规范管理和统一安排。同时，会上成立了石屏县人大常委会主任为组长，县委常委、县纪委书记，县委常委、县委办公室主任任副组长的异龙湖水污染综合防治工作督查组，加强对异龙湖水污染综

① 云南省九大高原湖泊水污染综合防治领导小组办公室：《石屏县召开异龙湖水污染综合防治工作推进会》，http://sthjt.yn.gov.cn/gyhp/ jhdt/201009/t20100903_11643.html（2010-09-03）。

合防治各项工程督促检查。会后及时下发了相关文件，进一步明确异龙湖水污染防责任领导、责任部门及责任人。

十二、九大高原湖泊水污染综合防治“十二五”规划编制全面启动①

2010 年 8 月 23 日，云南省九大高原湖泊水污染综合防治领导小组办公室指出，九大高原湖泊水污染综合防治“十二五”规划编制全面启动。云南省九大高原湖泊水污染防治“十二五”规划是指导云南省“十二五”时期九大高原湖泊保护治理的纲领性文件，是加强九大高原湖泊保护治理的重要依据，是九大高原湖泊流域环境保护参与宏观决策的基本手段。云南省环境保护厅、省九大高原湖泊水污染综合防治领导小组办公室高度重视，提前谋划，全面启动九大高原湖泊“十二五”规划编制工作。一是及时成立云南省九大高原湖泊规划编制领导小组、联络组和专家咨询组，加强了规划编制工作的领导和指导。二是印发了《云南省九大高原湖泊水污染防治“十二五”规划编制工作方案》，对规划编制工作进行了全面的部署，明确了目标、任务和要求。三是举办九大高原湖泊流域“十二五”规划编制研讨班，聘请国内湖泊治理知名专家、学者授课，统一了思想、方法和步骤。四是编制印发了九大高原湖泊治理“十二五”规划编制技术大纲，统一了规划编制的技术路线和方法。从总体上看，九大高原湖泊治理“十二五”规划编制工作进展顺利。

十三、云南省人民政府和段琪副省长调研杞麓湖保护治理工作②

2010 年 9 月 2 日，云南副省长和段琪率云南省环境保护厅、水利厅等部门负责人到通海县对杞麓湖水污染综合治理及云南省人民政府现场办公会准备工作进行调研。和副省长指出，杞麓湖水污染治理要从全流域范围着眼，以农业农村面源控制和环湖截污为重点，采取分区控制、节点控制、污染源定点治理措施，实行综合治理，确保取得实效。

在小回村环境整治施工现场，和副省长提出，要通过集中与分散相结合的方式，加快村落污水处理工程建设，确保污水处理率达到 100%，不遗漏一家一户，污水处理工

---

① 云南省九大高原湖泊水污染综合防治领导小组办公室：《九大高原湖泊水污染综合防治“十二五”规划编制全面启动》，http://sthjt. yn.gov.cn/gyhp/jhdt/201009/t20100903_11643.html（2010-09-03）。

② 云南省九大高原湖泊水污染综合防治领导小组办公室：《省政府和段琪副省长调研杞麓湖保护治理工作》，http://sthjt.yn.gov.cn/gyhp/jhdt/ 201009/t20100920_11645.html（2010-09-20）。

艺中土壤净化槽顶部要实行填土复耕，种植化肥、农药施用量少的作物，要把小回村建设成为民族生态示范村。在红旗河入湖河口退塘及湿地建设工程现场，和副省长提出，湿地、湖滨带及流域生态建设要以有效削减入湖污染物为重点，尽量选用本地的原生植物，少引进外地物种，在 9 月底前要完成红旗河入湖河口湿地建设主体工程。在六一村蔬菜种植区生产废水净化示范工程现场，和副省长认为，该项目抓住了杞麓湖污染治理的要害，对杞麓湖水污染治理工作将起到积极的作用，通海县要与项目设计单位认真研究，科学分析项目实施后循环利用的水资源量、节约的水量、减少的污染物入湖量，以便今后在农业面源污染治理中推广应用。

和副省长指示，玉溪市要进一步细化云南省人民政府杞麓湖水污染综合治理现场办公会会议方案，认真做好现场办公会各项准备工作，要按照 10 月上旬召开现场办公会的计划，建立倒逼机制，对各项准备工作，特别是现场办公会需要查看的几个施工现场，要倒排工期，确保现场办公会召开时项目能基本完工，并投入调试运行。要统筹处理好杞麓湖治理与通海县社会经济发展的关系，科学合理确定治理目标和工程项目，尽快完成杞麓湖水污染综合治理重点工程实施方案的修改完善，抓紧研究杞麓湖生态补水工程的可行性，力求杞麓湖水污染综合治理工作取得实效。

十四、云南省环境保护厅王建华厅长到江川县调研星云湖蓝藻水华应急处置工作[①]

2010 年 9 月 2 日下午，云南省环境保护厅厅长、九大高原湖泊水污染综合防治领导小组办公室主任王建华到江川县调研星云湖蓝藻水华应急处置工作。王厅长强调，玉溪市、江川县要加快污染治理步伐，建立蓝藻水华应急处置及预警监测机制，加大蓝藻清除力度，严格控制蓝藻对经济、社会和环境的影响。

王建华厅长实地察看了在星云湖作业的南京清波蓝藻环境保护科技有限公司蓝藻打捞船的建设及运行情况，并详细了解 2010 年以来星云湖蓝藻水华的发生情况后指出，星云湖治理保护工作在江川县委、江川县人民政府的高度重视下，取得了积极成效，但是星云湖的水质变化不明显。王厅长要求，江川县要认真总结“十五”“十一五”期间的经验教训，科学客观分析出流改道工程在星云湖水质改善中的作用，“十二五”期间要突出重点，认真解决星云湖水质问题，使星云湖水质恢复到Ⅴ类水质标准以内；要制定星云湖蓝藻水华应急处置预案，增加应急处置设施，使星云湖蓝藻水华应急处置工作

① 云南省九大高原湖泊水污染综合防治领导小组办公室：《省环保厅王建华厅长到江川县调研星云湖蓝藻水华应急处置工作》，http://sthjt. yn.gov.cn/gyhp/jhdt/201009/t20100920_11645.html（2010-09-20）。

进入制度化和常态化。王厅长强调，养殖污染治理和农业面源污染治理作为“十二五”规划的重点，要通过划定禁养区、限养区、集中养殖区、建设生物发酵床和产业结构调整等方式进行治理，积极开展环湖截污治污。要进一步加强抚仙湖、星云湖旅游开发设施的控制，确保旅游开发不对湖泊造成新的污染。

十五、滇池治理稳步推进，“十一五”规划项目完成良好①

2010年11月12日，云南省、昆明市召开了滇池水污染治理工作第十二次联席会，会上昆明市人民政府汇报了滇池“十一五”规划执行情况。滇池“十一五”规划共67个项目，包括原规划65个，补充规划增加环湖截污和牛栏江——滇池引水工程2个项目。67个项目估算投资183.3亿元。其中，原规划65个项目投资92.27亿元，环湖截污投资54.4亿元，牛栏江—滇池引水工程投资36.63亿元。截至2010年10月31日，“十一五”规划项目共计投入131.2亿元。滇池“十一五”规划有13个项目在建，正在开展前期工作1项。预计到“十一五”末，滇池“十一五”规划除3个项目结转到“十二五”实施外，其余均可完成。

十六、昆明市盘龙区环境保护局召开紧急专题会议部署落实市委、市政府滇池治理三项工作要求②

2010年12月4日上午，昆明市盘龙区环境保护局召开紧急会议。会上，局长徐祥通报了昆明市委、昆明市人民政府对滇池治理工作提出的三项要求：确保年末入滇河流水质变清，不能有污水进入；全面整治“七小”行业，严格准入，提高门槛；对工业污染源、生活污染源、农业污染源进行地毯式搜查，做到村庄污水进湿地、城市污水进处理厂。徐局长要求，大家要统一思想，以压力变动力，提前谋划，完成好三项要求工作任务。各科室负责人结合业务工作对如何顺利完成市委、市政府的三项要求建言献策，两位副局长也针对昆明市委、昆明市人民政府的三项要求发表了各自的意见与建议。

① 昆明市环境保护局：《滇池治理稳步推进，“十一五”规划项目完成良好》，http://sthjt.yn.gov.cn/zwxx/xxyw/xxywzsdt/201011/t20101117_30110.html（2010-11-17）。

② 昆明市环境保护局：《领会精神 统一思想 安排部署 积极行动—昆明市盘龙区环境保护局召开紧急专题会议部署落实市委、市政府滇池治理三项工作要求》，http://sthjt.yn.gov.cn/zwxx/xxyw/xxywzsdt/201012/t20101207_ 30247.html（2010-12-07）。

经过讨论，大家一致认为，针对昆明市委、昆明市人民政府的三项要求，盘龙区环境保护局应采取以下措施：一是在入滇河道的水质保障上，主要突出对河道周围企业加大监察力度。二是针对“七小”行业则除了严格审批、以达到十四项要求为条件提高环境保护准入门槛、加强日常监管外，要把好年检年审关，对于存在问题的持证“七小”行业坚决关停，对于无证经营的“七小”行业则总结创卫期间各职能部门联合整治的成功经验，运用相同模式配合工商、卫生、城管等部门开展联合执法。三是充分发动街道、乡镇环境保护干部的力量，先对污染源进行彻底调查，准确掌握情况，然后展开网格化、拉网式、兜底式的彻底整治，打一场全员行动的环境保护硬仗。

最后，徐祥局长对讨论中大家提出的好的想法、建议给予了充分肯定，并对接下来的工作进行了具体安排部署。他要求环境监察大队要摸清底数，对河道沿线200米范围内的企业进行拉网式排查，对污染源做到心中有数；管理科要结合“七小”行业整治，对照相关管理规定，向全区发布提升“七小”行业准入门槛公告，做到依法行政；落实好污染源网格化管理，全员参与，责任到人，采取“5+2”的工作方式；建立长效机制，落实好昆明市委、昆明市人民政府指示。

会后，全局干部职工迅速行动，以真抓实干的精神，投入到滇池治理工作中。

十七、2011年九大高原湖泊流域“河道保洁周”专项活动工作取得圆满成效[①]

2011年4月14日，云南省九大高原湖泊水污染综合防治领导小组办公室下发了《关于继续在九大高原湖泊流域开展“河道保洁周”活动的通知》。按照通知要求，昆明市、玉溪市、大理白族自治州、红河哈尼族彝族自治州、丽江市，在4月下旬至5月中旬之间，各自开展了以“保洁河道，减少污染！”为主题的九大高原湖泊入湖河道清理保洁周专项行动。

活动期间，五州（市）及沿湖各县（区）按照“一湖一策”的原则，进一步加强领导，落实责任，结合各自特点分别制定了各湖的实施方案，动员湖区广大人民群众积极参与湖泊水污染综合防治工作，不断增强湖区广大干部群众保护湖泊生态环境的意识，以有效削减入湖河道污染为目的，明确了河道保洁活动的目标任务。

① 云南省九大高原湖泊水污染综合防治领导小组办公室：《2011 年九湖流域“河道保洁周”专项活动工作取得圆满成效》，http://sthjt.yn.gov. cn/gyhp/jhdt/201111/t20111101_11648.html（2011-11-01）。

十八、专家建议中央财政应给昆明滇池治理更多资金支持①

2011 年 7 月 31 日，云南省人民政府召开滇池、抚仙湖保护治理“十二五”规划汇报会，会上，昆明市委常委、副市长朱永扬就滇池治理“十一五”成果及“十二五”规划进行汇报。

针对滇池、抚仙湖“十一五”期间的治理情况及“十二五”治理规划，昆明、玉溪市分别向环境保护部进行专题汇报。“十一五”期间，昆明市通过狠抓环湖截污、生态修复与建设、入湖河道整治、农业农村面源污染防治、生态清淤等内源污染治理、外流域调水及节水型城市建设等一系列举措，强力推进了滇池保护治理。使滇池水环境状况总体得到改善，滇池外海除主要污染物总氮超标0.31倍外，其余指标均达到Ⅴ类或好于Ⅴ类水；草海综合营养状况指数较 2005 年下降 4.68%，2010 年 9—12 月连续 4 个月富营养状态由重度富营养转杯为中度富营养状态。

滇池治理“十二五”规划中明确提出，到 2015 年，滇池外海水质将得到明显改善，确保达到Ⅴ类标准，力争达到Ⅳ类标准；滇池草海各项指标大幅下降，达到Ⅴ类标准；主要入滇河道水质大幅度改善，除季节性断流的河道外，大部分河道水质力争达到Ⅲ类标准，确保Ⅳ类标准。按照滇池“十二五”规划提出的目标任务，2011 年昆明市将重点开展全面实施滇池治理重点项目，强化项目建设在滇池治理工作中的牵引作用；在主城区建设第九、第十污水处理厂和18个雨污水调蓄池，推进391个城中村污水收集和 153 个河道源头水库（坝塘）汇水区净化设施建设；做好牛栏江流域水污染防治工作，全面开展生活垃圾处理和污水截污治污、工业污染源治理、河道综合治理，全面推进滇池内源污染治理，开展 26 平方千米水葫芦控制性圈养处置等六大方面的工作。

在听取昆明、玉溪两市的专题汇报后，环境博湖部相关领导及专家在对滇池治理、抚仙湖治理取得明显成效给予充分肯定的同时，也就两市在实际工作中如何有效实现控源截排，实施该举措的难点和需要解决的问题进行提问。并建议两市多考虑生物多样性治理，以及注重水资源的合理开发利用、再生水利用等方面的问题。

十九、湿地美景初显滇池治理成效②

2011 年 9 月 8 日，环境保护部周建副部长到昆明市西华湿地调研，云南省副省长和

① 张锦：《专家建议中央财政应给昆明滇池治理更多资金支持》，http://sthjt.yn.gov.cn/zwxx/xxyw/xxywrdjj/201108/t20110801_8827.html（2011-08-01）。

② 昆明市环境保护局：《湿地美景初显滇池治理成效——国家环保部周建副部长莅临昆明市视察》，http://sthjt.yn.gov.cn/zwxx/xxyw/xxywrdjj/201109/t20110909_8957.html（2011-09-09）。

段琪、云南省环境保护厅王建华等人陪同调研。

到达西华湿地公园后，市、区有关领导首先向周建副部长汇报了西华湿地的位置、面积、种植的乔木和水生植物及其作用，以及湖滨生态修复的治理措施等基本情况。随后周建副部长步行查看了湿地公园建设情况及大观河入湖口综合整治情况，听取和段琪副省长汇报公园建设、污水收集处理措施等相关情况，并实地调研水葫芦圈养情况。

周建副部长充分肯定了湿地的建设情况，对昆明市生态环境保护工作取得的成绩予以高度赞扬。他希望昆明市人民政府继续把该项目操作好、建设好，圆满完成滇池流域水污染的防治整治工作。

二十、牛栏江流域寻甸段整治见成效 助力滇池治理①

2011 年 10 月初，昆明市副市长王道兴一行对牛栏江流域寻甸县磷化工企业磷石膏渣场整治工作情况进行调研。他要求寻甸县在已取得整治成效的基础上，进一步针对存在的问题狠抓整改落实，确保牛栏江寻甸段水质稳定在Ⅲ类标准，为加快实现滇池治理目标提供有力保障。

牛栏江—滇池补水工程是滇池治理“六大工程”之一，昆明市委、市人民政府高度重视并印发了牛栏江流域（昆明段）水污染防治方案，建成寻甸县城、嵩明县城以及杨林、金所工业园区等一批污水垃圾处理设施并投入使用。同时建立牛栏江河（段）长负责制，实行河道两岸畜禽禁养、综合整治，全面加强牛栏江水污染防治工作。监测显示，2011 年1—9 月与 2010 年同期相比，牛栏江及其支流、河库污染所有减轻，牛栏江水质有所改善。

二十一、环境保护部部长周生贤一行对滇池水污染综合治理等工作进行调研②

2012 年 4 月 10 日，环境保护部部长周生贤一行对滇池水污染综合治理等工作进行调研。周生贤提出，要以科学的态度，正视和认清滇池治理的长期性、艰巨性和复杂性，理清工作思路、明确目标责任、做好项目规划，力争滇池治理在“十二五”期间取得实质性突破，实现滇池流域生态环境良性循环，让高原明珠再放光彩。副省长和段琪

① 张锦：《牛栏江流域寻甸段整治见成效 助力滇池治理》，http://sthjt.yn.gov.cn/zwxx/xxyw/xxywrdjj/201110/t20111011_9010.html（2011-10-11）。

② 张炯雪：《力争滇池治理取得实质性突破 让高原明珠再放光彩——环境保护部部长周生贤一行对滇池水污染综合治理等工作进行调研》，http://sthjt.yn.gov.cn/zwxx/xxyw/xxywrdjj/201204/t20120411_9426.html（2012-04-11）。

陪同调研。

周生贤考察了五家堆湿地、昆明市第十污水处理厂施工现场、海明河调蓄池施工现场等，对滇池水污染防治工作取得的成效表示肯定。周生贤指出，云南省建立了一系列推动工作落实的体制，成立了全国第一支环境保护公安队伍，创新和完善了“河（段）长负责制”、环境保护执法联动机制等工作机制，使滇池治理工作走向了规范化、法制化、常态化。他指出，要做好截污和河道清理工作，从源头上堵住污染；做好督查工作，举全局之力做好滇池治理工作。

和段琪说，党中央、国务院高度重视滇池治理工作，连续3个五年计划将滇池纳入国家重点流域治理规划，环境保护部在政策、资金、项目方面给予了大力支持。

云南省委、云南省人民政府始终坚持把滇池污染治理摆在事关全省经济社会发展全局的高度，制订了中长期治理规划，着力实施了环湖截污和交通工程、农业农村面源治理、生态修复与建设工程、入湖河道整治、生态清淤、外流域引水及节水六大工程，同时拓宽投融资渠道，让滇池治理提速增效得到了有力支持和保障。他表示，在下一步的工作中，要加强湖滨生态湿地恢复建设，充分发挥湖滨湿地的生态净化功能；要加强外流域引水入滇池的水动力研究，确保引水功能发挥最大化；要通过工程措施对滇池主要入湖河道的污水进行分流和集中处置，使污水不对滇池外海和草海造成新的污染。

二十二、国家环境保护部称赞昆明滇池治理给人耳目一新的惊喜①

2012年5月14—24日，环境保护部西南督查中心调研督查组主任张迅一行15人会同云南省环境保护厅，采取听取情况介绍、召开座谈会、查阅文件资料、开展现场检查等方式，对昆明市所辖区呈贡、东川、安宁、宜良、富民、禄劝、寻甸等7个县（市、区）和经开、高新、滇池度假等3个开发区进行了调研督查。张迅表示，调研形成的评价，将上报国家环境保护部，对成绩进行推广，对问题进行督查落实。

环境保护部西南督查中心副主任杨为民表示，“十一五”期间，滇池治理实际完成投资171.77亿元，是“九五”和“十五”时期总投资的3.6倍。可以说，“十一五”期间是滇池治理力度最大、投入最多、成效最明显的5年，通过昆明的共同努力，滇池水质快速恶化的趋势得到了遏制，水环境质量整体保持稳定，局部水域、主要入湖河道水

① 管弦：《国家环保部称赞昆明滇池治理给人耳目一新的惊喜》，http://sthjt.yn.gov.cn/zwxx/xxyw/xxywrdjj/201205/t20120528_9529.html（2012-05-28）。

体景观及周边环境明显改善。

截至2012年5月底，昆明启动了宜良、晋宁、石林3个国家生态县、20个省级以上生态乡（镇）和300个市级生态村的创建工作，并对滇池、阳宗海、牛栏江、南盘江流域及 36 条入滇河道污染源进行了专项检查，对昆明市集中式饮用水水源地、重金属企业和国控、省控企业开展了环境安全隐患和危险废物排查。相比以前的情况，昆明市危险废物规范化管理的能力和水平均有所提高，危险废物收集、转移和处置过程也逐步规范，达标率较前几年有大幅度提高。另外，自2009年以来，昆明市危险废物监督管理所联合公安部门对16起非法处置危险废物的案件进行了查处，行政拘留了11人，判处有期徒刑1人，处罚罚款27万元，目前还有3个案件正由环境保护部门进行查处，这在西南地区走在了前列。

同时，调研督查组也指出，在调研督查中还存在着一些减排联动机制、污水处理、危险废物监管、监察监测标准化等方面的问题。调研督查组希望昆明市下一步加强对环境保护工作的领导，建立健全考核机制，严格落实环境保护"一票否决"和"一岗双责"制度。进一步加大减排工作力度，加快建立"十二五"减排工作联动机制；加大淘汰落后产能工作力度，不断调整产业结构；加快推进重点减排工程建设；设立主要污染物减排专项资金，建立健全建设项目审批联动机制，严把项目审批关。实施好《滇池流域水污染防治"十二五"规划》，建设保护好滇池湿地生态系统。

会上，昆明市副市长王道兴代表昆明市做了表态讲话。王道兴表示，昆明将坚持在发展中保护、在保护中发展，处理好发展经济与创新转型、节约环境保护的关系，把环境保护工作作为转型发展和改善民生的一件大事来抓好、抓实。针对环境保护部此次督查调研中指出的问题，昆明市将认真整改，扎实推进环境保护各项工作。在整改结束后，昆明市还要组织力量，对照存在的突出问题，对整改情况进行全面的专项检查，切实把整改落到实处。

二十三、云南省九大高原湖泊水污染综合防治领导小组办公室召开省九大高原湖泊水污染综合防治领导小组办公室主任会议暨湖泊流域管理培训会议①

2012年10月24—25日，为认真贯彻2012年云南省九大高原湖泊水污染综合防治领导小组暨洱海保护工作会议精神，研究部署2013年九大高原湖泊水污染综合防治工

---

① 云南省九湖办：《省九湖办召开省九大高原湖泊水污染综合防治领导小组办公室主任会议暨湖泊流域管理培训会议》，http://sthjt.yn.gov.cn/gyhp/jhdt/201210/t20121031_36221.html（2012-10-31）。

作，云南省九大高原湖泊水污染综合防治领导小组办公室在丽江泸沽湖召开了云南省九大高原湖泊水污染综合防治领导小组办公室主任会议暨湖泊流域管理培训会议。云南省九大高原湖泊领导小组 13 个省级成员单位处级联络员，昆明市、玉溪市、大理白族自治州、丽江市、红河哈尼族彝族自治州环境保护局局长、环境保护局分管领导及相关处室负责人，九大高原湖泊流域县（市、区）政府分管领导及环境保护局局长等 176 人参加会议。云南省九大高原湖泊水污染综合防治领导小组办公室副主任、云南省环境保护厅副厅长左伯俊出席会议并做了重要讲话。

会议实地考察了泸沽湖大渔坝湿地建设工程、里格村农村污水收集处理设施、竹地污水处理厂建设项目；昆明市滇池管理局和大理白族自治州环境保护局就滇池流域内实施“河（段）长”责任制情况和创新机制强化管理确保洱海流域河道整洁及环境保护设施正常运营做了交流发言；云南省发展和改革委员会和云南省财政厅就九大高原湖泊流域的重点项目审批和资金落实提出了要求。会议还就如何贯彻九大高原湖泊领导小组会议和洱海保护工作会议精神，坚决完成九大高原湖泊治理“十二五”规划进行认真、充分的讨论。

云南省九大高原湖泊水污染综合防治领导小组办公室副主任、云南省环境保护厅副厅长左伯俊在讲话中充分肯定了“十二五”以来九大高原湖泊水污染综合防治工作所取得的成绩，分析了存在的困难和问题，传达了九大高原湖泊领导小组会议和洱海保护工作会议精神，对 2012—2014 年九大高原湖泊治理工作作出具体安排部署。左副厅长指出，云南省九大高原湖泊领导小组会议和洱海保护工作会议统一了思想，指明了方向，进一步确立了“十二五”期间九大高原湖泊治理保护的总体思路、目标和任务，明确了各级各部门的责任和要求，是九大高原湖泊治理保护关键时刻召开的一次关键性的大会，是九大高原湖泊治理保护里程碑式的大会。他要求各级各部门认真贯彻落实会议精神，做到学习好、传达好、贯彻好、落实好。他指出，狠抓九大高原湖泊治理“十二五”规划的实施，要突出“一湖一策”，强化重点治理；要紧扣目标，高度重视九大高原湖泊治理保护的目标管理；要突出污染物的削减，高度重视重点控制单元和总量控制；要突出“五大体系”建设，使湖泊治理保护上新台阶。他要求，要切实抓好九大高原湖泊“十二五”规划实施；加大资金投入，推动九大高原湖泊治理项目建设；加大污染治理设施的运行管理；加强协调配合，共同推进九大高原湖泊治理；强化科技支撑，加强队伍建设，提升湖泊保护、治理与管理能力；加强宣传教育，增强湖泊治理保护意识，为全面完成九大高原湖泊治理“十二五”规划目标任务做出新贡献。

二十四、九大高原湖泊流域水污染综合防治“十二五”规划顺利推进①

2012年，云南省九大高原湖泊流域水污染综合防治“十二五”规划顺利推进。“十二五”以来，以滇池为重点的九大高原湖泊水污染综合防治工作在云南省委、云南省人民政府的领导下，各级各部门以科学发展观为指导，坚持“一湖一策”的治理原则，以“强力截污、突出生态、深化监管、科学治湖”为主线，认真贯彻执行九大高原湖泊治理“十二五”规划，全面推进“六大工程”实施，九大高原湖泊水污染综合防治“十二五”规划推进顺利。

以滇池为重点的九大高原湖泊水污染防治“十二五”规划编制全面完成，滇池治理“十二五”规划于2012年4月获得国务院批复，其他八湖治理“十二五”规划云南省人民政府于2012年5月批准实施。九大高原湖泊治理“十二五”规划总要求是在“十二五”期间消灭劣Ⅴ类水质、九大高原湖泊水质和生态环境明显改善。

九大高原湖泊治理“十二五”规划共设置治理保护项目295项，需投入资金552.74亿元。其中，滇池共设置规划项目101项，投入资金420.14亿元，其他八湖共设置规划项目194项，投入资金132.60亿元。各级各有关部门按照“准备一批、启动一批、建设一批、完工一批”的总要求，加快九大高原湖泊“十二五”规划的实施。截至2012年7月底，九大高原湖泊“十二五”规划项目已完工19项，正在实施113项，开展前期137项，累计完成投资121.35亿元，其中，滇池已完工3项，在建49项，开展前期工作49项，累计完成投资101亿元。其他八湖已完工16项，在建64项，开展前期工作88项，累计完成投资20.35亿元。

二十五、昆明启动滇池治理一日游②

2013年5月初，“滇池保护治理市民一日游”活动在云南省昆明市启动。来自社会各界的百余市民走进昆明市第七污水处理厂及滇池泛亚国际城市湿地，实地参观、了解城市污水处理工艺流程和滇池保护治理六大工程及成效。

据昆明市环境保护联合会秘书长傅维平介绍，2012年，昆明市环境保护联合会进

---

① 云南省九湖办：《九湖流域水污染综合防治“十二五”规划顺利推进》，http://sthjt.yn.gov.cn/gyhp/jhdt/201209/t20120905_35056.html（2012-09-05）。

② 蒋朝晖：《昆明启动滇池治理一日游》，http://sthjt.yn.gov.cn/zwxx/xxyw/xxywzsdt/201305/t20130509_38616. html（2013-05-09）。

行了以家庭游为主体的“环境保护一日游”试点工作，组织市民家庭参观滇池流域自来水厂、污水处理厂、林场、湿地公园等，对普及环境保护知识、增强市民保护滇池意识起到较好效果。

这次主办的“滇池保护治理市民一日游”活动，得到云南滇池保护治理基金会和昆明市相关部门及企业的大力支持，奠定了长期开展活动的基础。为了让更多市民了解滇池保护治理工作进程，树立“滇池清、昆明兴”的意识，2013 年“滇池保护治理市民一日游”活动以污水处理及生态湿地建设为主题，组织市民参观游览滇池保护治理重点工程，全年活动将不少于 24 次。

活动还将根据需求适时增加滇池环湖截污、河道治理等具有观赏性和科普性的重点工程参观点，各参观点均辅以图文并茂的宣传资料、展板和专业人员进行现场解说。

二十六、云南省人民政府滇池水污染防治督导组调研滇池治理工程①

2013 年 6 月 14 日，云南省人民政府滇池水污染防治专家督导组调研滇池治理工程时，要求要紧紧咬住滇池治理“十二五”规划各项目标，增强责任意识、强化危机意识，争分夺秒努力完成滇池治理各项工作任务。

调研组现场查看了牛栏江—滇池补水工程盘龙江清水通道、昆明第十污水处理厂、滇池海东湿地和污水处理厂尾水外排及资源化利用工程建设情况。督导组组长牛绍尧，副组长晏友琼、高晓宇参加调研。

在听取有关部门的工作情况汇报和专家的建议后，牛绍尧表示，在各方不懈努力下，滇池治理各项工程积极推进，取得可喜的成绩。针对所调研项目建设中存在的问题，他提出，一是要加强湿地建设提升改造。处理好湿地建设中功能与景观的关系，在发挥湿地功能上下工夫。二是要切实加快污水处理厂尾水外排及资源化利用工程建设步伐。提升水资源利用效率，确保污水处理厂尾水排放2014年6月底进入草海。三是倒排工期，加强组织管理，确保牛栏江—滇池补水工程盘龙江清水通道2013年8月底完成河道砌石工程，保证牛栏江补水工程通水需要。牛绍尧强调，目前滇池治理“十二五”规划时间已经过半，要紧紧抓住“十二五”规划确定的滇池治理目标，围绕项目实施，做好系统研究、顶层设计，进一步细化分解任务，加强工作衔接，形成合力。

---

① 李竞立：《云南省政府滇池水污染防治督导组调研滇池治理工程》，http://sthjt.yn.gov.cn/zwxx/xxyw/xxywrdjj/201306/t20130617_39229.html（2013-06-17）。

二十七、昆明滇池治理已转向恢复生态①

2013 年上半年，昆明市滇池草海和外海综合营养状态指数较 2012 年同期分别下降了 5.22%和 1.78%，滇池水质总体稳定，在云南省九大高原湖泊治理考核中名列第一。滇池已经从污染治理湖泊向生态恢复湖泊转变。

“十二五”以来，昆明市人民政府坚决贯彻云南省委、云南省人民政府的决策部署，把滇池治理作为全市头等大事、头号工程来抓，紧紧围绕滇池流域水污染防治“十二五”规划目标，坚持高位统筹、铁腕治污、科学治水、综合治理，坚定不移推进“六大工程”建设，在连续 4 年干旱的不利情况下，滇池治理工作取得积极进展。

在滇池治理工作中，昆明市人民政府抓住关键，进一步深入实施“六大工程”。深入实施环湖截污工程及交通工程，深入实施农业农村面源污染控制工程，深入实施生态修复与建设工程。全面巩固滇池湖滨 33.3 平方千米范围“四退三还”工作成果。编制完成了环湖路以内 76 平方千米范围环滇池生态湿地公园规划。在入湖河道整治过程中，在巩固 18 条水质已达标河道整治成果基础上，对 36 条主要河道及 84 条支流沟渠开展截污、清淤、生态修复等工作。同时深入实施生态清淤工程，外流域引水及节水工程，进一步做好牛栏江（昆明段）治理工作。

二十八、多措并举扎实加强九大湖泊保护治理②

2013 年 10 月 16—17 日，云南省副省长刘慧晏对洱海保护治理工作以及云南省九大高原湖泊水污染防治十二五规划实施情况进行了调研。

刘慧晏指出，国家和云南省委、云南省人民政府十分关心支持、高度关注洱海保护治理，大理白族自治州各族干部群众长期以来秉持“洱海清、大理兴”的理念，形成了洱海保护治理模式，近两年来认真实施洱海水污染防治十二五规划，保持了洱海水质总体稳定。当前要继续总结经验，针对新情况、新问题采取有效措施，科学统筹推进洱海保护治理。他强调，九大高原湖泊水污染防治十二五规划，是指导九大高原湖泊保护治理的纲领性文件。2013 年是规划实施承前启后的关键一年，要抓紧做好规划实施中期评估，认真分析规划实施中存在的突出问题，有针对性地完善加强九大高原湖泊保护治理措施，确保实现“十二五”规划目标任务。要坚持保护与发展并重，正确处理好产业

---

① 傅碧东、张锦：《昆明滇池治理已转向恢复生态》，http://sthjt.yn.gov.cn/zwxx/xxyw/xxywrdjj/201308/t20130814_40137.html（2013-08-14）。

② 昆明市环境保护局：《刘慧晏：多措并举扎实加强九大湖泊保护治理》，http://sthjj.km.gov.cn/c/2013-10-23/2146878.shtml（2013-10-23）。

发展规划、城镇规划和生态环境保护规划的关系，实现可持续发展。要充分认识九大高原湖泊保护治理是一项复杂的系统工程，必须管理治污、工程治污、结构治污相结合，多措并举，扎实有效推进九大高原湖泊治理工作。

二十九、阳宗海拦截 70 余吨垃圾①

从截至2013年10月31日，阳宗海风景名胜区管委会通过在阳宗海引洪渠拦污栅和人工打捞，拦截了71吨漂浮垃圾进入阳宗海水面。

2012年，为缓解旱情和改善阳宗海水质，阳宗海风景名胜区管委会实施了摆衣河引水工程。2012年9月，摆衣河引水阳宗海工程成功完成截弯改直、除险加固等引水工程改造。通过引水工程可将摆衣河水中段以上流域超过 80%的水量引入阳宗海。2012年已有超过210万立方米摆衣河水通过引水工程补给阳宗海。

2013年，为了能够从外流域摆衣河引更多的水补充阳宗海，阳宗海风景名胜区管委会有关部门加强了引水补充和防止污染的关系。按照环境保护要求，引水入海期间，在阳宗海引洪渠渠首通过拦污栅阻拦和人工打捞防止垃圾随水入海。与此同时，还定期或不定期对阳宗海湖面进行保洁工作。截至2013年10月31日，共打捞飘浮垃圾71吨，其中，引水入海期间打捞垃圾66吨，湖面保洁打捞垃圾5吨。在引水的同时，保证了阳宗海水体的生态安全。

三十、昆明市长说治污投资 126 亿推进滇池治理②

2014年1月，云南省昆明市市长李文荣在昆明市十三届人大五次会议上做了政府工作报告。

他提出，2014 年要深入实施滇池治理“三年行动计划”，完成 38 个治理项目，投资 126 亿元以上，确保国家考核的 16 条主要入湖河道水质达标率在 70%以上。

李文荣强调，滇池治理仍是昆明市生态文明建设的重中之重。2014 年，昆明市将以“六大工程”为重点，全面推进滇池治理“十二五规划”“三年行动计划”项目建设。突出彻底截污、水体置换和生态建设。同时，推进第十一、十二污水处理厂及滇池底泥疏浚三期等工程，完成昆明市主城区污水处理厂尾水外排、污泥处置及牛栏江滇池

① 昆明市环境保护局：《阳宗海拦截 70 余吨垃圾》，http://sthjj.km.gov.cn/c/2013-11-06/2146877.shtml（2013-11-06）。

② 蒋朝晖：《昆明市长说治污 投资 126 亿推进滇池治理》，http://sthjt.yn.gov.cn/zwxx/xxyw/xxywrdjj/201401/t20140123_42117.html（2014-01-23）。

补水出水口瀑布公园等项目。建设 11 个环湖湿地生态公园，抓好滇池流域“五采区”植被恢复和郊野森林公园建设，努力实现滇池流域面山绿化全覆盖。

三十一、阳宗海砷污染继续降低[①]

2014年9月，云南省人民政府九大高原湖泊水污染防治专家督导组，对阳宗海综合治理进行调研。2014 年 1—8 月，阳宗海 3 个监测点位砷浓度指标为Ⅳ水质标准，其他污染物平均浓度指标均保持在Ⅲ水质标准。

阳宗海风景名胜区管委会成立 4 年多来，始终把阳宗海保护和治理工作作为头等大事、头号工程来抓，以砷污染综合治理为重点，以《阳宗海流域水污染防治“十二五”规划》为主线，全力推进环湖截污、湿地建设、河道治理、生态修复等治理工程的实施。

经过近几年的综合治理，阳宗海水质有了明显改善，水质稳定在Ⅳ水标准，砷浓度呈平稳缓慢下降趋势。据介绍，《阳宗海流域水污染防治“十二五”规划》共涉及 24 个治污项目，总投资预计 11.4 亿元。

三十二、九大湖泊治污预计完成 72 项[②]

2014 年 11 月 26 日，据昆明市环境保护局透露，预计到 2014 年年底，云南省内九大高原湖泊水污染防治“十二五”295 个规划项目，将完成 72 项。

九大高原湖泊水污染防治“十二五”295 个规划项目总投资 552.74 亿元。自“十二五”以来，云南省实施了一大批城镇截污、河道截污、村落截污和环湖截污工程，九大高原湖泊流域建成 25 座污水处理厂，年处理污水 3.6 亿立方米。新建重点工程与原有工程合并发挥环境效益，九大高原湖泊水质总体保持稳定，水环境质量局部改善。

近 4 年来，云南省始终把以滇池为重点的九大高原湖泊治理作为加强环境保护的头等大事来抓，采取强有力的治理和管理措施，持续开展大规模的保护与治理工作。在湖泊流域经济快速增长、人口不断增加的情况下，九大高原湖泊水体水质总体保持稳定，主要污染物指标稳中有降，湖泊水污染综合防治工作取得积极有效的成果。九大高原湖泊水污染综合治理工作以前所未有的力度不断推进。

---

① 昆明市环境保护局：《阳宗海砷污染继续降低》，http://sthjj.km.gov.cn/c/2014-09-24/2146961.shtml（2014-09 -24）。
② 昆明市环境保护局：《九大湖泊治污预计完成 72 项》，http://sthjj.km.gov.cn/c/2014-11-26/2146972.shtml（2014-11-26）。

三十三、云南省环境保护厅在丽江召开程海化学需氧量指标居高原因分析研究会[①]

2014 年 11 月 9 日，云南省环境保护厅在丽江市召开程海化学需氧量指标居高原因分析研究会。会议通报了程海保护治理的基本情况，并就下一步开展程海化学需氧量指标居高原因、湖泊地表水水质评价、化学需氧量来源解析及对策措施等方面进行深入讨论，提出下一步研究思路。会议邀请中国环境科学研究院、中国科学院南京地理与湖泊研究所、中国科学院地球化学研究所、云南大学、昆明理工大学、云南省环境监测中心站、云南省环境科学研究院等单位专家参加。丽江市环境保护局、永胜县环境保护局，云南省环境保护厅相关处室负责同志参加了会议。云南省环境保护厅副厅长贺彬出席会议并讲话。

在研究会上，云南省环境监测中心站汇报了程海化学需氧量历史监测结果和相关研究开展情况；中国环境科学研究院专家介绍了湖泊化学需氧量特征及其变化原因初步分析；中国科学院南京地理与湖泊研究所专家从国内外湖泊水质情况研究、湖泊藻类含量对化学需氧量影响、污染来源调查等方面谈了看法；中国科学院地球化学研究所专家从地球化学角度谈了湖泊地下水、湖内藻类、湖泊地质等方面对化学需氧量的影响；云南大学专家从湖泊生态学角度谈了对化学需氧量来源分析和对策方面的建议；昆明理工大学专家从化学分析的角度谈了化学需氧量分析的影响因素及下一步研究建议。

最后，贺副厅长对下一步工作做了安排和部署。一是希望各研究单位发挥各自的优势，进一步分析问题，提出研究思路。二是抓紧完成研究方案，力争 2014 年 11 月 20 日前完成，以利于尽快推进该项研究工作，并得到国家的支持。

三十四、云南九大高原湖泊水质稳定[②]

2015 年 5 月 18 日，云南省人大常委会《中华人民共和国水污染防治法》执法检查情况显示，云南省九大高原湖泊水质总体保持稳定，重污染湖泊水质恶化趋势得到遏制，主要污染指标呈稳中有降的态势。但不容忽视的是，其中还有 4 个湖泊水质处于Ⅴ类或者劣Ⅴ类水平。

在2009—2013年连续5年干旱和经济社会快速发展的双重压力下，滇池治理工作取

---

① 云南省环境保护厅：《云南省环境保护厅在丽江召开程海 COD 指标居高原因分析研究会》，http://sthjt.yn.gov.cn/zwxx/xxyw/xxywrdjj/201411/t20141117_56782.html（2014-11-17）。

② 昆明市环境保护局：《云南九大高原湖泊水质稳定》，http://sthjj.km.gov.cn/c/2015-05-21/2147008.shtml（2015-05-21）。

得明显成效。滇池流域基本形成了截污治污体系，入湖污染物大幅削减。监测表明，与 2010 年相比，2014 年滇池已经由重度富营养转变为中度富营养，营养状态指数由 71.1 下降为 67.0；主要污染物氨氮、总磷、总氮分别下降 61.5%、46.3%、42.4%。入湖河道水质变化情况明显，2014 年入湖河道综合污染指数为 16.2，与 2010 年的 21.6 相比降低了 25%。同时，滇池蓝藻水华程度减轻，暴发的时间推迟、周期缩短、频次减少、面积缩小、藻生物量减少。特别是 2014 年 12 月和 2015 年 1—3 月，滇池外海连续 4 个月水质已经转变为轻度富营养化，滇池外海湖体富营养化程度明显减轻。

据悉，九大高原湖泊中有 4 个湖泊水质处于Ⅴ类或者劣Ⅴ类水平，入湖污染物总量还未根本控制住，水体仍存在富营养化的危险；湖泊生态修复、农村农业面源污染控制缺乏政策支撑，生态建设和面源治理进展缓慢；湖泊基础研究工作没有大的突破，科技进步对于湖泊治理的贡献不足。随着城市化进程进一步加快，人口不断增加，九大高原湖泊水环境压力加大。南盘江、红河流域的部分支流等局部地区水污染仍然严重。

三十五、中央财政 2015 年水污染防治专项启动会暨技术指导会议在昆明召开[①]

2015 年 7 月 29—31 日，中央财政 2015 年水污染防治专项启动会暨技术指导会议在昆明召开，全国各省（区、市）环境保护部门相关负责同志参加了会议。会议由环境保护部规划财务司张士宝副司长主持，云南省环境保护厅贺彬副厅长出席会议并致辞；会议介绍国家整合水污染防治专项有关情况，通报 2015 年水污染防治专项资金安排情况，部署专项年度实施方案编制工作；分析解读水污染防治形势及《水污染防治行动计划》《水污染防治专项资金管理办法》等文件，对水污染防治专项工作进行指导及技术培训，并完成了良好湖泊生态环境保护工作情况调研。

三十六、滇池治理是昆明转变发展方式的一面镜子[②]

2015 年 8 月 4 日，昆明市委常委会审议并原则通过了《滇池分级保护范围划定方案（送审稿）》。据悉，《云南省滇池保护条例》自 2013 年 1 月 1 日起正式施行，对滇池

① 云南省环境保护厅湖泊保护与治理处：《中央财政 2015 年水污染防治专项启动会暨技术指导会议在昆明召开》，http://sthjt.yn.gov.cn/zwxx/xxyw/xxywrdjj/201508/t20150807_91845.html（2015-08-07）。

② 昆明市环境保护局：《滇池治理是昆明转变发展方式的一面镜子》，http://sthjt.yn.gov.cn/zwxx/xxyw/xxywzsdt/201508/t20150806_91754.html（2015-08-06）。

一、二、三级保护区范围进行划定并公布，是落实滇池流域监督管理和综合执法的重要依据，也是推进昆明世界知名旅游城市建设的重要保障。

在这次会议上，昆明市提出：滇池是昆明的生命线，滇池治理是整个城市转变发展方式的一面镜子，时刻在检验城市是不是真正转变了发展方式。全市上下必须高度予以重视，一要把滇池治理作为一项重大政治任务和“一把手”工程，按照中央和云南省委的部署要求，加大投入力度，强化工作措施，合力攻坚克难，务求取得实效。二要紧盯目标。2015 年是滇池治理“十二五”规划的决战收官之年，昆明市必须牢牢扭住年度目标任务和“十二五”规划总体目标，实施目标倒逼，倒排工期，挂图作战，以时不我待、只争朝夕的精神，强力推进滇池保护治理各项工作，要用阶段性的成果向党中央、国务院和云南省委、云南省人民政府、全市人民交上一份合格答卷。三要完善机制。制定《关于滇池分级保护范国划定方案》是健全完善滇池治理工作体制机制的重要环节。昆明市将继续加快制定出台这一条例的实施细则，切实提高滇池治理科学化、法治化水平。四要落实责任。全市各级各部门一定要有等不起、慢不得、坐不住的紧迫感和责任感，以高度负责的使命担当，下更大的力气抓好滇池保护治理工作。各级领导特别是主要领导要敢于担当、敢于碰硬，主动作为、积极作为，带头深入调查研究，带头当好河（段）长，切实改变巡河方式，以发现问题为导向、解决问题为目的，不断巩固和扩大河道综合整治成果。五要严格监管。强化对滇池流域机关企事业单位和广大干部群众的法治宣传教育，建立健全生态环境保护长效机制，不断提升环境保护的能力和水平。六要全民动员。广泛动员社会各界关心滇池、珍惜滇池、爱护滇池，自觉参与滇池保护和治理，把滇池保护治理变成全社会的共识和行动。七要超前谋划。抓紧启动前期工作，科学制定滇池治理“十三五”规划，努力做到指导思想更明确，工作目标更科学，工作任务更具体，工作措施更可行。

三十七、昆明市委书记程连元提出把滇池治理作为“一把手”工程①

2015 年 8 月初，云南省昆明市委书记程连元率队实地调研滇池治理工作时强调，必须把滇池保护治理工作作为昆明市委、昆明市人民政府的首要任务和“一把手”工程，坚持依法治理滇池，把科学治理和严格管理结合起来，扎实抓好各项工作落实，坚决打赢这场战役，务必全胜。

① 蒋朝晖：《昆明市委书记程连元提出把滇池治理作为“一把手”工程》，http://sthjt.yn.gov.cn/zwxx/xxyw/xxywrdjj/201508/t20150807_91809.html（2015-08-07）。

程连元说，到昆明工作后的第一个调研，就选择滇池治理工作，是因为滇池治理意义重大、责任重大，做不好这项工作，对不起党中央、国务院和云南省委、云南省人民政府、全体昆明人民。

程连元强调，要把滇池治理和整个城市发展联系起来。滇池治理是一个系统工程，城市管理也是一个系统工程，滇池又居于重中之重。要牢固树立“量水发展、以水定城”的理念，根据水资源量和滇池保护治理的需要，对城市规划建设管理提出更严厉的约束条件，合理控制城市规模。要完善滇池治理法律法规，加大依法治理力度，严格执行和落实规章制度。

程连元要求，各级党委、人民政府要把滇池治理责任真正担起来、扛在肩上，相关部门要实现联动。千万不要认为滇池治理只是昆明市环境保护局、滇池管理局的事，各部门要主动上手，聚焦滇池治理，承担起各自职责，推动形成滇池保护治理的强大工作合力。

三十八、阳宗海环湖截污项目开工①

2015 年 12 月 2 日，阳宗海环湖截污项目正式开工，这标志着阳宗海流域水污染综合防治“十二五”规划全面完成。

昆明市人大常委会副主任郭子贞、昆明市副市长王道兴、昆明市政协常务副主席张建伟出席启动仪式。王道兴宣布阳宗海环湖截污项目启动。

启动仪式在阳宗海东岸明珠湾村举行，该项目是阳宗海水污染综合防治“十二五”规划的重点项目。项目包含总长 34 千米的截污干管工程、污水处理厂工程和阳宗集镇排水管网工程三个部分，计划总投资 8.8 亿元。整个项目分三期建设：一期工程主要实施 13.8 千米长的环湖截污东南段、南段及西南段截污干管和改扩建阳宗海污水处理厂，概算总投资 2.78 亿元，一期工程计划在 2017 年 6 月投入使用；二期工程主要实施阳宗集镇雨污水管网，阳宗海东北段、北段既有污水管道改造；三期工程主要实施阳宗海西段、阳宗和汤池集镇雨污水管网等。

2015 年是“十二五”规划的收官之年，也是昆明阳宗海风景名胜区成立 5 周年。“十二五”期间，阳宗海共投资 2.53 亿元，重点推进了阳宗海砷污染综合治理、含砷废水收集处理、地下污染水治理、入湖河道整治等一系列工程，完成了阳宗海流域水污染综合防治“十二五”规划项目 20 个，完工率 83.3%。通过综合治理，阳宗海湖体总体水质稳定在Ⅲ类。环湖截污项目工程，对于服务环湖企业、增强区域承载能

① 昆明市环境保护局：《阳宗海环湖截污项目开工》，http://sthjj.km.gov.cn/c/2015-12-03/2147046.shtml（2015-12 -03）。

力、加快阳宗海开发建设步伐、提升阳宗海的知名度和影响力，都具有十分重要的战略意义。

三十九、九大高原湖泊水污染综合防治工作座谈会在云南省环境保护厅召开①

2016年1月5日，云南省九大高原湖泊水污染综合防治领导小组办公室与云南省人民政府九大高原湖泊水污染综合防治督导组和云南省人民政府滇池水污染防治专家督导组（以下简称“督导组”）在云南省环境保护厅召开九大高原湖泊水污染综合防治工作座谈会。督导组组长晏友琼、秘书长程政宁，云南省九大高原湖泊水污染综合防治领导小组办公室主任张纪华、副主任贺彬，以及督导组成员、环境保护厅相关处室负责人参加会议。会议听取了九大高原湖泊水污染综合防治领导小组办公室主任张纪华关于2015九大高原湖泊水污染综合防治工作情况汇报，督导组秘书长程政宁介绍督导工作情况、相关成员发表的意见和建议，晏友琼组长作重要讲话。

四十、环境保护部组织国家有关部委对滇池治理工作进行核查②

2016年1月11—16日，环境保护部组织国家有关部委对滇池治理工作进行了核查。云南省环境保护厅贺彬副厅长陪同核查组对盘龙江清水通道工程、海东湿地、环湖截污、捞鱼河湿地、东大河环境整治、海口河整治、第八污水处理厂、船房河及永昌湿地等滇池治理“十二五”规划项目进行了现场检查。核查组对滇池“十二五”规划项目资料、水质监测资料进行了核查，核查结果显示，项目完成情况、水质达标情况与云南省上报的自检自查报告基本一致。1月16日，核查组召开了反馈会，会上核查组对滇池治理工作给予了肯定，同时指出滇池水环境质量仍需努力改善。核查组建议，要以改善环境质量为核心，建立健全生态环境保护长效机制，要强化领导主体责任，建立完善监管责任追究制度，要加强环境监管能力建设，适应环境保护工作新常态。

① 云南省环境保护厅湖泊保护与治理处：《九大高原湖泊水污染综合防治工作座谈会在省环保厅召开》，http://sthjt.yn.gov.cn/zwxx/xxyw/xxywrdjj/201601/t20160108_100949.html（2016-01-08）。

② 云南省环境保护厅湖泊保护与治理处：《环境保护部组织国家有关部委对滇池治理工作进行核查》，http://sthjt.yn.gov.cn/zwxx/xxyw/xxywrdjj/201601/t20160120_101349.html（2016-01-20）。

四十一、云南省环境保护厅湖泊保护与治理处组织召开省九大高原湖泊环境管理系统培训动员会①

2016 年 2 月 22 日，云南省环境保护厅湖泊保护与治理处组织召开省九大高原湖泊环境管理系统培训动员会。

为加强省九大高原湖泊保护治理工作，实现信息化管理，云南省环境保护厅委托有关单位开发了省九大高原湖泊环境管理系统。系统实现了云南省九大高原湖泊流域基础数据管理、水环境质量查询、水环境风险查询与预警、保护治理项目管理、目标责任制监管、环境保护专项资金申报、重大开发建设项目查询和移动终端应用等功能，以可视化的直观展现形式对九大高原湖泊环境管理信息进行综合展示，为九大高原湖泊的环境管理、综合治理和考评决策提供支撑。为确保系统尽快投入使用，云南省环境保护厅湖泊保护与治理处于 2016 年 2 月 22 日组织举办了云南省九大高原湖泊环境管理系统培训会。

四十二、昆明确定滇池治理目标 2020 年滇池水质主要指标达到Ⅳ类水标准②

2016 年 2 月，昆明市 2016 年滇池水污染防治暨草海治理攻坚工作推进会召开，昆明市委书记程连元在会议上提出，要突出重点，从六个方面奋力攻坚，力争到 2020 年，滇池水质主要指标达到Ⅳ类水标准。

程连元强调，滇池治理要抓住关键指标，合力攻坚、重点突破。加快推进主城污水处理厂、环湖截污工程及配套管网建设，强化对已建成污水处理等设施的运行监管，加大河道整治力度以确保主要入湖河道水质全部达标；重点保护环湖生态修复核心区，加强湖滨生态湿地的建设、管理、维护和监管，着力提升湖滨生态景观；优化滇池流域生产力和人口空间布局，加大农业产业结构调整和农业生产组织方式调整力度，深入开展农业污染和农村环境综合整治。

程连元还指出，要以河道综合整治、沿湖沿河生态湿地建设、水质净化厂水质提标为重点，采取有效措施大力提升草海及周边水环境质量；把国家《水污染防治行动计

---

① 云南省环境保护厅湖泊保护与治理处：《云南省环境保护厅湖泊处组织召开省九大高原湖泊环境管理系统培训动员会》，http://sthjt.yn.gov.cn/zwxx/xxyw/xxywrdjj/201603/t20160331_151152.html（2016-03-31）。

② 蒋朝晖：《昆明确定滇池治理目标 2020 年滇池水质主要指标达到Ⅳ类水标准》，http://sthjt.yn.gov.cn/zwxx/xxyw/xxywrdjj/201603/t20160301_104021.html（2016-03-01）。

划》和《云南省滇池保护条例》的要求贯彻落实到滇池保护治理工作各个环节，尽快制定出台配套措施。

四十三、昆明市“一湖两江”专家督导组调研盘龙区松华坝管理工作及滇池治理工作①

2016 年 4 月 14 日，昆明市“一湖两江”专家督导组到达盘龙区，并在盘龙区人政府听取盘龙区对松华坝管理工作及滇池治理工作的相关汇报。盘龙区政府钱副区长、盘龙区政府办工时王副主任、盘龙区环境保护局、盘龙区水务局分管领导参加了现场工作会。

会上盘龙区水务局、盘龙区环境保护局对盘龙区松华坝管理工作及滇池治理工作进行整体汇报。昆明市“一湖两江”专家督导组对盘龙区开展的工作进行发言交流，各专家对汇报中涉及的牧羊河支流鼠街河河道整治情况、鼠街河片区污水处理站、阿子营铁冲小流域进行实地查看，对盘龙区在松华坝管理工作及滇池治理工作中存在的问题提出了意见和建议。最后，盘龙区人民政府表态，将认真接纳专家意见，对工作中存在在问题全面落实分工，要求各相关职能部门及街道要加强配合，群策群力，按照专家组意见进行整改完善。

此外，盘龙区将继续深入开展松华坝管理工作，着力改善农村水环境质量，为水源区水质改善做出积极贡献，同时也为滇池治理和保护打下坚实基础。

四十四、昆明市委书记调研滇池治理工作时强调推动滇池治理提速提标提质②

2016 年 4 月，云南省委常委、昆明市委书记程连元率队调研滇池治理工作时强调，要继续把滇池治理作为头等大事，推动滇池治理提速提标提质，努力确保“十三五”时期确定的各项治理任务顺利完成。

程连元指出，昆明要与更多科研单位建立战略合作关系，充分发挥科研单位优势，加快促进科研成果转化，着力提升滇池治理的科学化水平。滇池草海区域水环境监测信息平台的建立，是运用信息化手段治理滇池的有效方法，为全市生态保护、城市管理工

① 昆明市环境保护局：《昆明市“一湖两江”专家督导组调研盘龙区松华坝管理工作及滇池治理工作》，http://sthjt.yn.gov.cn/zwxx/xxyw/xxywzsdt/201604/t20160415_151710.html（2016-04-15）。

② 蒋朝晖：《昆明市委书记调研滇池治理工作时强调推动滇池治理提速提标提质》，http://sthjt.yn.gov.cn/zwxx/xxyw/xxywrdjj/201604/t20160429_152196.html（2016-04-29）。

作做出了示范。要进一步完善监测系统，尽快实现对滇池流域整体生态环境的系统监测。要进一步加强数据的收集整合梳理，通过大数据分析，为滇池治理提供数据支撑。要进一步强化源头管理，加大污水处理力度，确保村庄污水达标排放。昆明主城区要保护好现有入湖河道，科学规划建设地下管廊，探索推进雨污分流。

程连元强调，滇池治理是一项系统工程，要坚持系统治理。把滇池治理纳入整个城市的生态系统、管理系统和社会治理系统，集中力量、统筹实施，协调配合、通力协作，确保滇池治理各项工作有序推进。坚持科学治理。继续做好勘探调查等基础性工作，综合运用工程技术、生物技术、信息技术、自动化控制等技术手段，提高治理效率，推动滇池治理提速提标提质。强化源头治理。严格控制面源污染，加大生态修复力度，加快恢复河道生态功能，不断改善入滇河道水质，逐步恢复滇池的自身洁净能力和生态功能。

四十五、玉溪市采取有效措施加强防范三湖水污染风险发生①

2016年5月20日，根据云南省九大高原湖泊水污染综合防治领导小组办公室《关于进一步采取有效措施防范九大高原湖泊水污染风险发生的通知》要求，玉溪市、县（区）两级政府高度重视、精心部署、细化措施、狠抓落实，切实做好防范“三湖”水污染风险发生有关工作。一是统一思想、提高认识，充分研判形势。针对目前抚仙湖水位低于最低蓄水位和星云湖、杞麓湖水质无明显改善的严峻形势，及时开展相关研究分析和专家咨询，充分研判水位下降导致蓄水量减少、自净能力下降等生态环境风险增大所面临的严峻形势，广泛听取意见，完善保护措施办法。二是加强领导、细化措施，强化保护管理。玉溪市成立了水污染风险防范工作领导小组，督促各责任部门认真履行环境保护“一岗双责”，加快推进保护治理项目建设、认真开展污染源隐患排查和整治、加大监管和执法力度、加强水资源调度和管理、强化沿岸环境卫生保洁和河道管理等，统筹推进水污染风险防范工作。三是密切监测、加强防备，严格控制风险。加强对入湖河道的重点区域、重点时段、入湖口的监测，加大水质监测密度，增设监测点，并做好水质舆情监测和水质变化预警；加强应急队伍建设，修订完善应急预案，提高预案的针对性、操作性和实用性，构建覆盖全流域的预案体系，严格控制风险。

① 云南省环境保护厅湖泊保护与治理处：《玉溪市采取有效措施加强防范三湖水污染风险发生》，http://sthjt.yn.gov.cn/zwxx/xxyw/xxywrdjj/201605/t20160520_153193.html（2016-05-20）。

四十六、丽江市加强程海和泸沽湖水污染风险防范工作[①]

2016 年 5 月 20 日，丽江市加强程海和泸沽湖水污染风险防范工作。为落实云南省九大高原湖泊水污染综合防治领导小组办公室《关于进一步采取有效措施防范九大高原湖泊水污染风险发生的通知》要求，丽江市加强程海、泸沽湖水污染防治和水资源调度，切实做好蓝藻水华发生防控工作。2016 年 1—3 月，程海水质保持Ⅳ类标准，但水位呈下降趋势，已成为威胁程海水质的重要因素；泸沽湖水质与 2015 年同期相比变化较小，各项指标稳定在地表水Ⅰ类标准限值内，流域水量收支大体平衡。针对程海、泸沽湖的水质、水位现状，丽江市一是积极推进程海、泸沽湖水污染综合防治重点项目实施。二是认真分析环境风险点，制定污染源排查方案。研究程海补水方案，制定了丽江市环境安全隐患排查整治方案，开展环境安全隐患排查整治，对排查出的各类环境问题依法处理并督促整改落实。三是深入宣传，营造氛围。通过组织开展“3・22 世界水日”“4・22 世界地球日”等活动为契机，开展多种形式的宣传活动，调动广大群众爱湖、护湖的积极性。四是加强污染治理设施监管，完善防范应急管理。通过明确污染治理设施的管理主体，加强农村环境保护基本技能培训，建立完善农村环境综合整治拖入和管理的长效机制，为治污设施正常运行管理增强后劲。同时，制定《程海防范水质下降风险发生实施方案》《泸沽湖突发环境污染事故预警应急预案》等，加强水环境风险防范及环境污染应急管理，进一步提升了程海、泸沽湖水污染防治与水环境保护能力。

四十七、昆明市多措并举预防滇池及阳宗海蓝藻水华发生[②]

2016 年 5 月 20 日，为预防滇池及阳宗海蓝藻水华发生。根据云南省九大高原湖泊水污染综合防治领导小组办公室《关于进一步采取有效措施防范九大高原湖泊水污染风险发生的通知》，昆明市人民政府高度重视，采取有力措施，加强滇池及阳宗海水位、水质情况分析，做好蓝藻水华监测。同时，在滇池流域，一是加强对违法排污行为整治。开展联合执法、区域执法、交叉执法，深入开展专项整治行动，严厉打击向滇池、入湖河道偷排污水、倾倒垃圾和乱占乱建等违法违规行为。二是加强河道整治及保洁。

① 云南省环境保护厅湖泊保护与治理处：《丽江市加强程海和泸沽湖水污染风险防范工作》，http://sthjt.yn.gov.cn/zwxx/xxyw/xxywrdjj/201605/t20160520_153194.html（2016-05-20）。

② 云南省环境保护厅湖泊保护与治理处：《昆明市多措并举 预防滇池及阳宗海蓝藻水华发生》，http://sthjt.yn.gov.cn/zwxx/xxyw/xxywrdjj/201605/t20160520_153195.html（2016-05-20）。

印发《昆明市全面推行滇池流域“河道三包”责任制的实施意见》，切实做好“河道三包”工作。三是加强湖滨生态湿地日常管理。督促沿湖县（区）政府（管委会）切实加强湿地管护和监管，为生态带植物可持续发展创造良好条件，最大限度发挥湿地生态功能和景观效益。在阳宗海流域，一是加快湖泊保护治理项目建设，保障污染治理设施正常运行。二是坚持防控并举，严格环境保护执法。保持高压态势，进一步加强污水厂、重点工业企业的人场监管及流域内在建项目的监管，严厉打击偷排、超排行为。三是加强河道管理，减少入湖污染。加大阳宗海主要入湖河道清洁保洁力度及入湖河道河口湿地管护力度，不定期开展保护宣传活动。四是加大水资源管理力度，维持水量平衡。进一步加大从外流域调水力度，建立和完善了水资源有偿使用制度为核心的节水管理制度，加强用水总量、用水效率、水功能区纳污总量控制。

四十八、云南探索高原湖泊保护和管理责任体系[①]

2016 年 10 月，由云南省环境保护厅主持，邀请有关专家对九大高原湖泊水污染防治督导组和云南省环境科学研究院共同完成的“九大高原湖泊保护和治理的监管责任体系研究”项目进行验收。经专家组论证，一致同意项目通过验收。

《九大高原湖泊保护和治理监管责任体系研究》项目，以十八大以来党中央提出的生态文明建设和实行最严格的环境保护制度为指导，紧紧围绕水环境质量改善和精准治污，系统梳理和深入分析云南省九大高原湖泊保护治理监管责任体系现状，探索建立和完善以领导管理体制、良性工作机制为主的湖泊环境领导责任体系的方法和途径，明确流域管理中各级政府、流域管理主体、环境保护和其他相关职能部门的责权关系。

结合《水污染防治行动计划》相关要求，该项目明确了“政府负责、流域统筹、环境保护监管、部门尽责、全民参与”的总体架构，形成完善湖泊流域保护和治理的监管责任体系构建、建立健全九大高原湖泊流域控制性环境总体规划体系制度、完善目标责任考核体系制度、创新优化流域管理协调机制、建立保护治理和管理运行经费保障机制等 6 条决策咨询建议。

专家组认为，《九大高原湖泊保护和治理监管责任体系研究》项目对优化云南省湖泊保护和管理手段，提高流域综合管理效率，改善体制的运行效果具有重要的决策支撑作用。

---

① 昆明市环境保护局：《云南探索高原湖泊保护和管理责任体系》，http://sthjj.km.gov.cn/c/2016-10-17/2147103.shtml（2016-10-17）。

四十九、云南省人民政府常务会议研究洱海保护治理工作①

2016年11月30日，云南省人民政府常务会议专题研究了洱海保护治理工作。会议指出，要时刻牢记习近平总书记的殷殷嘱托，牢固树立“共抓大保护、不搞大开发”的理念，党政同责，充分认清加强洱海保护治理的严峻形势，采取断然措施，开启抢救模式，切实抓好洱海流域水环境保护治理。会议强调，要以超常规手段，加强入湖河流治理和补水工程建设；结合城镇化和村庄改造，加快环湖村庄截污治污工程建设，缓解洱海周边人口对洱海的环境压力；加强对旅游服务设施的整治管理，遏制无序发展，该关停的坚决予以关停；加快洱海流域退耕还林、还湖、还草进度，做到应退尽退。要强化监管执法，对污染洱海行为“零容忍”；抓紧完善洱海保护治理“十三五”规划并迅速实施；加强洱海流域生态环境监测，群策群力，贯彻落实好新发展理念，坚守生态保护红线。

① 云南省环境保护厅湖泊保护与治理处：《省人民政府常务会议研究洱海保护治理工作》，http://sthjt.yn.gov.cn/gyhp/jhdt/201612/t20161202_162518.html（2016-12-02）。

第三章　云南环境保护专项整治史料

第一节　2011年环境保护专项整治史料

一、云南省召开电视电话会议启动2011年环境保护专项行动[①]

2011年3月28日，环境保护部、国家发展和改革委员会、工业和信息化部、监察部、司法部、住房和城乡建设部、国家工商总局等九部委联合召开了2011年全国整治违法排污企业保障群众健康环境保护专项行动电视电话会议。会上，环境保护部等九部委参会领导做了专题发言。云南省人民政府和段琪副省长，云南省环境保护厅、发展和改革委员会、监察厅、司法厅、住房和城乡建设厅等九部门领导，相关人员及媒体记者出席昆明分会场会议。全省各州（市）、县（区）共设130多个分会场，参会人员共3610人。

在会议结束后，云南省继续召开了全省环境保护专项行动电视电话会议，和段琪副省长做了动员讲话，就贯彻落实全国电视电话会议精神、结合实际开展云南省环境保护专项整治行动做了部署。会上，和段琪副省长强调，云南省2011年开展环境保护专项行动要切实抓好两个方面的工作：一是集中整治重金属排放企业环境违法行为。二是加强监管污染减排项目的建设和运营。全省各级有关部门要紧紧围绕这个两方面的工作，积极行动起来，认真贯彻全国电话会议精神，确保云南省2011年整治违法排污企业保

---

① 云南省环境保护专项行动联席会议办公室：《我省召开电视电话会议启动2011年环境保护专项行动》，http://sthjt.yn.gov.cn/hjjc/hbzxxd/201105/t20110511_12453.html（2011-05-11）。

障群众健康环境保护专项行动取得实效。并就开展好这次环境保护专项行动提出了五项措施：一要加强组织领导，密切分工协作。二要加强监督指导，严格考核检查。三要加强挂牌督办，完善案件管理。四加强综合整治，落实责任追究。五要加强舆论宣传，接受公众监督。

最后，和段琪副省长要求，2011 年是“十二五”的开局之年、起步之年，要深入贯彻落实科学发展观，加快转变经济发展方式，认真落实环境保护“一岗双责”制度，重点解决危害群众健康和影响可持续发展的突出环境问题，重点整治重金属污染问题，严厉打击环境违法行为，坚决遏制重金属污染事件频发势头，保障人民群众身体健康。各级政府要按照国务院的要求，继续把深入开展环境保护专项行动作为重要工作内容抓实抓好，抓出成效；加强领导，完善工作制度，制定具体实施方案，各部门要加强协调配合，定期协商、联合办案，共同打击环境违法行为，做到查处到位、整改到位、责任追究到位。

二、云南省环境保护厅对安宁铅酸蓄电池企业开展专项调研①

2011 年 4 月 7 日，为落实好 2011 年全国整治违法排污企业保障群众健康环境保护专项行动电视电话会议精神，继 3 月份对沿江、沿边出境断面重金属问题专项调研后，云南省环境保护厅杨志强副厅长再次带领云南省环境保护厅污染防治处、环境监察总队、昆明市环境保护局和安宁市环境保护局一行 14 人，对安宁市 4 家铅酸蓄电池企业进行了专项调研和检查。

杨副厅长一行共实地察看了昆明泰瑞通电源技术有限公司安宁分公司、昆明安宁蓄电池厂、昆明安宁精密铸件厂、安宁市鸿昊废旧电瓶处理场 4 家蓄电池企业，其中，主要从事蓄电池生产组装企业 2 家，主要从事废旧蓄电池回收、拆解并再生铅企业 2 家。通过现场检查、查阅相关资料、询问企业负责人和生产一线工人，杨副厅长仔细全面地了解了铅酸蓄电池加工（含电极板）、组装、回收、拆解，以及再生铅的工艺流程和污染节点，现场讲解了铅酸蓄电池回收拆解，以及再生铅的技术规范和环境保护要求。同时，他指出了 4 家蓄电池企业普遍存在的突出环境问题：一是经营不具合法性，4 家企业中有 3 家未办理危险废物经营许可证。二是铅尘、铅膏和废酸液等危险废物处理处置不符合规范，存在外排污染隐患。三是这些企业普遍存在规模小、设备简陋、污染治理设施不完善、管理制度跟不上等问题。最后，他要求昆明市和安宁市环境保护局，针对

① 云南省环境保护专项行动联席会议办公室：《省环保厅对安宁铅酸蓄电池企业开展专项调研》，http://sthjt.yn.gov.cn/hjjc/hbzxxd/201105/t20110511_12454.html（2011-05-11）。

检查发现的问题，及时下达停产整治通知，督促蓄电池企业严格落实国家相关法律法规和2011年环境保护部等九部委在电视电话会议上的“六个一律”要求，认真整改，彻底消除重金属污染隐患，达不到要求的不得复产。

杨副厅长同时要求全省21家铅酸蓄电池企业涉及的州（市）环境保护局，立即开展全面彻底检查，实行严格的环境执法措施，切实加大查处力度，建立完善铅酸蓄电池监督检查台账，定期开展现场监督检查，切实把铅酸蓄电池企业管好管住。

三、云南省召开2011年环境保护专项行动第一次联席会议①

2011年4月22日，为深入开展2011年云南省整治违法排污企业保障群众健康环境保护专项行动，云南省发展和改革委员会、监察厅、司法厅、环境保护厅、住房和城乡建设厅等九部门，在云南省环境保护厅召开了云南省2011年环境保护专项行动领导小组第一次联席会议，专题讨论研究了《云南省2011年整治违法排污企业保障群众健康环境保护专项行动实施方案》。

会议由云南省环境保护厅副厅长、环境保护专项行动领导小组办公室主任杨志强主持，会上，各成员单位根据本部门的职责，对上述实施方案进行了修改、补充完善，确定了省级挂牌督办事项。

最后，会议要求环境保护专项行动领导小组各成员单位做好实施方案会签工作，并及时下发。

四、云南省将全省铅酸蓄电池行业企业列为省级挂牌督办事项②

2011年4月28日，云南省环境保护厅、发展和改革委员会、监察厅、司法厅、住房和城乡建设厅等九部门联合印发《云南省2011年整治违法排污企业保障群众健康环境保护专项行动实施方案》，将全省铅酸蓄电池行业企业列为省级挂牌督办事项。要求以楚雄彝族自治州、昆明市、红河哈尼族彝族自治州、曲靖市、大理白族自治州为重点，凡是未办理环境影响评价审批手续或手续不全的，污染治理设施不完善的，超标排污的，选址不当或卫生防护距离不够的，未执行危废经营许可及转移联单制度等，一律停产整治，限期于2011年6月30日前完成整改，不能完成的一律关闭。

---

① 云南省环境保护专项行动联席会议办公室：《云南省召开2011年环境保护专项行动第一次联席会议》，http://sthjt.yn.gov.cn/hjjc/hbzxxd/201105/t20110511_12455.html（2011-05-11）。

② 云南省环境保护专项行动联席会议办公室：《云南省将全省铅酸蓄电池行业企业列为省级挂牌督办事项》，http://sthjt.yn.gov.cn/hjjc/hbzxxd/201106/t20110602_12456.html（2011-06-02）。

在此之前，云南省环境监察总队结合对昆明市、楚雄彝族自治州铅酸蓄电池企业现场督查情况，要求昆明安宁精密铸件厂等 15 家铅酸蓄电池企业停产整改，彻底消除重金属污染隐患，达不到国家“六个一律”要求不得恢复生产。同时要求全省 16 个州（市）认真排查，不得漏查任何一家铅酸蓄电池企业，发现问题的坚决督促企业在规定时间内完成整改。

五、云南省召开 2011 年环境监察工作会议进一步部署 2011 年环境保护专项行动工作①

2011 年 5 月 6—7 日，云南省在德宏傣族景颇族自治州芒市召开了云南省环境监察工作会议。会议的主要内容是认真贯彻落实全国环境执法工作会议及全省环境保护工作会议精神、总结“十一五”时期环境监察工作，研究部署“十二五”时期及 2011 年环境监察工作任务，安排 2011 年全省环境保护专项行动，落实重金属污染防治规划编制实施等有关问题。会上，杨志强副厅长对全省环境监察工作做了重要指示，并对云南省 2011 年环境保护专项行动省级挂牌督办事项提出了具体要求。

会议强调，在开展 2011 年全省环境保护专项行动中，一是要加大对云南省涉及重金属重点区域和重点行业的督查督办力度。二是昆明市、曲靖市、文山壮族苗族自治州、保山市、玉溪市等 7 个重点州（市）环境保护局，要尽快组织实施昆明市东川区等 11 个重点区域的综合防治规划。重点推进藤条江流域、南盘江、沘江、螳螂川等流域重金属排放企业环境违法整治工作。三是加强对云南省纳入国家规划的 358 家重金属污染物排放企业的监管，严厉打击环境违法行为。四是对全省铅酸蓄电池行业企业环境污染问题整治、红河哈尼族彝族自治州个旧市卡房大沟片区采选企业环境综合整治、红河哈尼族彝族自治州境内藤条江流域采选企业环境综合整治、牛栏江流域云南龙蟒磷化工有限责任公司环境问题整治、云南云维集团有限公司 4.8 万吨/日污水处理减排项目存在问题整治 5 个省级挂牌督办事项进行督查，严格按照规定，按时完成整治和验收工作。五是要按照《云南省人民政府关于全面推行环境保护“一岗双责”制度的决定》要求，继续把深入开展环境保护专项行动作为重要工作内容，明确责任，制订具体实施方案。六是要切实加强环境保护专项行动的督办督查。各地要继续将群众反映强烈、污染严重、影响社会稳定的典型环境污染问题作为重点，分批进行挂牌督办，落实相关责任，做到处理到位、整改到位、责任追究到位，挂牌督办结果要向社会公布。

---

① 云南省环境保护专项行动联席会议办公室：《云南省召开 2011 年环境监察工作会议进一步部署 2011 年环境保护专项行动工作》，http://sthjt.yn.gov.cn/hjjc/hbzxxd/201106/t20110602_12457.html（2011-06-02）。

六、安宁市环境保护专项行动打击违法排污不手软[①]

2011 年，安宁市环境保护局结合环境保护专项行动，积极配合昆明市公安局水上治安分局民警依法对安宁的三家废旧塑料加工作坊进行了查处，强制拆除了加工作坊所使用的临危建筑，并对其负责人予以治安拘留处罚，该案件的查处极大地震慑了环境违法行为，真正体现了安宁市“一次违法排污，永久退出市场”的治污理念，更是安宁环境保护部门铁腕治污的又一范例。

长期以来，守法成本高、违法成本低一直是打击环境违法行为的瓶颈，对此，安宁环境保护部门一方面主动为企业的污染防治献谋献计、排忧解难，积极引导企业自觉建立清洁生产的长效机制；另一方面，注重培育市场引导力、组织社会参与力、运用法制规范力，严格杜绝“企业污染、老板发财、百姓遭殃、政府买单”的现象出现，在环境保护方面切实做到强势发动、强力推进、强制规范、强行入轨，当发现企业违法排污时一律依法严厉打击，决不手软。2011 年，安宁市环境保护部门以污染源拉网式普查及整治为抓手，不断加强环境执法力度，严肃查处了各种环境违法行为，切实维护了人民群众的根本利益。

七、昆明市对辖区省级挂牌督办事项进行后督察，挂牌督办工作效果明显[②]

2011 年 5 月，为落实好云南省级挂牌督办事项的要求，确保 2011 年环境保护专项行动工作顺利开展，昆明市环境保护专项行动领导小组按照云南省 2011 年整治违法排污企业保障群众健康环境保护专项行动省级挂靠督办要求，对辖区内的省级挂牌督办的环境违法问题开展了后督察，重点对省级挂牌的铅酸蓄电池企业督办事项进行后督察，经过一个多月在全市对蓄电池企业开展全面督察，铅酸蓄电池企业整改工作取得明显成效。

按省级督办要求，云南省级挂牌督办的蓄电池企业限于 2011 年 6 月 30 日前完成整改，对此，昆明市环境保护专项行动领导小组及时向各县（市、区）印发了《关于在全市范围内进一步核查铅酸蓄电池企业并查处环境违法行为的通知》，要求各县（市、区）对辖区内的铅酸蓄电池进行全面排查，同时明确昆明市环境保护专项行动领导小组

---

① 云南省环境保护专项行动联席会议办公室：《安宁市环境保护专项行动打击违法排污不手软》，http://sthjt.yn.gov.cn/hjjc/hbzxxd/201106/t20110602_12458.html（2011-06-02）。

② 云南省环境保护专项行动联席会议办公室：《昆明市对辖区省级挂牌督办事项进行后督察，挂牌督办工作效果明显》，http://sthjt.yn.gov.cn/hjjc/hbzxxd/201106/t20110627_12459.html（2011-06-27）。

对省级挂牌企业开展后督察。经过督察，昆明市 7 家铅酸蓄电池企业均已停产。其中，嵩明县东风有色金属加工总厂已停产多年，生产设备已拆除，呈贡大顺五金厂已停产，正在拆除生产设备。其余 5 家蓄电池企业均在投入资金对存在的问题进行整改，昆明安宁蓄电池厂整改工作计划 2011 年 6 月 10 日完成，昆明泰瑞通电源技术有限公司安宁分公司整改工作计划2011年6月中旬完成。督察组针对蓄电池企业存在的问题，提出了进一步整改要求，整改工作验收不合格的企业一律不得恢复生产，对不能完成整改任务的企业，将实施关停。

八、楚雄彝族自治州开展对重污染企业专项整治取得明显成效①

2011 年，楚雄彝族自治州环境保护局在 2011 年整治违法排污企业保障群众健康环境保护专项行动中，结合本地实际，对全州高钛渣、铬渣、蓄电池企业、磷化工等重污染企业开展专项检查，重点对回收废旧蓄电池生产再生铅和蓄电池生产企业进行检查。共检查企业 46 家，其中铅酸蓄电池企业 8 家，其他企业 38 家。对 15 家企业下发了环境保护限期整改通知，此次专项整治取得了明显效果。

在 2011 年 3 月 28 日国家环境保护部等九部委联合召开了 2011 年全国整治违法排污企业保障群众健康环境保护专项行动电视电话会议以后，楚雄彝族自治州政府及时组织州、县（市）两级环境保护部门多次对全州辖区内的铅酸蓄电池企业进行督查督办。4 月 7 日，州环境保护局组织对禄丰县铅酸蓄电池企业开展全面检查，针对检查中发现的问题，对 7 家铅酸蓄电池和再生铅企业发出了环境保护限期整改通知；4 月 20 日，楚雄彝族自治州环境保护局对全州就检查中发现的问题，向相关县、市发出《楚雄彝族自治州环境保护局关于加强回收废旧铅酸蓄电池生产再生铅企业和蓄电池生产企业环境监管的函》，同时对检查中发现的问题提出了处理意见和建议。

九、国家督查组对云南省 2011 年环境保护专项行动开展情况进行督查②

2011 年 6 月 29 日—7 月 1 日，根据 2011 年全国环境保护专项行动部际联席会的统一部署，由司法部、环境保护部组成的第三联合督查组，对云南省 2011 年环境保护专

① 云南省环境保护专项行动联席会议办公室：《楚雄州开展对重污染企业专项整治取得明显成效》，http://sthjt.yn.gov.cn/hjjc/hbzxxd/201107/t20110727_12461.html（2011-07-27）。

② 云南省环境保护专项行动联席会议办公室：《国家督查组对云南省 2011 年环境保护专项行动开展情况进行督查》，http://sthjt.yn.gov.cn/hjjc/hbzxxd/201107/t20110727_12460.html（2011-07-27）。

项行动第一阶段开展情况进行了督查。

督查组听取了云南省环境保护专项行动第一阶段工作进展情况汇报，查阅了相关资料，并深入到昆明等地区进行督查。在环境保护部西南督查中心对昆明市、楚雄彝族自治州、红河哈尼族彝族自治州三州（市）预督查的基础上，督查组重点对昆明市、红河哈尼族彝族自治州的 6 家铅蓄电池企业进行了现场抽查，并反馈了督查意见，对云南省开展环境保护专项行动取得的成绩予以了肯定，对存在的问题提出了要求。截至 2011 年7月，云南省21家铅蓄电池生产企业和再生铅企业全部已停产整治，其中楚雄彝族自治州 2 家达不到整改要求的企业已实施了关闭，重点行业重金属污染防治工作和总量减排工作也正在有序推进，第一阶段环境保护专项整治工作成效明显。

十、玉溪红塔区环境保护专项行动效果明显[①]

2011 年 7 月 11 日，为改善环境质量，保障人民群众身体健康，自 2011 年以来，玉溪红塔区环境保护局紧紧围绕污染物减排工作和重金属监察工作，加大环境执法力度，扎实开展整治违法排污企业保障群众健康环境保护专项行动，严厉打击各种环境违法行为。一是加大对国控、省控、市控重点企业和对重点行业、重点企业的污染治理设施运行情况开展定期检查，严厉打击不正常使用污染治理设施、偷排、超标排放等违法行为。二是加强对涉及重金属污染企业和化工企业的监察力度，对危险废物处置情况、转移联单制度落实情况进行了排查。三是加强对放射源使用单位和矿山尾矿库的专项检查，对放射源安全管理进行了整治，对矿山尾矿库环境安全隐患进行了深入排查。四是加大了建设项目环境影响评价制度落实情况的检查力度。通过专项整治，有效地打击了企业环境违法行为，确保了环境安全。

十一、云南省制定全省铅酸蓄电池企业复产条件[②]

2011 年 7 月 15 日，按照国家司局级督查组及云南省环境保护专项行动领导小组要求，为确保云南省铅酸蓄电池企业整改落实到位，云南省环境保护专项行动领导小组办公室制定印发了全省铅酸蓄电池企业恢复生产的六个条件。一是必须符合国家产业政策及《铅锌行业准入条件》。从 2005 年起坩埚炉熔炼再生铅已属于淘汰落后产能；从

---

① 云南省环境保护专项行动联席会议办公室：《玉溪红塔区环境保护专项行动效果明显》，http://sthjt.yn.gov.cn/hjjc/hbzxxd/201107/t20110727_12462.html（2011-07-27）。

② 云南省环境保护专项行动联席会议办公室：《云南省制定全省铅酸蓄电池企业复产条件》，http://sthjt.yn.gov.cn/hjjc/hbzxxd/201107/t20110727_12463.html（2011-07-27）。

2007年3月10日起，现有再生铅企业的生产准入规模应大于10000吨/年，改造、扩建再生铅项目，规模必须在2万吨/年以上，新建再生铅项目，规模必须大于5万吨/年。二是企业环境影响评价手续完备（含审批、试生产及验收）。按照《建设项目环境保护分类管理名录》的规定，凡是2008年10月1日以后建设的项目应编制环境影响评价报告书，2009年3月1日以后建设并经州（市）或县级审批的项目必须重新报请云南省环境保护厅审批。三是全面落实环境保护有关制度，环境保护设施必须按环境影响评价及批复要求建设到位，规模及效果应满足处理要求。四是必须依法达到卫生防护距离要求。严格依据《铅蓄电池厂卫生防护距离标准》（GB11659—89）及环境影响评价和批复要求，逐家核实防护距离，对不能依法达到卫生防护距离要求的，明确要求在规定期限内，要么搬迁居民，要么关闭企业。五是污染治理设施完善。做到雨污分流，生产废水及厂区内淋浴、洗衣等含铅生活废水必须全部收集，经配套的污水处理设施处理后循环使用不外排；铅烟、硫酸雾等废气要配套规范的废气收集处理设施；铅膏、污泥等危险废物要建设规范的“三防”危险废渣库妥善堆存，不得擅自外卖。六是具备危险废物经营资质。从事废旧蓄电池回收、再生铅的必须办理危险废物经营许可证，危险废物贮存规范，建立危险废物管理台账，执行危险废物转移联单制度；从事蓄电池加工（含极板生产）企业，铅膏等危险废物外卖必须执行危险废物转移联单制度。

以上六个复产条件必须全部满足，需要复产的只要任何一条达不到要求，不得恢复生产，逾期整改不了的，报请政府关闭。云南省铅酸蓄电池企业限于2011年9月30日前完成整改。

十二、云南省铅蓄电池企业专项整治成效显著[①]

在2011年环境保护专项行动中，云南省分步骤对全省铅蓄电池企业开展专项整治，取得明显成效。

一是责成全省铅蓄电池企业一律停产整治。把铅蓄电池行业企业整治作为2011年环境保护专项行动首要任务来抓，云南省严格执行国家六个“一律”的要求，对全省21家铅蓄电池企业进行省级挂牌督办，并一律停产整治。二是实行一企一策，制定严格整治和复产条件。云南省环境保护专项行动领导小组办公室制定了全省铅蓄电池企业恢复生产的六个条件，并要求铅蓄电池企业必须全部满足规定的六个复产条件，方可申

① 云南省环境保护专项行动联席会议办公室：《云南省铅蓄电池企业专项整治成效显著》，http://sthjt.yn.gov.cn/hjjc/hbzxxd/201108/t20110824_12464.html（2011-08-24）。

请复产验收，需要复产的铅蓄电池企业只要任何一条达不到要求，不得恢复生产，逾期整改不了的，报请政府关闭。三是制定了铅蓄电池企业菜单式现场监察记录。根据国家《铅蓄电池行业现场监察指南（征求意见稿）》，结合云南省实际，制定了《云南省铅蓄电池现场监察记录（试行本）》，初步解决了基层环境保护部门对铅蓄电池监察环节有遗漏的问题，提高了铅蓄电池现场监察的效果。四是开展了铅蓄电池企业监测工作。2011年第二季度组织完成了全省环境保护专项行动排查的铅蓄电池企业专项监督性监测工作。在21家企业中，因关闭、拆除、停产的11家企业未监测，另外10家企业临时复产开展监测，监测后继续停产。在10家开展废气监测的企业中，除祥云威龙电源科技有限责任公司铅及其化合物超出标准限值外，其他企业硫酸雾、铅及其化合物的平均浓度均达标。五是强化宣传、曝光典型。在环境保护专项行动中，积极召开新闻发布会，通报2011年环境保护专项行动工作进展情况，向新闻媒体公开曝光了全省铅蓄电池行业企业环境污染问题整治等五个省级挂牌督办事项，公布具体的整改时限、责任单位、完成目标等情况，营造了良好的社会氛围。按环境保护部要求，云南省把铅蓄电池加工、组装和回收（再生铅）企业名单、地址，以及产能、生产工艺、清洁生产和污染物排放情况在网上进行了公布。

通过对全省铅蓄电池企业分步骤实施专项整治，21家铅蓄电池企业，除关闭、拆除的4家企业外，其余17家企业均已停产整治。

十三、云南省开展危险废物环境风险大排查①

2011年，云南省人民政府决定在全省开展危险废物环境风险大排查专项行动，本次大排查以全省六大水系、九大高原湖泊、大中型水库流域及主要城镇集中式饮用水水源保护区为重点区域，以基础化学原料及化学品制造、重有色金属冶炼及采选、黑色金属冶炼及压延等工业行业为重点行业，重点排查年产生、贮存危险废物1吨以上的工业企业和列入国家重金属污染综合防治规划的358家重点监管企业。重点排查内容为危险废物产生、收集、贮存、处置、利用情况及可能存在的环境风险；危险废物种类、流向以及项目审批和环境影响评价执行情况；制定、执行应急预案和环境治理设施运行乃至排放达标情况；危险废物经营许可证申领和经营情况；危险废物贮存和处置设施符合国家相关标准的情况。云南省人民政府提出，要通过排查，查处一批典型违法案件，淘汰一批落后的危险废物产生、利用、处置单位。对发现的环境安全

① 云南省环境保护专项行动联席会议办公室：《云南省开展危险废物环境风险大排查》，http://sthjt.yn.gov.cn/hjjc/hbzxxd/201109/t20110930_12468.html（2011-09-30）。

隐患，限期整改；对不具备条件的生产经营企业，坚决停产整顿或依法关闭，确保人民群众生命财产安全。通过排查，摸清全省重点废物产生、利用、处置单位基本情况，建立危险废物管理长效机制，努力实现全过程规范化管理，有效控制危险废物环境风险。

十四、镇雄县环境保护局开展环境保护专项行动措施有力成效明显①

2011年，为确保镇雄县2011年整治违法排污企业保障群众健康环境保护专项行动各项任务的完成，镇雄县环境保护局结合全县排污企业分布面广点多的特点，制定了相应的七项整治措施，有力保障了全县环境保护专项行动全面开展，并取得了实效。

一是进一步强化对省、市重点督办企业的现场监管力度。重点对辖区内的华电集团镇雄电厂、五德电冶有限公司、牛场黎明化工有限公司、三合水泥厂四家企业开展了专项检查。二是进一步加大化工企业的现场监察频次。主要对全县64家煤矿、10家洗煤厂进行每月至少一次的现场监察。三是依法严厉打击环境违法行为。在开展环境保护专项行动专项检查中，对存在问题的6家环境污染较为严重的企业进行了行政处罚。四是着力解决损害群众利益的突出环境污染问题。加大对县城饮用水水源地开展每月一次的现场监察，有力保障的群众饮用水源的环境安全。在环境保护专项行动期间，全县共调解、终结环境污染纠纷36起，群众合法的环境权益得到了保障。五是深入探索赤水河、乌江水系（镇雄段）等流域污染防治。组织对赤水河、乌江水系（镇雄段）等流域内企业开展专项整治。六是进一步加大排污费的征收力度。在开展企业排污费专项检查中，对页岩砖厂、洗煤厂等31家排污单位征收排污费27.35万元。七是进一步加大环境保护法律、法规、规章等的宣传力度。

十五、云南省环境保护专项行动领导小组办公室对铅蓄电池行业开展后督察②

2011年10月10日，为了掌握云南省铅蓄电池企业落实《云南省环境保护厅关于铅蓄电池行业整治和验收恢复生产的通知》精神和整改进展情况，云南省环境保护专

---

① 云南省环境保护专项行动联席会议办公室：《镇雄县环境保护局开展环境保护专项行动措施有力成效明显》，http://sthjt. yn.gov.cn/hjjc/hbzxxd/201109/t20110930_12469.html（2011-09-30）。

② 云南省环境保护专项行动联席会议办公室：《云南省环境保护专项行动领导小组办公室对铅蓄电池行业开展后督察》，http://sthjt.yn.gov.cn/hjjc/hbzxxd/201111/t20111101_12470.html（2011-11-01）。

项行动领导小组办公室派出督察组，对楚雄彝族自治州、昆明等州（市）铅蓄电池企业开展了后督察。经督查，截至2011年10月14日，全省21家铅蓄电池企业中，4家企业已关闭、3家企业已拆、11家企业按要求停产整改、3家企业为了配合监测临时投入生产。

十六、红河哈尼族彝族自治州蒙自市开展重金属排放企业专项整治取得成效①

2011年10月，蒙自市环境保护局结合环境保护专项行动对重金属排放企业开展环境保护专项整治，取得了明显成效。

一是突出重点，综合整治。提高环境保护准入条件，下大力整治重点地区，重点打击重金属排放企业的违法建设行为，对未经环境影响评价审批的建设项目，一律停止建设和生产，督促重金属排放企业建立污染治理设施运行记录和日常监测制度，定期报告监测结果；促进企业提升污染治理水平，规范原料、产品、废物堆放场和排放口，建立和完善重金属污染突发事件应急预案；对重点企业开展清洁生产审核。二是进一步加大对重金属排放企业污染物排放现状及周边环境质量的监督性监测力度，建立重金属污染预警预报机制，全面监控重金属污染状况。严格规范重金属污染企业废渣、废水的处置。三是严肃查处重金属排放企业环境违法行为。为了全面排查涉铅、铬、汞、镉和类金属砷企业的生产状况，摸清辖区内重金属行业、企业污染物分布、排放、治理情况，蒙自市环境保护局先后三次对涉及重金属企业开展了专项检查，建立了《重金属污染企业专项检查情况汇总表》和《重金属污染企业专项检查企业情况明细表》，对重金属行业实施有计划、有步骤、有重点的环境检查，对三家违法排污的重金属排放企业进行了查处。四是加大落后产能的淘汰力度。严格执行国家产业政策，切实加快对钢铁、冶炼、水泥等行业存在的落后产能企业限期淘汰，并向社会公告。五是开展重金属污染企业环境执法后督查。蒙自市环境监察部门加强了对前期开展涉铅、铬、汞、镉和类金属砷企业的重点整改问题，以及重金属尾矿库环境污染隐患整改落实情况进行后督查，进一步巩固重金属排放企业污染整治工作取得的成效。

---

① 云南省环境保护专项行动联席会议办公室：《红河州蒙自市开展重金属排放企业专项整治取得成效》，http://sthjt.yn.gov.cn/hjjc/hbzxxd/201111/t20111101_12471.html（2011-11-01）。

第二节 2012年环境保护专项整治史料

一、云南省召开电视电话会议启动2012年环境保护专项行动[①]

2012年3月20日，环境保护部、国家发展和改革委员会、工业和信息化部、监察部、司法部、住房和城乡建设部等九部委联合召开了2012年全国整治违法排污企业保障群众健康环境保护专项行动电视电话会议。环境保护部周生贤部长对环境保护专项行动做了动员部署，并对开展好2012年的环境保护专项行动提出了具体要求。会上，环境保护部等九部委参会领导做了专题发言。云南省委常委、副省长李江，云南省环境保护厅、发展和改革委员会、监察厅、司法厅、住房和城乡建设厅等九部门领导，相关人员及媒体记者出席昆明分会场会议。全省设主会场1个，各州（市）设16个分会场，县（市、区）分会场134个，参会人员共4000余人。

在会议结束后，云南省继续召开了全省环境保护专项行动电视电话会议，李江副省长做了动员讲话，就贯彻落实全国电视电话会议精神、结合实际开展云南省环境保护专项整治行动做了部署。会上，李江副省长总结2011年全省专项行动后，指出2012年是国家连续组织开展“整治违法排污企业保障群众健康环境保护专项行动”的第10年，各地、各有关部门要高度重视，按照国家和云南省的统一部署，精心组织好环境保护专项行动。一是全面整治重点行业重金属排放企业环境违法问题，重点推进红河、南盘江、沘江、南北河、螳螂川等流域重金属排放企业环境综合整治工作。二是全面排查危险废物产生、利用、处置企业，严肃查处违法行为。三是继续加大对污染减排重点企业的监管力度。四是切实组织实施好2012年的挂牌督办事项。

李江副省长强调，一要加强组织领导，密切分工协作。各级政府要继续把深入开展环境保护专项行动作为2012年的重要工作内容，进一步加强组织领导，完善工作制度，制定具体实施方案，有序推进和落实各项重点工作。二要加强监督指导，严格考核检查。各级环境保护部门要落实责任制，制定督查工作方案，加强对挂牌督办环境案件整改落实情况的跟踪，加大对重点流域污染整治情况的检查力度，及时发现和纠正存在的问题，确保监督检查到位。三要加强挂牌督办，务必取得实效。各地一定要把挂牌督

① 云南省环境保护专项行动联席会议办公室：《我省召开电视电话会议启动2012年环境保护专项行动》，http://sthjt.yn.gov.cn/hjjc/hbzxxd/201204/t20120420_12474.html（2012-04-20）。

办事项办好、办实，做到查处到位、整改到位、责任追究到位，使这些问题真正得到解决，消除环境安全隐患，减少社会不稳定因素。省级和各州（市）环境保护专项行动领导小组要加大督办力度，推动挂牌督办事项取得实效。四要加强舆论宣传，接受公众监督。要充分发挥新闻媒体的作用，加大对环境保护法律法规和专项整治工作成效的宣传力度。建立公众监督机制，及时向社会公布环境保护专项行动进展情况、违法企业名单和典型环境违法案件查处的相关信息，充分保障公众的环境知情权、表达权、监督权和参与权。五要落实“一岗双责”，严格责任追究。结合云南省环境保护“一岗双责”制度，加强对重化工行业、重金属污染等企业的危险废物管理和隐患排查，锁定各级政府和企业的主体责任，明确各级行业主管等管理部门的管理责任，督促各级环境保护等监管部门履行监管责任，确保发现隐患及时整改，发现问题及时妥善处理，并严格追究责任。着力解决一批危害群众健康和影响可持续发展的突出环境问题，保护好生态环境，建设生态宜居的幸福家园。

二、云南省召开工作会议全面部署环境保护专项行动①

2012 年 3 月 28—30 日，云南省环境监察和污染防治工作会议在普洱市召开。会议回顾总结了 2011 年的工作，并对 2012 年的环境保护专项行动做了进一步安排部署。

云南省环境保护厅副厅长杨志强，普洱市政府副市长杨林，云南省 16 州（市）以及 18 个重点县（区、市）环境保护部门相关负责人共计 160 余人参加会议。

杨志强副厅长在会上强调：全省各级环境保护部门要认真贯彻落实第七次全国环境保护工作大会、2012 年全国环境保护工作会议和全国环境执法工作会议精神，紧紧围绕国务院整治违法排污，维护人民群众利益的专项行动电视电话会议精神，切实加强全省环境保护中心工作和重点任务，持续深入开展环境保护专项行动。

一是全面整治重点行业重金属排放企业环境污染问题。深入开展以重金属矿采选、冶炼为重点的重金属排放企业的排查整治。一方面要继续推进云南省重点流域重金属污染治理，全面排查红河、南盘江、沘江、南北河、螳螂川等流域的重金属污染源，切实采取有效措施，确保重金属污染的状况得到明显改善；另一方面要进一步强化涉及重金属企业的监管，强化生产全过程监管，督促企业完善各类突发事件应急预案并加强演练，防止发生次生环境污染事件。对于涉及重金属企业的排查，要严格执行国家“六个一律”的要求。

① 云南省环境保护专项行动联席会议办公室：《我省召开工作会议全面部署环境保护专项行动》，http://sthjt.yn.gov.cn/hjjc/hbzxxd/201204/t20120420_12473.html（2012-04-20）。

二是全面排查危险废物产生、利用、处置企业，严肃查处违法行为。2012 年危险废物排查主要有两个重点：（1）对危险废物产生单位进行全面排查、对危险废物转移管理制度执行情况进行全面排查、对危险废物处置利用企业进行全面排查。（2）深刻汲取曲靖陆良铬渣污染事件的教训，各地要结合全省危险废物环境风险大排查，对照“全面查清底数、全面打准风险源、查处一批典型案例、建立完善危险废物环境监管体系”四个工作目标，查缺补漏，巩固成果，认真开展好 2012 年危险废物产生、利用、处置企业的排查整治工作。

三是继续加大污染减排重点企业的监管力度。要继续加快城镇污水处理设施建设，加强建成投运的城镇污水处理厂和各类工业园区污水处理厂日常监督检查；要继续强化火电行业燃烧机组脱硫、脱硝设施建设和运行维护监管；要深入推进畜禽养殖业和机动车的减排。

杨志强副厅长强调，各州（市）政府要把继续深入开展环境保护专项行动作为重要工作内容，进一步加强政府主管负责同志牵头、各相关部门参加的环境保护专项行动领导小组的领导，做到明确责任，完善工作制度，制定具体实施方案，落实各项重点工作。

三、云南省环境保护厅集中约谈大型国有企业①

2012 年，云南省环境保护厅根据本省连续三年干旱以及涉及重金属企业较多的实际，切实加大火电企业及涉重金属企业的监管力度。从 2012 年 3 月开始，结合环境保护专项行动工作的开展，先后约谈 5 家涉及重金属企业和全省所有 8 家 30 万千瓦以上机组火电企业，明确要求上述企业进一步提高认识，加强学习，严格执行环境法律、法规，做好环境保护有关工作，为改善云南省大气、水环境质量发挥积极作用。

根据云南省环境保护厅领导要求，云南省环境监察总队会同云南省环境保护厅相关处室先后三次组织召开了约谈会。约谈内容主要是通报企业存在的主要问题、环境保护部门查处情况及提出下一步整改的要求和建议。对环境违法问题突出、屡查屡犯、对当地环境造成较大影响的 3 家企业，云南省环境监察总队在依法给予 170 万元行政处罚的同时，还对企业负责人实施约谈，并对当地州（市）人民政府进行了约谈。

经过约谈，各个企业均表示将依照国家有关法律、法规的规定，严格执行环境法

---

① 云南省环境保护专项行动联席会议办公室：《云南省环境保护厅集中约谈大型国有企业》，http://sthjt.yn.gov.cn/hjjc/hbzxxd/201205/t20120514_12476.html（2012-05-14）。

律、法规，增强环境意识，尽到企业对社会和公众的环境责任，切实保障人民群众环境权益。

四、个旧市组织人大代表调研督查环境保护专项行动①

2012 年 5 月 17—18 日，个旧市人大常委会组织部分州、市人大代表，对云南省重金属污染防控重点的个旧市开展环境保护专项行动，主要对重金属污染治理工作情况、存在的主要困难和问题进行了现场调研和督查。

代表们在听取个旧市委常委、市人民政府副市长杨明志代表个旧市人民政府的专题汇报后，分别到了锡城镇、大屯镇、鸡街镇进行了调研，听取了三个乡镇的汇报，并实地察看了个旧市恒博经贸有限公司、云南乘风有色金属股份有限公司、红河哈尼族彝族自治州红铅有色化工股份有限公司开展重金属污染治理工作情况。

在调研结束后，代表们一致认为，自开展环境保护专项行动以来，个旧市委、市人民政府高度重视，按照省、州的相关要求，全力推进重金属治理防治工作，制订的《个旧市重金属污染综合防治“十二五”规划（2011—2015 年）》及相关方案可行，取得了一定的成绩，同时对下一步如何开展好重金属专项整治工作提出了三点建议：

一是要加大宣传力度。要将重金属污染防治工作的意义、政策、措施宣传到位，增强企业的法制意识、环境保护意识和社会责任感，使重金属污染防治工作更深入人心。

二是要严格按照《个旧市重金属污染综合防治“十二五”规划（2011—2015 年）》开展好专项整治工作，并在整治过程中对证照不齐全的企业要坚持给予取缔。

三是在整治过程中，要相应做好业主们的稳定工作。

五、环境保护部环境监察局领导调研督查云南环境保护专项行动②

2012 年 5 月 21—25 日，环境保护部环境监察局陈善荣副局长、阎景军处长等领导对云南省环境保护专项行动工作开展情况进行了现场调研和督查。

陈副局长一行在云南省环境监察总队黄杰的陪同下，先后对云南省曲靖市、文山壮族苗族自治州、红河哈尼族彝族自治州的部分县（市）进行了现场调研，听取了当地政

① 云南省环境保护专项行动联席会议办公室：《个旧市组织人大代表调研督查环境保护专项行动》，http://sthjt.yn.gov.cn/hjjc/hbzxxd/201206/t20120604_12479.html（2012-06-04）。

② 云南省环境保护专项行动联席会议办公室：《环保部环监局领导调研督查云南环境保护专项行动》，http://sthjt.yn.gov.cn/hjjc/hbzxxd/201206/t20120604_12480.html（2012-06-04）。

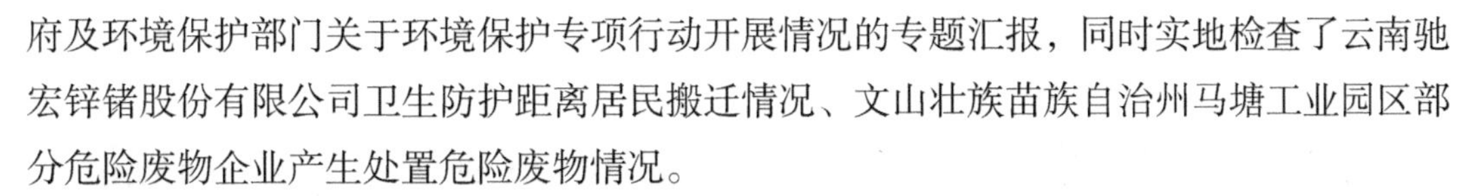

府及环境保护部门关于环境保护专项行动开展情况的专题汇报，同时实地检查了云南驰宏锌锗股份有限公司卫生防护距离居民搬迁情况、文山壮族苗族自治州马塘工业园区部分危险废物企业产生处置危险废物情况。

调研督查结束后，陈副局长对云南结合涉及重金属企业较多积极谋划、重点督办等做法给予了充分肯定。同时对下一步如何开展好环境保护专项行动以及环境监察稽查工作提出了几点要求：

一是要认真吸取陆良铬渣污染的教训，继续把重金属污染整治作为云南省环境保护专项行动的重点，严格按照国家“六个一律”要求扎实开展环境保护专项行动工作。

二是针对云南涉及重金属企业较多的实际，全面排查危险废物产生、利用、处置企业，严肃查处违法行为。

三是国家在2010—2011年试点的基础上，2012年全面展开环境监察稽查工作，要求云南认真组织实施，进一步规范云南环境监察和行政处罚工作。

六、云南省紧密结合环境保护专项行动全面部署环境安全百日大检查①

2012年5月28日，云南省环境保护厅组织有关处室和相关直属单位在收看完环境保护部召开的全国环境安全百日大检查视频会议后，接着召开了全省环境保护系统视频会，就云南省如何开展活动进行了具体部署，王建华厅长亲自参加了视频会议，并要求重点州（市）安排人员到北京参加培训回来开展工作。杨志强副厅长做了专题部署，杨副厅长要求各州市环境保护局要从讲政治的高度，将这次环境保护安全百日大检查活动当作确保十八大胜利召开的政治任务来完成。

杨副厅长指出，云南要从实际情况出发，着重对重点行业、重点企业，尤其是出过事故、受过处罚的企业，以及对饮用水水源地有影响的企业、群众反映强烈的环境污染问题进行重点检查；要紧密结合2012年正在开展的环境保护专项行动，同时将2011年组织开展的重金属排查、危险化学品排查等相关工作有机结合起来，把环境污染重大事件消除在萌芽状态。

杨副厅长要求各州（市）要精心组织，确实加强组织领导，确保大检查活动取得实效。对制度不健全、工作不落实、措施不得力的地区、部门、企业和工作人员要通报批评，对由于工作失职、排查不到位而导致隐患化解不及时、造成重大环境应急事件的要

① 云南省环境保护专项行动联席会议办公室：《云南省紧密结合环境保护专项行动全面部署环境安全百日大检查》，http://sthjt.yn.gov.cn/hjjc/hbzxxd/201206/t20120604_12481.html（2012-06-04）。

严肃追究责任。

七、云南省首家年处理危废 3.4 万吨的危险废物处置中心投运①

2012 年，昆明市危险废物处理处置中心正式投运。投运当天，昆明危险废物处理处置中心就已经和 451 家涉危废企业达成签约协议，并实际收储各类危险废物约 1000 吨。

昆明危险废物处理处置中心设计处置各类固体废物 34000 吨/年，主要是针对昆明市及其周边地区产生的除医疗废物以外的各类危险废物，经统计有 47 大类，共 600 多种。

该中心处置危险废物的方法主要有三种，即焚烧处理、稳定化固化填埋处理和物化污水处理，不同类型的废物将采用不同的工艺处置。整个处理过程不仅规范、安全，而且处置中所产生的废水通过处理能实现中水回用，诸如含油废液、废乳化液等经综合利用车间处理，也能实现资源循环使用。在高温焚烧尾气处理系统中安装的 24 小时在线监测系统，也确保了气体达标排放，对周边环境零污染。

八、云南省环境保护重点工作推进会提出攻坚克难抓减排②

2012 年 10 月，云南省 2012 年环境保护重点工作推进会在西双版纳傣族自治州召开。云南省环境保护厅副厅长杨志强、左伯骏、高正文、张志华及各州（市）环境保护局长等领导出席了会议。会议提出，冲刺第四季度，攻坚克难，以“六厂（场）一车”为重点，全力以赴打好污染减排这场硬仗。截至 2012 年 8 月 31 日，云南省 472 个省级重点减排项目已完成 109 个。

会议提出，云南省要继续把污染减排作为转变发展方式和改善环境质量的重要抓手，严格落实减排目标责任制，扎实推进重点领域工程减排，突出结构减排，充分发挥管理减排的导向性作用。挖掘减排潜力，继续加快淘汰落后产能，实施节能减排发电调度。

会议要求，加大对电力、水泥等重点行业脱硝工程建设进度的督促协调力度，确保 2012 年建成投运 20 个氮氧化物减排工程；对 8 个运行不正常的城镇污水处理厂进行整改，有效消化化学需氧量、氨氮新增量；促进养殖业向清洁养殖方式转变，向农业源减

① 云南省环境保护专项行动联席会议办公室：《云南省首家年处理危废 3.4 万吨的危废中心投运》，http://sthjt.yn.gov.cn/hjjc/hbzxxd/201209/t20120924_35863.html（2012-09-24）。

② 云南省环境保护专项行动联席会议办公室：《云南省环保重点工作推进会提出攻坚克难抓减排》，http://sthjt.yn.gov.cn/hjjc/hbzxxd/201211/t20121102_36241.html（2012-11-02）。

排要效益。确保《2012 年云南整治违法排污企业保障群众健康环境保护专项行动方案》落到实处，取得实效。

会议强调，要采取有力措施完成重点监控企业污染源自动监控设施建设任务，狠抓重点监控企业自动监控设施建设验收，加强已投运自动监控设施监督考核。

第三节　2013 年环境保护专项整治史料

一、云南省环境保护厅等七厅委局联合开展环境保护专项行动①

2013 年 6 月 17 日，云南省环境保护厅、发展和改革委员会、工业和信息化委、司法厅、住房和城乡建设厅、工商局和安全监管局联合印发《关于 2013 年开展整治违法排污企业保障群众健康环境保护专项行动的通知》（以下简称《通知》），决定 2013 年 6—11 月在云南省组织开展整治违法排污企业保障群众健康环境保护专项行动（以下简称“环境保护专项行动”）。

2013 年环境保护专项行动的重点任务：一是查处群众反映强烈的大气污染和废水污染地下水的环境违法问题。加强对电力企业（包括企业自备电厂）燃煤机组、钢铁、水泥企业和燃煤锅炉除尘、脱硫设施运行的监管，严查二氧化硫、氮氧化物、烟（粉）尘超标排放的违法行为。加大对企业废水排放的排查力度，严查利用暗管、渗井（旱井）、渗坑（坑塘）、裂隙和溶洞排放、倾倒包含有毒污染物废水的违法行为。加强对城镇污水处理厂等污染治理企业的监督检查。二是集中开展涉铅、汞、镉、铬和类金属砷等重点行业的“回头看”活动。重点看“六个一律”整治要求落实情况和企业主体责任落实情况。三是全面排查整治医药行业环境污染问题。严肃查处医药企业超标排放、偷排漏排、采用非法手段转移偷排废水、违反危险废物管理规定等环境违法行为。督促企业正常运行污染治理设施，组织开展清洁生产审核。建立健全企业内部危险废物管理制度，严格管理危险废物的贮存、转移、处置环节。开展安全生产标准化创建工作，完善相关管理制度，落实安全生产责任。四是进一步加大城市河流型集中式饮用水水源地保护工作力度。

2013 年对以下五个重点区域及企业实行省级挂牌督办。（1）10 家污水处理厂未运

---

① 云南省环境保护专项行动联席会议办公室：《云南省环境保护厅等七厅委局联合开展环境保护专项行动》，http://sthjt.yn.gov.cn/hjjc/hbzxxd/201307/t20130704_39422.html（2013-07-04）。

行、超标排放、擅自停运污水处理设施的问题。（2）云南泽昌钛业有限公司环境违法问题。（3）东川区小江流域污染整治问题。（4）宣威羊场片区污染整治。（5）安宁市永昌钢铁有限公司 2×125 平方米烧结机烟气脱硫工程。

《通知》要求州（市）环境保护专项行动领导小组进一步完善部门分工协作工作机制，健全联合执法机制。加大重点区域、行业、企业监督检查力度，对排查不到位、整治工作没有实质进展的，公开点名批评，约谈地方人民政府或有关部门主要负责人；对环境违法案件没有查处、隐瞒案情、包庇纵容违法行为的，依法依纪严肃追究相关人员的责任；对群众反映强烈、社会影响恶劣的重大环境污染问题和环境违法案件，实行挂牌督办，督促其查处到位、整改到位、责任追究到位；对经整改仍不到位、突出问题没有得到有效解决的，实施限批。加强信息公开，及时发布环境保护专项行动进展情况、查处情况、挂牌督办案件等相关信息，公开曝光恶意违法排污行为和典型违法案件。

二、云南省召开环境保护专项行动电视电话会议①

2013 年 6 月 26 日，环境保护部、国家发展和改革委员会、工业和信息化委员会、司法部、住房和城乡建设部等七部委联合召开了 2013 年全国整治违法排污企业保障群众健康环境保护专项行动电视电话会议。环境保护部翟青副部长对环境保护专项行动做了动员部署，并对开展好 2013 年的环境保护专项行动提出了具体要求。会上，环境保护部等七部委参会领导做了专题发言。云南省环境保护厅、发展和改革委员会、工业和信息化委员会、司法厅、住房和城乡建设厅等七部门领导，相关人员及媒体记者出席主会场会议。全省设主会场 1 个，各州（市）设 16 个分会场，县（市、区）分会场 128 个，参会人员共 4300 余人。

云南省环境保护厅杨志强副厅长做了动员讲话，就贯彻落实全国电视电话会议精神、结合实际开展云南省环境保护专项整治行动做了部署。会上，杨志强副厅长总结了 2012 年云南省专项行动后，指出 2013 年是国家连续组织开展“整治违法排污企业保障群众健康环境保护专项行动”的第 11 年，各地、各有关部门要高度重视，按照国家和云南省的统一部署，精心组织好环境保护专项行动。一要加强组织领导，按照《云南省人民政府关于全面推行环境保护“一岗双责”制度的决定》要求，继续把深入开展环境保护专项行动作为重要工作内容，进一步加强组织领导，明确责任，完善工作制度，将

① 云南省环境保护专项行动联席会议办公室：《云南省召开环境保护专项行动电视电话会议》，http://sthjt.yn.gov.cn/hjjc/hbzxxd/201308/t20130801_39952.html（2013-08-01）。

各项整治任务作为2013年各级政府环境保护目标责任制的考核目标。二要联合监督检查，进一步健全联合执法机制，突出重点区域、重点行业、重点企业。

三、云南省文山壮族苗族自治州积极应对“两高环境司法解释”促进环境问题解决[①]

2013年，云南省文山壮族苗族自治州积极运用“两高环境司法解释”促进环境问题解决。

针对“两高”出台的关于办理环境污染刑事案件适用法律若干问题的解释，文山壮族苗族自治州环境保护局积极行动，对“解释”认定为“严重污染环境”的十四种及“后果特别严重”的十一种定罪量刑标准认真研究，结合当前全州环境污染问题认真分析，就如何有效贯彻执行环境保护法律法规、强化和规范环境保护执法、严厉打击环境犯罪展开行动，取得实效。

一是认真贯彻落实“两高环境司法解释”。制定下发了《关于贯彻落实最高人民法院最高人民检察院关于办理环境污染刑事案件适用法律若干问题的解释实施意见》及《关于开展全州工矿企业私设暗管违法排污专项检查的通知》，充分认识“解释”是加强环境监督管理，维护群众生命财产安全的“撒手锏”，是环境执法的“高压线”，只有在环境执法工作中更加作为，更加履行职责，才能确保环境安全。

二是强化“两高环境司法解释”宣传。将“解释”在全州重点环境保护工作推进会上进行宣讲，就如何在环境案件办理过程中对违法事实认定、调查取证、适用法律条款等问题组织全州环境执法人员进行了学习，使环境执法人员能合理利用现行环境保护法律法规与“解释”充分结合。同时由环境监察等机构组成宣讲小组深入企业宣讲100余次，切实营造遵纪守法良好氛围。

三是切实维护“两高环境司法解释”法律权威。对全州存在环境污染隐患，接近司法解释条款规定，未造成污染损害被环境保护部门责令限期改正的8户企业负责人进行了约谈，对因整改不到位造成环境污染的企业将依法移送司法机关进行查处，不搞以罚代刑或包庇纵容，坚决维护法律权威。对企业因市场影响造成停产而整改态度不积极、整改进度缓慢等问题进行了批评教育，确保环境问题在规定时限内整改完善。

---

① 云南省环境保护专项行动联席会议办公室：《云南省文山州积极应对“两高环境司法解释”促进环境问题解决》，http://sthjt.yn.gov.cn/hjjc/hbzxxd/201308/t20130820_40223.html（2013-08-20）。

四、玉溪市加大环境保护专项行动力度有效保障群众的环境权益①

2013年9月2日，玉溪市环境监察支队召开例会，认真分析前阶段环境监察执法工作，针对环境监察执法过程中存在的突出问题，提出要加大八个力度。一是加大现场监察频次力度。二是加大自动监控应用力度。三是加大执法程序规范力度。四是加大环境保护专项行动力度。五是加大建设项目监管力度。六是加大排污费征收力度。七是加环境应急管理力度。八是加大信访案件处理力度。进一步提高环境监管和依法执法效率，有效地保障人民群众的环境权益，确保全市环境监察执法各项任务的圆满完成。

特别针对2013年环境保护专项行动，以挂牌督办项目为重点，特别要抓紧工业园区环境问题的整治力度，要组织召开环境保护专项行动联席会，组成督查组深入企业进行督查督办，坚持日常督查以严肃执法为原则，坚持实事求是、有错必纠、惩戒与教育相结合，行政处罚与各类专项督查、区域排查相结合，对敏感区域的环境污染问题，发现一起，处理一起，严厉打击环境违法行为。特别是重点行业、重点企业、重点污染源，要定时、定期进行跟踪监督检查，确保整改到位，切实提高环境保护专项行动的效果。

玉溪市环境监察部门不管是通过现场监督检查，还是群众投诉等渠道反映出的违法行为都要依法、及时地予以查处，使侵害群众环境权益的问题得到迅速、有效的解决，坚决杜绝执法人员不依法行使职权、推脱职责等行为。对执法人员因推诿责任、不依法执法等原因而引起群众投诉的情况，要对相关责任人员进行严厉的批评教育，并根据量化考核办法进行严肃处理，切实维护群众的合法权益，维护社会和谐稳定，确保群众满意。

五、西畴县开展集中式饮用水源专项执法检查②

2013年9月，为切实加强西畴县饮用水源的环境保护工作，确保人民群众饮用水安全，文山壮族苗族自治州西畴县环境保护专项行动领导小组组织人员对县城及兴街集中式饮用水源开展了环境保护专项执法检查。经检查，县城及兴街镇供水水源地均制定了

① 云南省环境保护专项行动联席会议办公室：《玉溪市加大环境保护专项行动力度 有效保障群众的环境权益》，http://sthjt.yn.gov.cn/hjjc/hbzxxd/201309/t20130923_40700.html（2013-09-23）。

② 云南省环境保护专项行动联席会议办公室：《西畴县开展集中式饮用水源专项执法检查》，http://sthjt.yn.gov.cn/hjjc/hbzxxd/201309/t20130923_40698.html（2013-09-23）。

环境保护规划，水务部门在各水库均设立了水库管理站，负责对水库的日常管理，水库周边设立了护栏、界桩、警示牌。在集中式饮用水水源地一级、二级保护区内无工矿企业，无集中式畜禽养殖和网箱养鱼等，无企业的排污口和集中污染源，存在的污染主要是农村面源污染、农业源污染。针对存在的农村面源污染，西畴县结合实际，采取积极措施加以防制。一是加强对集中式饮用水水源地的专项整治和日常监察。二是加强饮用水安全宣传，提高广大人民群众的环境保护意识。三是严格实行环境保护前置审批制度，未经环境保护部门同意，各级各部门一律不得在规划保护区内审批兴办建设项目，以及其他与饮用水源保护无关的项目。四是要求水库管理站加强水源保护区的日常巡查，发现问题及时处理并上报。通过采取这一系列措施，有效推进饮用水源环境保护工作的深入开展，为确保饮用水安全打下了坚实的基础。

六、云南省查处环境保护部 2013 年环境保护专项行动 督查通报 4 家企业环境违法行为①

2013 年 10 月 12 日，环境保护部通报了 2013 年环境保护专项行动督查发现的 72 家环境违法企业名单，10 月 13 日，新华快讯、中国环境报等媒体刊登了通报中涉及云南省的昆明制药集团股份有限公司、昆明焦化制气有限公司、云南云维集团有限公司污水处理厂、云南大为制焦有限公司 4 家企业具体的环境违法行为。云南省环境保护厅非常重视，立即通知两市环境保护局结合国家督查组 7 月初实地督查情况进行调查处理，昆明市、曲靖市环境保护局及时组织人员对 4 家企业存在的问题进行了查处，督促企业进行整改。

第四节　2014 年环境保护专项整治史料

一、云南省召开环境保护专项行动电视电话会议②

2014 年 6 月 12 日，环境保护部、国家发展和改革委员会、工业和信息化委员会、

① 云南省环境保护专项行动联席会议办公室：《云南省查处环保部 2013 年环境保护专项行动 督查通报 4 家企业环境违法行为》，http://sthjt.yn.gov.cn/hjjc/hbzxxd/201310/t20131023_41009.html（2013-10-23）。

② 云南省环境保护专项行动领导小组办公室：《云南省召开环境保护专项行动电视电话会议》，http://sthjt.yn.gov.cn/hjjc/hbzxxd/201407/t20140704_48331.html（2014-07-04）。

司法部、住房和城乡建设部等八部委联合召开了2014年全国整治违法排污企业保障群众健康环境保护专项行动电视电话会议。环境保护部周生贤部长对环境保护专项行动做了动员部署，并对开展好2014年的环境保护专项行动提出了具体要求。国家发展和改革委员会等七部委参会领导做了专题发言。云南省人民政府党组成员张登亮，云南省环境保护厅、发展和改革委员会、工业和信息化委员会、司法厅、住房和城乡建设厅等部门领导，相关人员及媒体记者出席主会场会议。全省设主会场1个，各州（市）设16个分会场，县（市、区）分会场111个，共计4183人参会。

二、云南省环境保护厅等八厅委局联合开展2014年环境保护专项行动①

2014年6月，云南省环境保护厅、发展和改革委员会、工业和信息化委员会、司法厅、住房和城乡建设厅部门联合印发《关于开展2014年整治违法排污企业保障群众健康环境保护专项行动的通知》（以下简称《通知》），决定2014年6—11月在云南省组织开展整治违法排污企业保障群众健康环境保护专项行动（以下简称“环境保护专项行动”）。

2014年环境保护专项行动的重点任务：一是全面落实污染减排工作部署。二是全面落实《云南省大气污染防治行动实施方案》，全面开展大气污染防治专项检查。三是深入开展涉及重金属行业、医药制造行业、危险废物产生企业“回头看”专项整治。四是认真组织开展饮用水水源地环境安全专项检查。2014年对以下五个重点区域及企业实行省级挂牌督办：一是华宁玉珠水泥有限公司未运行脱硝设施的问题。二是昆明空港经济区南污水处理厂擅自停运污水处理设施、在线运行不正常，洱源县污水处理厂运行不正常、管理不到位，镇沅县污水处理厂运行不正常、在线监测设施未定期校验和维护、台账不规范，元谋县污水处理厂运行不正常、台账不规范，梁河县污水处理厂运行不正常、台账不规范，永善县污水处理厂运行不正常等问题。三是云南曲靖越钢集团有限公司、云南南磷集团电化有限公司自动监控设施现场端设施设备老化、损坏严重、数据失真，云南南磷集团电化有限公司数据传输不稳定，存在大量数据掉线现象的问题。四是云南曲靖雄业水泥有限责任公司2500吨/日水泥熟料生产线长期超期试生产的问题。五是云南玉溪玉昆钢铁集团公司在线监测运行不正常、废润滑油管理不到位的问题。

---

① 云南省环境保护专项行动领导小组办公室：《云南省环境保护厅等八厅委局联合开展2014年环境保护专项行动》，http://sthjt.yn.gov.cn/hjjc/hbzxxd/201407/t20140704_48332.html（2014-07-04）。

三、云南省环境监察总队组织对昆明、曲靖饮用水水源地开展环境安全专项检查[①]

2014 年 7 月 8—12 日，按照《云南省关于开展 2014 年整治违法排污企业保障群众健康环境保护专项行动的通知》要求，云南省环境监察总队分两个组分别对昆明、曲靖两市部分饮用水水源地环境安全开展专项检查。此次检查共出动环境执法人员 50 人次，检查饮用水水源地7个，检查饮用水水源地保护区流域内企业10家，下达监察意见1 份。

昆明、曲靖市环境保护局下发了加强饮用水水源保护妥善应对突发环境事件的通知，对开展城镇集中式饮用水水源保护区专项检查工作进行了安排部署，并组织人员认真开展工作。检查中水库水质近期未出现超标情况，除水城水库外，其他水库水源保护区内未发现工业企业及规模化畜禽养殖等污染源。

督查组现场对相关水库提出了整改意见，要求水库按照饮用水水源地相关管理要求进行管理；编制《突发环境事件应急预案》并到环境保护部门备案，加强应急演练工作，提高突发环境事件处置能力；继续开展饮用水水源环境安全隐患排查和整改工作。

采取有效措施，做好生活污水、生活垃圾及农业面源污染等防治工作；加强对水源保护区外的企业监管，确保水质安全；要求曲靖市环境保护局按《云南省环境监察总队关于曲靖市千村农牧科技有限公司环境问题的监察通知》要求，督促该公司停产并尽快搬迁，做好搬迁后厂区废物清理工作，确保水城水库水质安全。同时加强环境监管力度，在该公司未搬迁前，坚决杜绝该公司向外部环境排放污水、倾倒生产废渣等现象。

四、红河哈尼族彝族自治州切实开展环境保护专项行动[②]

2004 年 8 月，为全面贯彻落实科学发展观，紧紧围绕保增长、保民生、保稳定的总要求，切实解决当前影响可持续发展的突出环境问题，保障人民群众的切身环境权益，红河哈尼族彝族自治州切实开展环境保护专项行动。

一是加强组织领导。细化专项行动的工作目标和整治任务，落实到具体工作人员。加强部门间环境违法案件的协同处理，充分发挥部门联动优势，形成政府统一领导，部

① 云南省环境监察总队：《云南省环境监察总队组织对昆明、曲靖饮用水源地开展环境安全专项检查》，http://sthjt.yn.gov.cn/hjjc/hbzxxd/201408/t20140815_49100.html（2014-08-15）。

② 云南省环境保护专项行动领导小组办公室：《红河州切实开展环境保护专项行动》，http://sthjt.yn.gov.cn/hjjc/hbzxxd/201409/t20140904_49403.html（2014-09-04）。

门联合行动、公众广泛参与、共同解决环境问题的工作格局。

二是加大违法排污案件查处力度。不仅在“查”上下功夫，更在“处”上加大力度，对明知故犯、屡查屡犯的企业，一律从严处理，依法足额追缴排污费。将群众反映强烈、污染严重、影响社会稳定的环境污染问题作为重点，认真核实查处，做到处理到位、整改到位、责任追究到位。处理结果向社会公布，必须做到事事有结果，件件有回音。

三是加强宣传力度，营造良好舆论氛围。环境保护专项行动领导小组制订分阶段新闻报道计划，确定宣传重点，积极协调新闻媒体做好宣传和跟踪报道，充分利用电视、广播、报纸、互联网等各种媒体形式，加大环境保护法律法规的宣传力度，促进全民增强环境保护意识；发挥社会监督作用，引导群众广泛参与环境保护专项整治行动。

五、玉溪市四个结合全面开展环境保护专项行动①

2014 年 8 月，玉溪市环境监察部门根据《玉溪市 2014 年整治违法排污企业保障群众健康环境保护专项行动实施方案》的要求，积极开展全市范围内的环境保护专项行动。

一是环境保护专项行动与教育实践活动相结合。坚持群众路线，践行环境保护为民的原则，以“三严三实”为准则，既防止一般号召，搞形式、走过场，又切实转变工作作风，创新活动方法，在注重实际效果上下功夫，让群众真正感受到教育实践活动与环境保护专项行动两个成果。

二是开展全面检查与严查重点企业相结合。专项行动以玉溪中心城区大气污染防治和以“三湖两库”为重点的保障饮用水源环境安全为重点，现场监察钢铁、水泥等大气排污企业及燃煤锅炉除尘、脱硫、脱硝设施运行状况和污染物排放情况，各部门落实面源污染和机动车污染防治措施情况，废水排放企业环境保护设施运行情况、污染物排放情况及挂牌督办企业。

三是坚持联合检查机制与多形式检查相结合。继续坚持联合执法、区域执法和交叉执法机制，强化各相关部门联合执法，提高执法效率；强化区域联防联控，协作解决共同的环境问题；强化属地管理负责制，增强环境保护力度。继续坚持明查与暗查、日常巡查与突击检查、昼查与夜查、工作日查与节假日查、晴天查与雨天查等方法，充分发挥自动监控系统的作用，打破常规，以全方位、全时段、全角度的执法检查预防、打击

① 云南省环境保护专项行动领导小组办公室：《玉溪市四个结合全面开展环境保护专项行动》，http://sthjt.yn.gov.cn/hjjc/hbzxxd/201409/t20140904_49404.html（2014-09-04）。

和震慑环境违法行为。

四是重点突击检查与严厉打击相结合。在环境保护专项行动中，对重点企业不定时间、不打招呼、不听汇报和直奔现场、直接监察、直接曝光的方法，全时段保持环境执法的高压态势，形成强烈威慑。对污染处理设施不正常运行、超标排污的企业，依法停产整治；对夜间停运污染物处理设施、偷排偷放的企业，依法从重处罚；对不能稳定达标排放的企业一律依法停产、限产；对涉嫌环境犯罪的，及时移交司法机关追究刑事责任。

六、环境保护部西南督查中心对云南省环境保护专项行动开展情况进行督查①

2014 年 9 月 9—18 日，按照环境保护部的统一安排，环境保护部西南督查中心对云南省环境保护专项行动展开督查。督查组由环境保护部西南督查中心副主任杨为民、综合督查处处长彭维宇等 5 人组成。

此次督查除检查云南省环境保护专项行动开展情况外，重点对文山壮族苗族自治州、楚雄彝族自治州开展督查。督查采取召开座谈会议、查阅资料、现场抽查企业相结合的方式。督查环境保护专项行动开展情况的主要内容为地方各级人民政府及有关部门部署和开展 2014 年环境保护专项行动情况，发现环境违法问题的处理、整改和责任追究情况；大气污染防治专项检查开展情况；涉重金属重点行业和医药制造行业“回头看”情况。

督查组在查阅了云南省环境保护专项行动档案材料和听取专项行动省级各成员单位汇报后，肯定了云南省在开展环境保护专项行动中开展的大量工作，指出环境保护专项行动的成果是在云南省人民政府高度重视下，由环境保护部门牵头各部门共同努力下形成的，并代表环境保护部门感谢各成员单位积极参与、指导和帮助工作。云南省环境保护专项行动效果连续得到发挥，成效凸显。除了按照国家要求开展既定工作任务外，还结合实际额外增加工作项目和工作内容。各成员单位合力持续加强，在环境保护专项行动领导小组的统一领导下，各部门按照各自职责开展工作，成效明显。同时也指出了云南省省级环境保护专项行动开展存在尚未建立健全部门协作配合机制的问题。

在对文山壮族苗族自治州、楚雄彝族自治州人民政府的反馈会上，督查组肯定了州级环境保护部门在环境保护专项行动上做了大量工作，政府领导对此项工作非常重视，

① 云南省环境保护专项行动领导小组办公室：《环保部西南督查中心对云南省环境保护专项行动开展情况进行督查》，http://sthjt.yn.gov.cn/hjjc/hbzxxd/201409/t20140923_49693.html（2014-09-23）。

制定了相应的工作方案，召开了工作推进会议。环境保护部门在专项行动的发挥了应有作用，特别是楚雄彝族自治州环境保护局，在人少事多的情况下，能把工作做好，工作人员是有较强工作能力的，付出了一定的努力。督察组提出三点要求，一是进一步提高对环境保护专项行动的认识，在环境形势严峻，损害群众健康案件频发的情况下，专项行动已经开展了12年，还将继续开展下去。二是各成员单位要根据各自职责开展好工作，建立健全部门协作配合机制。三是加强信息公开。

七、环境保护部环境监察局对云南省国控重点污染源自动监控专项执法检查工作进行督查①

2014年11月2—5日，按照环境保护部的统一安排，环境监察局联合西南督查中心及专家组自对云南省国控重点污染源自动监控专项执法检查工作开展专项督查。督查组由环境监察局收费管理处副处长刘伟、西南督查中心综合督查处调研员黄宏等7人组成。

此次督查重点对玉溪市开展现场督查。督查采取查阅资料、现场检查、听取汇报和集中反馈相结合的方式。督查的主要内容为评价被督查地区国控重点污染源自动监控专项执法检查工作组织及开展情况；现场随机抽查国控重点污染源自动监控设施运行管理、数据传输等情况，严查弄虚作假等违法违规行为；分析整理被督查地区重点污染源自动监控设施、数据弄虚作假典型案例；督促各地汇总国控重点污染源自动监控专项执法检查中发现问题及整改时间表，并对违法违规问题分清责任、提出处理意见；收集各地国控重点污染源自动监控管理、应用好的做法及经验。

在现场督查完成后，督查组听取了云南省环境保护厅关于国控重点污染源自动监控专项执法检查的汇报并交流反馈了督查情况，督查组高度肯定了云南省在开展国控重点污染源自动监控专项执法检查中所做的大量工作。云南省国控重点污染源自动监控专项执法检查工作督查中未发现弄虚作假的情况，这是值得肯定的。另外，云南省自动监控第三方运维、第四方监管是比较好的做法和经验，可以向其他地区进行推广。

督察组最后提出几点要求，一是进一步加强自动监控设施现场端的规范化整治。二是进一步发挥自动监控数据在排污收费、总量核算、行政处罚中的运用。三是加大监督检查力度，加强监测、监察、监控的部门联动，建立相关联动机制。

---

① 云南省环境保护专项行动领导小组办公室：《环保部环境监察局对云南省国控重点污染源自动监控专项执法检查工作进行督查》，http://sthjt.yn.gov.cn/hjjc/hbzxxd/201411/t20141117_56784.html（2014-11-17）。

八、云南省环境保护专项行动领导小组工作组对云南玉溪玉昆钢铁集团有限公司进行检查[①]

2014 年 11 月 11 日，根据云南省 2014 年环境保护专项行动实施方案的安排部署，云南省环境保护专项行动领导小组派出工作组对 2014 年环境保护专项行动挂牌督办事项云南玉溪玉昆钢铁集团有限公司在线监测运行不正常、废润滑油管理不到位的问题整改情况进行现场检查。

该公司在线监测设施电压不稳定，总电源出现跳闸，导致在线监控系统处于停机状态，而且未设置专门的管理人员，未能及时发现在线监测设施停运。针对该情况，该公司已于2014年8月份通知在线监测运维方进行修复，安装了备用电源，并安排了专人进行巡查。同时该公司针对存在的废机油堆存不规范的问题，对生产区产生的废机油进行了危险废物申报登记，在废机油堆放场悬挂了危险废物警示标识牌，并制定了相应的危险废物管理制度。

通过检查，该公司基本按照整改要求完成了整改，同时还存在一些其他问题，检查组现场提出了整改要求，一是及时联系在线设备运维方，恢复在线监测系统停机时的历史数据，保证相关历史记录保存 1 年以上，完善运维台账记录，对异常数据进行跟踪，查找原因，详细记录。二是严格按照危险废物管理办法对厂区产生的废机油进行规范处置，如需转运，严格执行转移联单制度。

第五节　2015 年环境保护专项整治史料

一、云南省环境保护厅召开云南省环境安全隐患排查整治工作第一次工作会议[②]

2015 年 1 月 5 日下午，云南省环境保护厅组织召开专题工作会议研究部署云南省安

---

① 云南省环境保护专项行动领导小组办公室：《云南省环境保护专项行动领导小组工作组对云南玉溪玉昆钢铁集团有限公司进行检查》，http://sthjt.yn.gov.cn/hjjc/hbzxxd/201411/t20141117_56786.html（2014-11-17）。

② 云南省环境监察总队：《云南省环境保护厅召开云南省环境安全隐患排查整治工作第一次工作会议》，http://sthjt.yn.gov.cn/hjjc/hjjcgzdt/201502/t20150212_75251.html（2015-02-12）。

全隐患排查整治工作细化方案。会议由杨志强副厅长主持，云南省环境保护厅环境影响评价管理处、污染防治处、规划与财务处、自然生态保护处、湖泊保护与治理处等部门负责同志参加了会议。

会议指出，在云南省委、云南省人民政府的高度重视下，在环境保护部的安排部署下，云南省的排查整治工作方案已经由省人民政府办公厅印发至各州（市）人民政府，下一步各处室要协同合作，指导、协调、督促云南省各州（市）环境保护局抓好落实，并适时对各州（市）工作进展情况进行抽查、督查。会议决定云南省环境保护厅成立以杨志强副厅长为组长，各有关处室负责人为成员的排查整治工作领导小组，领导小组办公室设在云南省环境监察总队。

会议对云南省排查整治工作方案的排查重点和内容进行了分解落实。第一项至第五项的排查重点和内容由云南省环境监察总队总牵头，环境影响评价管理处具体负责第一项（各级各类工业园区和建设项目环境影响评价执行情况）内容，云南省环境污染防治处负责第二项（化工、冶金、有色等工业重点行业废水、废气、危险废物处理处置情况）和第四项（县城及以上集中式饮用水水源地环境风险情况）内容，云南省环境监察总队负责第三项（受过环境保护行政处罚或发生过污染事件的企业整改情况；群众反映强烈，社会、媒体高度关注、污染严重企业的处理及整改情况）和第五项（重点环境信访案件的办理情况）内容。第六项由云南省环境保护厅规划与财务处协同湖泊保护与治理处、污染防治处、自然生态保护处等相关处室负责规划完成、落实情况的内容，云南省环境保护厅核安全与辐射环境管理处负责核与辐射的内容，自然生态保护处负责生态安全方面内容，第六项排查表格参照前五项由分管处室拟定。

最后，云南省环境保护厅杨志强副厅长要求大家真抓实干，建立责任制，确保责任到人；要加强对州（市）环境保护部门的指导督促，确保云南省排查整治工作方案贯彻落实到位，取得实效。

二、怒江傈僳族自治州多措并举扎实开展环境安全隐患排查保障“两会”期间环境安全①

2015 年 2 月 8—9 日，为了营造召开“两会”安全、稳定、和谐的社会环境，由怒江傈僳族自治州环境保护局领导及环境监察、监测人员组成的检查组再次对怒江傈僳族自治州境内澜沧江沿线企业进行认真检查。此次检查以环境安全为主线，突出预防为

① 云南省环境监察总队：《怒江州多措并举扎实开展环境安全隐患排查保障“两会”期间环境安全》，http://sthjt.yn.gov.cn/hjjc/hjjcgzdt/201503/t20150305_75437.html（2015-03-05）。

主、强化监管、落实责任，消除环境安全隐患，严防污染事故的发生，对怒江傈僳族自治州境内澜沧江沿线企业逐一开展环境安全隐患排查，并督促企业加强整改，确保环境安全。

检查组要求当地政府要加强监管，以“可控、在控、能控”为原则，对辖区内企业再次开展环境安全大排查，将环境风险消除在萌芽状态，确保一方安全；当地环境保护局结合全州环境安全隐患大排查工作，举一反三，对存在隐患企业要求停产整顿、限期整改；检查组分别与澜沧江沿线石登、中排、兔峨、营盘乡（镇）政府和9个被检查企业主要负责人进行座谈，并提出具体要求。

检查组对下一步工作做出了部署：一是领导重视，认真落实。春节及“两会”期间主要领导要亲自带领环境监察人员，深入重点环境风险源和重点建设项目，检查环境保护措施及环境风险防范制度建立落实情况。二是强化监管，落实责任。要切实加大监察力度、强化管理，层层分解责任、落实到人，继续深入开展专项检查，确保各项环境安全生产措施真正落实到位。三是做好环境信访和信息公开工作。各级环境保护部门领导干部要带头接访，着力解决突出问题。对信访量大的地方要增加接访频次。要通过定期接访、定点接访、约访等多种方式听取群众诉求，对涉及人员多、反映强烈、反复投诉等突出问题，由领导干部包干包案，持续跟踪、督促、协调，直至问题解决，并按《环境信息公开办法（试行）》规定做好信息公开。四是春节及“两会”期间严格落实值班联络制度。坚持24小时值班、定期联络报告，并加强对全州企业的监管。畅通通讯渠道，做好各类环境安全事故的防范及应急处置准备工作，确保发生事故能及时妥善应对。

三、查缺补漏抓实环境安全隐患排查整治①

2015年9月21日，云南省环境保护厅召开主体网格环境安全隐患排查整治工作专题会议。会议强调，各地要对现有排查成果全面梳理总结，查缺补漏，提高工作成效，确保按时限完成全省环境安全隐患排查整治工作。

会议通报了2015年以来云南省环境安全隐患排查整治工作开展情况，指出了各地排查整治工作开展不平衡，工作力度、深度和细度不够，部分地方排查工作严重滞后等问题，并对安全隐患排查整治工作的相关表格填写情况进行了解读。针对各州（市）、环境保护局参会领导汇报和讨论交流时集中反映的问题，会议要求相关人员立即对环境

① 云南省环境监察总队：《查缺补漏抓实环境安全隐患排查整治 漏查漏报将被严厉追责》，http://sthjt.yn.gov.cn/hjjc/hbzxxd/201510/t20151009_93311.html（2015-10-09）。

安全隐患排查报表进行修订，并编制填报说明，对报表中的填报项目进行细化和明确，同时对工业园区内外进行区分。

会议强调，本次排查整治结果将作为今后开展环境执法和责任追究的重要基础资料，要作为一项政治任务来抓。各地务必对此项工作引起高度重视，要对现有排查成果全面梳理总结，查缺补漏。

会议要求，各地要建立完善工业园区和重点企业“一企一档”，补充排查整治后的结果必须报州（市）人民政府主要负责人审签后，严格按云南省环境保护厅规定时限上报。云南省环境保护厅将会同有关部门适时对各地排查整治工作开展情况进行督察。本次排查整治工作中漏查漏报的企业（单位）今后一旦发生环境安全事故，云南省环境保护厅将报请有关部门进行严厉追责。

第四章　云南环境保护法规条例

第一节　环境保护法规条例

一、昆明市危险废物污染防治办法[①]

2009 年 1 月 23 日，昆明市人民政府第 114 次常务会讨论通过了《昆明市危险废物污染防治办法》，且自 2009 年 5 月 1 日起施行。《昆明市危险废物污染防治办法》具体内容如下：

第一条　为了加强危险废物的管理，防治危险废物污染环境，维护生态环境安全，保障公民身体健康，根据《中华人民共和国固体废物污染环境防治法》、《危险废物经营许可证管理办法》等法律、法规，结合本市实际，制定本办法。

第二条　本办法所称危险废物，是指列入国家危险废物名录或者根据国家规定的危险废物鉴别标准和鉴别方法认定的具有危险特性的废物。

第三条　本市行政区域内危险废物的产生、收集、贮存、转移、运输、利用、处置及监督管理适用本办法。

法律、法规、规章对医疗废物、放射性废物、电子废物的污染防治另有规定的，从其规定。

第四条　危险废物污染防治遵循预防为主、分类处理、集中处置，污染者依法负责的原则，通过科学管理实现危险废物的减量化、无害化和资源化。

① 昆明市人民政府：《昆明市危险废物污染防治办法》，http://www.km.gov.cn/c/2009-03-31/593358.shtml（2009-03-31）。

第五条　鼓励和支持单位和个人从事危险废物污染防治的科学研究、技术开发和资源综合利用。

对在危险废物污染防治工作中成绩显著的单位和个人，由县级以上人民政府或者环境保护行政主管部门给予表彰奖励。

第六条　市环境保护行政主管部门统一负责全市危险废物污染防治工作的协调、指导和监督管理。各县（市）区环境保护行政主管部门负责本辖区内危险废物污染防治的监督管理。

昆明高新技术产业开发区、昆明经济技术开发区、昆明滇池国家旅游度假区、呈贡新区、昆明空港经济区管委会负责本辖区内危险废物污染防治的监督管理。

发展和改革、安监、城管、卫生、公安、交通、农业、水利、滇管、规划、财政等行政主管部门按照各自职责，做好危险废物的污染防治工作。

第七条　任何单位和个人都有保护环境的义务，有权对危险废物污染环境的行为进行投诉和举报。

第八条　市人民政府根据国家危险废物集中处置设施建设专项规划和城市总体规划，组织建设危险废物集中处置设施，集中处置许可范围内的危险废物。

市、县（市）区环境保护行政主管部门应当及时公布国家危险废物名录和危险废物集中处置相关信息。

第九条　涉及产生危险废物的建设项目，建设单位应当按照环境影响评价文件要求配套建设危险废物污染环境防治设施，并与主体工程同时设计、同时施工、同时投入使用。

危险废物污染环境防治设施经审批环境影响评价文件的环境保护行政主管部门验收合格后，该建设项目方可投入生产或者使用。

第十条　危险废物贮存、处置设施和场所应当严格管理和维护，不得擅自关闭、拆除或者停止运行；确需关闭、闲置或者停止运行的，应当详细编制消除污染的方案，报所在地环境保护行政主管部门按照权限核准后方可实施。

环境保护行政主管部门应当对批准实施的消除污染方案进行跟踪监督。

第十一条　危险废物的产生单位，应当向所在地环境保护行政主管部门申报登记。当申报登记的内容发生变化时，应当提前 15 日重新申报登记。

第十二条　危险废物的产生单位应当委托取得危险废物经营许可证的单位进行处置。

禁止擅自倾倒、堆放危险废物。

第十三条　从事危险废物收集、贮存、处置经营的单位，应当依法申领危险废物经营许可证。

禁止无经营许可证或者不按照经营许可证规定从事收集、贮存、处置危险废物的经营活动。

禁止将危险废物提供或者委托给无经营许可证的单位从事收集、贮存、处置的经营活动。

第十四条　收集、贮存、运输、处置危险废物的场所、设施、设备、容器和包装物，应当具有防渗漏、防扬散、防雨淋等功能，符合国家有关安全标准和规定，并设置危险废物识别标志。

收集、贮存、运输、处置危险废物的场所、设施、设备和容器、包装物及其他物品转作他用时，应当事先进行消除污染的处理。

第十五条　转移危险废物应当按照下列程序办理：

（一）在本市行政区域内转移危险废物的，由危险废物的产生单位向危险废物移出地的县（市）区环境保护行政主管部门提出申请。移出地县（市）区环境保护行政主管部门应当商接受地环境保护行政主管部门同意后，方可批准转移该危险废物。

（二）本市行政区域内产生的危险废物转移至省内其他地区的，危险废物的产生单位应当经所在地县（市）区环境保护行政主管部门报市环境保护行政主管部门，市环境保护行政主管部门商接受地设区的市环境保护行政主管部门同意后，方可批准转移该危险废物；省内其他地区产生的危险废物转移至本市的，应当持有移出地设区的市环境保护行政主管部门商本市环境保护行政主管部门同意后按照规定出具的批准文件。

（三）本市行政区域内产生的危险废物转移至省外或者省外的危险废物转移至本市的，应当经省环境保护行政主管部门批准或者同意。

未经批准转移危险废物的，不得转移。

第十六条　经批准转移危险废物的，应当按照规定填写危险废物转移联单，严格执行危险废物转移联单管理制度。

第十七条　收集、贮存危险废物，应当按照危险废物特性分类进行。禁止混合收集、贮存、运输、处置性质不相容或者未经安全性处置的危险废物。

贮存危险废物应当采取符合国家环境保护标准的防护措施，贮存时间不得超过一年；确需延长期限的，应当报经原批准经营许可证的环境保护行政主管部门批准；法律、行政法规另有规定的除外。

禁止将危险废物混入非危险废物中收集、贮存、运输、处置。

第十八条　危险废物的运输，应当由有资质的危险废物运输企业承运；危险废物运输从业人员（含驾驶员、装卸管理人员和押运人员）应当持有交通主管部门核发的从业资格证件；运输工具应当符合危险废物运输安全要求。

运输途中发生泄露、扩散、流失的，应当立即停止运输，并采取相应的应急措施和补救方法，同时向当地环境行政主管部门报告。

禁止将危险废物与旅客在同一运输工具上载运。

禁止在运输途中丢弃、遗撒危险废物。

第十九条　危险废物集中处置单位集中处置危险废物，可以向危险废物产生单位收取处置费用，处置费用由价格主管部门依法按照程序审核制定。处置单位不得擅自设立收费项目或者擅自制定收费标准。

第二十条　危险废物产生单位及处置单位应当制定危险废物管理规章制度和安全操作运行规范与安全防护制度，采取有效的专业防护措施，建立危险废物管理档案，并组织对所属人员进行相关业务知识的培训。

第二十一条　产生、收集、贮存、运输、利用、处置危险废物的单位，应当制定危险废物意外事故防范措施和应急预案，建设或者配备必要的应急设施、设备，并定期进行演练。应急预案报所在地环境保护行政主管部门备案。

第二十二条　提倡危险废物的产生单位和从事收集、贮存、运输、利用、处置危险废物的单位参与环境污染责任保险。

第二十三条　因发生事故或者其他突发性事件，造成或者可能造成危险废物污染危害的单位，应当立即采取有效措施消除或者减轻危害，及时通报受到或者可能受到危害的单位和个人，并向所在地环境保护行政主管部门等有关部门报告，接受调查处理。

第二十四条　公安、安监、农业等部门在行政管理活动中依法收缴或者接收的危险废物，经环境保护行政主管部门协调后，由取得危险废物经营许可证的单位处置。

对收缴或者接收的危险废物有明确责任人的，处置费用由责任人承担；无明确责任人或者责任人无能力承担处置费用的，由环境保护行政主管部门负责向本级财政申请处置费用。

第二十五条　环境保护行政主管部门应当依法对危险废物产生、收集、贮存、利用和处置的单位进行定期监督检查和不定期的抽查。被检查单位应当如实反映情况，提供必要资料。检查部门及其工作人员应当为被检查单位保守技术秘密和业务秘密。

第二十六条　因危险废物污染引起损害赔偿纠纷，需要监测污染情况的，当事人可以委托环境监测机构进行监测，环境监测机构应当及时监测，并如实提供有关监测数据。

对前款的污染纠纷，当事人可以请求环境保护行政主管部门调解处理，也可以直接向人民法院提起诉讼。

第二十七条　环境保护行政主管部门和有关社会团体依法支持因危险废物污染受到损害的当事人向人民法院提起诉讼。

第二十八条　违反本办法规定，不按照国家规定申报登记危险废物，或者在申报登记时弄虚作假的，由县级以上环境行政主管部门责令停止违法行为，限期改正，处 1 万元以上 10 万元以下的罚款。

第二十九条　违反本办法规定，无经营许可证或者不按照经营许可证规定从事收集、贮存、处置危险废物经营活动的，由县级以上环境保护行政主管部门责令停止违法行为，没收违法所得，可以并处违法所得 3 倍以下的罚款。

不按照经营许可证规定从事前款活动的，还可以由发证机关吊销经营许可证。

第三十条　违反本办法下列规定之一的，由县级以上环境保护行政主管部门责令停止违法行为、限期改正，处 2 万元以上 20 万元以下的罚款：

（一）擅自关闭、闲置或者拆除危险废物集中处置设施、场所的。

（二）将危险废物提供或者委托给无经营许可证的单位从事经营活动的。

（三）不按照国家规定填写危险废物转移联单或者未经批准擅自转移危险废物的。

第三十一条　违反本办法规定的其他行为，由相关主管部门依据《中华人民共和国固体废物污染防治法》、《危险废物经营许可证管理办法》、《危险废物转移联单管理办法》等相关法律、法规、规章予以处罚。

第三十二条　环境保护行政主管部门工作人员有下列行为之一的，由其所在单位或者有关主管部门依法给予处分；构成犯罪的，依法追究刑事责任：

（一）向不符合规定条件的单位颁发危险废物经营许可证或者违反规定程序颁发危险废物经营许可证的。

（二）对发现违反本办法规定的行为不予查处或者接到举报后不依法处理的。

（三）对依法取得危险废物经营许可证的单位不履行监督管理职责的。

（四）在危险废物管理工作中有其他失职渎职行为的。

第三十三条　本办法自 2009 年 5 月 1 日起施行。

二、云南省大理白族自治州苍山保护管理条例①

2009 年 2 月 21 日，云南省大理白族自治州第十二届人民代表大会第二次会议修订了《云南省大理白族自治州苍山保护管理条例》，新修订的条例于 2009 年 3 月 27 日云南省第十一届人民代表大会常务委员会第九次会议批准。新修订的《云南省大理白族自治州苍山保护管理条例》具体内容如下：

第一条　为加强对苍山的保护管理和合理开发利用，根据《中华人民共和国民族区

① 大理白族自治州人民代表大会常务委员会：《云南省大理白族自治州苍山保护管理条例》，http://www.dali.gov.cn/dlrmzf/c101764/201906/39572d7aa01e4be6b6c73292932eb2b2.shtml（2019-06-27）。

域自治法》、《中华人民共和国自然保护区条例》、《风景名胜区条例》及有关法律法规，制定本条例。

第二条　苍山属于苍山洱海国家级自然保护区和大理国家级风景名胜区的重要组成部分，是国家级地质公园。

苍山的保护管理坚持科学规划、严格保护、合理开发、永续利用的原则。

第三条　苍山保护范围：东坡海拔 2200 米以上；南至西洱河北岸海拔 2000 米以上；西坡海拔 2000 米（由西洱河北岸合江口平坡村至金牛村）和 2400 米（由光明村至三厂局）以上；北至云弄峰海拔 2400 米以上；溪箐延伸至箐口底部以上的区域。

保护范围设立界标，予以公告。

第四条　保护范围内按照批准的苍山洱海国家级自然保护区总体规划、大理国家级风景名胜区总体规划、苍山国家级地质公园总体规划，实行分类协商保护管理。

保护范围内森林资源所有权属于集体或者个人的，应当维护林权所有者的合法权益。

第五条　在保护范围内活动的任何单位和个人必须遵守本条例。

第六条　自治州人民政府设立苍山保护管理局，负责苍山洱海自然保护区苍山保护区、大理风景名胜区苍山片区、苍山地质公园的统一管理，接受自治州自然保护、风景名胜、地质环境等行政主管部门的业务指导。其主要职责是：

（一）宣传、贯彻、执行有关法律法规和本条例。

（二）依照保护区总体规划，制定保护管理措施，报自治州人民政府批准后组织实施。

（三）组织有关部门对苍山自然资源、人文资源、地质遗迹、重要景观进行调查、监测，并建立档案。

（四）协助有关部门做好封山育林、水土保持和河道保护治理等工作。

（五）征收风景名胜资源有偿使用费。

（六）设立保护范围的界标、重点保护对象标识。

（七）行使本条例赋予的行政执法权。

第七条　大理市、洱源县、漾濞彝族自治县的苍山保护管理机构，在县（市）人民政府和自治州苍山保护管理局的领导下开展工作，相关乡（镇）人民政府、村民委员会有责任做好辖区内的苍山保护管理工作。

第八条　自治州及大理市、洱源县、漾濞彝族自治县的林业、水利、国土、发展改革、规划、建设、环境保护、交通、农业、文化、公安、工商、民政、民族、宗教、旅游、科技等有关部门，按照各自的职责做好苍山保护管理工作。

第九条　自治州人民政府及大理市、洱源县、漾濞彝族自治县和相关乡（镇）人民政府应当将苍山的保护管理纳入国民经济和社会发展规划，每年在本级财政预算内安排经费用于苍山的保护管理工作。

第十条　保护范围内的环境空气质量按国家《大气环境质量标准》一级标准执行；水质按国家《地面水环境质量标准》I 类标准保护；森林覆盖率达到 70%以上。

第十一条　保护范围内的重点保护对象：

（一）国家和省公布的重点保护野生动物、植物。

（二）感通寺、中和寺、玉皇阁、苍山神祠、无为寺、古陵墓、石刻、岩画、马龙遗址等文物古迹。

（三）七龙女池、龙眼洞、凤眼洞、天龙洞、清源洞、石门关、花甸坝、脉地大花园及溪流、瀑布等自然地貌。

（四）洗马潭、黄龙潭、双龙潭、黑龙潭等冰川地质遗迹。

（五）矿产资源。

（六）地表水和地下水资源。

第十二条　保护范围内禁止下列行为：

（一）开发地下水资源。

（二）破坏地质遗迹。

（三）毁坏界标、标识和卫生安全设施。

（四）倾倒生产生活垃圾、建筑垃圾和超标排放污水。

（五）迁入定居。

（六）损毁文物古迹及其环境。

（七）乱砍滥伐，毁林开垦，挖掘采集国家和省列入保护名录的植物，猎捕野生动物。

（八）野外用火。

（九）带入未经批准的动物、植物。

（十）采矿（大理石除外）、挖砂、取土。

第十三条　保护范围内的景区禁止下列行为：

（一）弃置废弃物、污染物。

（二）采摘花卉，捕捉昆虫。

（三）在景物上刻写、涂画。

（四）破坏自然景观、人文景观和植被。

第十四条　在保护范围内从事下列活动的，须经自治州苍山保护管理局审查批准：

（一）科学研究、教学实验。

（二）拍摄电影、电视。

（三）开发地表水资源。

（四）利用生物资源。

第十五条　保护范围内的彩花大理石实行定点限量开采。开采不得破坏和污染生态环境。

第十六条　自治州苍山保护管理局应当组织有关部门对保护范围内的景区、景点进行科学规划，合理确定旅游线路，有序开发苍山旅游资源。

第十七条　保护范围内的保护管理设施、生态旅游设施及人工景点，应当与周围的自然景观、地质遗迹、人文景观相协调，体现地方文化传统和民族特色。

任何单位和个人不得在保护范围内新建与苍山保护管理、生态、旅游无关的项目。确需建设的项目，审批机关应当事先征求自治州苍山保护管理局的意见。

第十八条　大理市、洱源县、漾濞彝族自治县人民政府可以在保护范围海拔 2600 米以下划出一定的区域，建立园林式公墓。

禁止在保护范围海拔 2600 米以上新建坟墓。

第十九条　自治州人民政府建立苍山资源有偿使用制度。在保护范围内从事经营活动或者使用苍山资源的单位和个人，应当按营业额的 1%缴纳风景名胜资源有偿使用费。

进入苍山风景名胜区旅游的人员须购买门票，门票由苍山保护管理机构出售。

苍山风景名胜资源有偿使用费和门票收入，专项用于苍山的保护管理。

第二十条　有下列事迹之一的单位和个人，由自治州苍山保护管理局会同有关县（市）人民政府和有关部门评定后，报自治州人民政府给予表彰奖励：

（一）在苍山保护管理工作中成绩显著的。

（二）对苍山的生态系统、生物资源、人文资源、地质遗迹进行科学研究取得显著成果的。

（三）在苍山保护范围推广应用科研成果成效显著的。

（四）制止、检举违法行为有功的。

第二十一条　违反本条例规定，有下列行为之一的，由自治州或者县（市）苍山保护管理机构给予处罚；构成犯罪的，依法追究刑事责任。

（一）违反第十二条第（一）项、第（二）项、第十七条第二款、第十八条第二款规定的，责令改正，可以并处 300 元以上 3000 元以下罚款；情节严重的，个人处 2 万元以上 5 万元以下罚款，单位处 10 万元以上 50 万元以下罚款。

（二）违反第十二条第（三）项、第（四）项、第（五）项和第十三条、第十四条规定的，处 50 元以上 500 元以下罚款；情节严重的，处 500 元以上 5000 元以下罚款。

（三）违反第十九条第一款规定的，责令限期缴纳，每天按应交额万分之五缴纳滞纳金；拒不缴纳的，责令停止经营活动。

（四）违反第十九条第二款规定的，责令补交门票费，可以并处20元以上100元以下罚款。

第二十二条　违反本条例规定，有下列行为之一的，由有关部门给予处罚；构成犯罪的，依法追究刑事责任。

（一）违反第十二条第（六）项规定的，由县级以上文物行政主管部门按有关规定处罚。

（二）违反第十二条第（七）项、第（八）项、第（九）项规定的，由县级以上林业行政主管部门责令停止违法行为，违反第（七）项规定的，没收违法所得，并处 500 元以上 5000 元以下罚款；违反第（八）项、第（九）项规定的，并处 50 元以上 500 元以下罚款。

（三）违反第十二条第（十）项、第十五条规定的，由县级以上矿产资源行政主管部门和环境保护行政主管部门责令停止违法行为，限期采取补救措施，并按相关规定进行处罚。

第二十三条　当事人对行政处罚决定不服的，依照《中华人民共和国行政复议法》和《中华人民共和国行政诉讼法》的规定办理。

第二十四条　苍山保护管理机构和有关部门的工作人员在苍山保护管理工作中玩忽职守、滥用职权、徇私舞弊的，由其所在单位或者上级行政主管部门给予行政处分；构成犯罪的，依法追究刑事责任。

第二十五条　本条例由自治州人民代表大会常务委员会解释。

第二十六条　本条例经自治州人民代表大会通过，报云南省人民代表大会常务委员会批准后公布施行。

三、昆明市节约能源条例[①]

2012 年 2 月 28 日，昆明市第十三届人民代表大会常务委员会第八次会议通过了《昆明市节约能源条例》，并在 2012 年 5 月 31 日云南省第十一届人民代表大会常务委员会第三十一次会议批准。该条例自 2012 年 10 月 1 日起施行，具体内容如下：

---

① 昆明市人民代表大会常务委员会：《昆明市节约能源条例》，http://www.km.gov.cn/c/2012-06-27/628814.shtml（2012-06-27）。

第一章　总则

第一条　为了推动全市节约能源，提高能源利用效率，促进经济社会全面协调可持续发展，根据《中华人民共和国节约能源法》、《云南省节约能源条例》等法律、法规，结合本市实际，制定本条例。

第二条　凡在本市行政区域内从事能源开发、加工、经营、利用、管理及其相关活动的单位和个人，应当遵守本条例。

第三条　节能工作应当遵循政府引导，社会参与，市场调节，政策激励，依法管理，技术推进，降耗增效的原则。

第四条　市、县（市、区）人民政府实施节约与开发并举、把节约放在首位的能源发展战略，实行节能降耗的产业政策，调整优化产业、产品和能源消费结构，淘汰落后的生产工艺、设施和设备，降低单位产值能耗、单位产品能耗。

第五条　市、县（市、区）人民政府工业经济主管部门是本行政区域内的节能行政主管部门，负责对辖区内节能工作的规划、宣传、指导、协调和监督管理。

市、县（市、区）人民政府其他部门，在各自的职责范围内，做好行业节能监督管理工作，并接受同级节能行政主管部门的指导。

第六条　市、县（市、区）人民政府及其有关部门应当开展多种形式的节能宣传和教育工作，增强全民节能意识，推广应用节能技术和节能产品，倡导节约型的生产和消费方式。

第七条　市、县（市、区）人民政府应当把节能专项资金和工作经费列入年度财政预算。

第八条　市、县（市、区）人民政府及相关部门应当在技术培训、信息交流、资金投入等方面支持社会节能服务机构的发展，鼓励节能产品的研发和推广。

第九条　任何单位和个人应当依法履行节能义务，有权举报浪费能源的行为。

第二章　节能管理

第十条　市、县（市、区）人民政府应当将节能工作纳入本地区国民经济和社会发展规划，并组织编制节能专项规划。

节能专项规划应当包括工业节能、建筑节能、交通运输节能、公共机构节能、商业节能、农业农村节能、生活节能等内容。

第十一条　市、县（市、区）节能行政主管部门应当依据节能专项规划，制定年度节能计划，报同级人民政府批准后组织实施。

第十二条　本市节能工作实行节能目标责任制和节能考核评价制度。

市人民政府应当根据全市年度节能计划，考核县（市、区）人民政府、市级有关部门、重点用能单位节能目标责任的落实情况，并向社会公布考核结果。

第十三条　规划行政主管部门和建设行政主管部门应当按照建筑节能规范要求，确定建筑物的用能及节能标准。未达到地方建筑节能标准的建设项目，规划行政主管部门不得核发建设工程规划许可证，建设行政主管部门不得核发施工许可证。已经开工建设的，应当责令停止施工、限期改正；已经建成的，不得销售或者使用。

第十四条　用能单位应当严格执行国家、行业的单位产品能源消耗限额标准，开展能效对标管理。

鼓励用能单位制定严于国家、行业和地方标准的节能标准。

第十五条　市、县（市、区）人民政府应当加强对重点用能单位节能工作的监督和管理，每年公布所辖区域重点用能单位名单及耗能情况。

第十六条　节能行政主管部门和相关部门在监督管理中发现重点用能单位有下列情形之一的，应当开展现场调查，责令实施能源审计：

（一）未实现上年度节能目标的。

（二）对能源计量数据、统计数据弄虚作假的。

（三）能源利用效率明显低于同行业平均水平的。

（四）节能管理制度不健全、节能措施不落实的。

（五）其他严重违反节能降耗规定的行为。

第十七条　本市禁止引进、生产、销售和使用国家明令淘汰或者未达到强制性能源效率标准的用能产品、设备和生产工艺。

对国家规定有淘汰期限的用能产品、设备、生产工艺，市、县（市、区）节能行政主管部门应当会同相关部门制定淘汰计划，指导、监督用能单位实施淘汰或者技术改造。

第十八条　新建、改建、扩建固定资产投资项目，应当依法进行节能评估，并按项目管理权限报节能行政管理部门审查。未通过节能审查的固定资产投资项目，行政管理部门不得核准和备案，建设单位不得开工建设。

固定资产投资项目的节能设施应当与主体项目同时设计、同时施工，经节能行政管理部门验收合格后，方可投入使用。

第十九条　市、县（市、区）统计部门应当建立健全能源统计制度、统计指标体系，会同节能行政主管部门、发展和改革部门定期向社会公布地区单位生产总值能耗、规模以上工业增加值能耗以及主要耗能行业的能源消费和节能情况等信息。

第二十条　节能行政主管部门应当建立和完善节能服务平台，鼓励社会节能服务机构为用能单位提供节能咨询、设计、评估、检测、审计、认证、培训和推广合同能源管理等服务。

节能服务机构应当客观、公正地为委托人提供服务，不得弄虚作假，提供虚假信息。

第三章　合理使用能源

第二十一条　重点用能单位应当建立健全节能管理体系，设立能源管理和能源计量岗位，确定能源管理和能源计量人员，对本单位用能状况进行分析、评价，定期向当地节能行政管理部门提出本单位能源利用状况报告和改进措施。

第二十二条　重点用能单位应当制定年度节能计划，对各类能源的消费实行分类计量和统计，完善能源统计台账，确保能源消费统计数据真实、完整，并采取节能措施，落实节能目标责任制。

重点用能单位未实现上一年度节能目标的，应当在能源利用状况报告中说明原因，提出整改计划和措施。

重点用能单位应当定期组织开展电力需求侧管理潜力调查，制定年度负荷管理目标、节电目标和实施方案。

第二十三条　电力、钢铁、有色金属、建材、石油加工、化工、煤炭等主要耗能行业应当对耗能设施设备实行节能改造。

各级开发区、工业园区、产业集聚区应当开发利用新型清洁能源、节能产品及设备，鼓励集中供气、供热，循环利用能源和采用先进的用能控制和监测技术。

第二十四条　建筑工程应当采用节能型建筑材料、设备，充分利用自然采光，使用高效照明灯具，优化照明系统设计，改进电路控制方式，推广应用智能调控装置。

具备可再生能源利用条件的工业和民用建筑，建设单位应当选择可再生能源，用于采暖、制冷、照明和热水供应等。

可再生能源利用设施应当与建筑主体工程同时设计、同时施工、同时验收。

第二十五条　在销售商品房时，房地产开发企业应当在商品房住宅质量保证书、住宅使用说明书中载明所售商品房的能源消耗指标及采用的节能设施等。

第二十六条　市、县（市、区）人民政府应当优先发展城乡公共交通，推进节能型公共交通设施建设，鼓励公众利用公共交通工具出行。

第二十七条　公共设施和大型建筑物应当使用高效节能产品和能耗监测系统，并对既有的空调、照明、电梯、锅炉等耗能设施进行节能改造。

第二十八条　公共机构实施能耗定额管理，优先采购列入政府采购名录的节能产品、设备，禁止采购国家明令淘汰的耗能产品、设备。

第二十九条　市、县（市、区）人民政府应当加大对农业和农村节能工作的资金投入，推广使用沼气、太阳能、节柴灶等节能技术和节能产品，淘汰高耗能的农业机械。

第四章　节能技术进步与激励措施

第三十条　市、县（市、区）人民政府的节能专项资金主要用于以下方面：

（一）节能技术和产品的研发、示范和推广。

（二）节能技术改造和技术升级。

（三）淘汰落后的耗能产品、设备和生产工艺。

（四）重点节能工程的实施。

（五）新能源和可再生能源利用。

（六）节能统计、监测、评估、监察以及节能管理服务体系建设。

（七）节能宣传、培训、奖励。

（八）节能工作的其他用途。

第三十一条　市、县（市、区）人民政府应当加大对节能技术研究开发的投入力度，支持科研单位、高等院校和其他单位、个人开展节能技术和产品的研究、开发、示范和推广，公布节能技术、节能产品的推广目录。

第三十二条　鼓励和支持开发应用太阳能、风能、水能、地热能、生物质能等清洁能源、新能源和可再生能源。

第三十三条　市、县（市、区）人民政府应当运用市场机制推动节能工作开展，逐步推行有利于节能的能源差别价格政策。

第三十四条　企业进行节能技术改造、进口节能研发用品、购置节能专用设备、实施合同能源管理项目，符合税收优惠条件和规定的，依法享受税收优惠。

第三十五条　鼓励用能单位和个人实施下列节能措施：

（一）推广热电联产、集中供热，发展热能梯级利用技术，热、电、冷联产技术，提高热能综合利用率。

（二）采用高效节能电动机、风机、泵类设备，实施电机系统节能改造。

（三）采用高效节电照明产品、照明系统和新型节电光源。

（四）采用洁净煤燃烧技术及替代石油技术。

（五）采用其他技术成熟、效益显著的先进节能技术、工艺、设备、材料、产品和先进管理方式。

第三十六条　市、县（市、区）人民政府对在节能管理、节能技术研究和推广应用中成绩显著的单位及个人，给予表彰和奖励。

第五章　法律责任

第三十七条　违反本条例第十四条第一款规定，用能单位超过国家单位产品能耗限额标准用能的，由节能行政主管部门提出整改意见，逾期未整改或者整改未达到要求的，依法责令停业整顿或者关闭。

第三十八条　违反本条例第十六条规定，重点用能单位不实施能源审计的，由节能行政主管部门处以5000元以上2万元以下罚款。

第三十九条　违反本条例第十八条规定，擅自开工建设或者擅自投入使用的，由节能行政管理部门责令停止建设或者停止生产、使用，限期改正；不能改正或者逾期不改正的，报请本级人民政府按照国务院规定的权限责令关闭。

第四十条　违反本条例第二十条第二款规定，节能服务机构提供虚假信息的，按管理权限由节能行政管理部门责令改正，没收违法所得，并处5万元以上10万元以下罚款。

第四十一条　违反本条例第二十一条规定，重点用能单位未设立能源管理和能源计量岗位、确定能源管理和能源计量人员的，由节能行政主管部门责令限期改正；逾期不改正的，处以1万元以上3万元以下罚款。

第四十二条　违反本条例第二十四条规定的，由建设行政管理部门责令建设单位停止建设，限期整改；逾期未整改的，处以20万元以上50万元以下罚款。

第四十三条　违反本条例第二十五条规定的，由建设行政管理部门责令限期整改；逾期未整改的，责令停止销售，处以3万元以上5万元以下罚款。

第四十四条　违反本条例第二十八条规定的，由行政监察部门对直接责任人依法给予行政处分。

第四十五条　国家工作人员在节能管理工作中滥用职权、玩忽职守、徇私舞弊的，由其所在单位、主管部门或者同级行政监察部门依法给予行政处分；构成犯罪的，依法追究刑事责任。

第六章　附则

第四十六条　本条例自2012年10月1日起施行。

四、云南省环境保护行政问责办法①

2013年5月24日，云南省人民政府办公厅向云南省各州、市人民政府，省直各委、办、厅、局印发了《云南省环境保护行政问责办法》。《云南省环境保护行政问责

① 云南省人民政府办公厅：《云南省环境保护行政问责办法》，http://sthjt.yn.gov.cn/zcfg/guizhang/gzgfxwj/201311/t20131106_41234.html（2013-11-06）。

办法》具体内容如下：

第一章　总则

第一条　为强化环境保护责任，落实环境保护“一岗双责”制度，促进生态文明建设，根据《中华人民共和国行政监察法》、《中华人民共和国环境保护法》、《云南省党政领导干部问责办法（试行）》和《云南省人民政府关于全面推行环境保护“一岗双责”制度的决定》（云政发〔2010〕42 号）等有关法律法规和规定，结合云南省实际，制定本办法。

第二条　本办法所称环境保护行政问责，是指对在落实环境保护职责过程中不履职、不当履职、违法履职，并导致严重后果或者恶劣影响的责任部门和责任人进行责任追究。

第三条　本办法适用于各级政府及其负有环境保护“一岗双责”职责部门（含内设机构）的领导和工作人员，各级政府及组织人事部门任命和管理的企事业单位的领导和工作人员。

第四条　环境保护行政问责，按照干部管理权限，由行政监察机关（部门）依照有关规定组织实施。

第五条　环境保护行政问责遵循实事求是、公正公平、有错必纠、过责相当、惩教结合的原则，做到事实清楚、证据确凿、定性准确、处理适当、程序合法、手续完备。

第二章　问责情形

第六条　各级政府及其工作人员有下列情形之一的，应当问责：

（一）未落实环境保护目标责任制的。

（二）未完成年度污染减排目标任务的。

（三）因环境监管经费、人员不足，导致环境监管能力不足的。

（四）未制定、实施环境保护目标及有利于环境保护的经济、技术政策和措施的。

（五）制定或者采取与环境保护法律法规和规章以及环境保护政策相抵触的规定和措施的。

（六）对依法应当编写有关环境影响篇章或者说明而未编写的规划草案、依法应当附送环境影响报告书而未附送的专项规划草案，违法予以批准的。

（七）建设项目环境影响评价文件未报批或者未经批准，违规要求或者同意项目开工建设的。

（八）在环境受到严重污染威胁居民生命财产安全时，未采取解除或者减轻危害措施的。

（九）不按照要求制定环境污染与生态破坏突发事件应急预案、核与辐射事故应急预案的。

（十）发生环境污染与生态破坏突发事件、核与辐射事故后，未及时启动应急预案的。

（十一）对造成严重污染环境的单位，不实施限期治理监管或者不依法责令取缔、关闭、停产的。

（十二）未按照要求开展跨行政区域和流域的环境污染和生态破坏防治工作的。

（十三）阻碍、干涉负有环境监督管理职责的部门依法履行监管职责的。

（十四）未依法受理或者处理群众关于环境问题的信访件，引发群体性事件并造成恶劣社会影响的。

（十五）未履行其他法定环境保护职责的。

第七条　各级政府负有环境保护监督管理职责的部门及其工作人员有下列情形之一的，应当问责：

（一）未依法履行职责导致未完成年度污染减排目标任务的。

（二）未依法实施环境保护有关行政许可的。

（三）对依法应当编写有关环境影响篇章或者说明而未编写的规划草案、依法应当附送环境影响报告书而未附送的专项规划草案，违法予以批准的。

（四）建设项目未依法进行环境影响评价，或者环境影响评价文件未经批准，擅自审批该项目可行性研究报告或者核准该项目建设的。

（五）依法应当移送司法机关的环境违法案件而未移送的。

（六）在处置重大环境突发事件中，处置不力或者偏袒护短，对应当追究行政责任的责任人不依法追究责任的。

（七）未依法受理或者处理群众关于环境污染的信访件，引发群体性事件的。

（八）未完成年度淘汰落后产能目标任务的。

（九）未依法定期发布环境质量状况公报的。

（十）在执法过程中玩忽职守，包庇、纵容、袒护环境违法行为的。

（十一）瞒报、虚报、迟报、漏报环境信息的。

（十二）未依法公开重大环境信息，尤其是对环境有重大影响的建设项目环境信息的。

（十三）未按照法定职责协调配合开展环境保护工作和监督管理重大环境问题的。

（十四）未履行法定的其他环境监管职责的。

第八条　各级政府及组织人事部门任命和管理的、负有环境保护监督管理职责的企事业单位领导干部和工作人员有下列情形之一的，应当问责：

（一）未制定、落实以环境保护责任制、安全操作规程、环境保护培训教育、污染源监控、环境污染事故隐患整改、核与辐射安全等为主要内容的环境保护和污染防治制度的。

（二）不按照国家有关规定制定突发环境事件应急预案，或者在突发环境事件发生时，不及时采取有效控制措施的。

（三）未完成年度污染减排目标任务的。

（四）建设项目未依法进行环境影响评价，或者环境影响评价文件未经批准，擅自开工建设的。

（五）未按照环境影响评价要求落实环境保护对策措施的。

（六）违反环境保护法律法规和有关产业政策，造成环境污染事故或者生态破坏的。

（七）不按照国家规定淘汰严重污染环境的落后生产技术、工艺、设备或者产品的。

（八）擅自拆除、闲置或不正常使用环境污染治理设施，或者超标排放污染物的。

（九）阻挠、妨碍环境执法人员依法执行公务的。

（十）未遵守建设项目环境保护“三同时”制度的。

（十一）有其他违反环境保护法律法规进行建设、生产或经营行为的。

第三章　责任划分及追究

第九条　各级政府主要负责人、分管环境保护工作负责人，负有环境保护监督管理职责的部门负责人以及工作人员，各级政府及组织人事部门任命和管理的、负有环境保护监督管理职责的企事业单位领导干部和工作人员，应当在其职责范围内承担相应的环境保护责任。

第十条　有下列情形的，按照以下规定确定并区分责任人责任：

（一）领导不采纳有关业务部门及其承办人员正确意见，作出错误决定的，由作出决定的领导承担直接责任。

（二）应当经过合议、审核、审批程序而未经合议、审核、审批作出行政行为的，由直接责任人承担直接责任，主管领导承担领导责任。

（三）经集体研究、讨论作出决定，由参加集体讨论人员共同承担责任（持不同意见的人除外），其中职务最高的领导承担主要领导责任。

（四）徇私枉法、滥用职权、不正确履行法定职责、违反法定程序的，由直接承办人员承担直接责任，直接分管领导承担主要领导责任。

（五）由于承办人隐瞒事实、伪造证据或者编造虚假材料，导致作出错误决定的，由承办人员承担直接责任。

（六）承办人员不认真履行监管职责，办事拖拉、推诿扯皮，作出的具体行政行为造成影响或者过错应当追究责任的，由承办人员承担直接责任。

（七）应当追究责任的行为是由主管人员批准的，由批准人员承担直接责任。

（八）2 人以上共同实施行政行为的，主办人员承担主要责任，协办人员承担相应责任；责任无法区分的，共同承担责任。

第十一条　环境保护责任追究实行源头追溯追究制，从责任行为或者责任事件各环节进行追究，从决策、审批、监管、生产、运输、设备运行维护等有关环节追究监管部门和生产经营单位的责任。

第十二条　有下列情形之一的，可以从轻或减轻处理：

（一）主动交代违法违纪行为的。

（二）积极配合调查或者有立功表现的。

（三）主动采取措施，有效避免或者挽回损失、消除不良影响的。

（四）其他按照规定可以从轻、减轻处理的。

第十三条　问责实施过程中，所涉及的部门、单位和当事人应当主动接受问责调查，有阻挠、干扰问责的，应当从重问责。

第十四条　问责方式和问责程序按照《云南省党政领导干部问责办法（试行）》规定执行。

第四章　附则

第十五条　在本省行政区域内非本级管理的领导干部和工作人员违反本办法规定需要问责的，按照干部管理权限由上级主管单位予以问责。

法律法规授权或者行政机关委托承担环境保护监督管理职责的组织及其领导和工作人员适用本办法。

第十六条　本办法自 2013 年 7 月 1 日起施行。

五、云南省湿地保护条例①

2013 年 9 月 25 日，云南省第十二届人民代表大会常务委员会第五次会议通过了《云南省湿地保护条例》。该条例具体内容如下：

---

① 云南省人民代表大会常务委员会：《云南省湿地保护条例》，http://db.ynrd.gov.cn:9107/lawlib/lawdetail.shtml?id=30bd59d1ab31427bb866552e5fb2e7af（2013-09-25）。

第一章　总则

第一条　为了加强对湿地的保护，恢复和发挥湿地功能，促进湿地资源的可持续利用，根据有关法律、法规，结合本省实际，制定本条例。

第二条　本省行政区域内湿地的规划和认定、保护和利用、管理和监督等活动，适用本条例。但法律、法规另有规定的，从其规定。

第三条　本条例所称湿地是指常年或者季节性积水、适宜喜湿生物生长、具有生态服务功能，并经过认定的区域。

湿地分为国际重要湿地、国家重要湿地、省级重要湿地和一般湿地。

第四条　湿地保护和管理应当遵循保护优先、科学规划、分类管理、合理利用、持续发展的原则。

第五条　县级以上人民政府是湿地保护的责任主体，应当将湿地保护纳入国民经济和社会发展规划，建立湿地保护工作目标责任制和协调机制，并将湿地保护和管理经费列入同级财政预算。

有关乡、镇人民政府和街道办事处应当协助有关部门做好湿地保护和管理工作。

第六条　县级以上人民政府林业行政主管部门负责本行政区域内湿地保护的组织、协调、指导和监督工作。

县级以上人民政府发展改革、财政、国土资源、环境保护、住房城乡建设、水利、农业、旅游、教育、科技等部门按照职责，做好湿地保护的有关工作。

第七条　县级以上人民政府及其有关单位应当支持和鼓励开展湿地科学研究、技术创新和技术推广工作，提高湿地保护和管理的科学技术水平。

第八条　县级以上人民政府应当组织有关部门开展湿地保护宣传教育工作，普及湿地知识，增强公民的湿地保护意识。

县级以上人民政府应当建立湿地保护和管理的激励机制，鼓励公民、法人和其他组织以捐赠、志愿服务等形式参与或者开展湿地保护和恢复活动。

第二章　规划和认定

第九条　县级以上人民政府林业行政主管部门应当会同有关部门，编制本行政区域湿地保护规划，按规定报批后实施。

湿地保护规划，应当根据湿地资源普查和专项调查的结果科学编制，并与土地利用总体规划、城乡规划、水资源规划、环境保护规划等专项规划相衔接。

第十条　省级重要湿地保护规划，由所在地的县级人民政府林业行政主管部门或者承担湿地保护和管理职责的机构（以下简称湿地保护机构）组织编制；跨行政区域的，由共同的上一级人民政府林业行政主管部门组织编制。

省级重要湿地保护规划由所在地的县级以上人民政府逐级报省人民政府批准，或者由省人民政府授权省林业行政主管部门批准。

一般湿地保护规划，由县级人民政府林业行政主管部门组织编制，报本级人民政府批准；跨行政区域的，由共同的上一级人民政府林业行政主管部门组织编制，报本级人民政府批准。

国际重要湿地、国家重要湿地保护规划的编制和审批，按照国家有关规定执行。

第十一条　经批准的湿地保护规划应当向社会公布，任何单位和个人不得擅自变更。确需变更的，应当按照原编制和批准程序办理。

第十二条　县级以上人民政府林业行政主管部门应当组织有关部门对湿地资源进行定期普查和专项调查，并将结果报本级人民政府。

第十三条　省人民政府设立湿地保护专家委员会，负责对省级重要湿地范围的认定、湿地动植物保护名录的拟定、湿地资源的评估和利用、湿地生态补偿和湿地生态修复等工作提供技术咨询及评审意见。

湿地保护专家委员会由林业、水利、国土资源、环境保护、城乡规划、农业以及气象等方面的专家组成，具体工作由省人民政府林业行政主管部门负责组织实施。

第十四条　省人民政府林业行政主管部门应当会同有关部门根据省级重要湿地标准和专家委员会的评审意见，提出省级重要湿地名录报省人民政府批准并公布；国际重要湿地、国家重要湿地按照国家有关规定申报。

一般湿地的认定和公布由县（市、区）人民政府参照省级重要湿地认定和公布的程序执行，经认定的一般湿地名录应当报州（市）人民政府林业行政主管部门备案。

第十五条　经认定并公布的湿地应当设立界标，标明湿地范围；省级以上重要湿地的界标由州、市人民政府组织设立，一般湿地的界标由县（市、区）人民政府组织设立。

任何单位和个人不得擅自移动或者破坏湿地界标。

第十六条　经认定并公布的湿地，可以采取建立自然保护区、湿地公园、湿地保护小区等形式进行保护，并根据湿地生态系统结构和功能特征进行分区管理。

第三章　保护和利用

第十七条　有关县级以上人民政府应当明确省级以上重要湿地的保护机构，湿地保护机构接受本级人民政府林业行政主管部门的领导或者业务指导、监督，并履行下列职责：

（一）宣传、实施湿地保护有关的法律、法规。

（二）实施湿地保护规划，协调湿地保护和管理的有关工作，开展湿地资源的调查、监测、科研以及湿地知识的普及等工作。

（三）依法实施本条例赋予的行政处罚权，协调和配合有关部门查处湿地违法行为。

（四）本级人民政府赋予的其他职责。

第十八条　县级以上人民政府应当根据本行政区域内湿地保护和管理的需要，建立湿地生态补偿制度。具体办法由省人民政府另行制定。

第十九条　有关人民政府应当采取资金补助、委托管理、定向援助、产业转移、社区共管等方式，加强湿地生态系统结构和功能的保护与恢复。

第二十条　县级以上人民政府应当鼓励、扶持湿地周边区域居民发展生态农业，防止湿地面积减少和湿地污染，维护湿地生态系统结构和功能，并组织林业、农业、水利、环境保护等有关部门，对退化的湿地采取封育、禁牧、限牧、退耕、截污、补水等措施进行恢复。

第二十一条　县级以上人民政府在统筹协调区域或者流域内的水资源分配过程中，应当兼顾湿地生态用水；因缺水导致湿地功能退化的，应当建立湿地补水机制，定期或者根据恢复湿地结构和功能的需要有计划地采取措施进行湿地生态补水。

第二十二条　县级以上人民政府或者有关部门应当依法确定并公布湿地禁建区、限建区、禁伐区、禁猎区（期）、禁渔区（期）、禁采区（期）、禁牧区（期）。

第二十三条　任何单位和个人不得擅自向湿地引进外来物种。确需引进的，应当依法办理审批手续，并按照有关技术规范进行试验。

县级以上人民政府林业、农业行政主管部门应当对引进的外来物种进行动态监测，发现其有害的，及时报告本级人民政府和上一级林业或者农业行政主管部门，并采取措施，消除危害。

第二十四条　因防治疫源、疫病向湿地施放药物的，实施单位在开展工作前应当通报所在地湿地保护机构，共同采取防范措施，避免或者减少对湿地生态系统的破坏。

第二十五条　除抢险、救灾外，在湿地取水或者拦截湿地水源，不得影响湿地合理水位或者截断湿地水系与外围水系的联系，不得破坏鱼类等水生生物洄游通道和产卵场、索饵场、越冬场。

第二十六条　湿地范围内禁止下列行为：

（一）擅自新建、改建、扩建建筑物、构筑物。

（二）开垦、填埋、占用湿地，擅自改变湿地用途。

（三）倾倒、堆置废弃物、排放有毒有害物质或者超标废水。

（四）擅自挖砂、采石、取土、烧荒。

（五）采矿、采挖泥炭。

（六）规模化畜禽养殖。

（七）投放、种植不符合生态要求的生物物种。

（八）破坏湿地保护设施、设备。

（九）乱扔垃圾。

（十）制造噪音影响野生动物栖息环境。

（十一）擅自猎捕野生动物。

（十二）非法捕捞鱼类及其他水生生物。

第二十七条　湿地资源利用包括科学研究、旅游、湿地动植物产品生产等活动。

利用湿地资源应当符合湿地保护规划，并与湿地资源的承载能力和环境容量相适应，不得对野生动植物资源、湿地生态系统结构和功能造成破坏。

第二十八条　湿地资源的开发利用实行许可制度。有关县级以上人民政府应当依照湿地保护规划，采取招标等公平竞争的方式确定开发利用经营者。获得经营权的单位或者个人，应当缴纳湿地资源有偿使用费。具体办法由省人民政府另行制定。

禁止擅自转让湿地资源经营权。擅自转让的，由所在地县级人民政府无偿收回湿地资源经营权。

第二十九条　因发生污染事故或者其他突发事件，造成或者可能造成湿地污染的责任单位或者个人，应当立即采取措施予以处理，并及时通报可能受到危害的单位和居民，同时向当地人民政府或者有关部门报告。

第四章　管理和监督

第三十条　县级以上人民政府应当加强湿地保护和管理的队伍建设，建立湿地执法协作机制，可以根据湿地保护和管理工作的需要实施综合行政执法。

第三十一条　县级以上人民政府应当加强对湿地保护规划实施情况的监督检查。

县级以上人民政府林业行政主管部门应当会同有关部门对湿地资源保护、利用和管理工作进行监督检查，并定期向本级人民政府报告。

第三十二条　县级以上人民政府林业行政主管部门应当会同有关部门建立湿地资源监测站（点）网络，开展监测工作。省人民政府林业行政主管部门应当定期组织对湿地资源保护、管理进行评估，并将评估结果报省人民政府同意，发布湿地资源状况公报。

第三十三条　在湿地范围内进行下列活动，应当经湿地保护机构同意：

（一）科学考察、采集标本、拍摄影视作品、举办大型群众性活动。

（二）摆摊设点、搭建帐篷。

（三）设置、张贴商业广告。

第三十四条　湿地范围内的建设项目应当符合湿地保护规划，经县级以上人民政府林业行政主管部门同意，并办理有关审批手续。

第三十五条　在湿地范围内的建设项目，应当与湿地的景观相协调，不得破坏湿地生态系统结构与功能。建设单位和施工单位应当制定污染防治和生态保护方案，并采取有效措施保护周围景物、水体、植被、野生动植物资源和地形地貌。

第三十六条　湿地保护机构应当建立湿地生态预警和预报机制，根据湿地承载能力和对资源的监测评估结果，采取措施控制资源利用强度和游客数量。

第五章　法律责任

第三十七条　国家机关和湿地保护机构工作人员在湿地保护和管理工作中违反本条例，有下列情形之一的，依法给予处分；构成犯罪的，依法追究刑事责任：

（一）擅自变更湿地保护规划的。

（二）发现违反本条例的行为未及时依法处理的。

（三）其他滥用职权、徇私舞弊、玩忽职守的行为。

第三十八条　违反本条例第十五条第二款规定的，由县级以上人民政府林业行政主管部门或者湿地保护机构责令限期恢复原状或者赔偿所造成的损失，可以处 100 元以上 1000 元以下罚款。

第三十九条　违反本条例第二十六条规定的，由县级以上人民政府林业行政主管部门或者湿地保护机构按照下列规定处罚：

（一）违反第一项规定的，责令停止违法行为，依法拆除；情节严重的，处 2000 元以上 2 万元以下罚款。

（二）违反第二项规定的，责令限期恢复原状，并处每平方米 50 元以上 100 元以下罚款。

（三）违反第三、四、五项规定的，责令停止违法行为，限期清理、恢复原状或者采取其他补救措施，有违法所得的，没收违法所得，对个人处 500 元以上 5000 元以下罚款；对单位处 5 万元以上 50 万元以下罚款。

（四）违反第六、七项规定的，责令停止违法行为，造成损失的，依法赔偿损失，可以处 2000 元以上 2 万元以下罚款。

（五）违反第八项规定的，责令限期恢复原状或者赔偿所造成的损失，可以处 1000 元以上 1 万元以下罚款。

（六）违反第九、十项规定的，责令改正，可以处 50 元以上 200 元以下罚款。

第四十条　违反本条例第三十三条规定的，由县级以上人民政府林业行政主管部门或者湿地保护机构按照下列规定处罚：

（一）违反第一项规定的，责令停止违法行为，可以处5000元以上5万元以下罚款。

（二）违反第二项规定的，责令改正，限期清理、恢复原状，可以处200元以上2000元以下罚款。

（三）违反第三项规定的，责令停止违法行为，限期清理，可以处100元以上1000元以下罚款。

第四十一条　违反本条例规定的其他行为，依照有关法律、法规的规定给予处罚。

第六章　附则

第四十二条　本条例自2014年1月1日起施行。

六、云南省水土保持条例[①]

2014年7月27日，云南省人民代表大会常务委员会颁布了《云南省水土保持条例》，该条例自2014年10月1日期施行。《云南省水土保持条例》具体内容如下：

第一章　总则

第一条　为了预防和治理水土流失，保护和合理利用水土资源，减轻水、旱灾害，改善生态环境，保障经济社会可持续发展，根据《中华人民共和国水土保持法》等法律、行政法规，结合本省实际，制定本条例。

第二条　在本省行政区域内开展水土保持工作，或者从事可能造成水土流失的自然资源开发利用、生产建设及其他活动，应当遵守本条例。

第三条　县级以上人民政府应当将水土保持工作纳入本级国民经济和社会发展规划，建立水土保持目标责任制，协调重大水土保持工作，对水土保持规划确定的任务安排专项资金，并组织实施。

乡（镇）人民政府、街道办事处按照职责做好本行政区域的水土保持工作。

第四条　县级以上人民政府水行政主管部门主管本行政区域的水土保持工作，同级人民政府有关部门按照职责做好水土流失预防和治理的有关工作。

第五条　鼓励和支持社会力量参与水土保持工作。

① 云南省人民代表大会常务委员会：《云南省水土保持条例》，http://wcb.yn.gov.cn/arti?id=28165（2014-08-12）。

第二章　规划

第六条　县级以上人民政府水行政主管部门应当会同同级人民政府有关部门依法编制水土保持规划，报本级人民政府或者其授权的部门批准后向社会公告，并负责组织实施。

第七条　县级以上人民政府水行政主管部门应当根据水土保持规划，制定年度实施计划，并对实施情况进行动态跟踪管理。

第八条　省人民政府水行政主管部门负责全省水土流失调查工作，每 5 年至少公告 1 次调查结果。

县级以上人民政府应当依据水土流失调查结果，划定并公告水土流失重点预防区和重点治理区。

第九条　水土流失潜在危险较大且集中连片的下列区域，应当划定为水土流失重点预防区：

（一）江河两岸一级山脊线以内范围。

（二）湖泊和水库径流区。

（三）水源涵养区、饮用水水源保护区。

（四）草甸、热带雨林和高寒山区等区域。

第十条　水土流失严重且集中连片的下列区域，应当划定为水土流失重点治理区：

（一）坡耕地和荒山、荒沟、荒丘、荒滩等分布区。

（二）石漠化区、干热河谷区。

（三）崩塌、滑坡危险区。

（四）泥石流易发区。

（五）大型尾矿库区、露天开采区、矿山采空区。

（六）其他生态环境恶化、水旱灾害严重区。

第十一条　有关基础设施建设、城乡建设、公共服务设施建设、开发区建设、自然资源开发和土地整治等方面的规划，在实施过程中可能造成水土流失的，规划的组织编制机关应当在规划中编制水土保持篇章，提出水土流失预防和治理的对策和措施，并在规划报请审批前征求同级人民政府水行政主管部门的意见。

第三章　预防

第十二条　县级以上人民政府应当按照水土保持规划，采取封育保护、自然修复、植树种草、圈养轮牧等措施，预防和减轻水土流失。

第十三条　土地所有权人、使用权人或者有关管理单位应当按照水土保持规划在下列区域营造植物保护带：

（一）有堤防的河道以内堤脚线起、无堤防的河道以历史最高洪水位起沿地表外延不少于10米。

（二）湖泊以最高运行水位起沿地表外延不少于30米。

（三）水库以正常蓄水位起沿地表外延不少于30米。

禁止开垦、开发植物保护带。

第十四条　禁止在下列区域取土、挖砂、采石：

（一）河道管理范围边缘线起沿地表外延500米以内的地带。

（二）水库校核水位线起沿地表外延500米以内的地带。

（三）塘坝校核水位线起沿地表外延200米以内的地带。

（四）干渠两侧边缘线起沿地表外延200米以内的地带。

（五）铁路安全保护区和公路管理范围两侧的山坡、排洪沟、碎落台、路基坡面。

（六）侵蚀沟的沟头、沟边和沟坡地带。

在前款规定的区域抢修铁路、公路、水工程等确需取土、挖砂、采石的，抢修单位应当采取水土保持措施，抢修结束之日起5个工作日内，向所在地县级人民政府水行政主管部门书面报告扰动面积、水土保持措施实施情况等。

第十五条　禁止在25度以上陡坡地新开垦种植农作物。已在25度以上陡坡地种植农作物的，县级以上人民政府应当统筹规划，因地制宜，逐步退耕，植树育草。

在25度以上陡坡地种植林木的，应当对原生植被进行保护利用，并采取梯地、鱼鳞坑、水平阶、蓄排水设施等水土保持措施。

25度以下的坡耕地，应当采取修建梯田、坡面水系整治、蓄水保土耕作或者退耕等水土保持措施。

第十六条　依法应当编制水土保持方案的生产建设项目，生产建设单位按照下列规定，将水土保持方案报项目审批、核准、备案部门的同级水行政主管部门审批：

（一）实行审批制的生产建设项目，在报送可行性研究报告前。

（二）实行核准制的生产建设项目，在报送项目核准报告前。

（三）实行备案制的生产建设项目，在项目开工前。

实行审批制、核准制、备案制以外的生产建设项目，依法应当编制水土保持方案的，其水土保持方案在开工前报县级人民政府水行政主管部门审批。

水行政主管部门审查水土保持方案时，可以组织专家进行技术评审。

第十七条　有下列情形之一的，水土保持方案不予批准：

（一）不符合流域综合规划的。

（二）实行分期建设，其前期工程存在水土保持方案未编报、未落实和水土保持设施未验收等违法行为，尚未改正的。

（三）位于重要江河、湖泊水功能一级区内的保护区、保留区可能严重影响水质的。

（四）对饮用水水源区水质有影响的。

（五）法律、法规规定的其他情形。

第十八条　生产建设单位在进行主体工程初步设计或者施工图设计时，应当根据水土保持方案和有关标准，同时开展水土保持初步设计或者施工图设计。

生产建设单位在取得主体工程初步设计或者施工图设计批复后 15 日内，应当将批准文件报水土保持方案原审批机关和当地县级人民政府水行政主管部门备案。

第十九条　生产建设单位实施水土保持方案时，应当遵守下列规定：

（一）控制地表扰动和植被损坏范围，减少占地面积。

（二）对占用土地的地表土分层剥离，并收集、堆存和再利用。

（三）对具备移植条件的原生植物进行移植。

第二十条　依法应当编制水土保持方案的生产建设项目中的水土保持设施，由水土保持方案审批机关组织验收。

生产建设项目试生产运行 6 个月内，生产建设单位应当向水土保持方案审批机关申请水土保持设施验收。

分区建设、分期投产使用的生产建设项目，其水土保持设施应当同步验收。

第二十一条　生产建设单位及其委托的技术服务单位对其提供的水土保持方案、监理、监测、设施评估等成果负责，不得伪造数据或者提供虚假报告。

第四章　治理

第二十二条　县级以上人民政府应当根据水土保持规划，有计划地开展以小流域为单元的水土流失综合治理。

第二十三条　下列地区的水土流失，应当分类治理：

（一）江河、湖泊和水库周边区域，主要采取营造水土保持林、水源涵养林等措施，建立面山防护林体系。

（二）石漠化地区，主要采取修建水平梯田、配置坡面截水沟、蓄水池等措施，控制土壤冲刷，保护耕作土层、改良土壤。

（三）崩塌、滑坡危险区和泥石流易发区，主要采取建设谷坊、拦沙坝、排导槽、挡土墙、抗滑桩等水土保持工程措施。

（四）生态脆弱地区，主要采取禁牧或者轮牧、禁伐、封禁抚育或者能源替代等措施。

第二十四条　在水土流失地区，国家所有的土地由土地使用者负责治理；集体所有的土地由集体经济组织负责治理，承包给单位和个人使用的土地由承包人负责治理。

荒山、荒沟、荒丘、荒滩由当地人民政府组织治理或者承包给单位、个人治理。

第二十五条　县级以上人民政府应当多渠道筹集资金，用于水土流失的预防和治理；在水土流失重点治理区可以依法安排部分扶贫资金、以工代赈资金和农业发展基金等用于水土保持。

省人民政府应当将水土保持生态效益补偿纳入全省生态效益补偿制度，并从生态补偿费中安排一定比例的资金，专项用于水土流失的预防和治理。

第二十六条　依法收取的水土保持补偿费应当专项用于水土流失预防和治理。其征收使用管理的实施办法，由省财政、价格、水行政主管部门根据国家规定拟定，报省人民政府批准。

第二十七条　生产建设单位在建设和生产活动中造成水土流失的，应当采取措施及时治理。

生产建设单位在露天开采矿产资源等生产建设活动期间，应当制定渣土堆放计划，有序堆放渣土。对不再扰动和不再堆放的渣土地应当及时采取种植植物治理等措施。

第五章　监测和监督

第二十八条　县级以上人民政府水行政主管部门应当编制水土流失监测网络规划，建设水土流失监测站点，开展水土流失动态监测。县级以上人民政府应当保障水土保持监测工作经费。

水土保持监测机构负责水土流失日常监测和有关管理工作。

第二十九条　县级以上人民政府应当划定水土流失监测站点保护范围，并设置标志。

禁止损坏或者擅自占用水土流失监测站点的设施设备。

第三十条　省人民政府水行政主管部门应当根据水土保持监测情况，每年发布 1 次水土保持公告，特殊情况下可以适时发布。

第三十一条　依法应当开展水土流失监测的生产建设项目，生产建设单位应当依据水土保持方案制定监测设计与实施计划，自项目施工之日起按照确定的监测时段、点位、频次、方法等开展水土流失监测，并于每季度后的 15 日内，将水土流失监测情况报告项目所在地县级人民政府水行政主管部门。

第三十二条　县级以上人民政府应当对下一级人民政府水土保持年度目标落实情况进行考核，并将考核结果向社会公开。

第三十三条　县级以上人民政府水行政主管部门应当加强水土保持情况的监督检

查，建立在建项目定期检查和汛前检查制度；对造成水土流失行为的举报应当及时调查、核实和处理。

第六章　法律责任

第三十四条　水行政主管部门或者其他有关行政主管部门及其工作人员，玩忽职守、滥用职权、徇私舞弊尚不构成犯罪的，对直接负责的主管人员和其他直接责任人员依法给予处分。

第三十五条　违反本条例规定，在禁止区域取土、挖砂、采石的，没收违法所得，责令停止违法行为和采取补救措施；拒不采取补救措施的，对个人处 1000 元以上 3000 元以下的罚款，对单位处 2 万元以上 5 万元以下的罚款。

第三十六条　违反本条例规定，生产建设单位有下列行为之一的，按照以下规定予以处罚：

（一）未控制地表扰动和植被损坏范围的，或者未对具备移植条件的原生植物进行移植的，责令限期改正，采取补救措施。

（二）对占用土地的地表土未分层剥离或者剥离后未收集、堆存和再利用的，责令限期改正，采取补救措施，按占用地表土面积处每平方米 1 元的罚款。

（三）未按照确定的监测时段、点位、频次、方法等开展水土流失监测的，责令改正；拒不改正的，处 2 万元以上 5 万元以下的罚款。

（四）未按照规定报告水土流失监测情况的，责令限期改正；逾期不改正的，处 2000 元以上 5000 元以下的罚款。

第三十七条　违反本条例规定，生产建设单位及其委托的技术服务单位伪造数据或者提供虚假报告的，责令改正，处 5000 元以上 1 万元以下的罚款；有违法所得的，没收违法所得。

第三十八条　违反本条例规定，损坏或者擅自占用水土流失监测站点设施设备的，责令停止侵害并赔偿损失，处 1 万元以上 3 万元以下的罚款。

第三十九条　本条例规定的行政处罚，由县级以上人民政府水行政主管部门实施；实行水行政综合执法的，由其水政监察机构实施。

违反本条例规定的其他行为，依照《中华人民共和国水土保持法》等有关法律、法规的规定予以处罚。

第七章　附则

第四十条　本条例自 2014 年 10 月 1 日起施行。1994 年 7 月 27 日云南省第八届人民代表大会常务委员会第八次会议通过的《云南省实施〈中华人民共和国水土保持法〉

办法》同时废止。

七、云南省国家公园管理条例[①]

2015 年 11 月 26 日，云南省第十二届人民代表大会常务委员会第二十二次会议通过了《云南省国家公园管理条例》。具体内容如下：

第一章　总则

第一条　为了规范国家公园管理，保护、利用自然资源和人文资源，推进生态文明建设，根据有关法律、行政法规，结合本省实际，制定本条例。

第二条　本省行政区域内国家公园的设立、规划、保护、管理、利用等活动，适用本条例。

第三条　本条例所称国家公园是指经批准设立的，以保护具有国家或者国际重要意义的自然资源和人文资源为目的，兼有科学研究、科普教育、游憩展示和社区发展等功能的保护区域。

第四条　国家公园管理遵循科学规划、严格保护、适度利用、共享发展的原则，采取政府主导、多方参与、分区分类的管理方式。

第五条　省人民政府应当将国家公园的发展纳入国民经济和社会发展规划，建立管理协调机制，将保护和管理经费列入财政预算。

省人民政府林业行政部门负责本省国家公园的管理和监督。

发展改革、教育、科技、财政、国土资源、环境保护、住房城乡建设、农业、水利、文化、旅游等部门按照各自职责做好有关工作。

第六条　国家公园所在地的州（市）人民政府应当明确国家公园管理机构

国家公园管理机构接受本级人民政府林业行政部门的业务指导和监督，履行下列职责：

（一）宣传贯彻有关法律、法规和政策。

（二）组织实施国家公园规划，建立健全管理制度。

（三）保护国家公园的自然资源和人文资源，完善保护设施。

（四）开展国家公园的资源调查、巡护监测、科学研究、科普教育、游憩展示等工作，引导社区居民合理利用自然资源。

---

① 云南省人民代表大会常务委员会：《云南省国家公园管理条例》，http://db.ynrd.gov.cn:9107/lawlib/lawdetail.shtml?id=6326282a7ca24afabb2fb259a530b2fe（2015-11-26）。

（五）监督管理国家公园内的经营服务活动。

（六）本条例赋予的行政处罚权。

第七条　省人民政府林业行政部门应当会同省标准化主管部门制定和完善云南省国家公园地方标准。

第八条　省人民政府应当建立国家公园专家咨询机制，对国家公园的划定、设立、规划、建设、保护、利用和评估工作提供技术咨询。

第九条　鼓励和支持公民、法人和其他组织以捐赠、志愿服务等形式参与国家公园的保护、科学研究、科普教育等活动。

第二章　设立与规划

第十条　国家公园的设立应当符合云南省国家公园发展规划和云南省国家公园地方标准，由州（市）人民政府提出设立申请，经省人民政府林业行政部门征求有关部门意见后，提出审查意见，报省人民政府批准。

国家公园的名称、范围、界线、功能分区的变更或者国家公园的撤销，由省人民政府林业行政部门提出意见，报省人民政府批准。

第十一条　设立国家公园应当以国有自然资源为主。需要将非国有的自然资源、人文资源或者其他财产划入国家公园范围的，县级以上人民政府应当征得所有权人、使用权人同意，并签订协议，明确双方的权利、义务；确需征收的，应当依法办理。

第十二条　国家公园规划包括云南省国家公园发展规划以及单个国家公园的总体规划、详细规划。国家公园规划应当与其他法定规划相衔接，并按照下列规定编制和批准：

（一）云南省国家公园发展规划由省人民政府林业行政部门会同有关部门组织编制，报省人民政府批准。

（二）国家公园的总体规划由所在地的州（市）人民政府组织编制，经省人民政府林业行政部门审核后，报省人民政府批准。

（三）国家公园的详细规划由国家公园管理机构根据国家公园总体规划组织编制，征求相关县级人民政府意见后，报所在地的州（市）人民政府批准。

国家公园规划不得擅自变更，确需变更的，应当按照原编制和批准程序办理。

第十三条　国家公园按照功能和管理目标一般划分为严格保护区、生态保育区、游憩展示区和传统利用区。

严格保护区是国家公园内自然生态系统保存较为完整或者核心资源分布较为集中、自然环境较为脆弱的区域。

生态保育区是国家公园内维持较大面积的原生生态系统或者已遭到不同程度破坏而

需要自然恢复的区域。

游憩展示区是国家公园内展示自然风光和人文景观的区域。

传统利用区是国家公园内原住居民生产、生活集中的区域。

第十四条　国家公园所在地的州（市）人民政府应当按照国家公园总体规划确定的界线设立界标，并予以公告。

任何单位和个人不得擅自移动或者破坏国家公园的界标。

第十五条　国家公园内的建设项目应当符合国家公园规划，禁止建设与国家公园保护目标不相符的项目或者设立各类开发区，已经建设的，应当有计划迁出。

严格保护区内禁止建设建筑物、构筑物；生态保育区内禁止建设除保护、监测设施以外的建筑物、构筑物。

游憩展示区、传统利用区内建设经营服务设施和公共基础设施的，应当减少对生态环境和生物多样性的影响，并与自然资源和人文资源相协调。

第三章　保护与管理

第十六条　国家公园所在地的州（市）人民政府应当加强国家公园管理机构队伍建设，建立执法协作机制，可以根据工作需要实施综合行政执法。

第十七条　省人民政府林业行政部门应当建立健全国家公园数据库和信息管理系统，对国家公园的保护与利用情况进行监测，并向社会发布有关信息。

第十八条　国家公园管理机构应当采取下列措施，对国家公园进行保护：

（一）建立巡护体系，对资源、环境和干扰活动进行观察、记录，制止破坏资源、环境的行为。

（二）建立监测体系，定期对国家公园的自然资源、人文资源和人类活动情况进行监测。

（三）开展科普教育，加强科学研究，并将研究成果运用于国家公园的保护和管理。

（四）会同有关部门和单位对国家公园核心资源进行调查、编目，建立档案，设置保护标志。

（五）配合有关部门做好生态修复、护林防火、森林病虫害防治以及泥石流、山体滑坡防治等工作。

第十九条　严格保护区禁止任何单位和个人擅自进入，生态保育区禁止开展除保护和科学研究以外的活动。

在国家公园内开展科学研究的单位和个人，应当与国家公园管理机构签订协议，明确资源使用的权利、义务。

第二十条　游憩展示区可以开展与国家公园保护目标相协调的游憩活动；传统利用区可以开展游憩服务和传统生产经营活动。

游憩展示区、传统利用区内禁止下列活动：

（一）毁林、毁草、开荒、开矿、选矿等。

（二）经营性挖沙、采石、取土、取水等。

（三）规模化养殖。

（四）超标排放废水、废气和倾倒废弃物。

（五）擅自引入、投放、种植不符合生态要求的生物物种。

（六）擅自猎捕、采集列入保护名录的野生动植物。

（七）破坏公共设施。

（八）刻划涂污，随地便溺，乱扔垃圾等。

第二十一条　省人民政府林业行政部门应当建立健全评估制度，组织有关专家每 5 年对国家公园进行综合评估，评估结果报省人民政府批准后公布。评估不合格的，应当限期整改。

第四章　利用与服务

第二十二条　游憩展示区、传统利用区内开展下列活动，应当经国家公园管理机构同意：

（一）拍摄影视作品。

（二）举办大型活动。

（三）获取生物标本。

（四）设置、张贴商业广告。

（五）摆摊设点、搭建帐篷。

第二十三条　国家公园管理机构应当建立生态预警机制，根据环境承载能力和资源监测结果，严格控制资源利用强度和游客人数。

第二十四条　国家公园的经营服务项目实行特许经营制度。

特许经营可以采取下列方式：

（一）在一定期限内，通过特许将项目授予经营者投资、建设、经营，期限届满后无偿移交给授权主体。

（二）在一定期限内，将政府投资的设施有偿移交特许经营者经营，期限届满后无偿交还授权主体。

（三）在一定期限内，委托特许经营者提供公共服务。

（四）国家规定的其他方式。

第二十五条　国家公园的经营服务项目由所在地的州（市）人民政府依照国家公园总体规划确定，并向社会公布。

国家公园所在地的州（市）人民政府应当组织编制特许经营权出让方案，经专家论证、公开征求意见后，采用招标方式确定经营者，签订特许经营合同。

国家公园的特许经营权不得擅自转让。擅自转让的，由所在地的州（市）人民政府无偿收回经营权。

第二十六条　国家公园的特许经营权出让收入纳入预算专项管理，主要用于国家公园的生态补偿、基础设施建设、保护管理，以及扶持国家公园内原住居民的发展等。

第二十七条　国家公园所在地的县级以上人民政府应当采取定向援助、产业转移、社区共管等方式，帮助原住居民改善生产、生活条件，扶持国家公园内和毗邻社区的经济社会发展，鼓励当地社区居民参与国家公园的保护。

国家公园的建设、管理和服务等活动，需要招录或者聘用员工的，应当优先招录或者聘用国家公园内和毗邻社区的居民。

第五章　法律责任

第二十八条　国家工作人员在国家公园管理工作中玩忽职守、滥用职权、徇私舞弊的，依法给予处分；构成犯罪的，依法追究刑事责任。

第二十九条　违反本条例第十四条第二款规定的，由国家公园管理机构责令改正，处500元以上1000元以下罚款；造成损失的，依法予以赔偿。

第三十条　违反本条例第十五条第二款规定的，由国家公园管理机构责令停止建设、限期拆除，对个人处2万元以上5万元以下罚款，对单位处50万元以上100万元以下罚款。

违反本条例第十五条第三款规定的，由国家公园管理机构责令停止建设、限期拆除，对个人处2000元以上5000元以下罚款，对单位处20万元以上50万元以下罚款。

第三十一条　违反本条例第十九条第一款规定的，由国家公园管理机构给予警告，并处2000元以上5000元以下罚款。

第三十二条　违反本条例第二十条第二款规定的，由县级以上人民政府林业行政部门或者国家公园管理机构按照下列规定处罚：

（一）违反第一项、第二项规定的，责令改正，没收违法所得，对个人并处2000元以上5000元以下罚款；对单位并处50万元以上100万元以下罚款。

（二）违反第三项、第四项规定的，责令改正，对个人处2000元以上5000元以下罚款，对单位处5万元以上10万元以下罚款。

（三）违反第七项规定的，依法赔偿损失，处500元以上1000元以下罚款。

（四）违反第八项规定的，责令改正，处 50 元以上 200 元以下罚款。

第三十三条　违反本条例第二十二条规定的，由国家公园管理机构按照下列规定处罚：

（一）违反第一项、第二项规定的，责令停止违法行为，处 10 万元以上 30 万元以下罚款。

（二）违反第三项规定的，责令停止违法行为，没收获取的生物标本，并处 5 万元以上 10 万元以下罚款。

（三）违反第四项规定的，责令改正，处 500 元以上 1000 元以下罚款。

（四）违反第五项规定的，责令改正，可以处 500 元以下罚款。

第六章　附则

第三十四条　本条例自 2016 年 1 月 1 日起施行。

第二节　水环境保护法规条例

一、云南省宁蒗彝族自治县泸沽湖风景区保护管理条例[①]

2009 年 1 月 15 日，云南省宁蒗彝族自治县第十五届人民代表大会第二次会议修订了《云南省宁蒗彝族自治县泸沽湖风景区保护管理条例》，该条例于 2009 年 3 月 27 日云南省第十一届人民代表大会常务委员会第九次会议批准。该条例具体内容如下：

第一条　为了加强宁蒗彝族自治县（以下简称自治县）泸沽湖风景区（以下简称景区）的保护管理和开发利用，根据《中华人民共和国民族区域自治法》、国务院《风景名胜区条例》等法律法规，结合景区实际，制定本条例。

第二条　在景区内活动的单位和个人必须遵守本条例。

第三条　景区的保护管理和开发利用，坚持保护为主，科学规划，合理开发，永续利用的原则，实现生态效益、经济效益和社会效益相协调。

第四条　景区按《泸沽湖省级旅游区总体规划》和《泸沽湖自然保护区总体规划》的范围实行分类协调保护管理，总面积为 165.6 平方千米。

① 云南省环境保护厅湖泊处：《云南省宁蒗彝族自治县泸沽湖风景区保护管理条例》，http://db.ynrd.gov.cn：9107/lawlib/lawdetail.shtml?id=35258a760bae4ce9924b3728712c5e95（2009-03-27）。

第五条　景区实行三级保护管理。一级为核心区，其范围为：泸沽湖水域及其岛屿沿地表外延100米以内的区域。

二级为缓冲区，其范围为：核心区以外、湖盆山脊以内的区域。

三级为环境协调区，其范围为：缓冲区以外的保护管理区域。

一、二、三级区域设立界桩，标明界区，予以公示。

第六条　自治县人民政府制定优惠政策，鼓励各种经济组织和个人投资建设景区，谁投资谁受益，保护投资者的合法权益。

第七条　自治县人民政府加强对景区的保护管理和开发利用，并将其纳入国民经济和社会发展规划，每年在本级财政预算内安排经费，专项用于景区的保护管理工作。

第八条　自治县人民政府设立景区保护管理机构（以下简称管理机构）。管理机构的主要职责是：

（一）宣传贯彻执行有关法律法规及本条例。

（二）制定保护管理措施，报县人民政府批准后组织实施。

（三）设立保护范围的界桩、标示。

（四）建设和维护景区的基础设施和公共安全设施。

（五）对景区内的建设活动进行监督。

（六）组织有关部门对景区的自然资源、人文资源、地质遗迹、重要景观进行调查、监测，并建立档案。

（七）协助有关部门做好封山育林、水土保持等工作。

（八）征收风景名胜资源有偿使用费。

（九）行使本条例赋予的行政执法权。

第九条　自治县的林业、国土、城建、水务、环境保护、旅游、交通、工商、文化和公安等部门，按照各自的职责，做好景区的保护管理工作。

永宁乡人民政府应当协助做好景区的保护管理工作。

第十条　景区的主要保护对象为：湖泊、湿地生态环境、自然风貌、珍稀动植物及永宁土司府、扎美寺、格姆女神洞、开基桥、摩梭人聚居的村落和民族文化。

第十一条　泸沽湖的最高蓄水位为2690.8米（黄海高程，下同），最低蓄水位为2689.8米。

泸沽湖水域的水质，按国家GB3838—88《地面水环境质量标准》中的Ⅰ类标准保护。

第十二条　泸沽湖水域除安全管理所需的机动船外，禁止燃油动力船只行驶。

第十三条　在鱼类繁殖季节，泸沽湖实行封湖禁渔，具体时间由管理机构确定，并把裂腹鱼的产卵繁殖和索饵的水域定为全年禁渔区域。

第十四条　景区实行绿化造林、封山育林、扶育管理。对五马河、三家村幽谷、大渔坝、山垮沟两侧地带的水源林、防护林实行严格保护。

第十五条　景区内引进动物、植物必须经有关部门进行论证，并按规定程序报批。

第十六条　景区的建设要结合当地历史、民族文化，突出民族特色，在建设项目的选址、规模、体量、高度、色彩、风格等方面应与周围环境相协调。

第十七条　自治县人民政府应当严格控制景区内的建设。核心区除按规划设置的保护和游览设施外，不准新建其他项目；其他区域需要建设的项目，应当进行环境和景观影响评价，并按规定报批。新建的项目和设施不得破坏景观、污染环境。

第十八条　景区内的建设项目，审批机关批准前应当征求保护管理机构的意见。

第十九条　批准建设的项目，其防治污染设施必须与主体工程同时设计、同时施工。环境保护设施验收不合格的，其建设项目不准投入使用。

第二十条　景区内的挖沙、采石、取土，实行定点限量开采。开采不得破坏和污染环境。

第二十一条　进入景区从事科研、考察、影视拍摄等活动的单位和个人，须向管理机构申请办理有关手续。

第二十二条　景区实行统一的门票制。管理机构从门票收入中提取 2%的经费，专项用于景区的保护管理工作。

第二十三条　景区内从事经营活动的，应当缴纳风景名胜资源有偿使用费。具体收缴办法由自治县人民政府制定，收取的费用专项用于景区的保护管理和建设。

第二十四条　自治县人民政府应当与四川省凉山彝族自治州盐源县协商，组成毗邻地区的联合保护组织，共同做好泸沽湖的保护管理工作。

第二十五条　自治县人民政府对符合下列条件之一的单位和个人，给予表彰奖励：

（一）防治水污染成绩显著的。

（二）绿化造林成绩显著的。

（三）防治水土流失成效显著的。

（四）保护和增殖泸沽湖裂腹鱼、发展渔业生产成绩突出的。

（五）检举、揭发、控告违法行为有功的。

（六）依法管理景区和治安工作中作出显著成绩的。

第二十六条　景区内禁止下列行为：

（一）破坏、移动界桩和各种标识、标牌。

（二）盗砍林木、毁林开垦。

（三）猎捕、买卖水禽、候鸟等野生动物，破坏野生动物栖息地的巢、穴、洞。

（四）采摘国家和省列入保护名录的野生植物。

（五）带入未经批准的动物、植物。

（六）防火期内野外用火。

第二十七条　核心区内禁止下列行为：

（一）侵占滩地建房、围湖造田。

（二）打捞波叶海菜花等水草。

（三）从事围湖、网箱养鱼。

（四）炸鱼、毒鱼、电鱼。

（五）禁渔区域、禁渔期间捕鱼。

（六）使用化肥、塑料袋和含磷洗涤用品。

（七）向湖体及其支流河道排放污水、倾倒土石、废渣、垃圾、畜禽尸体等废弃物。

第二十八条　违反本条例规定，有下列行为之一的，由管理机构责令停止违法行为，给予处罚；构成犯罪的，依法追究刑事责任。

（一）违反第二十一条、第二十六条第（二）项、第二十七条第（一）项、第（七）项规定的，并处500元以上5000元以下罚款。

（二）违反第二十六条第（一）项、第（三）项、第（四）项、第二十七条第（三）项、第（四）项、第（五）项规定的，并处100元以上1000元以下的罚款。

（三）违反第二十六条第（五）项、第（六）项、第二十七条第（二）项、第（六）项规定的，并处50元以上500元以下罚款。

第二十九条　违反本条例规定，有下列行为之一的，由有关行政主管部门责令停止违法行为，给予处罚；构成犯罪的，依法追究刑事责任。

（一）违反第十二条规定的，由水务行政主管部门处200元以上2000元以下罚款。

（二）违反第十七条规定的，由建设行政主管部门处1000元以上10000元以下罚款。

（三）违反第十九条规定的，由环境保护行政主管部门处1000元以上10000元以下罚款。

第三十条　当事人对行政处罚决定不服的，按照《中华人民共和国行政诉讼法》、《中华人民共和国行政复议法》办理。

第三十一条　管理机构及其有关部门的工作人员滥用职权、玩忽职守、徇私舞弊的，由其所在单位或者上级行政主管部门给予行政处分；构成犯罪的，依法追究刑事责任。

第三十二条　本条例经自治县人民代表大会通过，报云南省人民代表大会常务委员会批准后公布施行。

第三十三条　本条例由自治县人民代表大会常务委员会负责解释。

二、云南省牛栏江保护条例[①]

2012 年 9 月 28 日，云南省第十一届人民代表大会常务委员会第三十四次会议通过了《云南省牛栏江保护条例》。该条例具体内容如下：

第一章　总则

第一条　为了加强牛栏江流域水资源的保护，防治水污染，提高水资源开发利用综合效益，根据《中华人民共和国水法》、《中华人民共和国水污染防治法》等有关法律、法规，结合本省实际，制定本条例。

第二条　本省行政区域内牛栏江流域水资源的保护、开发利用、水污染防治和牛栏江滇池补水工程设施（以下简称补水工程设施）的保护管理适用本条例。

第三条　牛栏江流域保护和管理，遵循科学规划、保护优先、防治结合、综合利用的原则。

第四条　牛栏江流域实行分区保护。

牛栏江德泽水库坝址以上集水区域为牛栏江流域上游保护区，牛栏江德泽水库坝址以下集水区域为牛栏江流域下游保护区。

第五条　牛栏江流域上游保护区划分为水源保护核心区、重点污染控制区和重点水源涵养区。

（一）水源保护核心区包括德泽水库库区和德泽水库以上牛栏江干流区。德泽水库库区为德泽水库正常蓄水位 1790 米水面及沿岸外延 2000 米的范围，区域范围超过一级山脊线的，按照一级山脊线划定；德泽水库以上牛栏江干流区指德泽水库以上干流（包括干流源头矣纳岔口至嘉丽泽对龙河河段）水域及两岸外延 1000 米的范围，区域范围超过一级山脊线的，按照一级山脊线划定。

（二）重点污染控制区为水源保护核心区以外，流域范围内的坝区以及花庄河、果马河、普沙河、弥良河、对龙河、杨林河、匡郎河、前进河、马龙河水域及两岸外延 3000 米的区域，区域范围超过一级山脊线的，按照一级山脊线划定。

（三）重点水源涵养区为流域范围内除水源保护核心区、重点污染控制区以外的集水区域。

---

① 云南省人民代表大会常务委员会：《云南省牛栏江保护条例》，http://db.ynrd.gov.cn：9107/lawlib/lawdetail.shtml?id=514a63bae2654d7a95243289467ec9ec（2012-09-28）。

第六条　牛栏江流域下游保护区划分为污染控制区和水源涵养区。

（一）污染控制区为牛栏江干流水体及河岸带以外的坝区。

（二）水源涵养区为流域范围内除污染控制区以外的集水区域。

第七条　牛栏江流域上游保护区和牛栏江流域下游保护区的具体范围，由昆明市人民政府、曲靖市人民政府、昭通市人民政府依照本条例分别划定，并向社会公布。

第八条　牛栏江流域水体水质按照《地表水环境质量标准》Ⅲ类水质标准进行保护。

第九条　省人民政府领导牛栏江流域保护工作，负责综合协调、及时处理有关牛栏江流域保护的重大问题。

省人民政府建立由昆明市人民政府、曲靖市人民政府、昭通市人民政府和省级有关部门参加的牛栏江流域保护协调工作机制。

牛栏江流域保护工作实行属地管理。昆明市人民政府、曲靖市人民政府、昭通市人民政府是本行政区域内牛栏江流域保护工作的责任主体，全面负责本行政区域内牛栏江流域保护工作；牛栏江流域县（市、区）人民政府负责具体保护工作。

第十条　牛栏江流域实行保护目标责任制。省人民政府应当制定保护目标，负责对昆明市人民政府、曲靖市人民政府、昭通市人民政府进行考核。

第十一条　省人民政府、昆明市人民政府、曲靖市人民政府、昭通市人民政府和牛栏江流域县（市、区）人民政府应当将牛栏江流域保护经费纳入本级财政预算予以保障。

在牛栏江流域内征收的水资源费和排污费，应当全部用于牛栏江流域水资源的节约、保护、管理和水污染防治。

第十二条　省人民政府应当建立生态补偿机制，加大财政转移支付力度，多渠道筹集资金用于扶持并改善牛栏江流域内居民的生产、生活条件。

牛栏江流域县级以上人民政府（以下简称县级以上人民政府）应当加大产业结构调整，从源头上控制和减少污染源。

第十三条　在牛栏江流域范围内活动的单位和个人，都有保护牛栏江的义务，对违反本条例规定的行为有权进行劝阻、举报。

县级以上人民政府及有关部门应当对在牛栏江流域保护工作中做出显著成绩的单位和个人给予表彰或者奖励。

第二章　机构和职责

第十四条　省人民政府水行政主管部门负责牛栏江流域水资源保护的监督管理工作；省人民政府环境保护行政主管部门负责牛栏江流域水污染防治的统一监督管理

工作。

省人民政府发展改革、工业和信息化、财政、国土资源、住房城乡建设、交通运输、农业、林业等行政主管部门在各自的职责范围内，负责牛栏江流域保护的相关工作。

第十五条　昆明市人民政府、曲靖市人民政府、昭通市人民政府履行下列保护管理职责：

（一）宣传贯彻执行有关法律、法规。

（二）编制本行政区域内牛栏江流域水污染防治、水资源保护等专项规划。

（三）落实牛栏江流域保护目标责任制，保证出境断面水质达标。

（四）制定本行政区域内牛栏江流域保护措施和方案，并组织实施。

（五）组织制定并实施本行政区域内牛栏江流域突发水污染事件的应急预案。

（六）监督检查本行政区域内牛栏江流域重点水污染物排放总量指标控制情况。

（七）督促本市有关县（市、区）人民政府和有关部门做好牛栏江流域的保护工作。

（八）依法履行有关牛栏江流域保护的其他职责。

第十六条　牛栏江流域内的县（市、区）人民政府，除履行本条例第十五条第一、三、四项规定的职责外，还应当履行下列保护管理职责：

（一）实施牛栏江流域突发水污染事件应急预案。

（二）执行牛栏江流域重点水污染物排放总量控制指标。

（三）负责生态修复、防治水土流失，建设和保护生态湿地、生态林地、草地，改善生态环境。

（四）依法履行有关牛栏江流域保护的其他职责。

第十七条　省人民政府应当组织省级有关部门和昆明市人民政府、曲靖市人民政府、昭通市人民政府组成联合检查组，定期对牛栏江流域水污染防治情况进行监督检查。

第十八条　省人民政府环境保护行政主管部门应当定期对牛栏江流域水环境质量指标的完成情况和跨行政区域交界处河流断面水质状况进行考核并向社会公布考核结果。

第十九条　县级以上人民政府环境保护行政主管部门应当建立牛栏江流域水环境质量和水污染物排放监测报告制度，会同水行政主管部门组织监测网络，统一向社会发布牛栏江流域水环境状况信息。

省人民政府环境保护行政主管部门应当在牛栏江干流跨市界处设置水质自动监测断面，进行水质监测，定期向社会发布监测结果。

昆明市人民政府、曲靖市人民政府、昭通市人民政府环境保护行政主管部门应当分别在牛栏江跨县（市、区）界处设置水质监测断面，进行水质监测，定期向省人民政府环境保护行政主管部门报告监测结果，并通报同级水行政主管部门。

第二十条　县级以上人民政府水行政主管部门应当合理配置牛栏江流域水资源，提高水资源综合利用率；严格控制取用水总量，实行用水定额和计划用水管理；核定纳污能力，向同级环境保护行政主管部门提出限制排污总量意见。

第二十一条　省人民政府应当根据牛栏江流域水环境质量状况和水污染防治工作的需要，确定牛栏江流域实施总量削减和控制的重点水污染物，并将重点水污染物排放总量控制指标分解落实到市、县（市、区）人民政府。市、县（市、区）人民政府根据本行政区域重点水污染物排放总量控制指标的要求，将重点水污染物排放总量控制指标分解落实到排污单位。

县级以上人民政府环境保护行政主管部门对牛栏江流域超过重点水污染物排放总量控制指标的地区，应当暂停审批新增重点水污染物排放总量建设项目的环境影响评价文件。

省人民政府环境保护行政主管部门对未按照要求完成重点水污染物排放总量控制指标的市、县（市、区）予以公布。县级以上环境保护行政主管部门对违反法律、法规规定、严重污染水环境的企业予以公布。

第二十二条　县级以上人民政府应当合理规划工业布局，淘汰严重污染水环境的落后工艺和设备，禁止新建、改建、扩建不符合国家产业政策或者严重污染水环境的建设项目。

第二十三条　县级以上人民政府农业行政主管部门应当加强农业面源污染防治，引导农业产业结构调整，大力推广测土配方施肥技术，提高农作物秸秆综合利用率，发展清洁生产和生态农业，有效控制农业面源污染。

第二十四条　牛栏江流域实行工程造林，发展水源涵养林和水土保持林，增强森林植被水源涵养功能，防治水土流失，改善生态环境。

第二十五条　牛栏江流域发生水污染事件时，所在地县级人民政府应当及时处置，并按照规定报告上一级人民政府；跨行政区域的，还应当同时通报相邻地区人民政府，相邻地区人民政府应当采取措施减轻或者消除污染危害。

第三章　保护和管理

第二十六条　省人民政府环境保护行政主管部门应当会同省人民政府水行政主管部门和昆明市人民政府、曲靖市人民政府、昭通市人民政府组织编制牛栏江流域水环境保护规划，报省人民政府批准后实施。

编制牛栏江流域水环境保护规划应当符合国民经济和社会发展规划、主体功能区规划，并与城乡规划、土地利用总体规划、水资源综合规划、环境保护规划、林地利用保护规划相衔接。

第二十七条 县级人民政府应当采取措施改善牛栏江流域水环境质量，保证出境断面水质符合规定的水环境质量标准。

对出境断面水质不符合规定标准的地区，上级人民政府及其所属有关部门应当停止审批、核准在该区域内新增水污染物排放的建设项目，并削减该地区重点水污染物排放总量，直至出境断面水质符合规定标准。

第二十八条 牛栏江流域内的污水处理厂和重点污染排放工业企业应当安装水污染物排放自动监测设备，与环境保护行政主管部门的监控设备联网，并保证监测设备正常运行。

第二十九条 县级以上人民政府应当组织建设城镇生活垃圾分类收集、转运和集中处理设施，对生活垃圾进行安全处置；对人畜粪便、生活垃圾等废弃物进行资源化、减量化、无害化处理和农田固体废弃物的资源化利用。

第三十条 牛栏江流域上游保护区内的工业园区应当建设污水集中和分散处理设施，工业污水处理达标后，在园区内综合回用，实现工业污水零排放。排污单位在向污水集中处理设施排放污水时，应当符合相应的水污染物排放标准和重点水污染物排放总量控制指标。工业园区的管理机构统一负责园区内污水集中处理设施的监督管理，并确保其正常运行。

工业园区外的工业企业应当进行技术改造，采取综合防治措施，提高水的重复利用率，逐年减少废水和污染物排放量。

第三十一条 牛栏江流域上游保护区内的县级以上人民政府应当组织建设城镇居民生活污水收集管网和集中处理设施，加快配套污水管网的建设和污水处理厂的升级改造，确保城镇生活污水达到《城镇污水处理厂污染物排放标准》一级 A 标准排放。

牛栏江流域上游保护区内的县级以上人民政府应当逐步在居民分散居住地建设小型污水处理设施，实现生活污水安全、有序排放。

第三十二条 重点水源涵养区内禁止下列行为：

（一）盗伐、滥伐林木和破坏草地。

（二）使用高毒、高残留农药。

（三）利用溶洞、渗井、渗坑、裂隙排放、倾倒含有毒有害物质的废水、废渣。

（四）向水体排放废水、倾倒工业废渣、城镇垃圾或者其他废弃物。

（五）在江河、渠道、水库最高水位线以下的滩地、岸坡堆放、存贮固体废弃物或者其他污染物。

（六）利用无防渗漏措施的沟渠、坑塘等输送或者存贮含有毒污染物的废水、含病原体的污水或者其他废弃物。

第三十三条　重点污染控制区内除重点水源涵养区禁止的行为外，还禁止下列行为：

（一）新建、扩建工业园区。

（二）新建、扩建重点水污染物排放的工业项目。

（三）新建、改建、扩建经营性陵园、公墓。

第三十四条　水源保护核心区内除重点污染控制区、重点水源涵养区禁止的行为外，还禁止下列行为：

（一）新建、改建、扩建排污口。

（二）围河造地、围垦河道。

（三）围堰、围网、网箱养殖。

（四）规模化畜禽养殖。

（五）损毁水利、水文、科研、气象、测量、环境监测等设施设备。

（六）挖砂、采石、取土、采矿。

第三十五条　在牛栏江流域上游保护区内已设置排污口的生产企业，排放水污染物应当符合国家或者地方规定的水污染物排放标准和重点水污染物排放总量控制指标。

第三十六条　污染控制区内禁止新建、改建、扩建对水体污染严重的建设项目。

第四章　补水工程设施保护和管理

第三十七条　补水工程设施涉及的县级以上人民政府水行政主管部门应当加强对本行政区域内补水工程设施的保护和管理工作的监督检查。

补水工程设施涉及的相关县级以上人民政府其他有关部门应当配合做好补水工程设施的保护和管理工作。

第三十八条　补水工程设施产权单位负责补水工程设施的保护和管理工作，主要履行下列职责：

（一）宣传贯彻有关法律、法规。

（二）负责补水工程设施、设备的管理和运行维护，保持工程设备完好，确保工程设施正常运行。

（三）按照规程规范，做好工程巡视、检查、观测和资料的整理工作。

（四）负责德泽水库、干河泵站、输水设施的运行调度和灾害抢险工作。

（五）组织拟定德泽水库、干河泵站、输水设施的突发事件应急预案。

第三十九条　补水工程设施的管理范围包括德泽水库枢纽工程、干河泵站、输水线路。具体为大坝、溢洪道、输水放空洞、泄洪洞、坝后电站、泵站、输水线路、供水设施、水文站、观测设施、专用通信及交通设施等各类建筑物周围和水库土地征用线以内的库区。

（一）德泽水库枢纽工程管理范围：上游从坝轴线向上 150 米，下游从坝脚线向下 200 米，大坝两端距坝端 200 米，溢洪道外侧轮廓线向外 100 米，消力池以下 200 米，坝后电站工程外轮廓线向外 50 米。

（二）干河泵站管理范围：地面工程外轮廓线向外 50 米（不含库区），出水池及压力管道两侧各 30 米。

（三）输水线路管理范围：隧道、检修洞两侧水平外延 50 米，渠道两侧 3 至 4 米，其他建筑物外轮廓线向外 20 米。

补水工程设施产权单位应当按照管理范围依法设置固定界标、绘制界图，任何单位和个人不得侵占或者破坏。

第四十条　补水工程设施管理范围内禁止下列行为：

（一）建设影响补水工程设施运行的建筑物、构筑物及其他设施。

（二）凿井、打桩、钻探、爆破等。

（三）破坏进出水泵站、井池、盗窃补水工程设施及防护设施。

（四）设置占压或者堵塞补水管道、设施、隧洞及检修洞进出口的障碍物。

（五）倾倒有毒或者有污染的物质。

（六）在隧洞、箱涵、明渠、渡槽和补水管道上开口、凿洞或者用其他方式擅自取水。

第四十一条　补水工程设施产权单位对可能造成人身安全危险的水库大坝、水闸等工程设施和区域，应当设置明显的警示标志。

第四十二条　因突发事件危及德泽水库枢纽工程等补水工程设施安全的，有关人民政府及其部门应当立即采取措施，消除隐患，减轻危害，并按照规定报告上一级人民政府。

第五章　法律责任

第四十三条　国家工作人员在牛栏江流域保护和管理工作中，玩忽职守、滥用职权、徇私舞弊的，由监察机关或者上级主管部门对直接负责的主管人员和其他直接责任人员，依法给予处分；构成犯罪的，依法追究刑事责任。

第四十四条　违反本条例第二十八条规定的，由县级以上人民政府环境保护行政主管部门责令限期改正；逾期不改正的，处 1 万元以上 10 万元以下罚款。

第四十五条　违反本条例第三十三条第一、二项和第三十六条的，由县级以上人民政府环境保护行政主管部门责令停止违法行为，处 10 万元以上 50 万元以下罚款；并报经有批准权的人民政府批准，依法责令拆除或者关闭。

第四十六条　违反本条例第三十四条第一项的，由县级以上人民政府环境保护行政主管部门责令停止违法行为，限期恢复原状，处 10 万元以上 50 万元以下罚款。

第四十七条　违反本条例第三十四条第二项、第四十条的，由县级以上人民政府水行政主管部门责令停止违法行为，限期清除障碍或者采取其他补救措施，处 1 万元以上 10 万元以下罚款。

第四十八条　违反本条例第三十五条规定的，由县级以上人民政府环境保护行政主管部门责令限期治理，并处应缴排污费数额 2 倍以上 5 倍以下罚款；逾期未完成治理任务的，报经有批准权的人民政府批准，责令关闭。

第四十九条　违反本条例规定的其他行为，依照有关法律、法规的规定予以处罚。

第六章　附则

第五十条　本条例自 2012 年 12 月 1 日起施行。

三、云南省滇池保护条例[①]

2012 年 9 月 28 日，云南省第十一届人民代表大会常务委员会第三十四次会议通过了《云南省滇池保护条例》，该条例 2013 年 1 月 1 日起施行。《云南省滇池保护条例》具体内容如下：

第一章　总则

第一条　为了加强滇池的保护和管理，防治水污染，改善流域生态环境，促进经济社会可持续发展，根据《中华人民共和国环境保护法》、《中华人民共和国水污染防治法》、《中华人民共和国水法》等法律、法规，结合实际，制定本条例。

第二条　在滇池保护范围内活动的单位和个人，必须遵守本条例。

第三条　滇池是国家级风景名胜区，是昆明生产、生活用水的重要水源，是昆明市城市备用饮用水源，是具备防洪、调蓄、灌溉、景观、生态和气候调节等功能的高原城市湖泊。

滇池分为外海和草海。

滇池外海控制运行水位为：正常高水位 1887.5 米，最低工作水位 1885.5 米，特枯水年对策水位 1885.2 米，汛期限制水位 1887.2 米，20 年一遇最高洪水位 1887.5 米。

① 云南省人民代表大会常务委员会：《云南省滇池保护条例》，http://sthjt.yn.gov.cn/gyhp/jhbhfg/201507/t20150706_90544.mhtml（2015-07-06）。

滇池草海控制运行水位为：正常高水位 1886.8 米，最低工作水位 1885.5 米。

第四条　滇池水质适用《地表水环境质量标准》（GB3838—2002）。外海水质按Ⅲ类水标准保护，草海水质按Ⅳ类水标准保护。

第五条　滇池保护范围是以滇池水体为主的整个滇池流域，涉及五华、盘龙、官渡、西山、呈贡、晋宁、嵩明 7 个县（区）2920 平方千米的区域。

滇池保护范围分为下列一、二、三级保护区和城镇饮用水源保护区：

（一）一级保护区，指滇池水域以及保护界桩向外水平延伸 100 米以内的区域，但保护界桩在环湖路（不含水体上的桥梁）以外的，以环湖路以内的路缘线为界。

（二）二级保护区，指一级保护区以外至滇池面山以内的城市规划确定的禁止建设区和限制建设区，以及主要入湖河道两侧沿地表向外水平延伸 50 米以内的区域。

（三）三级保护区，指一、二级保护区以外，滇池流域分水岭以内的区域。

一、二、三级保护区的具体范围由昆明市人民政府划定并公布，其中一级保护区应当设置界桩、明显标识。

城镇饮用水源保护区的具体范围由昆明市人民政府确定，报省人民政府批准后公布，并按照有关法律法规进行保护。

第六条　滇池保护工作遵循全面规划、保护优先、科学管理、综合防治、可持续发展的原则。

第七条　省人民政府，昆明市人民政府，五华、盘龙、官渡、西山、呈贡区和晋宁、嵩明县人民政府（以下简称有关县级人民政府）应当将滇池保护工作纳入国民经济和社会发展规划，将保护经费列入同级政府财政预算，建立保护投入和生态补偿的长效机制。

第八条　各级人民政府应当通过教育、宣传等活动，普及滇池保护知识，提高社会公众的环境保护意识，发挥新闻媒体和社会监督的作用。

鼓励社会力量投资或者以其他方式参与滇池保护。

鼓励开展有利于滇池保护的科学探索和技术创新，运用科学技术手段，加强滇池保护和治理。

第九条　任何单位和个人都有保护滇池的义务，并有权对违反本条例的行为进行劝阻和举报。

县级以上人民政府应当对在滇池保护工作中作出显著成绩的单位和个人给予表彰或者奖励。

第二章　管理机构和职责

第十条　省人民政府领导滇池保护工作，负责综合协调、及时处理有关滇池保护的重大问题；应当建立滇池保护目标责任、评估考核、责任追究等制度，并加强监督检查。

第十一条　昆明市人民政府具体负责滇池保护工作，履行下列职责：

（一）编制并组织实施滇池保护规划、综合整治方案。

（二）指导、协调、督促所属部门和有关县级人民政府履行滇池保护的职责。

（三）安排下达滇池综合治理工作任务，组织实施滇池保护目标责任制、评估考核制、责任追究制。

（四）组织实施滇池流域水污染防治规划及重点水污染物排放总量控制制度。

（五）制定滇池水量年度调度计划和取水总量控制计划。

（六）管理滇池保护专项资金的使用。

（七）统筹安排城镇污水集中处理设施及配套管网的建设。

（八）法律、法规和省人民政府规定的其他职责。

昆明市人民政府设立的国家级开发（度假）区管理委员会，应当按照规定职责做好滇池保护的有关工作。

第十二条　有关县级人民政府在本行政区域内履行下列职责：

（一）指导、协调、督促所属部门和乡（镇）人民政府、街道办事处履行保护滇池的职责。

（二）具体实施滇池流域水污染防治规划、综合整治方案和主要污染物排放总量控制计划，制定具体保护措施，落实目标责任。

（三）组织建设城镇污水集中处理设施及配套管网。

（四）制定入湖河道污染治理方案，负责河道截污、清淤、保洁、生态修复等综合整治工作。

（五）制定并实施入湖面源污染控制措施。

（六）建立农村生活垃圾处置制度和农村垃圾、污水、固体废弃物收集处置系统。

（七）组织实施一级保护区内的生态修复工作，建设和保护生态湿地、生态林地；落实还湖、还湿地、还林工作。

（八）法律、法规和昆明市人民政府规定的其他职责。

第十三条　有关乡（镇）人民政府、街道办事处在本行政区域内履行下列职责：

（一）落实滇池保护治理的计划和措施。

（二）具体落实滇池综合整治方案、入湖河道污染治理年度计划，组织完成河段综合环境控制目标任务。

（三）控制面源污染和滇池沿岸污染源。

（四）按规定处置农村生活、生产垃圾及其他固体废弃物。

（五）承担入湖河道日常保洁管护工作，落实专人清运水面漂浮物及河堤杂物、垃圾。

（六）负责管护地段和河道日常巡查检查，制止并协助查处违法行为。

第十四条　昆明市滇池行政管理部门履行下列职责：

（一）宣传、执行有关法律、法规和本条例，对县（区）滇池行政管理部门实行业务指导，协调、督促市级有关部门履行滇池保护职责。

（二）拟定并实施滇池保护规划、综合整治方案的配套办法、措施。

（三）参与编制并监督实施有关滇池保护和治理的专业规划。

（四）落实滇池保护综合治理目标任务，组织考核有关县级人民政府和部门完成情况。

（五）负责对涉及滇池保护工作的有关建设项目提出审查意见。

（六）组织滇池治理的科学研究，推广科技成果。

（七）制定滇池渔业发展、捕捞控制计划，组织实施水生生物保护措施。

（八）登记、检验和管理渔业船舶，实施捕捞许可制度，规定捕捞方式和网具规格，发放捕捞许可证，征收渔业资源增殖保护费。

（九）管理滇池草海、外海出水口节制闸和调节闸，组织清除滇池漂浮物，指导、监督县级人民政府开展主要入湖河道保洁工作。

（十）负责水上交通安全及船舶污染水体防治工作，发放船舶入湖许可证。

（十一）负责滇池保护范围内的城市排水行政管理和城市排水监测工作。

（十二）依法筹集、管理和使用滇池治理资金。

（十三）受水行政主管部门委托，收取直接从滇池取水的水资源费。

县（区）滇池行政管理部门应当根据本级人民政府规定的职责，做好滇池保护的有关工作。

第十五条　昆明市滇池管理综合行政执法机构按照省人民政府批准的范围和权限，相对集中行使水政、渔业、航政、国土、规划、环境保护、林政、风景名胜区管理、城市排水等方面的部分行政处罚权。

县（区）滇池管理综合行政执法机构按照昆明市人民政府批准的权限和范围，相对集中行使部分行政处罚权。

第十六条　省人民政府、昆明市人民政府、有关县级人民政府应当对其所属的发展改革、财政、水利、环境保护、农业、林业、工商等有关行政主管部门在滇池保护工作中的职责做出具体规定，并监督实施。

第三章　综合保护

第十七条　昆明市人民政府应当组织编制滇池保护规划，报省人民政府批准后实施。

滇池保护规划应当与昆明经济社会发展相适应，与滇池流域水污染防治规划、城乡总体规划、土地利用总体规划、环境保护规划、水资源综合规划、风景名胜区规划相衔接。

滇池管理、环境保护、规划、水利等有关部门应当按照滇池保护规划制定并落实专项保护措施。

第十八条　昆明市人民政府设立滇池保护专项资金，用于滇池的保护和治理。资金来源包括：

（一）各级财政专项资金。

（二）从滇池取水缴纳的水资源费、渔业资源增殖保护费。

（三）贷款、捐款、赠款。

（四）其他资金。

第十九条　滇池入湖河道实行属地管理。

对主要入湖河道有关截污、治污、清淤、河道交界断面水质达标、河道（岸）保洁及景观改善等保护工作，实行综合环境控制目标及河（段）长责任制，具体办法由昆明市人民政府另行制定。

昆明市人民政府对主要入湖河道的管理实施统一监督考核，其他河道由有关县级人民政府监管。

第二十条　滇池保护范围内的河道综合整治应当满足防洪要求，兼顾生态、景观的综合统一，建设生态河堤。

河道或者河段的疏浚、绿化、美化，由所在地县级人民政府组织实施。

第二十一条　省人民政府组织实施跨流域调水，应当全面规划、科学论证、合理调度，优先保障滇池保护的水质、水量需求。

水行政主管部门应当加强调水工程的管理，根据调水计划，实施水量统一调度。

环境保护行政主管部门应当对跨流域调水水污染防治工作实施统一监督管理。

昆明市滇池行政管理部门应当维持滇池合理水位，逐步恢复水体的自然净化能力。

第二十二条　昆明市人民政府、有关县级人民政府应当加强滇池保护范围内环境保护和生态建设，防止水污染和水土流失，加强对自然景观、文化遗产、自然遗产、古树名木的保护。

第二十三条　昆明市人民政府、有关县级人民政府应当加强滇池保护范围内畜禽养殖污染防治工作，划定禁养、限养区域，对限养区域的畜禽废水和粪便进行资源综合利用。

第二十四条　滇池保护范围内实行排污许可制度。

禁止无排污许可证或者违反排污许可证的规定直接或者间接向水体排放废水、污水。

第二十五条　滇池保护范围内对重点水污染物排放实施总量控制制度。

昆明市人民政府、有关县级人民政府应当严格控制排污总量，并负责行政区域内入湖河道水质达标，根据重点水污染物排放总量控制指标的要求，将控制指标分解落实到排污单位，不得突破控制指标和出境断面水质标准。

对超过重点水污染物排放总量控制指标的地区，有关人民政府环境保护主管部门应当暂停审批新增重点水污染物排放总量的建设项目的环境影响评价文件。

第二十六条　昆明市人民政府、有关县级人民政府应当统筹规划和建设城镇污水处理、污水再生利用、污泥处置、配套管网等设施，改造或者完善排水管网雨污分流体系。

第二十七条　滇池保护范围内新建、改建、扩建的建设项目，应当配套建设节水设施，落实节水措施。

新建城镇、单位、居住小区等应当按照规划及相关规定建设雨污分流的排水管网，再生水利用和雨水收集利用设施；已建成的城镇、单位、居住小区应当逐步实施雨污分流排放，有条件的应当建设再生水利用和雨水收集利用设施。

大中型企业及其他用水量较大的建设项目，应当建设雨污分流的排水管网，采用循环用水的工艺和设备，提高水循环利用效率。

第二十八条　重点排污单位应当安装水污染物排放自动监测设备，与环境保护行政主管部门的监控设备联网，保证监测设备正常运行，并保存原始的监测记录。

重点排污单位处理后排放的污水应当达到《城镇污水处理厂污染物排放标准》（GB18918—2002）一级A标准或者地方有关标准规定。

第二十九条　昆明市环境保护行政主管部门应当会同滇池管理、水利等部门建立滇池水环境质量和水污染物排放监测网络，开展日常监测工作，实现数据共享，并将监测结果及时报昆明市人民政府和省环境保护、水行政主管部门。

省、昆明市环境保护行政主管部门应当定期发布滇池水环境状况公报。

第三十条　滇池保护范围内的单位应当采取有效措施，控制氮、磷等污染物的排放，逐步实现生活污水、粪便、垃圾的减量化、无害化、资源化。

第三十一条　有关县级人民政府应当逐步建设农村生产、生活污水和垃圾处理设施，鼓励施用农家肥，限制使用化肥、农药，科学防治面源污染，发展循环经济和生态农业，营造薪炭林，支持清洁能源建设。

有关县级人民政府应当建立和完善农村保洁及生活垃圾处理机制，实行收集、清运和处置责任制。

第三十二条　滇池保护范围内禁止生产、销售、使用含磷洗涤用品和不可自然降解的泡沫塑料餐饮具、塑料袋。

禁止将含重金属、难以降解、有毒有害以及其他超过水污染物排放标准的废水排入滇池保护范围内城市排水管网或者入湖河道。

不得引进严重污染环境的项目；不得将污染环境的项目转移给无污染防治能力的企业。

第四章　一级保护区

第三十三条　滇池水量调度应当保证湖水水位不低于最低工作水位，并且满足沿湖居民的生活、生产及河道生态用水流量。特殊情况需要在最低工作水位以下取用湖水的，应当经昆明市人民政府批准，并报省水行政主管部门备案。

第三十四条　禁止在一级保护区内新建、改建、扩建建筑物和构筑物。确因滇池保护需要建设环湖湿地、环湖景观林带、污染治理项目、设施（含航运码头），应当经昆明市滇池行政管理部门审查，报昆明市人民政府审批。

本条例施行前，在一级保护区内已经建设的项目，由昆明市人民政府采取限期迁出、调整建设项目内容等措施依法处理；原有鱼塘及原用土地应当逐步实现还湖、还湿地、还林，原居住户应当逐步迁出。

第三十五条　滇池行政管理部门应当会同林业及相关行政主管部门加强滇池湿地生态系统建设和保护，在湖滨带建设、营造、管护滇池环湖湿地和环湖景观林带。

第三十六条　有关县级人民政府应当有计划地在滇池水体和湖滨带内科学种植有利于净化水体的植物，并对各类水生植物的残体进行及时清除。

昆明市滇池行政管理部门应当有计划地放养有利于净化水体的底栖动物和鱼类。

引进、推广水生生物外来物种，应当经昆明市滇池行政管理部门组织有关专家论证，并按照规定报省渔业行政主管部门审批。

第三十七条　滇池水域不得使用燃油机动船和水上飞行器，但经昆明市滇池行政管理部门审核，昆明市人民政府批准进行科研、执法、救援、清淤除污的除外。

第三十八条　从严控制滇池水域航行的电力推进船和其他非燃油机动船只数量，实行严格的准入制，由昆明市滇池行政管理部门负责审批。

滇池水域的非机动船只实行总量控制。入湖非机动船只的新增、改造、更新应当经昆明市滇池行政管理部门批准，并办理相关证照。

第三十九条　经批准驶入滇池和主要入湖河道的机动船只应当有防渗、防漏、防溢设施，对其残油、废液应当封闭处理；船舶造成污染事故的，应当及时采取补救措施，并向滇池行政管理部门报告，接受调查处理。

第四十条　在滇池从事渔业捕捞的单位和个人，应当向所在地的滇池行政管理部门申请办理渔船登记、渔船检验和捕捞许可证，缴纳渔业资源增殖保护费，并按照捕捞许可证核准的作业类型、场所、时限和渔具规格、数量进行作业。

捕捞许可证、渔船牌照不得涂改、买卖、出租、转让或者转借。

第四十一条　滇池实行禁渔区和禁渔期制度。禁渔区由昆明市人民政府划定，在禁渔区禁止捕捞活动；禁渔期由昆明市滇池行政管理部门确定，在禁渔期禁止捕捞、收购和销售滇池鱼类的活动。

第四十二条　从事科研、考古、影视拍摄工作和大型水上活动的，应当经昆明市滇池行政管理部门审核，报昆明市人民政府批准后方可进行。

第四十三条　昆明市滇池行政管理部门应当有计划地组织实施滇池湖底清淤工程，做好淤泥堆放、处置等有关工作。昆明市有关部门和有关县级人民政府应当予以配合。

鼓励单位和个人开展淤泥资源化的研究和利用工作，推进淤泥减量和无害化、资源化处置。

第四十四条　除在二级、三级保护区内禁止的行为外，一级保护区内还禁止下列行为：

（一）填湖、围湖造田、造地等侵占水体或者缩小水面的行为。

（二）在湖岸滩地搭棚、摆摊、设点经营等。

（三）擅自取水或者违反取水许可规定取水。

（四）围堰、网箱、围网养殖，违反规定暂养水生生物。

（五）使用机动船、电动拖网或者污染水体的设施捕捞。

（六）使用禁用的渔具、捕捞方法或者不符合规定的网具捕捞。

（七）炸鱼、毒鱼、电鱼。

（八）使用农药、化肥、有机肥。

（九）擅自采捞对净化滇池水质有益的水草和其他水生植物。

（十）损毁水利、水文、科研、气象、测量、环境监测及码头、航标、航道、渔标、界桩等设施。

第五章　二级保护区

第四十五条　在二级保护区内的限制建设区应当以建设生态林为主，符合滇池保护规划的生态旅游、文化等建设项目，昆明市规划、住房城乡建设、国土资源、环境保护、水利等行政主管部门在报昆明市人民政府批准前，应当有昆明市滇池行政管理部门的意见。

在二级保护区内的限制建设区禁止开发建设其他房地产项目。

第四十六条　滇池环湖路向陆地延伸一侧需要规划建设为保护滇池搬迁居民安置点的，建设单位应当设置隔离缓冲区。隔离缓冲区域内应当有计划地营造生态公益林带，建设前置塘（库），保护环滇池生态圈。

第四十七条　从事外来生物引种和物种繁殖的，应当将有关物种种类试验成果和咨询论证情况报昆明市滇池行政管理部门，由昆明市滇池行政管理部门会同林业、农业、水利、环境保护等行政主管部门审查后并经昆明市人民政府批准后方可实施。

第四十八条　除三级保护区禁止的行为外，在二级保护区内还禁止下列行为：

（一）新建、扩建排污口、工业园区、陵园、墓葬。

（二）爆破、取土、挖砂、采石、采矿。

（三）利用渗井、渗坑、裂隙和溶洞排放、倾倒含有毒污染物的废水、含病原体的污水和其他废弃物。

（四）利用无防渗漏措施的沟渠、坑塘等输送或者存贮含有毒污染物的废水、含病原体的污水和其他废弃物。

（五）在河道中围堰、网箱、围网养殖，违反规定暂养水生生物。

（六）规模化畜禽养殖。

第六章　三级保护区

第四十九条　规划、住房城乡建设等行政主管部门对新建、改建、扩建项目应当控制审批。涉及项目选址的，批准前应当征求滇池行政管理部门等有关部门的意见；对可能造成重大环境影响的项目，立项前或者可行性研究阶段应当召开听证会。

不得建设不符合国家产业政策的造纸、制革、印染、染料、炼焦、炼硫、炼砷、炼油、炼汞、电镀、化肥、农药、石棉、水泥、玻璃、冶金、火电以及其他严重污染环境的生产项目。

第五十条　有关县级人民政府应当对宜林荒山统一规划，组织植树造林，绿化荒山，提高森林覆盖率，保护森林植被、植物资源和野生动物，防治水土流失。

鼓励社会力量以资金、技术、知识产权等形式参与植树造林、湿地建设、水土保持等事业，改善流域生态环境。

第五十一条　林业、农业行政主管部门应当对25度以上的坡耕地限期退耕还林还草。

有关县级人民政府、市级有关行政主管部门应当加强对泉点、水库、坝塘、河道的保护，对没有水源涵养林、护岸林带的泉点、水库、坝塘、河道周围，限期植树造林，封山育林。

第五十二条　从事采石、采矿、取土、挖砂等活动，应当按照批准的范围、时间作业，采取措施妥善处理尾矿、废渣，回填复垦土地，并在规定的期限内恢复表土层和植被。

第五十三条　三级保护区内禁止下列行为：

（一）向河道、沟渠等水体倾倒固体废弃物，排放粪便、污水、废液及其他超过水污染物排放标准的污水、废水，或者在河道中清洗生产生活用具、车辆和其他可能污染水体的物品。

（二）在河道滩地和岸坡堆放、存贮固体废弃物和其他污染物，或者将其埋入集水区范围内的土壤中。

（三）盗伐、滥伐林木或者其他破坏与保护水源有关的植被的行为。

（四）毁林开垦或者违法占用林地资源。

（五）猎捕野生动物。

（六）在禁止开垦区内开垦土地。

（七）新建、改建、扩建向入湖河道排放氮、磷污染物的工业项目以及污染环境、破坏生态平衡和自然景观的其他项目。

第七章　法律责任

第五十四条　国家工作人员在滇池保护和管理工作中有下列行为之一的，由上级主管机关或者监察机关对直接负责的主管人员和其他直接责任人员依法给予处分；构成犯罪的，依法追究刑事责任。

（一）违反国家产业政策审批项目，或者违法审批环境影响评价文件，造成环境污染或者生态破坏的。

（二）对国家规定应当淘汰的落后生产技术、工艺、设备或者产品，不履行监管职责的。

（三）对严重污染环境的单位不依法责令限期治理或者责令关闭、停产的。

（四）未制定水污染事故应急预案，或者未按照应急预案的要求采取措施的。

（五）依法应当进行环境影响评价而未进行，或者环境影响评价文件未经批准，擅自批准该项目建设或者为其办理征地、施工注册登记、营业执照、生产（使用）许可证的。

（六）发现违法行为或者接到举报后不及时查处，或者不履行检查职责的。

（七）发现重大环境污染事故或者生态破坏事故，不按照规定报告或者不依法采取必要措施，致使事故扩大或者延误事故处理的。

（八）其他违反法律法规的行为。

未完成滇池保护目标责任的人民政府，上级人民政府应当对其主要负责人通报批评；情节严重的，对有关责任人依法给予处分。

第五十五条　违反本条例第三十二条第一款规定的，由滇池管理综合行政执法机构和其他有权机关按照职权责令改正，没收非法财物，对生产、销售企业可处 2 万元以上 20 万元以下罚款；对销售个人可处 50 元以上 500 元以下罚款。

第五十六条　违反本条例第三十二条第二款规定的，由滇池管理综合行政执法机构责令其限期整改，并处 10 万元以上 50 万元以下罚款。

第五十七条　违反本条例规定，将污染环境项目转移给没有污染防治能力的企业的，由滇池管理综合行政执法机构或者环境保护行政主管部门按照各自职权责令其限期整改，处 5 万元以上 20 万元以下罚款。

第五十八条　违反本条例规定，在一级保护区范围内有下列违法行为之一的，由滇池管理综合行政执法机构予以处罚：

（一）新建、扩建、改建建筑物、构筑物的，责令限期拆除；逾期不拆除的，依法拆除，并处 20 万元以上 100 万元以下罚款。

（二）填湖、围湖造田、造地等侵占水体或者缩小水面的行为的，责令限期恢复，并处每平方米 200 元罚款；逾期不恢复的，处每平方米 1000 元罚款。

（三）在湖岸滩地搭棚、摆摊、设点经营的，责令撤除并没收违法所得，可处 100 元以上 1000 元以下罚款。

（四）围堰、网箱、围网养殖，违反规定暂养水生生物的，责令改正，处 5000 元以上 5 万元以下罚款。

（五）擅自采捞对净化滇池水质有益的水草和其他水生植物的，处 50 元以上 500 元以下罚款。

（六）损毁水利、水文、科研、气象、测量、环境监测及码头、航标、航道、渔标、界桩等设施的，责令改正，赔偿损失，并处 1 万元以上 5 万元以下罚款。

第五十九条　违反本条例规定，在二级保护区范围内有下列违法行为之一的，由滇池管理综合行政执法机构或者其他有权机关按照职权予以处罚：

（一）新建、扩建工业园区的，责令改正，并处 50 万元以上 100 万元以下罚款。

（二）开发建设其他房地产项目或者擅自建设其他项目的，责令限期拆除；逾期不拆除的，依法拆除，并处 10 万元以上 100 万元以下罚款。

（三）新建、扩建排污口，修建陵园、墓葬的，责令限期恢复原状，并处 1 万元以上 10 万元以下罚款。

（四）爆破、取土、挖砂、采石、采矿的，责令改正，并处1万元以上10万元以下罚款。

（五）在河道围堰、网箱、围网养殖，违反规定暂养水生生物的，处 500 元以上 5000 元以下罚款。

（六）规模化畜禽养殖的，处 1 万元以上 10 万元以下罚款。

第六十条　违反本条例规定，在三级保护区范围内有下列违法行为之一的，由有权机关按照职权予以处罚：

（一）向河道、沟渠等水体倾倒固体废弃物、粪便及其他超过水污染物排放标准的污水、废水，处 5000 元以上 5 万元以下罚款。

（二）在河道中清洗生产生活用具、车辆、排放粪便或者其他可能污染水体的物品的，处 50 元以上 500 元以下罚款。

（三）在河道滩地和岸坡堆放、存贮固体废弃物和其他污染物，或者将其埋入集水区范围内的土壤中的，处 1000 元以上 1 万元以下罚款。

（四）其他破坏与保护水源有关的植被的行为，处 1000 元以上 5000 元以下罚款。

（五）新建、改建、扩建向入湖河道排放氮、磷污染物的工业项目以及污染环境、破坏生态平衡和自然景观的其他项目的，责令停止违法行为，处 10 万元以上 50 万元以下罚款，并报经有批准权的人民政府批准，责令停产停业或者依法关闭。

第六十一条　违反本条例规定，未达到国家和地方水污染物排放标准的单位和个人，由县级以上人民政府责令限期治理，并处应缴纳排污费数额 2 倍以上 5 倍以下的罚款；逾期未完成治理任务的，责令关闭。

第六十二条　违反本条例规定的其他行为，依照有关法律、法规的规定予以处罚。

第八章　附则

第六十三条　本条例所称环湖路是指昆明市城乡总体规划确定的环绕滇池水体的公路。

滇池主要入湖河道是指滇池保护范围内的盘龙江、新运粮河、老运粮河、乌龙河、大观河、西坝河、船房河、采莲河、金家河、大清河（含明通河、枧槽河）、海河（东北沙河）、宝象河（新宝象河）、老宝象河、六甲宝象河、小清河、五甲宝象河、虾坝河（织布营河）、马料河、洛龙河、捞鱼河（含梁王河）、南冲河、大河（淤泥河）、柴河、白鱼河、茨巷河、东大河、中河（护城河）、古城河、牧羊河、冷水河等河道及其支流。

滇池面山具体范围由昆明市人民政府划定并公布。

第六十四条　滇池保护范围内的地下水、河流、沟渠的保护和管理制度，由昆明市人民政府另行制定。

滇池主要出湖河道的保护和管理，参照本条例有关河道的管理规定执行。

第六十五条　本条例自2013年1月1日起施行。

四、云南省阳宗海保护条例[①]

2012年11月29日，云南省第十一届人民代表大会常务委员会第三十五次会议通过了《云南省阳宗海保护条例》，该条例自2013年3月1月起施行。《云南省阳宗海保护条例》具体内容如下：

第一章　总则

第一条　为了加强阳宗海的保护、管理和合理开发利用，促进当地经济社会全面协调可持续发展，根据《中华人民共和国水法》、《中华人民共和国水污染防治法》和国务院《风景名胜区条例》等有关法律、法规，结合当地实际，制定本条例。

第二条　在阳宗海保护区活动的公民、法人和其他组织，应当遵守本条例。

第三条　阳宗海是受人工控制的集城镇生活用水和工农业用水为一体的多功能高原淡水湖泊，最高运行水位为1769.90米（1985国家高程基准，下同），最低运行水位为1766.15米。

阳宗海保护区是指昆明市宜良县汤池街道办事处、呈贡区七甸街道办事处和玉溪市澄江县阳宗镇所辖546平方千米的区域，其中阳宗海流域192平方千米的径流区为重点保护区。

第四条　阳宗海保护应当遵循保护优先、科学规划、统一管理、合理开发的原则，实现生态环境和经济社会的协调发展。

第五条　阳宗海水体水质按照国家《地表水环境质量标准》Ⅱ类标准保护；阳宗海保护区大气质量按照国家《环境空气质量标准》二级标准保护。

第六条　省人民政府应当加强对阳宗海保护和管理工作的领导，将阳宗海保护工作纳入国民经济和社会发展规划，将保护经费列入财政预算，建立阳宗海保护的综合协调机制和生态补偿机制，处理有关阳宗海保护和管理的重大问题，做好监督检查工作。

第七条　鼓励社会力量投资或者以其他方式参与阳宗海的保护；鼓励企业、高等学校、科研机构以及其他组织和个人投资兴办科技研发机构，针对阳宗海的保护、治理和

① 云南省人大常委会：《云南省阳宗海保护条例》，http://sthjt.yn.gov.cn/gyhp/jhbhfg/201507/t20150706_ 90549.html（2015-07-06）。

合理开发利用，开展科学研究和技术创新。

第八条　任何单位和个人有权对违反本条例的行为进行劝阻和举报。

省人民政府、昆明市人民政府及其有关部门对在阳宗海保护和管理工作中做出显著成绩的单位和个人应当给予表彰或者奖励。

第二章　机构和职责

第九条　昆明市人民政府全面负责阳宗海的保护和管理工作，将阳宗海保护工作纳入国民经济和社会发展规划，将保护经费列入财政预算，并履行下列职责：

（一）指导、协调、督促有关部门履行保护和管理职责。

（二）建立保护投入和生态补偿的长效机制。

（三）安排下达综合治理工作任务，建立并组织实施保护和管理目标责任制、评议考核制、责任追究制。

（四）组织实施水污染防治规划及重点水污染物排放总量控制制度。

（五）负责国土、森林资源的保护和管理。

第十条　昆明阳宗海风景名胜区管理委员会（以下简称阳宗海管委会），由昆明市人民政府直接领导和管理，对阳宗海保护区实行统一保护、统一规划、统一管理、统一开发，并履行下列职责：

（一）宣传贯彻执行与阳宗海保护有关的法律、法规和政策，制定有关管理制度和措施。

（二）编制并组织实施阳宗海保护区的经济社会发展中长期规划、保护区总体规划和专项规划。

（三）负责阳宗海保护区的经济、社会事务和城乡建设等各项行政管理工作，具体办理涉及澄江县阳宗镇的国土、森林资源等审批事项，并按照程序依法报批。

（四）负责阳宗海保护区水污染防治及生态环境的保护治理。

（五）组织开展阳宗海保护、治理和合理开发利用的科学技术研究。

（六）负责阳宗海保护区社会管理和为民服务体系的建设。

（七）上级人民政府规定的其他职责。

第十一条　阳宗海管委会在阳宗海保护区内实行综合行政执法，相对集中行使水务、环境保护、国土资源、工业、农业、林业、旅游、规划建设、交通运输、民政等部分行政处罚权。

相对集中行使部分行政处罚权的工作方案由昆明市人民政府拟定，报省人民政府批准后执行。

第十二条　省直有关部门和单位应当按照各自职责，依法做好阳宗海保护区的保护和管理工作。

第三章　保护措施

第十三条　重点保护区实行分级保护，划分为一级、二级、三级保护区：

（一）一级保护区为阳宗海水体及最高运行水位 1769.90 米向外水平延伸 100 米以内的区域，以及主要入湖河道和两侧外延 20 米的区域。

（二）二级保护区为一级保护区东西向外水平延伸 500 米、南北向外水平延伸 1200 米的区域，以及主要入湖河道两侧 20 米各外延 50 米的区域。

（三）三级保护区为一级、二级保护区以外的阳宗海径流区。

第十四条　在三级保护区内禁止下列行为：

（一）向河道、沟渠等水体倾倒固体废弃物，排放未经处理或者处理未达标的工业废水、生活污水。

（二）在河道滩地和岸坡堆放、贮存固体废弃物和其他污染物，或者直接埋入地下。

（三）将含有汞、镉、砷、铬、氰化物、黄磷等有毒有害废液、废渣向水体排放、倾倒或者直接埋入地下。

（四）修建储存爆炸性、易燃性、放射性、毒害性、腐蚀性等物品的设施。

（五）堆放、弃置、处理废渣、尾矿、含病原体污染物以及其他有毒有害物；

（六）毁林开垦或者违法占用林地资源。

（七）盗伐、滥伐林木或者破坏与保护水源有关的植被。

（八）伤害或者猎捕野生动物。

（九）销售、使用高残农药和含磷洗涤用品。

（十）损毁、移动界桩，损毁水利、水文、科研、气象、测量、环境监测等设施。

第十五条　在二级保护区内，除三级保护区禁止的行为外，还禁止下列行为：

（一）新建、改建、扩建排污口和工业项目，新建、扩建陵园、墓地。

（二）弃置、处理固体废弃物和其他污染物。

（三）爆破、采矿、取土、挖砂、采石、烧砖瓦。

（四）利用渗井、渗坑、裂隙、溶洞和无防渗漏措施的沟渠、坑塘排放、倾、输送或者存贮含有毒污染物的废水、含病原体的污水和其他废弃物。

（五）规模化畜禽养殖、放牧。

第十六条　在一级保护区内，除二级、三级保护区禁止的行为外，还禁止下列行为：

（一）向阳宗海水体、河道倾倒工业废渣、城镇垃圾等废弃物。

（二）新建、改建、扩建与阳宗海保护无关的构筑物、建筑物和设施。

（三）填湖、围湖、造田、造地。

（四）在湖岸滩地搭棚、摆摊、设点经营。

（五）擅自取水或者违反取水许可规定取水。

（六）围堰、网箱、围网养殖，暂养水生生物。

（七）使用禁用的渔具、捕捞方法或者不符合规定的网具捕捞。

（八）使用机动船、电动拖网或者污染水体的设施捕捞。

（九）擅自采捞对净化水质有益的水草和其他水生动植物。

（十）乱扔垃圾，设置、张贴商业广告。

（十一）在阳宗海水体、河道中清洗生产生活用具、车辆和其他可能污染水体的物品。

前款第二项规定的建设项目，确需建设的，应当报经昆明市人民政府依法批准；建设项目应当同时建设污水处理设施，对产生的污水进行预处理后接入城镇污水集中处理设施，处理水质达到环境保护标准后，向流域外排放。

第十七条　阳宗海管委会应当加强重点保护区内环境保护和湿地生态系统建设，在湖滨带建设、管护环湖风景林带；在一级、二级保护区内逐步推行退耕还林、还草、还湿地，防治水土流失，逐步提高生态修复和水体的自然净化能力。

第十八条　阳宗海保护区实施重点水污染物排放总量控制制度。

阳宗海管委会应当采取措施，严格控制排污总量，加强水质监测，建立水质评价体系，确保水质符合规定的水环境质量标准。

向阳宗海水体排放含热废水，应当经过降温处理，水温、水质符合水环境质量标准。

第十九条　在阳宗海保护区内向大气排放污染物的，应当采取脱硫、脱硝、除尘、防尘等有效措施，符合国家规定的排放标准。

第二十条　阳宗海保护区内的河道综合整治应当符合河道水系防洪要求，兼顾生态、景观的综合统一，建设生态河堤，种植生态防护林。

阳宗海管委会应当负责阳宗海保护区内主要出入湖河道截污、治污、疏浚、河道交界断面水质达标等保护工作，组织开展河道（岸）保洁、绿化、美化等景观改善工作。

鼓励单位和个人开展底泥资源化的研究和利用工作，推进底泥减量和无害化、资源化处置。

第二十一条　阳宗海管委会应当对宜林荒山统一规划，组织植树造林，绿化荒山，提高森林覆盖率，保护森林植被、植物资源和野生动物，防治水土流失。

鼓励社会力量以资金、技术、知识产权等形式参与植树造林、湿地建设等，改善流域生态环境。

第二十二条　阳宗海管委会应当按照阳宗海保护区有关专项规划，设立阳宗海保护区界桩、路标和安全警示等标牌、标识。

第二十三条　阳宗海管委会应当优化产业结构及布局，鼓励实施清洁生产、发展循环经济、生态农业和使用清洁能源。

阳宗海管委会应当建设生产、生活污水和生活垃圾处理设施，提高污水收集处理率，削减城镇生活污染，防治面源污染。

第二十四条　设立阳宗海生态资源补偿费，由昆明市人民政府按照规定程序报批。

第四章　管理和监督

第二十五条　阳宗海管委会负责组织编制阳宗海保护区总体规划，报昆明市人民政府批准后实施。阳宗海水污染防治、生态环境保护、水资源保护和利用、旅游、环湖景观、综合交通、市政基础设施、绿化等专项规划应当符合保护区总体规划的要求，并与土地利用总体规划相衔接。

第二十六条　阳宗海保护区内的新建、改建、扩建项目应当符合保护区总体规划、控制性详细规划和产业政策，经阳宗海管委会审查同意后，方可按照有关程序报批。

第二十七条　在阳宗海保护区的建设项目应当综合开发、配套建设。各种建筑物、构筑物和旅游设施在规划布局、设计风格等方面，应当与周围景观和环境相协调。

第二十八条　开发利用阳宗海水资源，应当维持阳宗海的合理水位，保持良好生态环境和自然景观，优先保证生活用水，统筹兼顾农业、工业、生态与环境用水以及航运等需要。阳宗海处于最低运行水位以下需要取用湖水的，应当经昆明市人民政府批准，并报省人民政府水行政主管部门备案后，方可组织实施。

阳宗海管委会应当结合阳宗海保护区的实际情况，制定年度水量控制计划，管理出海口节制闸，并按照国家和省的有关规定审批、核发取水许可证，征收水费、水资源费等费用，但农业生产用水和农村生活用水除外。

第二十九条　阳宗海管委会应当制定阳宗海保护区地下水保护利用规划，建立和完善阳宗海保护区地下水监测系统及信息共享平台，对地下水实行动态监测。

在阳宗海保护区开采地下水（含地下热水、矿泉水），应当符合地下水保护利用规划，在报经阳宗海管委会批准后，方可实施，并按照国家有关规定由阳宗海管委会征收水资源费和矿产资源补偿费等费用。

第三十条　阳宗海管委会应当建立和完善阳宗海保护区范围内的环境、水文等监测体系，定期组织开展监测活动。

第三十一条　阳宗海管委会负责阳宗海保护区的水土保持工作，坚持预防为主、保护优先、全面规划、综合治理的原则，将水土保持工作纳入阳宗海保护区的国民经济和社会发展规划，并安排专项资金治理水土流失。

在阳宗海保护区内对可能造成水土流失的建设项目，建设单位应当依法编制水土保持方案，经有关部门审查批准后，方可办理其他有关手续；未经批准，不得开工建设。

第三十二条　阳宗海管委会应当根据本地区渔业资源和渔业生产的实际情况，依法确定并公布禁渔区、禁渔期。

在阳宗海从事渔业捕捞的单位和个人，应当向阳宗海管委会申请捕捞许可证，并按照规定缴纳渔业资源增殖保护费。从事捕捞的单位和个人应当按照捕捞许可证核准的作业方式、场所、时限和渔具数量进行作业。

第三十三条　在一级保护区开展科研、考古、影视拍摄、大型水上活动和其他涉及资源保护和利用的活动，在确保环境和水体不受污染的前提下，经阳宗海管委会批准后，方可实施。

第三十四条　阳宗海管委会应当公布投诉举报电话、通信地址等联系方式和途径。阳宗海管委会接到投诉举报后，应当及时调查处理；不属于职责范围的，应当依法移送有管辖权的部门处理。

第三十五条　因突发事件造成阳宗海水体污染或者危及阳宗海水利设施安全的，阳宗海管委会、有关部门和单位应当立即启动应急预案，采取措施，排除或者减轻危害。

第五章　法律责任

第三十六条　国家机关及其工作人员在阳宗海保护和管理活动中有下列情形之一的，由上级行政主管部门或者监察机关对主要负责人和直接责任人依法给予处分；构成犯罪的，依法追究刑事责任：

（一）违法实施行政审批的。

（二）未按照本条例的要求，履行管理职责和法定义务的。

（三）对违法行为不及时查处或者查处不力，造成严重后果的。

（四）未按照规定进行巡查、检查，及时发现和制止违法行为或者应当移交有管辖权的部门处理，而未移交的。

（五）不按照规划进行开发或者擅自调整规划的。

（六）其他玩忽职守、滥用职权、徇私舞弊的行为。

第三十七条　违反本条例第十四条规定，在三级保护区范围内有下列情形之一的，由阳宗海管委会责令停止违法行为，限期采取治理措施，逾期不采取治理措施消除污染的，由阳宗海管委会指定有治理能力的单位代为治理，所需费用由违法者承担；并按照下列规定予以处罚：

（一）向河道、沟渠等水体倾倒固体废弃物，排放未经处理或者处理未达标的工业废水、生活污水的，予以警告，对个人处1000元以上5000元以下罚款；对单位处2万元以上10万元以下罚款。

（二）在河道滩地和岸坡堆放、贮存固体废弃物和其他污染物，或者直接埋入地下的，对个人处1000元以上5000元以下罚款；对单位处2万元以上10万元以下罚款。

（三）将含有汞、镉、砷、铬、氰化物、黄磷等有毒有害废液、废渣向水体排放、倾倒或者直接埋入地下的，处5万元以上50万元以下罚款。

（四）修建储存爆炸性、易燃性、放射性、毒害性、腐蚀性等物品设施的，责令恢复原状或者限期拆除，没收违法所得，处5万元以上20万元以下罚款。

（五）堆放、弃置、处理废渣、尾矿、含病原体污染物以及其他有毒有害物质的，没收违法所得，处2万元以上10万元以下罚款。

（六）损毁、移动界桩，损毁水利、水文、科研、气象、测量、环境监测等设施的，责令改正，赔偿损失，限期采取补救措施，处1万元以上5万元以下罚款。

第三十八条　违反本条例第十五条规定，在二级保护区范围内有下列情形之一的，由阳宗海管委会予以处罚：

（一）新建、改建、扩建工业项目的，责令改正，处20万元以上100万元以下罚款。

（二）新建、扩建陵园、墓地的，责令停止违法行为，处1万元以上5万元以下罚款。

（三）新建、改建、扩建排污口的，责令限期拆除，处2万元以上10万元以下罚款；逾期不拆除的，强制拆除，所需费用由违法者承担，处10万元以上50万元以下罚款。

（四）弃置、处理固体废弃物和其他污染物的，责令停止违法行为，限期采取治理措施，消除污染，处2万元以上10万元以下罚款。

（五）从事爆破、采矿、取土、挖砂、采石、烧砖瓦活动的，责令停止违法行为，限期采取补救措施，没收违法所得，处1万元以上5万元以下罚款。

（六）利用渗井、渗坑、裂隙或者溶洞排放、倾倒含有毒污染物的废水、含病原体的污水或者其他废弃物的，限期采取治理措施，处5万元以上50万元以下罚款；逾期不采取治理措施的，由阳宗海管委会指定有治理能力的单位代为治理，所需费用由违法者承担。

（七）规模化畜禽养殖、放牧的，责令限期改正，处以2000元以上1万元以下罚款。

第三十九条　违反本条例第十六条规定，在一级保护区范围内有下列情形之一的，由阳宗海管委会予以处罚：

（一）向阳宗海水体、河道倾倒工业废渣、城镇垃圾等废弃物的，限期采取治理措施，处2万元以上20万元以下罚款；逾期不采取治理措施的，由阳宗海管委会指定有治理能力的单位代为治理，所需费用由违法者承担。

（二）未经依法批准新建、改建、扩建与阳宗海保护无关的构筑物、建筑物和设施的，责令限期拆除，处 10 万元以上 50 万元以下罚款；依法批准的建设项目未建设污水处理设施，或者产生的污水未向流域外排放的，责令限期改正，处 10 万元以上 50 万元以下罚款。

（三）填湖、围湖、造田、造地的，责令停止违法行为、恢复原状，处 1 万元以上 5 万元以下罚款。

（四）在湖岸滩地搭棚、摆摊、设点经营的，责令限期拆除，没收非法所得，可以并处 200 元以上 1000 元以下罚款。

（五）使用禁用的捕捞设施、捕捞方法或者不符合规定的网具捕捞的，没收违法所得及水产品，可以并处 1000 元以上 5000 元以下罚款。

（六）擅自采捞对净化水质有益的水草和其他水生动植物的，处 200 元以上 1000 元以下罚款。

（七）乱扔垃圾的，处 50 元以上 200 元以下罚款。

（八）在阳宗海水体、河道中清洗生产生活用具、车辆和其他可能污染水体物品的，予以警告，可以并处 200 元以上 1000 元以下罚款。

第四十条　违反本条例第十八条第三款规定，向阳宗海水体超标排放热废水的，由阳宗海管委会予以警告，责令停止违法行为，限期采取治理措施，处1万元以上10万元以下罚款。

第四十一条　违反本条例规定的其他行为，依照有关法律、法规的规定予以处罚。

第六章　附则

第四十二条　本条例所称阳宗海主要入湖河道包括：阳宗大河、七星河、鲁西冲河、东排浸沟。

第四十三条　省人民政府根据本条例制定实施细则。

第四十四条　本条例自 2013 年 3 月 1 日起施行。1997 年 12 月 3 日云南省第八届人民代表大会常务委员会第三十一次会议通过的《云南省阳宗海保护条例》同时废止。

五、云南省云龙水库保护条例[1]

2013年11月29日，云南省第十二届人民代表大会常务委员会第六次会议审议通过了《云南省云龙水库保护条例》，该条例自2014年1月1日起施行。《云南省云龙水库保护条例》具体内容如下：

第一章　总则

第一条　为了加强云龙水库的保护，保障饮用水安全，根据《中华人民共和国水法》、《中华人民共和国水污染防治法》等法律、法规，结合本省实际，制定本条例。

第二条　在云龙水库保护区和输水设施保护范围内活动的单位和个人，应当遵守本条例。

第三条　云龙水库的保护遵循科学规划、统一管理、权责明确、分级负责、综合防治的原则。

第四条　云龙水库保护区划分为一级保护区、二级保护区和准保护区。

云龙水库保护区的具体范围，由省人民政府环境保护行政主管部门会同省人民政府水利、国土资源、卫生、住房城乡建设等行政主管部门提出划定方案，征求相关部门和昆明市人民政府、楚雄彝族自治州人民政府（以下简称楚雄彝族自治州人民政府）意见，报省人民政府批准后公布实施。

第五条　云龙水库输水设施按照本条例的规定进行管理和保护，具体保护范围由昆明市人民政府划定并公布。

第六条　云龙水库正常蓄水位为2089.67米（黄海高程，下同），最低运行水位为2054.17米。

一级保护区水体水质，按照国家《地表水环境质量标准》类水标准和国家《生活饮用水卫生标准》生活饮用水水源的水质要求进行保护。

二级保护区和准保护区入库河流水质，按照不低于国家《地表水环境质量标准》类水标准进行保护。

第七条　省人民政府统一领导云龙水库的保护工作，建立云龙水库定期会商协调工作机制，协调、督促、处理有关重大问题，并加强监督检查。

省人民政府水行政主管部门负责云龙水库水资源保护的监督管理工作；省人民政府环境保护行政主管部门负责云龙水库水污染防治的统一监督管理工作。

---

① 云南省人民代表大会常务委员会：《云南省云龙水库保护条例》，http://db.ynrd.gov.cn：9107/lawlib/lawdetail.shtml?id=cc64b086b9aa4c16940a868980005596（2013-11-29）。

昆明市人民政府、楚雄彝族自治州人民政府应当将云龙水库的保护工作纳入国民经济和社会发展规划，制定保护措施，负责本行政区域内云龙水库的保护工作。

禄劝彝族苗族自治县（以下简称禄劝县）、武定县、富民县、五华区、盘龙区人民政府负责本行政区域内云龙水库及其输水设施的保护和管理工作，督促所属部门和乡镇做好保护工作。

有关县级以上人民政府行政主管部门应当按照各自职责，做好云龙水库保护相关工作。

云龙水库及输水设施产权单位，应当按照本条例做好云龙水库保护相关工作。

第八条　省人民政府应当组织昆明市人民政府、楚雄彝族自治州人民政府按照谁受益谁补偿的原则，建立补偿机制，确定补偿范围，统一补偿标准，兑现补偿资金。补偿经费由省人民政府和昆明市人民政府纳入本级财政预算予以保障。

省人民政府应当加大对禄劝县、武定县的财政转移支付力度，确保云龙水库保护所需经费。

第九条　任何单位和个人都有保护云龙水库的义务，并有权对污染饮用水水源和破坏云龙水库相关设施的行为进行劝阻、举报。

第二章　管理机构与职责

第十条　省人民政府水行政主管部门履行下列主要职责：

（一）审查云龙水库保护总体规划。

（二）制定云龙水库保护区综合治理目标责任，并检查、督促、考核完成情况。

（三）指导、监督下级工作机构和有关县（区）人民政府及其相关部门做好云龙水库水资源保护工作。

（四）协调解决云龙水库水资源保护工作中的有关问题。

第十一条　昆明市人民政府、楚雄彝族自治州人民政府承担云龙水库保护管理职责的机构分别负责本行政区域内云龙水库保护和管理的具体工作，履行下列主要职责：

（一）组织编制云龙水库保护的专项规划。

（二）制定并组织实施云龙水库保护的措施和方案。

（三）协调有关部门和单位做好水源及输水设施的保护工作。

（四）组织制定和实施重点水污染物总量控制方案。

（五）负责水源保护区污水和垃圾处理设施的建设和管理工作。

（六）本级人民政府规定的其他职责。

第十二条　禄劝县、武定县人民政府承担云龙水库保护管理职责的机构，依照本条例做好云龙水库保护和管理的相关工作，在保护区内相对集中行使水利、环境保护、规划、建设、城管、农业、林业、绿化、卫生、旅游、交通等有关职能部门对水库保护管理的行政处罚权。相对集中行使行政处罚权的工作方案，由县人民政府拟定，分别报昆明市人民政府、楚雄彝族自治州人民政府批准后执行。

第十三条　云龙水库及输水设施产权单位，在云龙水库保护和管理工作中履行下列主要职责：

（一）保障正常、安全、规范供水。

（二）制定云龙水库年度蓄水供水计划，执行防汛抗旱指令。

（三）制定云龙水库及输水设施的管理制度和安全、运行、检修规程。

（四）负责云龙水库及其相关设施、设备的管理和维护。

（五）负责对输水设施进行安全检查，制止妨害输水设施安全的行为。

（六）协助有关行政主管部门做好云龙水库保护和管理的其他工作。

第三章　规划与保护

第十四条　昆明市人民政府应当会同楚雄彝族自治州人民政府组织编制云龙水库保护总体规划，经省人民政府水行政主管部门审查后，报省人民政府批准实施。

编制云龙水库保护总体规划应当符合当地经济社会发展要求，并与州（市）城乡总体规划、土地利用总体规划、水资源综合规划、环境保护规划相衔接。

昆明市人民政府、楚雄彝族自治州人民政府承担云龙水库保护管理职责的机构应当根据保护总体规划，会同同级有关行政主管部门，制定具体实施方案，编制云龙水库水污染防治、水资源保护等专项规划。

第十五条　禄劝县、武定县人民政府应当采取措施，确保本行政区域内云龙水库保护区流域河流水质达到规定标准。对水质不符合规定标准的地区，上级人民政府应当削减该地区重点水污染物排放总量，限期治理控制的重点水污染物。

昆明市人民政府、楚雄彝族自治州人民政府环境保护部门应当定期对超过重点水污染物排放总量控制指标的地区予以公布。

第十六条　禄劝县、武定县人民政府应当在保护区范围内组织建设城乡居民生活污水收集管网和集中处理设施，采取措施处理生活污水，防止生活污水、不达标的中水直接排入水体；建设生活垃圾收集、转运和集中处理设施；对人畜粪便、生活垃圾等废弃物进行资源化、无害化处理和农田固体废弃物的资源化利用。

第十七条　云龙水库保护区实行封山育林、种植水源涵养林，增强森林植被水源涵养功能，防治水土流失，改善生态环境。

第十八条　有关县级以上人民政府及其农业等行政主管部门应当在云龙水库保护区内调整产业结构，推广使用高效、低毒、低残留农药和生物制剂，发展有机农业和生态

农业，减少农业面源污染，防止对土壤、水体的污染和破坏。

第十九条　在云龙水库保护区内现已设置排污口的建设项目，污染物排放应当符合国家和地方标准。超标排放的，应当限期治理；逾期仍不达标的，责令限期拆除。

第二十条　有关县级以上人民政府应当采取措施组织一级保护区内的居民限期迁出，二级保护区内的居民逐步迁出。

对迁出云龙水库保护区的居民，应当给予补偿并妥善安置，具体实施方案由昆明市人民政府、楚雄彝族自治州人民政府共同制定，报省人民政府批准后实施。

除法律、法规规定的情形外，二级保护区和准保护区内不得新迁入居民。各级人民政府和有关单位应当对二级保护区和准保护区内的原住居民在招录员工、组织劳动力转移等方面给予优先安排和照顾。

第二十一条　昆明市人民政府、楚雄彝族自治州人民政府应当做好本行政区域内的移民安置、社会保障、生态保护、能源替代等工作，提高公共服务水平，逐步改善云龙水库保护区居民的生产和生活条件。

第二十二条　准保护区内禁止下列行为：

（一）新建、扩建排污口。

（二）新建、改建、扩建污染环境或者水质的建设项目。

（三）擅自开垦林地、改变林地用途。

（四）生产、销售和使用国家明令禁止或者淘汰的农药及农药混合物。

（五）使用含磷洗涤用品、不可自然降解的塑料袋和一次性塑料餐具。

（六）向河道、沟渠倾倒固体废弃物，排放粪便、废液及其他超过污染物排放标准的污水、废水。

（七）在河道滩地和岸坡堆放、贮存固体废弃物和其他污染物，或者将其埋入集水区范围内的土壤中。

（八）移动或者破坏界桩、界碑。

（九）新建经营性的陵园、公墓。

第二十三条　除准保护区禁止的行为外，二级保护区内还禁止下列行为：

（一）直接排放或者利用溶洞、渗井、渗坑、裂隙、坑塘排放、倾倒含有毒有害物质的废水、废渣。

（二）挖砂、采石、取土、采矿。

（三）盗伐、滥伐林木和采种、采脂等破坏林业资源的行为。

（四）规模化畜禽养殖、设置屠宰场。

（五）设置储存有害化学物品的仓库或者堆栈。

（六）运输剧毒和危险物品。

第二十四条　除二级保护区和准保护区禁止的行为外，一级保护区内还禁止下列行为：

（一）新建、改建、扩建与供水设施和保护水源无关的建设项目。

（二）围堰、网箱、围网养殖或者暂养水生生物。

（三）捕鱼、毒鱼、炸鱼、电鱼、钓鱼，捕猎水生动物和其他水禽。

（四）围填水库造田、造地等侵占水体或者缩小水面的行为。

（五）在水域进行水上训练、影视拍摄以及其他文化、体育、娱乐活动。

（六）损毁枢纽工程、堤防、护岸、堤坝、桥闸、泵站、码头、水利、水文、航标、航道、渔标、科研、气象、测量、环境监测、防护网等设施设备。

（七）设置商业、饮食等服务网点或者临时搭棚、摆摊、设点经营。

（八）擅自采捞对净化水质有益的水草和其他水生植物。

（九）露营、野炊、游泳。

（十）在水库及河道内洗刷生产、生活用具以及其他污染水域的物品。

（十一）其他污染水体水质的行为。

第二十五条　禁止在倒虹吸管、沟埋管、结合井、管理井等输水设施两侧水平外延50米以内，隧道、检修洞两侧水平外延100米以内，输水设施检修专用道路两侧水平外延5米以内的区域实施下列行为：

（一）建设影响输水设施安全运行的建筑物、构筑物及其他设施。

（二）挖砂、采石、取土、采矿、凿井、打桩、钻探、建窑、爆破等。

（三）占压或者堵塞输水管道及其设施，在隧洞、检修洞进出口设置障碍物。

（四）倾倒垃圾、废渣、弃土。

（五）在输水管道开口、凿洞。

第二十六条　有输水管道桥涵的路面，由其输水设施产权单位报请交通运输行政主管部门设置车辆通过限重标志，超过输水管道桥涵承载能力的车辆禁止通过或者停放。

第四章　管理与监督

第二十七条　云龙水库保护实行目标责任制。省人民政府水行政主管部门应当制订目标责任制，并组织考核。昆明市人民政府、楚雄彝族自治州人民政府应当制定本州市的目标责任制并组织实施。

第二十八条　水利、环境保护等有关行政主管部门应当在云龙水库水源地、主要入库河道设立水质监测点，定期组织开展水质监测，监测结果应当书面报告本级人民政府和上一级行政主管部门。

禄劝县、武定县人民政府承担云龙水库保护管理职责的机构、云龙水库及输水设施产权单位发现水体异常的，应当及时报告昆明市人民政府、楚雄彝族自治州人民政府，并通报有关县级人民政府及其相关部门。

第二十九条　昆明市人民政府承担云龙水库保护管理职责的机构应当根据城市供水和防汛安全的需要，采取措施，增强水库调蓄能力。

第三十条　承担云龙水库保护管理职责的机构应当公布举报电话和通信地址，接到举报后，应当及时查处；不属于职责范围的，应当负责移送有管辖权的部门处理。

第三十一条　因突发事件造成或者可能造成云龙水库水污染和危及水库枢纽工程、输水设施安全的，有关部门和单位应当立即启动相关应急预案，采取措施，排除或者减轻危害。

第五章　法律责任

第三十二条　承担云龙水库保护管理职责的机构及其他有关行政机关、输水设施产权单位及其工作人员，在云龙水库保护和管理工作中玩忽职守、滥用职权、徇私舞弊的，对直接负责的主管人员和其他直接责任人员，依法给予处分；构成犯罪的，依法追究刑事责任。

第三十三条　违反本条例第二十二条第一、二、九项，第二十四条第一项的，由禄劝县、武定县人民政府承担云龙水库保护管理职责的机构依法责令拆除或者关闭，并处30万元以上50万元以下罚款。

违反本条例第二十五条第一项规定的，由禄劝县、武定县人民政府承担云龙水库保护管理职责的机构和五华区、盘龙区、富民县有关行政主管部门依照前款规定进行处罚。

第三十四条　违反本条例第二十三条第四、五、六项，第二十四条第二、四、五、六项的，由禄劝县、武定县人民政府承担云龙水库保护管理职责的机构责令改正；情节严重的，处2万元以上10万元以下罚款。

第三十五条　违反本条例第二十六条规定，由禄劝县、武定县人民政府承担云龙水库保护管理职责的机构和五华区、盘龙区、富民县有关行政主管部门责令改正；造成输水管道桥涵损坏的，应当限期修复或者赔偿损失；情节严重的，处1万元以上3万元以下罚款。

第三十六条　违反本条例第二十四条第七、八、九、十项规定的，由禄劝县、武定县人民政府承担云龙水库保护管理职责的机构责令改正；拒不改正的，处200元以上500元以下罚款。

第三十七条　违反本条例第十九条，第二十二条第三项至第八项，第二十三条第一、二、三项，第二十四条第三项，第二十五条第二项至第五项规定的，由当地有关行政主管部门依照有关法律、法规的规定给予处罚；根据本条例第十二条规定相对集中行政处罚权的，由禄劝县、武定县人民政府承担云龙水库保护管理职责的机构按照批准的范围、职权予以处罚。

第六章　附则

第三十八条　本条例自2014年1月1日起施行。

六、云南省抚仙湖保护条例①

2016年9月29日，云南省第十二届人民代表大会常务委员会第二十九次会议审议通过了《关于修改〈云南省抚仙湖保护条例〉的决定》。修改后的《云南省抚仙湖保护条例》具体内容如下：

第一章　总则

第一条　为了加强抚仙湖的保护和管理，防治污染，改善生态环境，促进经济和社会可持续发展，根据《中华人民共和国水法》、《中华人民共和国环境保护法》、《中华人民共和国水污染防治法》等有关法律、法规，结合抚仙湖实际，制定本条例。

第二条　在抚仙湖保护范围内活动的单位和个人，应当遵守本条例。

第三条　抚仙湖的保护和管理工作遵循保护优先、科学规划、统一管理、综合防治、全面保护、可持续发展的原则。

第四条　抚仙湖保护范围按照功能和保护要求，划分为下列两个区域：

（一）一级保护区，包括水域和湖滨带。水域是指抚仙湖最高蓄水位以下的区域，湖滨带是指最高蓄水位沿地表向外水平延伸100米的范围。

（二）二级保护区，是指一级保护区以外集水区以内的范围。

第五条　抚仙湖最高蓄水位为1723.35米（1985国家高程基准，下同），最低运行水位为1721.65米。

抚仙湖水质按照国家《地表水环境质量标准》（GB3838—2002）规定的Ⅰ类水标准保护。

第六条　玉溪市人民政府统一负责抚仙湖保护工作，将抚仙湖保护工作纳入国民经济和社会发展规划，建立长期稳定的保护投入运行机制和生态补偿机制。

澄江县、江川区、华宁县（以下简称沿湖县区）人民政府负责本行政区域内抚仙湖

① 云南省人民代表大会常务委员会：《云南省抚仙湖保护条例》，http://db.ynrd.gov.cn：9107/lawlib/lawdetail.shtml?id=c87dc9fe7a6444bcab5761744a86317e（2016-09-29）。

保护工作。

沿湖各镇人民政府、街道办事处负责辖区内抚仙湖保护工作，并应当指定专职管理人员负责日常管理和保护工作。

玉溪市和沿湖县区（以下简称市、县区）人民政府公安、国土、环境保护、住房城乡建设、农业、林业、水利等有关行政主管部门应当按照各自职责，做好抚仙湖的保护工作。

鼓励抚仙湖保护范围内的村民委员会（社区）和村（居）民小组通过制定村规民约等方式，组织和引导村（居）民参与抚仙湖保护。

第七条　玉溪市人民政府设立抚仙湖管理机构，对抚仙湖实施统一保护和管理，履行下列主要职责：

（一）宣传和贯彻执行有关法律、法规。

（二）组织编制抚仙湖保护和开发利用总体规划、制定抚仙湖水量年度调度计划，由玉溪市人民政府审核，报省人民政府批准后实施。

（三）制定抚仙湖保护管理措施，报玉溪市人民政府批准后实施。

（四）执行年度取水总量控制计划，管理海口节制闸和隔河调节闸，在抚仙湖一级保护区实施取水许可制度，发放取水许可证，征收水资源费。

（五）制定抚仙湖渔业发展规划、捕捞控制计划，规定捕捞方式和网具规格，登记、检验渔业船舶，发放捕捞许可证、垂钓证，征收渔业资源增殖保护费。

（六）发放非机动船入湖许可证，负责水上安全管理工作。

（七）组织抚仙湖保护、治理、开发、利用的科学研究。

（八）配合环境保护主管部门建立抚仙湖水质监测、预警制度。

（九）在抚仙湖一级保护区设置界桩、标识标牌。

（十）在抚仙湖一级保护区集中行使水政、环境保护、渔政、水运及海事等部门的部分行政处罚权，其实施方案由玉溪市人民政府拟定，报省人民政府批准。

玉溪市人民政府在沿湖县区设立的抚仙湖管理机构，按照各自的职责承担抚仙湖保护和管理的具体工作。

第八条　市、县区抚仙湖保护和管理经费纳入同级财政预算。征收的抚仙湖资源保护费、水资源费、渔业资源增殖保护费按照规定上缴财政。

第九条　任何单位和个人都有保护抚仙湖的义务，并有权对污染水体、乱建乱占等违法行为进行制止和举报。

市、县区人民政府应当对在抚仙湖保护工作中做出显著成绩的单位和个人给予表彰和奖励。

第二章 环境与资源保护

第十条 抚仙湖保护范围内的各级人民政府及其有关部门应当加强对抚仙湖的水资源、水产资源、国土资源、森林资源、野生动植物以及周边的自然景观、文化遗产、自然遗产、名木古树和渔沟、渔洞的保护，维护抚仙湖的生态系统。

玉溪市人民政府应当加强对星云湖的水污染治理，星云湖水质未达到国家《地表水环境质量标准》（GB3838—2002）规定的Ⅰ类水标准时，应当采取措施防止星云湖湖水流入抚仙湖。

第十一条 抚仙湖水量调度应当保证湖水水位不低于最低运行水位，并且满足海口河沿河居民的生活、生产及河道生态用水流量。需要在最低运行水位以下取用湖水的，由玉溪市人民政府报省人民政府批准。

第十二条 抚仙湖一级保护区内禁止下列行为：

（一）新建排污口。

（二）新建、扩建或者擅自改建建筑物、构筑物，经玉溪市人民政府批准的环境监测、执法船停靠设施除外。

（三）填湖、围湖造田、造地等缩小水面的行为。

（四）新增住宿、餐饮等经营服务活动或者在渔沟、渔洞、湖岸滩地搭棚、摆摊、设点经营等。

（五）擅自取水或者违反取水许可规定取水。

（六）围堰、网箱、围网养殖，暂养水生生物。

（七）使用机动船、电动拖网或者污染水体的设施捕捞。

（八）使用禁用的渔具、捕捞方法或者不符合规定的网具捕捞。

（九）炸鱼、毒鱼、电鱼。

（十）未经批准采捞水草。

（十一）损毁水利、水文、航标、航道、渔标、科研、气象、测量、界桩、环境监测和执法船停靠设施。

（十二）将蓄电池置入水中进行灯光诱捕。

（十三）损毁标识标牌、环卫设施。

（十四）在水域清洗车辆、宠物、畜禽、农产品、生产生活用具和其他可能污染水体的物品。

（十五）乱扔泡沫塑料餐饮具、塑料袋等生活垃圾。

（十六）露营、野炊。

（十七）擅自设立广告牌、宣传牌。

（十八）放生非抚仙湖土著水生生物物种。

（十九）其他破坏生态系统和污染环境的行为。

第十三条　抚仙湖水域不得使用机动船和水上飞行器，但经市人民政府批准进行科研、执法、救援的除外。

经批准入湖的机动船应当有防渗、防淤、防漏设施，对其残油、废油应当封闭处理。

船舶造成污染事故的，应当及时采取补救措施，并向抚仙湖管理机构报告，接受调查处理。

第十四条　抚仙湖二级保护区内禁止新建、改建、扩建污染环境、破坏生态平衡和自然景观的工矿企业和其他项目。

原建成的工矿企业和其他项目未做到达标排放的应当限期治理；在限期内达不到排放标准的，由县级以上人民政府按照权限予以关、停、转、迁。

玉溪市人民政府可以在二级保护区内划定并公布禁止开发的区域。在二级保护区其他区域开发的，应当严格控制，限制开发强度、人口密度，并经玉溪市人民政府批准。经批准的开发项目，开发项目方应当进行生态补偿，具体办法由玉溪市人民政府按照程序报省人民政府审批。

经批准的开发项目，不得破坏和污染地下水系。

第十五条　抚仙湖保护范围内禁止下列行为：

（一）向抚仙湖及其入湖河道排放、倾倒未达到排放标准或者超过污染物控制总量的工业废水，排放、倾倒废渣、垃圾、残油、废油等废弃物。

（二）向抚仙湖及其入湖河道排放、倾倒有毒有害废液、废渣或者将其埋入集水区范围内的土壤中。

（三）在湖滨带和入湖河道岸坡堆放工业、有毒有害废弃物等污染物。

（四）生产、经营、使用含磷洗涤用品和国家禁止的剧毒、高毒、高残留农药。

（五）猎捕野生鸟类、蛙类。

（六）损坏景物、破坏自然景观和园林植被、名木古树、渔沟、渔洞。

（七）销售不可自然降解的泡沫塑料餐饮具、塑料袋。

（八）其他污染水体的行为。

第十六条　禁止在抚仙湖沿湖面山开山采石、挖沙取土、兴建陵园墓地。

抚仙湖保护范围内允许采石、挖沙取土的范围，由所在地县区国土资源行政主管部门会同水利、环境保护、林业等行政主管部门和抚仙湖管理机构划定，报市人民政府批准后公布。开采者应当依法办理相关手续，采取水土保持措施，并负责治理开采范围内的水土流失，恢复植被。

第十七条　市、县区人民政府及其有关行政主管部门应当加大抚仙湖流域环境保护和生态建设力度，预防、控制生态退化，防止水污染和水土流失；25 度以上坡耕地实行退耕还林还草；营造水源涵养林，保护自然植被；实施国土整治、地质灾害防治和水环境综合治理，实行入湖河道治理责任制。

禁止在抚仙湖保护范围内毁林、毁草。

第十八条　抚仙湖保护范围内应当发展生态农业，推广农业标准化，鼓励绿色生产、绿色消费，妥善处理生产、生活污水和垃圾，防治面源污染。

抚仙湖保护范围内严格控制化肥、农药的使用量，逐步取消使用塑料大棚、塑料地膜。

抚仙湖保护范围内应当推进沼气池、节能灶和以煤代柴、以电代柴等农村替代能源建设；鼓励使用液化气、太阳能等清洁能源。

抚仙湖保护范围内的废弃物应当进行减量化、无害化处理。

市、县区人民政府应当从水资源费中安排一定比例，扶持流域群众的生产和生活，具体办法由玉溪市人民政府按有关规定制定。

第十九条　抚仙湖一级保护区禁止畜禽规模养殖和放牧；二级保护区内限制畜禽规模养殖，并逐步削减畜禽规模养殖数量。

限制畜禽养殖的规模标准由玉溪市人民政府制定并公布。

第二十条　抚仙湖水资源的开发利用，应当首先满足城乡居民生活用水，并兼顾生态环境、农业、工业用水等需要。

第二十一条　直接在抚仙湖一级保护区内取用水（含地下水）的，应当向市抚仙湖管理机构申请取水许可证，并按照国家有关规定缴纳水资源费。家庭生活和零星散养、圈养畜禽饮用等少量取水除外。

在抚仙湖二级保护区内开采地下水，应当经抚仙湖管理机构同意，并依法办理相关审批手续。

第二十二条　在抚仙湖一级保护区内改建建设项目或者在二级保护区内新建、扩建、改建建设项目的，应当符合抚仙湖保护和开发利用规划，经玉溪市人民政府批准后，按照基本建设程序办理手续。

项目建设应当执行环境影响评价制度，坚持污染治理设施、节水设施、水土保持设施与主体工程同时设计、同时施工、同时投产使用制度和排污许可制度。污染治理设施、节水设施、水土保持设施应当经原审批部门验收合格后，方可投入生产和使用。

抚仙湖一级保护区内已经建设的与抚仙湖保护无关的建设项目，应当限期迁出；对原住居民应当采取有效措施有计划迁出。对迁出的项目或者居民，应当按照公平合理、妥善安置的原则，依法给予补偿。

第二十三条　市、县区人民政府应当统筹规划和组织建设抚仙湖保护范围内的水污染综合治理工程及其配套设施建设，限期完成环湖截污管道工程建设。

抚仙湖保护范围内的建设项目，应当按照规划及相关规定配套建设雨污分流的排水管网、污水和垃圾处理设施。

抚仙湖保护范围内的住宿、餐饮等经营者应当配套建设污水处理和垃圾收集设施，不得将污水和垃圾直接排入抚仙湖及其入湖河道。

鼓励抚仙湖保护范围内的企业事业单位和其他经营者对经处理达标的污水进行循环利用或者净化处理。

第二十四条　抚仙湖的渔业发展坚持自然增殖和人工放流相结合的原则，重点发展鱼康 鱼良鱼等鱼类。

引进、推广水生生物新品种，应当经市抚仙湖管理机构组织有关专家论证，并按照规定报省级渔业行政主管部门批准。

第二十五条　在抚仙湖从事渔业捕捞的单位和个人，应当向抚仙湖管理机构申请办理渔船登记、渔船检验和捕捞许可证、垂钓证，缴纳渔业资源增殖保护费，并按照捕捞许可证、垂钓证核准的作业类型、场所、时限和渔具规格、数量进行作业。

捕捞许可证、渔船牌照和垂钓证不得涂改、买卖、出租、转让或者转借。

第二十六条　抚仙湖实行禁渔制度。

禁渔区由玉溪市人民政府划定，在禁渔区禁止一切捕捞活动；禁渔期由市抚仙湖管理机构确定，在禁渔期禁止一切捕捞、收购和贩卖抚仙湖鱼类的活动。

第二十七条　抚仙湖水域的非机动船实行总量控制和集中管理。入湖非机动船的新增、改造、更新应当经抚仙湖管理机构批准，并办理相关证照。

非机动船入湖应当服从水上交通安全管理，配备救生等安全设备，严禁超载。

第二十八条　在抚仙湖一级保护区开展科研、考古、影视拍摄和大型水上体育等活动，应当报市抚仙湖管理机构批准后方可进行。

第三章　法律责任

第二十九条　在抚仙湖一级保护区有下列渔业违法行为之一的，由抚仙湖管理机构责令改正，予以处罚：

（一）使用机动船、电动拖网或者污染水体的设施捕捞的，没收渔获物和违法所得，可以并处2000元以上5000元以下罚款，情节严重的，处2万元以上5万元以下罚款。

（二）使用不符合规定的网具进行捕捞的，没收渔获物和违法所得，可以并处500元以上1000元以下罚款，情节严重的，没收渔具、渔船，吊销捕捞许可证。

（三）围堰、网箱、围网养殖的，没收渔获物和违法所得，可以并处2000元以上5000元以下罚款。

（四）在禁渔区、禁渔期进行捕捞的，没收渔获物和违法所得，可以并处2000元以上5000元以下罚款，情节严重的，没收渔具、渔船，吊销捕捞许可证。

（五）禁渔期收购、贩卖抚仙湖鱼类的，没收收购物，可以并处5000元以上1万元以下罚款。

（六）无证垂钓的，没收渔获物和违法所得，可以并处100元以上200元以下罚款；无证捕捞的，没收渔获物和违法所得，可以并处5000元以上1万元以下罚款，情节严重的，没收渔具、渔船。

（七）违反捕捞许可证关于作业类型、场所、时限和渔具规格、数量规定进行捕捞的，没收渔获物和违法所得，可以并处2000元以上5000元以下罚款，情节严重的，没收渔具，吊销捕捞许可证。

（八）涂改、买卖、出租或者以其他形式非法转让捕捞许可证、垂钓证、渔船牌照的，未经登记、检验的渔船入湖捕捞作业的，没收违法所得，可以并处2000元以上5000元以下罚款。

（九）将蓄电池置入水中进行灯光诱捕的，没收蓄电池等渔具和渔获物，处2000元以上5000元以下罚款。

（十）炸鱼、毒鱼、电鱼的，没收渔获物和违法所得，并处1万元以上3万元以下罚款。

（十一）未经批准采捞水草的，处500元以上1000元以下罚款。

（十二）放生非抚仙湖土著水生生物物种的，处1000元以上3000元以下罚款。

第三十条　在抚仙湖保护范围内有下列污染水体行为之一的，由抚仙湖管理机构或者相关部门按照管理职权责令改正，予以处罚：

（一）向抚仙湖及其入湖河道排放、倾倒工业废水、废渣、垃圾、残油、废油的，处5万元以上10万元以下罚款。

（二）向抚仙湖及其入湖河道排放、倾倒有毒有害废液、废渣或者将其埋入集水区的，处10万元以上20万元以下罚款；情节严重的，可以并处吊销排污许可证或者临时排污许可证。

（三）住宿、餐饮等经营者向抚仙湖及其入湖河道直接排放污水的，处2万元以上5万元以下罚款。

（四）向抚仙湖及其入湖河道倾倒生活垃圾、废弃物或者向水体排放未经处理的生活污水的，可以处500元以上1000元以下罚款。

（五）生产、经营含磷洗涤用品的，没收违法所得，可以并处2000元以上5000元以下罚款。

（六）船舶向抚仙湖水体倾倒垃圾的，责令船主打捞、清理，可以并处 5000 元以上 1 万元以下罚款；船舶向抚仙湖水体排放残油、废油的，可以处 2 万元以上 5 万元以下罚款。

（七）在水域清洗车辆、宠物、畜禽、农产品、生产生活用具和其他可能污染水体的物品或者使用洗涤用品的；处 50 元以上 100 元以下罚款，情节严重的，处 500 元以上 1000 元以下罚款。

（八）在湖滨带和入湖河道岸坡堆放工业、有毒有害废弃物等污染物的，处 3 万元以上 5 万元以下罚款。

（九）销售不可自然降解的泡沫塑料餐饮具、塑料袋的，处 100 元以上 300 元以下罚款。

有前款规定的第一项、第二项、第三项、第六项、第八项行为之一，受到罚款处罚，被责令改正，拒不改正的，依法作出处罚决定的行 政机关可以自责令改正之日的次日起，按照原处罚数额按日连续处罚。

第三十一条　在抚仙湖一级保护区有下列水事等违法行为之一的，由抚仙湖管理机构责令改正，予以处罚：

（一）填湖、围湖造田造地缩小水面的，由责任人负责恢复，处 2 万元以上 5 万元以下罚款；拒不恢复的，由抚仙湖管理机构指定有治理能力的单位代为恢复，所需费用由违法者承担。

（二）擅自取水或者违反取水许可规定取水的，处 5 万元以上 10 万元以下罚款，情节严重的，吊销取水许可证。

（三）损毁水利、水文、航标、航道、渔标、科研、气象、测量、界桩、环境监测和执法船停靠设施的，责令停止违法行为，赔偿损失，限期采取补救措施，并处 2 万元以上 5 万元以下罚款。

（四）新建排污口的，限期拆除；逾期不拆除的，依法强制拆除，并处 5 万元以上 10 万元以下罚款。

（五）在渔沟、渔洞、湖岸滩地搭棚、摆摊、设点经营的，没收违法所得，可以并处 500 元以上 1000 元以下罚款。

第三十二条　在抚仙湖保护范围内有下列行为之一的，由抚仙湖管理机构或者相关部门按照管理职权责令改正，予以处罚：

（一）在沿湖面山采石、挖沙取土、兴建陵园墓地的，没收违法所得，由责任人负责恢复植被，可以并处 2000 元以上 5000 元以下罚款。

（二）损坏景物、破坏自然景观和园林植被、名木古树、渔沟、渔洞的，由责任人负责恢复原状、赔偿经济损失，可以并处2000元以上5000元以下罚款。

（三）生产、经营国家禁止的剧毒、高毒、高残留农药的，没收农药和违法所得，并处违法所得5倍以上10倍以下罚款；没有违法所得的，处2万元以上5万元以下罚款。

（四）使用国家禁止的剧毒、高毒、高残留农药的，给予警告，并处500元以上2000元以下罚款。

（五）猎捕野生鸟类、蛙类的，依法予以处罚。

第三十三条　在抚仙湖一级保护区有下列违法行为之一的，由抚仙湖管理机构责令改正，予以处罚：

（一）损毁标识标牌、环卫设施的，依法赔偿，处200元以上500元以下罚款。

（二）露营、野炊的，可以处50元以上100元以下罚款；拒不改正的，处500元以上1000元以下罚款。

（三）擅自设立广告牌、宣传牌的，没收违法所得，并处5万元以上10万元以下罚款；

（四）放牧的，予以警告，可以并处20元以上50元以下罚款；畜禽规模养殖的，处5万元以上10万元以下罚款。

（五）未经批准开展科研、考古等活动的，处1万元以上5万元以下罚款。

（六）未经批准开展影视拍摄和大型水上体育等活动的，处5万元以上10万元以下罚款。

（七）入湖非机动船未配备救生设备的，处2000元以上5000元以下罚款；非机动船超载的，处2万元以上5万元以下罚款。

（八）未办理船舶入湖许可证擅自入湖的，处5000元以上1万元以下罚款，情节严重的，处1万元以上2万元以下罚款。

（九）乱扔泡沫塑料餐饮具、塑料袋等生活垃圾的，处50元以上200元以下罚款。

（十）未经批准使用机动船和水上飞行器或者擅自改变机动船和水上飞行器使用用途的，处1万元以上5万元以下罚款，有违法所得的，没收违法所得。

第三十四条　在抚仙湖禁止开发区域内进行商业性开发的，或者在一级保护区新建、扩建或者擅自改建建筑物、构筑物的，由当地县级以上人民政府责令停止建设，限期拆除或者没收违法建筑物、构筑物或者其他设施，可以并处5万元以上10万元以下罚款。

第三十五条　行政机关工作人员在抚仙湖保护工作中玩忽职守、收受贿赂、徇私舞弊的，由其所在单位或者主管机关依法给予行政处分。

第三十六条　违反本条例规定构成犯罪的，由司法机关依法追究刑事责任。

第四章　附则

第三十七条　本条例自2007年9月1日起施行。1993年9月25日云南省第八届人民代表大会常务委员会第三次会议通过的《云南省抚仙湖管理条例》同时废止。

第三节　自然资源保护法规条例

一、云南省地方公益林管理办法①

2009年3月18日，云南省人民政府以云政发〔2009〕58号文件发布了《云南省地方公益林管理办法》，且自2009年4月1日起正式施行。《云南省地方公益林管理办法》具体内容如下：

第一章　总则

第一条　为了加强地方公益林保护和管理，维护生态安全，促进经济和社会可持续发展，保护地方公益林所有者、管护者的合法权益，根据《中华人民共和国森林法》、《中共中央 国务院关于加快林业发展的决定》（中发〔2003〕9号）、《中共中央 国务院关于全面推进集体林权制度改革的意见》（中发〔2008〕10号）等有关规定，结合本省实际，制定本办法。

第二条　在本省行政区域内从事地方公益林建设、保护管理的单位和个人，应当遵守本办法。

第三条　本办法所称地方公益林是指除国家重点公益林以外，生态区位重要或者生态状况脆弱，对国土生态安全、生物多样性保护和经济社会可持续发展具有重要作用的防护林地和特种用途林地。

第四条　地方公益林的建设、保护和管理应当遵循统一规划、科学界定、依法管理、分级负责、权责一致和合理利用的原则。

第五条　各级人民政府应当加强对地方公益林管理工作的领导，将其纳入国民经济和社会发展计划，实行工作目标责任制。

县级以上林业行政主管部门负责本行政区域内地方公益林的管理工作。

---

① 云南省人民政府：《云南省地方公益林管理办法》，《云南林业》2009年第3期。

财政和其他有关部门根据职责做好相关工作。

第二章　区划界定

第六条　地方公益林分为省级公益林、州（市）级公益林和县（市、区）级公益林，具体区划界定由县级以上人民政府组织，林业行政主管部门会同财政部门实施。

地方公益林区划界定应当落实到山头地块。

公益林区划界定应当尊重林权人的意愿，不愿划为公益林的，地方政府应当采取措施妥善处理。

第七条　省级公益林，由省林业行政主管部门和省财政部门按照本省省级公益林区划界定的政策和有关要求及本办法确定的区位和范围进行区划界定。

省级公益林区划界定成果由州（市）、县（市、区）林业行政主管部门会同财政部门汇总，经本级人民政府审核同意，并报省林业行政主管部门和省财政部门核查认定后，报省人民政府审批。

经区划界定和核查认定的省级公益林面积和范围不得擅自调整，确需调整的应当报省林业行政主管部门批准，并报省人民政府备案。

第八条　凡属下列生态区位及范围的，应当划定为省级公益林，但已划定为国家重点公益林的除外：

（一）江河源头和两岸。河长100千米以上，汇水面积1500平方千米以上的一级支流两岸面山及其汇水面积内的林地或者生态区位重要、生态环境脆弱的江河两岸面山的林地。

（二）大中型水库。在建或者已建成的库容大于或者等于 1000 万立方米的水库周围和水源径流两侧面山的林地。

（三）自然保护区。依法纳入省级自然保护区的林地；自然保护区生物走廊、自然保护小区等林地。

（四）高原湖泊和湿地。星云湖、杞麓湖、异龙湖、程海等高原湖泊、湿地周围和水源径流两侧面山的林地。

（五）交通干线护路林。铁路和公路国道、省道、重要州（市）道和县（市、区）道两侧的林地。

（六）城市面山及饮水工程。省、州（市）、县（市、区）政府所在地面山和配套的重点饮水工程水源汇水区内的林地。

（七）森林公园。国家级和省级森林公园内的林地。

（八）全省风景名胜古迹、革命纪念地和自然与文化遗产地内的林地。

（九）经省林业行政主管部门认定的其他重点水源区、风景区、环境保护区林地。

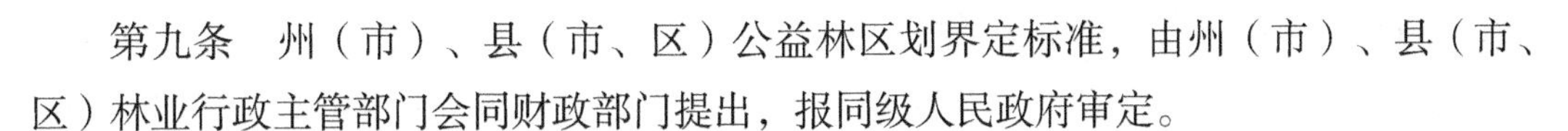

第九条　州（市）、县（市、区）公益林区划界定标准，由州（市）、县（市、区）林业行政主管部门会同财政部门提出，报同级人民政府审定。

第十条　区划界定为地方公益林的，原有权属不变，受法律保护。

第三章　保护管理

第十一条　各级人民政府应当逐级签订地方公益林保护和建设责任书，采取各种措施加强地方公益林的保护和管理工作。

各级林业行政主管部门应当建立健全公益林管护责任制，组织实施辖区内的公益林管护。

第十二条　县级以上林业行政主管部门应当配备相应的公益林管理人员，负责公益林管理和建设的具体工作。

第十三条　县级以上林业行政主管部门应当将公益林落实到山头地块，明确四至界限，组织签订和完善禁伐或者限伐协议，划定管护责任区，确定管护人员，签订管护合同，落实管护责任。

承担管护责任的单位或者个人应当按照管护合同约定履行管护义务，承担管护责任并领取管护费。

第十四条　乡（镇）林业工作站、村民委员会和各有关国有林业单位负责对公益林保护管理情况的指导和监督检查，加强对管护人员的培训和管理。

第十五条　因建设工程需要占用征用公益林林地的，县级以上林业行政主管部门应当进行核查，确需占用征用公益林林地的，必须依法办理用地审核、林木采伐审批手续。县级以上林业行政主管部门和财政部门根据占用征用情况适时调整公益林林地面积和补偿金。

第十六条　地方公益林建设应当采取管护、封山育林、抚育更新相结合的措施，把公益林建设成为多树种、多层次，结构合理、功能健全，生态效益、社会效益长期稳定的森林生态体系。

县级以上林业行政主管部门应当组织林权单位或者个人，在地方公益林内的宜林地和林中空地，积极开展植树造林，恢复森林植被等活动；对生态功能低下的林地，应当逐步提高公益林的功能等级。

第十七条　未经批准，不得在地方公益林内进行开垦、采矿、采石、采砂、取土、筑坟等破坏森林资源的活动。

第十八条　在保持森林生态功能稳定的前提下，可以依法在地方公益林内开展森林生态旅游、林下资源开发、非木质森林资源培育等经营活动。

第十九条　除法律法规禁止采伐的以外，可以对地方公益林进行抚育或更新采伐，采伐需由林权单位或者个人提出申请，县级以上林业行政主管部门批准。

第二十条　各级人民政府应当依法贯彻预防为主、积极消灭的森林防火方针，设置森林防火宣传牌、开设林火阻隔道或者营造生物防火林带，形成较为完整的森林火灾防扑体系。

第二十一条　县级以上林业行政主管部门应当贯彻预防为主、综合治理的方针，加强林业有害生物防治工作和体系建设，做好地方公益林的林业有害生物防治工作。

第二十二条　各级林业行政主管部门、森林公安机关应当加强地方公益林的安全防范，依法查处盗伐滥伐、违法使用林地、违法采挖、毁林开垦等破坏公益林的违法犯罪行为。

第二十三条　各级林业行政主管部门应当建立地方公益林资源数据库，完善档案管理，掌握公益林现状及其动态变化，实现森林资源档案的动态管理和信息共享，形成较为完备的森林资源监测体系。

第四章　实施补偿

第二十四条　县级以上人民政府应当建立森林生态效益补偿制度，多渠道筹集森林生态效益补偿资金。

对经核查认定的省级重点生态公益林，由省级财政筹集资金，按照每亩每年 5 元的标准实施补偿，并逐步提高补偿标准。

第二十五条　森林生态效益补偿资金主要用于公益林的营造、抚育、保护等有关费用支出。

省级公益林补偿资金的管理由省财政部门、省林业行政主管部门制定。

州（市）、县（市、区）公益林补偿标准和办法由各地自行制定。

第二十六条　森林生态效益补偿资金应当专款专用，任何单位和个人不得挤占、截留、挪用。

第二十七条　县级以上林业行政主管部门和财政部门应当编制公益林生态效益补偿实施方案，并报上一级林业行政主管部门和财政部门审批。

第五章　监督检查与奖惩

第二十八条　县级以上财政部门、林业行政主管部门应当对上年度补偿资金拨付使用情况、地方公益林管护情况进行检查，并于每年 1 月底以前向上级财政部门、林业行政主管部门报告。报告的主要内容包括：上年度补偿资金使用情况、公益林管护情况总结、森林防火、林区道路维护计划以及上年度批准的占用征用公益林林地等情况。

第二十九条　省林业行政主管部门和省财政部门于每年年初，组织对全省上年度公

益林管护情况和实施森林生态效益补偿工作进行检查考评，并依据签订的责任状进行奖惩。具体检查考评和奖惩办法由省林业行政主管部门会同省财政部门另行制定。

州（市）、县（区、市）林业行政主管部门和财政部门应当根据签订的责任状组织检查考评，制订奖惩办法，兑现奖惩。

第三十条　县级以上林业行政主管部门、财政部门、其他相关责任部门及其工作人员，在地方公益林保护管理工作中玩忽职守、滥用职权、徇私舞弊的，由所在单位依法给予行政处分；构成犯罪的，依法追究刑事责任。

第六章　附则

第三十一条　在国家有关办法尚未公布前，本省行政区域内国家重点公益林的管理参照本办法。

第三十二条　本办法自 2009 年 4 月 1 日起施行。

二、云南省文山壮族苗族自治州林业管理条例[①]

2011 年 5 月 9 日，文山壮族苗族自治州人民代表大会常务委员会颁布了《文山壮族苗族自治州林业管理条例》。该条例自 2011 年 6 月 1 日起执行，具体内容如下：

第一章　总则

第一条　为发展林业，保护、培育、合理利用森林资源，改善生态环境，根据《中华人民共和国民族区域自治法》、《中华人民共和国森林法》和《云南省施行森林法及其实施细则的若干规定》及有关法律、法规，结合自治州实际，特制定本条例。

第二条　林业是国民经济的重要组成部分，既是自治州的一大产业，又是一项公益事业。应贯彻以营林为基础，普遍护林，大力造林，合理采伐，采育结合，永续利用的方针；坚持生态效益、社会效益和经济效益并重的原则，加快自治州林业的发展，十年绿化全州宜林荒山荒地，使森林覆盖率达百分之四十以上。

第三条　自治州坚持和完善林业生产责任制，鼓励国家、集体、个人大力发展林业，谁造谁有，长期不变，允许继承和转让，保护山林所有者和经营者的合法权益。

第四条　州、县林业行政主管部门，依法对森林资源的保护、利用、更新，进行管理和监督。

第五条　凡在自治州行政区域内活动的一切组织和个人，都必须遵守本条例。

---

① 文山壮族苗族自治州人民代表大会常务委员会：《云南省文山壮族苗族自治州林业管理条例》，http://china.findlaw.cn/fagui/p_1/289157.html（2011-05-19）。

第二章　植树造林

第六条　植树造林必须贯彻适地适树的原则，实行多林种多树种结合，人工造林、飞播造林、封山育林结合，乔、灌、草结合，合理确定用材林、经济林、防火林、薪炭林和特种用途林的比例。

第七条　建立以杉木为主的速生丰产用材林基地和以油茶、油桐、茶叶、八角等商品经济林基地。保护发展以木兰科为主的珍稀濒危树种。发展庭院花木果树。

第八条　植树造林必须使用良种壮苗，实现林木良种化和苗木标准化；严格检查验收，切实保证质量，成活率达不到百分之八十五的不计入年度造林面积。

第九条　开展全民义务植树活动。具有劳动能力的公民每人每年义务植树五株。划定义务植树和部门绿化责任区，限期绿化。

州、县、乡（镇）、村公所（办事处）都要建立苗圃基地和植树造林样板。

城镇义务植树实行登记卡制度，年满18周岁以上，女55周岁、男60周岁以下，都应参加义务植树，不参加义务植树的，按植树所需费用交纳绿化费。农村实行义务工制度，完不成义务植树任务的，由村民委员会负责督促落实。

第十条　采伐迹地必须于当年或次年更新。凡未完成迹地更新和年度造林计划的，不安排下年度采伐指标。

第十一条　各级规划内的宜林地必须用于造林，未经县以上林业主管部门批准不得改作他用。

第十二条　已划分到户经营的自留山、责任山要限期绿化。逾期不绿化的，由村民委员会收回，按先造后划、多造多划、少造少划、不造不划的原则安排。

没有承包到户的集体荒山由集体组织造林经营，也可以在坚持荒山公有的原则下，组织和发动群众造林，谁造谁有。

第三章　森林资源保护

第十三条　森林资源包括林地林木及林区的野生植物和动物。

森林，包括竹林。林木包括树木、竹子。林地，包括郁闭度零点三以上的乔木林地，疏林地，灌木林地，采伐迹地，火烧迹地，苗圃地和国家规划的宜林荒山荒地。

第十四条　保护森林资源是各级人民政府的行政职能，要加强领导，建立森林防火，制止乱砍滥伐、乱捕滥猎和防治森林病虫害的护林体系。

第十五条　森林防火应当贯彻预防为主，积极扑救的方针。

（一）各级人民政府应建立健全森林防火指挥机构。州、县森林防火指挥部办公室属常设机构，应列编定员。

（二）全州每年十二月至翌年六月为森林防火期，三至四月为森林防火戒严期，在此期间在林区内严禁一切野外用火。

（三）国有林场、自然保护区、禁伐林区、飞播林区、封山育林区、乡村林场、水源林、防护林、风景林、科学试验林、采种基地、母树林属重点防火区，要组织专业扑火队，配备护林员。

（四）任何单位和个人，发现森林火灾必须立即报告，接到报告的单位，应立即组织扑救。

（五）林区的防火设施及护林宣传牌等护林标志，任何人不得破坏。

（六）有林地区的村寨要制定护林防火措施，防火区要实行轮流巡山值班制度，做好经常性的火情监测工作。

第十六条　未经批准，任何单位和个人不得在林区内采矿、采石、采沙、采土以及其他毁林行为。确需在林区内从事上述活动的，应按有关规定报经林业主管部门批准，并交纳林地占用费。

第十七条　未经批准，任何单位和个人不得进入林区剔剥和收购树皮、挖取树根、采集野生花卉资源上市以及在中幼林区内采脂，确属特需的，须经林业主管部门批准。

第十八条　禁止毁林开荒。对 25 度以上的陡坡地应逐步退耕还林。对次生林、灌木林、低产林的改造，应报经县林业主管部门或者县林业主管部门授权的乡（镇）林业站批准。

第十九条　自然保护区、禁伐林区、风景名胜区、水源林区、石山区、幼林区和具有天然更新能力的疏林地、采伐迹地，由各级人民政府明令封山育林和封山护林，在封山区和封山期内不得进入林区从事生产生活活动。

第二十条　严格控制薪柴消耗量，积极推广使用节柴灶，提倡以煤、电、沼气代柴。农村住户要营造薪炭林，对不营造薪炭林又不改灶的农户，必须交纳育林基金。有条件使用其他能源的机关、部队、企业事业单位、学校，县级人民政府应责令其限期停止烧柴。逾期不改的，按本条例第五十二条第（六）项之规定处理。

第二十一条　严格防治森林病虫害。对于调出调入州内的林木种子、木材，必须经过检疫；发生森林病虫害时，经营单位和个人应当及时防治；发生严重森林病虫害时，当地人民政府及有关部门必须采取紧急防治措施，防止蔓延，消除隐患。

第二十二条　禁止砍伐珍稀濒危树种，确属特殊需要砍伐的，应提交书面申请，经乡（镇）人民政府和县林业主管部门审查后报州以上林业主管部门批准核发采伐许可证。

禁止非法猎捕、买卖国家保护的野生动物及其产品，因科学研究和教学需要猎捕的，须经州以上林业主管部门批准。

第二十三条　国有林地、野生动植物和其他自然资源，任何单位或个人都不得随意占用、破坏。确因国家建设需要占用的，必须依据有关法律、法规，严格履行审批手续，并向国有林地管理部门支付林地、林木补偿费和植被恢复费。

第二十四条　发生林地、林木权属争议，按《云南省施行森林法及其实施细则的若干规定》第十八条之规定处理。

第四章　林业经营管理

第二十五条　州、县林业主管部门要根据国家的规定和州、县人民政府的部署，定期组织森林资源清查，编制经营方案，建立森林档案，为确定森林采伐限额和合理经营森林资源提供依据。

第二十六条　森林采伐实行全额管理，经国家批准下达的采伐计划不得突破。州人民政府可根据需要，适当调整各种用材比例。以促进林木生长为目的的抚育间伐材不列入木材采伐计划。

第二十七条　采伐林木须持有采伐许可证，按指定的时间、地点、树种、数量进行采伐。采伐许可证的核发办法如下：

（一）国有林场凭年度采伐计划、伐区调查设计文件和上年度更新检查验收证明，按隶属关系报上级林业主管部门核发；其他国营单位报当地县林业主管部门核发；法律、法规另有规定的，按规定执行。

（二）集体经济组织和个人采伐责任山的林木，应提交书面申请和林权证、责任山承包合同书、村公所（办事处）证明，经乡（镇）人民政府审查后，报县林业主管部门核发。

（三）个人采伐自留山林木，属自用的应提交书面申请和自留山证，村公所（办事处）出具证明，由县林业主管部门委托乡（镇）林业站核发；作为商品材出售的由县林业主管部门或者林业主管部门委托乡（镇）林业站核发。

（四）农村住户采伐自留地或房前屋后个人所有的零星树木，自用的可不办采伐许可证；作为商品材出售的须出具乡（镇）林业站证明。

第二十八条　有下列情形之一者，不得核发采伐许可证：

（一）未完成上年度迹地更新任务和造林计划的。

（二）乱砍滥伐林木未得到制止的。

（三）山林权属有争议的。

（四）上年度超限额采伐的。

（五）不履行义务植树或未完成义务植树任务。

（六）超过时限，拒不进行自留山造林的。

第二十九条　活立木可以有偿转让和进入流通，但必须依法采伐。

第三十条　运输木材（含边贸木材）必须办理木材运输证。纳入运输管理的木材包括原木、锯材、竹材、商品柴、树根、树皮。运输木材出县的，由县林业主管部门发给运输证；出州的，由州林业主管部门发给运输证。任何单位和个人不得承运无运输证的木材。

第三十一条　经省人民政府批准，州、县人民政府在主要木材运输通道上设立木材检查站，依法实施检查。执勤人员履职时应佩戴林政执法标志。

第三十二条　从事木材经营的单位，须经县以上林业主管部门批准并领取木材经营许可证，到当地县工商行政管理部门办理营业执照。

供销部门可以按计划经营木农具材、烧柴及加工农用家具。

第三十三条　木材经营、加工单位，未经批准，不得擅自进入林区和乡村收购木材。其所需木材由林业主管部门的木材企业批发，也可持证（照）在批准设立的木材市场上购销。

第三十四条　各级人民政府应有计划地设立木材市场。设立木材市场必须具备以下条件：

（一）林区治安稳定。

（二）有健全的木材市场管理机构。

（三）有固定的木材交易场所。

（四）经县人民政府批准。

第三十五条　木材必须凭证交易。除州、县林业部门木材企业合同定购的外，都必须进入批准设立的木材交易市场，不得进行场外交易。

第三十六条　农村集体经济组织和个人采伐林木，由乡（镇）林业站收取预留更新费、专户存储，待完成更新任务并经过检查验收合格后如数返还，两年内完不成更新任务的，由林业站用于造林护林。间伐材不收预留更新费。

第五章　林业科技

第三十七条　建立健全林业教育、科研和科技推广体系，依靠科技振兴林业。州、县应逐步建立林业科技培训中心，培训林业科技人员和农村林业专业户、重点户人员。

第三十八条　州、县林业科技部门和科技人员的主要任务是推广应用科技成果，搞好林木良种选育，实行科学育苗、科学造林；推广林粮、间种速生丰产林栽培技术；优化林种结构，提高造林质量。

积极防治森林病虫害，推广科学防火，合理开发利用森林资源，开展木材深加工综合利用，发展林产品工业，提高森林的综合效益。

第三十九条　各级人民政府要加强林业科技教育。州农业学校要坚持办好林学专业，积极培养林业专业技术人才；县职业中学应搞好林业实用技术的培训；农村应加强林业知识教育，提高职工队伍和林农的科技水平。

第四十条　鼓励林业科技人员领办、创办、协办、联办林业经济实体。对长期在生产第一线工作的林业科技人员，待遇从优。

第六章　林业资金

第四十一条　州、县和有条件的乡（镇）建立林业基金制度。林业基金包括：

（一）育林基金。

（二）上级拨款。

（三）更新改造基金（道路延伸费）。

（四）按规定对采集、经营野生动植物及其产品的单位和个人征收的费用。

（五）按规定收取的绿化费。

（六）州、县、乡（镇）财政拨款。

（七）扶贫资金和以粮代赈用于发展林业的资金。

（八）其他收入。

林业基金实行多渠道筹集，分级管理，并接受同级财政监督，专户存储，用于造林护林及林业资源保护。

第四十二条　州、县、乡（镇）财政对林业的投入应列入预算，逐年增加林业的投入。

林业主管部门上缴财政的罚没收入主要用于林业。

自治州收取的育林基金全部用于当地发展林业事业。

第四十三条　各级林业部门根据需要，可以配备或聘用育林基金征收员，其报酬从征收的育林基金中支付。

第七章　管理职责

第四十四条　发展林业、保护森林资源是各级人民政府的重要职责，应实行首长负责制，认真履行下列职责：

（一）贯彻执行国家林业法律、法规和政策，研究解决执行中存在的问题。

（二）建立健全各级领导保护森林、发展林业任期目标责任制，层层签订责任状，定期检查，严明奖惩。

（三）对林业工作实行宏观管理，制订植树造林、义务植树、资源保护、木材生产经营和林业科技发展规划。

（四）督促检查下级人民政府和本级林业主管部门依法行政，正确处理林业生产经营活动中的国家、集体、个人三者利益关系。

（五）协调处理好山林权属纠纷。

（六）根据林业发展规划，筹集林业生产资金。

（七）表彰奖励在林业工作中成绩突出的单位和个人。

第四十五条　州、县人民政府林业主管部门的主要职责是：

（一）宣传贯彻执行国家林业法律、法规和方针政策。

（二）管理本辖区内的林业工作，办理林业行政案件。

（三）受人民政府委托调处山林权属纠纷。

（四）组织实施年度造林和义务植树计划。

（五）严格执行森林年度采伐计划，采取措施节约木材、燃料。

（六）制止各种毁林行为，预防和组织扑救森林火灾，防治森林病虫害，保护野生动植物资源。

（七）开发林业资源，开展综合利用。

（八）筹集、管理和使用好林业资金。

（九）做好林业宣传、教育和科技工作。

（十）加强林区建设、改善职工生产生活条件。

（十一）做好本级人民政府和上级林业主管部门交办的其他工作。

第四十六条　乡（镇）林业站的主要职责是：

（一）在当地人民政府领导下，宣传贯彻执行林业法律、法规、方针、政策，了解、反映群众在发展林业生产中的要求和问题。

（二）协助当地人民政府制定林业发展长远规划和年度计划，指导和组织农村集体、农户和个人造林护林，开发林业资源，进行各项林业生产经营活动。

（三）按照上级林业主管部门的安排，配合林业调查设计单位开展林业资源调查工作，负责造林检查验收、林业统计和森林资源档案管理，掌握辖区内森林资源消长情况。

（四）核查落实农村集体和个人的年度采伐指标，经县级林业主管部门授权，发放木材采伐许可证，依照有关规定检查、监督所在乡（镇）的木材采伐、运输和销售。

（五）协助有关部门调处山林权属纠纷，查处毁林案件，保护森林资源。

（六）传播林业科学技术，总结推广林业生产经验，开展林业实用技术培训、技术咨询和技术服务。

（七）按照国家有关规定，代收林业专项基金和其他费用，协助上级主管部门管好用好各项林业资金。

第四十七条　护林员的职责是：

（一）宣传执行林业法律、法规和政策。

（二）协助当地组织做好本责任区内的造林、护林工作。

（三）巡山护林、制止破坏森林的行为。

（四）发生严重毁林事件，应及时向有关部门报告，并协同进行依法查处。

第四十八条　林政管理人员和护林人员要依法行使职权，并受法律的保护和监督。

第八章　奖励与惩罚

第四十九条　在植树造林、资源管理、森林保护等方面有下列情况之一的单位和个人，由各级人民政府给予表彰奖励，其中有突出贡献的给予重奖。

（一）各级领导在任期内，实现发展林业、保护森林目标和完成各项规定指标，成绩优异的。

（二）超额完成当年植树造林任务，经检查成活率达百分之九十以上的。

（三）迹地更新、封山育林工作成绩显著的。

（四）从事林业科学研究，推广林业实用技术，培养林业技术人才成绩显著的。

（五）节柴代用，节柴改灶成绩显著的。

（六）当年未发生森林火灾或森林防火各项指标控制在规定限额以下的县，连续两年未发生森林火灾的乡（镇）和国营林场，连续三年未发生森林火灾的村公所（办事处）。

（七）在发现、扑救森林火灾中的有功人员。

（八）当年未发生毁坏森林案件的县，两年未发生毁坏森林案件的乡（镇），三年未发生毁坏森林案件的村公所（办事处）。

（九）保护野生动植物成绩显著的。

（十）防治森林病虫害成绩显著的。

（十一）林政管理成绩显著的。

（十二）领办、创办、协办、联办林业经济实体，开展综合利用效益显著的。

（十三）连续从事林业工作二十年以上，在林业基层单位工作十五年以上，并为林业工作作出贡献的。

第五十条　违反本条例，有以下行为之一的单位和个人，受下列处罚：

（一）当年未完成植树造林任务，或者森林火灾突出，或者突破年森林采伐限额的县和乡（镇）人民政府，由上一级人民政府给予警告，对失职的有关领导和直接责任人，给予必要的行政处分，构成犯罪的，依法追究刑事责任。

（二）对辖区内乱砍滥伐不加制止或制止不力，不及时处理，致使当地森林遭受严

重破坏，其损失年累计村公所（办事处）达二十立方米以上，乡（镇）达一百立方米以上，县达三百立方米以上的，对负主要责任的领导人员给予必要的处分。

（三）对营私舞弊，滥发木材票证的直接责任人员，给予行政处分，构成犯罪的，依法追究刑事责任。

（四）未经林业主管部门批准，擅自进山收购木材的，对当事人给予必要的行政处分，情节严重，构成犯罪的，依法追究刑事责任。

（五）木材检查站人员随意放行无证运输木材的，视情节给予行政处分，受贿放行，构成犯罪的，依法追究刑事责任。

（六）无证采伐或超限额采伐的，按《森林法》及其实施细则有关规定处罚；对责令限期节能改灶的单位逾期不改的，处以逾期烧柴价值三至五倍的罚款。

（七）除自产自销的木材外，凡无木材经营许可证、营业执照从事木材经营的单位和个人，罚款二千元至五千元，并没收其非法所得；无证明进入林区收购木材导致乱砍滥伐的，以滥伐林木论处。

（八）无证交易木材的，其木材予以没收，并视情节轻重处以二至五倍的罚款，构成犯罪的要依法追究刑事责任。

（九）无证运输的木材，予以没收，并处以货主三至七倍的罚款，抗拒检查，处以五百至一千元罚款，构成犯罪的依法追究刑事责任。

（十）以抢险救灾和军事需要等为借口采伐林木作为他用的，以滥伐林木论处。

（十一）不按采伐证核定的项目进行采伐的，收缴其采伐证，并按《森林采伐更新管理办法》处理。

（十二）伪造、涂改、倒卖木材票证和木材经营许可证的，按《森林法实施细则》有关规定处理。

（十三）擅自进入林区从事采矿、采石、采沙、采土及其他生产经营活动，毁坏森林，破坏植被的，由林业主管部门责令退出，并赔偿全部损失、补种一至三倍的树木。

（十四）擅自进入林区收购、挖取树根、剔剥树皮、采集野生花卉资源出售的，对实物予以没收，造成严重损失的，视情节处以二至五倍的罚款。

（十五）毁林开荒的，由林业主管部门责令退耕还林，赔偿林木损失，并处以林木损失二至五倍的罚款，构成犯罪的要依法追究刑事责任。

（十六）森林防火期违反规定在林区野外用火或由此引起山火的，按《森林防火条例》和《云南省森林防火实施办法》的有关规定处理。

（十七）违反林木种子检疫和病虫害防治规定的，按《植物检疫条例》和《森林病虫防治条例》的有关规定处理，触犯刑律的要依法追究刑事责任。

（十八）非法猎取国家保护的野生动物或在禁猎区、禁猎期猎捕野生动物、出售和收购野生动物及其产品的，按《中华人民共和国野生动物保护法》和《云南省文山壮族苗族自治州森林与野生动物类型自然保护区管理条例》的有关规定处理。

第五十一条　当事人对林业主管部门及其授权单位的行政处罚不服的，可在接到处罚通知之日起，十五日内向上级林业主管部门申请复议。对复议决定不服的，可在接到复议决定之日起十五日内向人民法院提起诉讼。当事人也可在接到处罚通知之日起十五日内直接向人民法院起诉。当事人逾期不申请复议或不提起诉讼，又不履行处罚决定的，林业主管部门及其授权单位可以申请当地人民法院强制执行。

第九章　附则

第五十二条　本条例经文山壮族苗族自治州人民代表大会通过并报云南省人民代表大会常务委员会批准后生效。同时报全国人民代表大会常务委员会备案。

第五十三条　本条例由文山壮族苗族自治州人民代表大会常务委员会负责解释。

三、云南省渔业条例①

2011 年 5 月 26 日，云南省第十一届人民代表大会常务委员会第二十三次会议通过了《云南省渔业条例》。该条例具体内容如下：

第一章　总则

第一条　为了加强渔业资源的保护、增殖、开发和合理利用，发展人工养殖，保障渔业生产者的合法权益、水产品质量和渔业生态安全，促进渔业可持续发展，根据《中华人民共和国渔业法》等法律、法规，结合本省实际，制定本条例。

第二条　本省行政区域内从事渔业生产及其他与渔业活动有关的单位和个人，应当遵守本条例。

第三条　县级以上人民政府应当将渔业生产纳入国民经济和社会发展规划，加强渔业资源、渔业生态环境的保护和渔业基础设施建设，扶持规模化、特色化养殖，推广标准化、健康养殖技术，发展水产品加工，促进渔业产业化发展。

乡级人民政府应当做好渔业法律、法规的宣传、水生生物资源保护、渔业生产安全监管等有关渔业管理工作。

村民委员会和渔业专业合作经济组织应当协助做好渔业安全生产管理工作。

第四条　县级以上人民政府应当根据社会发展需要，按照统筹兼顾原则，依法把本

① 云南省人民代表大会常务委员会：《云南省渔业条例》，http://db.ynrd.gov.cn：9107/lawlib/lawdetail.shtml?id=0fd05fff5caa49afbb3e0ab94ee609fd（2011-05-26）。

行政区域内的江河、湖泊、水库（含电站库区水面）等水域纳入当地渔业发展规划。

县级以上人民政府渔业行政主管部门应当会同有关部门编制本行政区域的渔业发展规划，报本级人民政府批准后实施。

第五条 县级以上人民政府渔业行政主管部门主管本行政区域内的渔业工作。

其他有关部门按照各自职责做好渔业管理工作。

第六条 县级以上人民政府渔业行政主管部门可以依法在重要渔业水域、渔港设立渔政渔港监督管理机构，行使渔政渔港监督管理职能。

县级以上人民政府渔业行政主管部门及其所属的渔政监督管理机构应当根据工作需要设渔政执法人员。渔政执法人员执行渔业行政主管部门及其所属的渔政监督管理机构交付的任务。

跨行政区域的水域、滩涂的渔业监督管理，由有关县级以上人民政府协商制定管理办法，或者由共同的上级渔业行政主管部门及其指定的渔政监督管理机构负责。

第七条 县级以上人民政府应当根据渔业发展需要和财力情况，将渔业发展和管理工作等所需的业务经费纳入财政预算，支持和引导社会资金投入渔业生产和水生生物资源保护；建立现代渔业产业技术体系和推广服务体系；鼓励和支持大专院校、科研机构和有关单位培养渔业专业人才，开展渔业科学技术研究和开发；鼓励群众性护渔组织依法开展护渔活动。

第八条 县级以上人民政府及其有关部门应当建立和完善渔业生产风险防范机制，加强风险预测和风险提示，鼓励渔业生产者参加互助保险、商业保险。

发生重大自然灾害等突发事件对渔业生产者造成重大损失的，当地人民政府应当采取应急措施，并为渔业生产者恢复生产提供指导和帮助，财政、民政、渔业等行政主管部门应当按照职责分工对渔业生产者给予适当补助。

第二章 养殖业

第九条 县级以上人民政府渔业行政主管部门应当根据渔业发展规划，确定用于养殖的水域、滩涂，报同级人民政府批准后向社会公布。

经公布的养殖水域、滩涂，不得非法占用或者擅自改变用途。

第十条 单位和个人使用渔业发展规划确定用于养殖业的国家所有水域、滩涂的，应当依法申请办理养殖证。

单位或者个人承包集体所有的水域、滩涂或者国家所有由农业集体经济组织使用的水域、滩涂从事养殖的，可以申请办理养殖证。

第十一条 县级以上人民政府在核发国家所有水域、滩涂的养殖证时，应当优先安排当地的渔业生产者，在同等条件下按照以下顺序核发：

（一）主要依靠水产养殖收入为基本生活来源的。

（二）因规划调整需要另行安排养殖场所的。

（三）因产业结构调整由捕捞业转为养殖业的。

第十二条　因公共利益需要，提前收回已依法确定给单位或者个人使用的国家所有养殖水域、滩涂，应当对持有该水域、滩涂养殖证的单位或者个人给予补偿。具体补偿办法由省渔业行政主管部门制定，报省人民政府批准。

国家建设需要征收集体所有的水域、滩涂，依照有关土地管理的法律、法规办理。

第十三条　县级以上人民政府应当支持农村集体经济组织、渔业合作经济组织和个人建立渔业养殖场。

渔业养殖场用地按照农用地进行管理。

第十四条　县级以上人民政府渔业行政主管部门应当组织有关单位选育、培育、引进、推广水产优良品种，开展养殖技术培训；鼓励培育、推广云南特有的水产优良品种和利用宜渔稻田发展水产养殖。

第十五条　县级以上人民政府渔业行政主管部门应当制定水产养殖档案管理制度。

水产养殖企业和组织应当建立养殖档案，保存期限不少于 2 年。

鼓励个体养殖户建立养殖档案。

第十六条　水产养殖者在生产过程中应当遵守国家关于饲料、饲料添加剂、兽药、动物防疫等方面的法律、法规，执行养殖生产技术标准和规范。

第十七条　水产苗种实行生产许可制度，但生产者自育、自用水产苗种的除外。

水产苗种生产许可证由生产所在地的县级以上人民政府渔业行政主管部门核发；省级原种场、良种场的水产苗种生产许可证，由省人民政府渔业行政主管部门核发。

第十八条　水产苗种生产者应当按照水产苗种许可的范围、种类和水产苗种生产技术操作规程、标准进行生产，建立生产和技术档案。在出售苗种前应当对苗种进行检验，未经检验或者检验不合格的苗种不得出售。

跨省经营的水产苗种应当附有产地检疫合格证。

第十九条　从境外引进的水产苗种、亲体及其他水生生物物种，应当经省人民政府渔业行政主管部门审核或者批准，并取得《中华人民共和国进境动植物检疫许可证》。

第二十条　水产养殖者应当保护水域生态环境，科学确定养殖密度，投饵、施肥、使用药物应当符合有关规定及技术规范，不得造成水域的环境污染。

第三章　捕捞业

第二十一条　根据捕捞量低于渔业资源增长量的原则，实行捕捞限额制度。具体办法由省人民政府按照国家规定另行制定。

第二十二条　从事捕捞的单位和个人应当遵守国家有关保护渔业资源的规定和捕捞渔船作业规范；不得使用破坏渔业资源的渔具和电鱼、炸鱼、毒鱼等捕捞方法从事捕捞作业；不得在航道内设置阻碍航行的渔具；不得向渔业水域倾倒渔获物或者遗弃渔具。

第二十三条　从事捕捞作业的单位和个人应当依法申请办理捕捞许可证，按照捕捞许可证载明的作业类型、场所、时限、渔具数量和捕捞限额进行作业，捕捞许可证应当随船携带。

第二十四条　省外单位和个人进入本省管辖的江河、湖泊从事捕捞作业的，应当向有管辖权的渔业行政主管部门申请办理临时捕捞许可证。

第二十五条　从事垂钓活动应当遵守相关规定，保护渔业资源。

第二十六条　省人民政府标准化行政主管部门应当会同安全生产监督、渔业等有关部门制定渔业船舶安全设施配备标准。

县级以上人民政府渔业行政主管部门应当加强渔业安全生产培训，提高渔业从业人员安全素质；鼓励建立和推广渔业安全员制度。

第二十七条　渔业船舶实行强制检验制度。渔业船舶应当经渔业船舶检验机构检验合格和县级以上人民政府渔业行政主管部门依法登记后方可下水作业。

第四章　渔业资源的增殖和保护

第二十八条　县级以上人民政府依法建立水生生物自然保护区，对珍稀、濒危、有重要经济价值的水生生物资源及其自然栖息繁衍生存环境实行重点保护。

第二十九条　县级以上人民政府及其渔业行政主管部门应当加强水产种质资源、本省特有水生生物资源及其生存环境的保护和管理。

省人民政府渔业行政主管部门应当划定省级水产种质资源保护区，确定水产种质资源目录和水生生物物种保护名录，并向社会公布。

未经省级人民政府渔业行政主管部门批准，任何单位和个人不得在水产种质资源保护区从事捕捞活动。

第三十条　在江河、湖泊、水库采捕天然生长和人工增殖水生生物的单位和个人，应当依法缴纳渔业资源增殖保护费。

渔业资源增殖保护费由县级以上人民政府渔业行政主管部门或者法律、法规授权的组织征收，专门用于渔业资源的增殖和保护。

第三十一条　水生生物增殖放流按照国家有关规定执行。

县级以上人民政府渔业行政主管部门应当加强水生生物增殖放流的监督管理。

禁止向天然水域投放杂交种、转基因种以及其他不符合生态要求的水生生物物种；禁止在水产种质资源保护区和水生生物自然保护区水域投放保护区以外的水生生物物种。

第三十二条　县级以上人民政府应当根据本行政区域内渔业资源和渔业生产的实际情况，依法确定并公布禁渔区、禁渔期。

湖泊的禁渔期每年不少于4个月。

第三十三条　县级以上人民政府渔业行政主管部门应当加强水生生物产卵场、索饵场、越冬场、洄游通道等重要渔业水域的保护。

任何单位和个人不得在上述水域设置网箱、围栏和排污口。

第三十四条　在渔业水域建闸、筑坝或者建设其他工程对水生生物资源有影响的，建设单位应当建造过鱼设施、水生生物资源增殖放流站或者采取其他补救措施；环境保护部门对上述建设项目的环境影响评价进行审查时，应当征求本级人民政府渔业行政主管部门的意见；建设单位所采取的补救措施应当征得县级以上人民政府渔业行政主管部门的同意。

在江河、湖泊、水库安装提水、引水设备的，应当修建拦鱼设施，保护鱼苗鱼种。

第三十五条　县级以上人民政府工商行政管理部门、渔业行政主管部门应当建立水生野生动物及其产品经营利用的监督检查制度，加强对进入市场的水生野生动物及其产品的监督管理。

第五章　水产品质量安全

第三十六条　县级以上人民政府应当加强对水产品质量安全监督管理工作的领导，并设置专项资金予以保障。

县级以上人民政府渔业行政主管部门应当建立水产品质量检测体系，加强对水产品质量的监督管理。

从事水产品质量检测的机构，应当具备相应的检测条件和能力，由省人民政府渔业行政主管部门考核认可，并经计量认证合格。

第三十七条　县级以上人民政府应当加强对渔用药品、饲料管理的统筹协调，督促渔用药品、饲料管理部门及相关部门相互配合，共同做好渔用药品、饲料的质量和水产品质量安全的监督检查工作。有关产品质量检验机构应当定期对渔用药品、饲料进行质量检验。

渔用药品、饲料生产企业应当按照国家规定的标准和要求进行生产，不得生产不符合质量标准的产品；销售渔用药品、饲料的单位和个人应当对其销售的商品质量负责，不得销售违禁药物和不符合质量标准的商品。

第三十八条　渔业生产者应当按照国家标准、行业标准或者地方标准进行生产，保证水产品符合质量安全要求。尚未制定有关水产品质量安全国家标准、行业标准的，由省标准化行政主管部门会同省渔业行政主管部门依法组织制定地方标准；涉及水产食品质量安全相关标准的，由省卫生行政主管部门依法制定地方标准。

第三十九条　水产品养殖企业应当建立水产品质量检验制度，保证水产品质量安全。

养殖者使用违禁药物生产的水产品应当在县级以上人民政府渔业行政主管部门监督下进行无害化处理，处理费用由养殖者承担。

第四十条　水生动物疫病预防控制机构应当开展水生动物疫病的监测、检测、诊断、流行病学调查等工作，定期对水生动物病原进行监测和调查，发现重大疫情及时采取措施控制并按照规定上报。

第四十一条　县级以上人民政府卫生、工商行政管理等部门应当加强对销售的水产加工食品质量安全的监督管理。

不得将国家禁用或者不符合质量标准的保鲜剂、防腐剂、添加剂等材料用于水产品加工、储存和运输。

第四十二条　从事水产品加工和销售的企业、组织，应当建立经营档案，记载产品来源、供货方、产品去向等相关信息。

第六章　法律责任

第四十三条　县级以上人民政府渔业行政主管部门及其所属的渔政监督管理机构和有关国家工作人员在渔业管理工作中玩忽职守、滥用职权、徇私舞弊、不依法履行监督职责的，依法给予处分；构成犯罪的，依法追究刑事责任。

第四十四条　非法占用公布的养殖水域、滩涂或者擅自改变用途的，由县级以上人民政府责令限期改正；逾期不改正的，强制清除障碍或者恢复原状，费用由违法者承担。

第四十五条　未取得水产苗种生产许可证进行生产的，责令停止生产，没收水产苗种和违法所得，并处 5000 元以上 5 万元以下罚款。

未按照水产苗种许可的范围、种类生产水产苗种的，或者出售未经检验以及检验不合格的水产苗种的，责令改正，没收水产苗种和违法所得，可以并处 2000 元以上 2 万元以下罚款；情节严重的，吊销水产苗种生产许可证。

第四十六条　擅自从境外引进水产苗种、亲体及其他水生生物物种的，没收非法引进的水产苗种、亲体及其他水生生物物种和违法所得，并处 1 万元以上 5 万元以下罚款。

第四十七条　在渔业水域倾倒渔获物或者遗弃渔具的，责令清除；拒不清除的，处 500 元以上 5000 元以下罚款。

第四十八条　向天然水域投放杂交种、转基因种以及其他不符合生态要求的水生生物物种，或者在水产种质资源保护区和水生生物自然保护区水域投放保护区以外的水生生物物种的，给予警告；情节严重的，处1000元以上1万元以下罚款。

第四十九条　在重要渔业水域设置网箱、围栏和排污口的，责令限期拆除；拒不拆除的，强制拆除，拆除费用由违法者承担，并处1000元以上1万元以下罚款。

第五十条　在渔业水域建闸、筑坝或者建设其他工程，对水生生物资源有影响并未按要求建造过鱼设施、水生生物资源增殖放流站，或者未采取其他补救措施的，责令采取补救措施，可以处5万元以上50万元以下罚款。

第五十一条　将国家禁用或者不符合质量标准的保鲜剂、防腐剂、添加剂等材料用于水产品生产、加工、储存和运输的，责令改正，销毁产品，处2000元以上2万元以下罚款。

第五十二条　本条例规定的行政处罚，除法律、法规另有规定的，由县级以上人民政府渔业行政主管部门或者其所属的渔政监督管理机构实施。

违反本条例其他规定的，依照相关法律、法规的规定予以处罚。

第七章　附则

第五十三条　本条例自2011年10月1日起施行。1991年11月28日云南省第七届人民代表大会常务委员会第二十一次会议通过的《云南省实施〈中华人民共和国渔业法〉办法》同时废止。

四、云南省怒江傈僳族自治州水资源保护与开发条例①

2012年1月13日，云南省怒江傈僳族自治州第十届人民代表大会常务委员会第1次会议通过了《云南省怒江傈僳族自治州水资源保护与开发条例》，且于2012年3月31日云南省第十一届人民代表大会常务委员会第30次会议批准该条例。《云南省怒江傈僳族自治州水资源保护与开发条例》自2012年8月1日起施行，具体内容如下：

第一条　为了加强水资源的保护管理和开发利用，促进经济社会可持续发展，根据《中华人民共和国民族区域自治法》、《中华人民共和国水法》等有关法律法规，结合怒江傈僳族自治州（以下简称自治州）实际，制定本条例。

第二条　在自治州行政区域内从事水资源保护管理与开发利用活动的单位和个人，

① 怒江傈僳族自治州人民代表大会常务委员会：《云南省怒江傈僳族自治州水资源保护与开发条例》，https://www.nujiang.gov.cn/xxgk/015108276/info/2016-17553.html（2016-12-16）。

应当遵守本条例。

第三条　自治州水资源的保护管理和开发利用坚持全面规划、统筹兼顾、科学管理、保护优先、合理开发的原则，实现生态效益和经济效益、社会效益协调发展。

第四条　自治州人民政府和县级人民政府（以下简称州、县人民政府）应当加强对水资源的保护管理与开发利用工作，并将其纳入本级国民经济和社会发展规划，所需经费列入本级财政预算。

第五条　自治州人民政府鼓励单位和个人开发利用水资源，保护投资经营者的合法权益。

单位和个人都有保护水资源的义务，对污染和破坏水资源的行为都有监督、制止、检举的权利。

第六条　州、县人民政府对在水资源的保护管理与开发利用工作中做出显著成绩的单位和个人，应当给予表彰奖励。

第七条　州、县人民政府水行政主管部门，负责本行政区域内水资源的统一管理和监督工作。其主要职责是：

（一）宣传贯彻执行有关法律法规和本条例。

（二）会同有关部门编制水资源综合规划、专业规划，按规定报批后组织实施。

（三）制定水资源的保护管理规定和提出水资源开发利用及水量调度、分配方案。

（四）查处水事违法行为，调处水事纠纷。

（五）做好水土保持治理工作。

第八条　州、县人民政府的发展改革、财政、国土资源、环境保护、交通运输、农业、林业、公安等相关部门，应当按照各自职责做好水资源的保护管理与开发利用工作。

第九条　州、县人民政府的水行政主管部门应当按照国家确定的水功能区对水质的要求和水体的自然净化能力，核定该水域的纳污能力，并向环境保护主管部门提出限制排污总量意见。

第十条　州、县人民政府的水行政主管部门应当加强水功能区水质状况的监测，对水质未达到标准的，及时报告同级人民政府采取治理措施，并向环境保护主管部门通报。

第十一条　州、县人民政府应当对本行政区域内的怒江、澜沧江、独龙江干流和饮用水水源地划定保护范围，设立标志，并向社会公告。

州、县人民政府应当采取措施，加强对饮用水水源的保护管理，防止水资源枯竭和污染，保证城乡居民饮用水安全。

第十二条　自治州人民政府应当加强水资源开发利用的移民工作，按照前期安置、补偿和补助与后期扶持相结合的原则，保障移民的生产生活和后续发展，保护移民的合法权益。

所需移民经费依法列入水资源开发投资计划。

第十三条　自治州人民政府建立生态环境保护补偿机制。开发利用自治州行政区域内的水资源应当提取生态环境保护补偿资金，专项用于生态环境综合治理和补偿当地人民群众的生产生活。

生态环境保护补偿资金的提取办法，由自治州人民政府制定。

第十四条　在自治州行政区域内开发利用水资源的单位和个人，应当保护生态环境、自然景观、人文景观和文物古迹。

第十五条　运输有毒有害物质的船只，应当配置防渗、防溢、防漏等防污染设施。

第十六条　水电、交通、旅游等项目建设，应当符合水资源保护与开发总体规划，并按规定报批。

第十七条　利用水资源从事旅游开发的单位和个人，应当保护水资源环境，不得污染水体和影响防洪安全。

第十八条　州、县人民政府应当在土著鱼类重要产卵、繁殖、索饵、洄游等场所规定禁渔区和禁渔期。

第十九条　自治州行政区域内的怒江、澜沧江、独龙江干流和饮用水水源地保护范围内禁止下列行为：

（一）擅自采伐林木、毁林开垦。

（二）倾倒尾矿、垃圾、废渣等废弃物。

（三）向水体直接排放废（污）水、污物、废油等有毒有害物质。

（四）侵占、毁坏水工程和防汛、水文监测等设施。

（五）炸鱼、毒鱼、电鱼和擅自养殖、投放外来鱼种。

（六）爆破、采石、采矿、取土等影响重要水利水电工程运行和设施安全的行为。

第二十条　违反本条例有关规定的，由县级以上人民政府水行政主管部门责令停止违法行为，并按照下列规定予以处罚；构成犯罪的，依法追究刑事责任。

（一）违反第十七条规定，影响防洪安全的，责令采取补救措施，对个人可以处一千元以上五千元以下罚款；对单位处三千元以上三万元以下罚款。

（二）违反第十九条第二项规定的，责令采取措施治理，对个人可以处五十元以上五百元以下罚款；对单位处五千元以上五万元以下罚款。

（三）违反第十九条第四项、第六项规定之一的，责令采取补救措施或者赔偿损失，对个人可以处五百元以上二千元以下罚款；对单位处一万元以上三万元以下罚款。

第二十一条　违反第十七条和第十九条第三项规定，造成水体污染或者向水体直接排放有毒有害物质的，由环境保护主管部门依法处罚。

第二十二条　违反第十九条第一项规定的，由林业主管部门依法处罚。

第二十三条　违反第十九条第五项规定的，由农业主管部门依法处罚。

第二十四条　当事人对行政处罚决定不服的，依照《中华人民共和国行政复议法》和《中华人民共和国行政诉讼法》的规定办理。

第二十五条　水行政主管部门和其他有关部门的工作人员，在水资源的保护管理和开发利用工作中玩忽职守、滥用职权、徇私舞弊的，由其所在单位或者上级主管部门给予处分；构成犯罪的，依法追究刑事责任。

第二十六条　本条例经自治州人民代表大会审议通过，报云南省人民代表大会常务委员会审议批准，由自治州人民代表大会常务委员会公布施行。

自治州人民政府可以根据本条例制定实施办法。

第二十七条　本条例由自治州人民代表大会常务委员会负责解释。

五、云南省文山壮族苗族自治州矿产资源管理条例①

2014 年 2 月 13 日云南省文山壮族苗族自治州第十三届人民代表大会第四次会议通过 2014 年 3 月 28 日云南省第十二届人民代表大会常务委员会第八次会议批准。具体内容如下：

第一章　总则

第一条　为了加强矿产资源管理，规范矿业秩序，推进矿产资源整合，实现经济社会和资源环境协调发展，根据《中华人民共和国矿产资源法》等法律法规，结合文山壮族苗族自治州（以下简称自治州）实际，制定本条例。

第二条　自治州行政区域内矿产资源的勘查、开采、整合和矿产品的加工、购销及相关监督管理适用本条例。

本条例所称的矿产资源整合，是指自治州按照国家统一部署，综合运用经济、法律和必要的行政手段，通过收购、参股、兼并等方式对矿山企业依法开采或者勘探的矿产资源及矿山企业的生产要素进行重组，优化资源配置、调整矿业结构和布局，实现矿业有序开发和可持续发展的措施。

第三条　矿产资源的开发利用和保护，遵循科学规划、计划投放、保护优先、

① 云南省人民代表大会常务委员会：《云南省文山壮族苗族自治州矿产资源管理条例》http://www.ynws.gov.cn/info/1253/132820.htm（2014-03-28）。

合理开发、综合利用的方针。坚持优势资源向优势产业集中、优势产业向优势企业集中的原则。

第四条　自治州鼓励开展矿产资源勘查，并保护探矿权人风险投资勘查收益。对在自治州审批登记权限内的矿产资源，探矿权人可以优先取得采矿权。

第五条　自治州人民政府应当加强矿山地质环境保护，建立生态补偿机制，切实维护当地人民群众的合法权益。

开发利用矿产资源，应当有利于当地人民群众的生产生活，保护矿山周边生态环境。

矿业企业（含选、冶、加工企业）招收企业员工时，应当优先招收矿区周边村寨符合条件的村民。

第六条　自治州、县（市）国土资源部门负责矿产资源的开发利用及监督管理工作，其他有关部门应当按照各自职责，共同做好矿产资源保护管理的相关工作。

乡（镇）人民政府、街道办事处应当协助做好本辖区内矿产资源管理的相关工作。

第七条　自治州、县（市）人民政府应当加强对矿区社会治安、生态环境的整治，并可以采取联合执法方式进行综合治理。

第二章　矿产资源的勘查、开采和整合

第八条　探矿权人应当自领取勘查许可证之日起 60 日内，将勘查许可证复印件、开工报告、勘查实施方案等资料报项目所在地县（市）国土资源部门备案。未按规定备案的，探矿权人不得开展勘查工作，自治州有关部门不得为其办理年检或者延续、转让、变更等手续。

探矿权人应当自领取勘查许可证 6 个月内，按照批准的勘查实施方案进行施工。未按时施工或者施工后无故停工满 3 个月的，应当书面报告项目所在地县（市）国土资源部门。

第九条　探矿权人应当在勘查工作结束后 10 个月内向自治州、县（市）国土资源部门提交经有权机关评审认定的勘查成果资料。自治州、县（市）国土资源部门应当做好勘查成果资料的保密工作。

禁止探矿权人提供虚假的资料及勘查成果。

第十条　探矿权人可以自行销售勘查中按照批准的工程设计施工回收的矿产品，但应当报所在地县（市）国土资源部门备案，并按规定缴纳相关税费。

禁止探矿权人持勘查许可证进行生产性的边探边采。

第十一条　县（市）国土资源部门对探矿权人进行年度检查时，可以依据勘查实施方案对照勘查项目进行现场检查，但应当向自治州国土资源部门提交勘验报告。

探矿权人年度检查应当达到规定要求。

第十二条　按规定应当由自治州国土资源部门审批登记、颁发采矿许可证的矿产资源，可以由县（市）国土资源部门审批登记和颁发采矿许可证。

县（市）国土资源部门应当自颁发采矿许可证后 15 个工作日内将相关材料报自治州国土资源部门备案。

第十三条　农村建设需要非经营性临时挖砂采石的，由乡镇人民政府审批后报县（市）国土资源部门备案。建设项目竣工后由乡镇人民政府对采场进行关闭。

第十四条　以招标、拍卖、挂牌等有偿方式出让的采矿权，采矿权取得人应当全额支付开展前期工作的投资，同时支付开展前期工作投资总额 2 倍风险投资收益。

第十五条　自治州、县（市）人民政府遵循政府主导、市场运作的原则，可以按权限对矿产资源实行整合，对重要成矿带或者重点找矿区域内的勘查区块实施整装勘查。

第十六条　参与整合矿产资源的企业应当具备自治州、县（市）人民政府规定的条件，按照矿山建设规模、矿产资源开发利用、安全生产及环境保护等设定指标整合矿产资源。

第十七条　整合矿产资源应当坚持竞争、公开、公平、公正的原则，并采取招商整合、内部整合、实体性的合作整合等方式进行。

第十八条　整合方案经自治州人民政府或者有权机关批准后，整合矿区内涉及省级以上探矿权和采矿权的新立前置审批、转让变更、采矿权抵押备案申请等手续的，自治州可以不予报批。

参与整合探矿权和采矿权的年检、延续、注销等按照正常程序办理。

第十九条　列入整合的探矿权和采矿权，应当采取企业协商、评估等方式，对矿业权人的有形资产和无形资产进行认定，并对储量进行核实。

第三章　矿产品加工购销

第二十条　矿产资源开发利用实行采、选、冶一体化管理。

新建、改建、扩建矿产品初加工所设立的选、冶矿企业，应当具备国家规定的相关条件。

第二十一条　自治州人民政府应当加强对原矿石的管理，鼓励原矿石在自治州内加工增值。

第二十二条　自治州人民政府统筹全州矿产品加工，建立利益共享机制。自治州享有的矿产品税收，其分成方式及分成比例由自治州人民政府确定。

第二十三条　禁止非法收购和销售矿产品。

自治州内收购、销售原矿或者精矿的，在取得县（市）国土资源部门出具的矿产品合法来源证明后，工商行政管理部门方可为其办理注册登记。

第四章　监督管理

第二十四条　矿产资源的勘查、开采，应当符合矿产资源规划。

在矿产资源规划审批前已经设置的探矿权、采矿权，由自治州、县（市）人民政府组织进行安全、环境保护等方面的评价，设定探矿、采矿条件；不具备设定条件的，不予通过年检。

第二十五条　国家实行限制性开采的特定矿种，其生产、加工、收购和销售应当符合国家的相关规定。

第二十六条　依法取得探矿权、采矿权的单位和个人应当与所在地县（市）国土资源部门签订探矿权、采矿权行政管理合同，并报自治州国土资源部门备案。

第二十七条　采矿权人不按照规定开展矿山储量动态测量的，国土资源部门不予办理年检或者延续、转让、变更等手续。

第二十八条　勘查许可证、采矿许可证被依法吊销的，自吊销之日起五年内不得在自治州内从事矿产资源勘查、开采活动。

第二十九条　县（市）人民政府应当加强对石笋、石柱、石钟乳、石幔等观赏性岩石的保护，强化市场监管。未经批准，任何单位和个人不得开采、收购和销售。

第三十条　以槽探、坑探等方式勘查矿产资源，探矿权人在矿产资源勘查活动结束后未申请采矿权的，应当采取相应的恢复治理措施，对遗留的钻孔、探井、探槽进行回填、封闭，对形成的危岩、危坡等进行恢复治理。

第三十一条　自治州实行矿山地质环境保护与恢复治理保证金制度。

采矿权人应当按照规定足额缴存矿山地质环境保护与恢复治理保证金，并按照批准的方案进行治理。未按照方案恢复治理的，保证金不予退还，由国土资源部门用保证金组织恢复治理，不足部分由采矿权人承担。

第三十二条　矿业企业废渣、废气、废水排放、安全生产应当达到国家有关部门规定的标准。

第三十三条　整合企业未履行整合协议约定事项的，不得转让整合的探矿权或者采矿权，并由矿区所在地县（市）人民政府收回。

被整合的矿业权人未按照规定参与整合的，自治州、县（市）国土资源、工商行政管理、安全监管、环境保护、水务、林业等部门不得给予办理年检、延续、转让、变更等手续。

第三十四条　县（市）人民政府应当建立矿山使用的民用爆破物品配送、危险化学药品审批制度，定期通报民用爆破物品配送、危险化学药品审批管理情况。

第五章　法律责任

第三十五条　国家工作人员违反本条例规定，玩忽职守、滥用职权、徇私舞弊的，依法给予处分；构成犯罪的，依法追究刑事责任。

第三十六条　违反本条例规定的，由县级以上国土资源部门按照下列规定予以处罚；构成犯罪的依法追究刑事责任：

（一）擅自进行勘查、采矿活动，或者超越批准的范围进行勘查、采矿活动的，责令停止违法行为，赔偿损失，没收采出的矿产品和违法所得，并处违法所得 50%的罚款；情节严重的，依法吊销勘查许可证、采矿许可证。

（二）违反本条例第八条、第九条、第十条第一款规定的，责令限期改正，处 1 万元以上 2 万元以下罚款；情节严重的，依法吊销勘查许可证。

（三）违反本条例第十条第二款规定的，责令停止违法行为，没收矿产品和违法所得，并处违法所得 50%的罚款；情节严重的，依法吊销勘查许可证。

（四）违反本条例第十一条第二款规定的，责令限期改正，期满后未达到规定要求的，依法吊销勘查许可证。

（五）违反本条例第二十三条、第二十五条、第二十九条规定的，没收矿产品和违法所得，并处违法所得 50%的罚款。

（六）违反本条例第三十条、第三十一条规定的，责令限期改正，处 1 万元以上 3 万元以下罚款。

（七）违反本条例第三十二条规定的，责令限期改正；期满不改正的，不予通过年检。

第三十七条　违反本条例第三十三条规定的，由县（市）人民政府依法组织关闭。

第六章　附则

第三十八条　本条例经自治州人民代表大会审议通过，报云南省人民代表大会常务委员会审议批准，由自治州人民代表大会常务委员会公布施行。

自治州人民政府可以根据本条例制定实施办法。

第三十九条　本条例由自治州人民代表大会常务委员会负责解释。

参考文献

保山市环境保护局：《保山市环保局积极开展农村环境综合整治调研》，http://sthjt.yn.gov.cn/zwxx/xxyw/xxywzsdt/200904/t20090430_27149.html（2009-04-30）。

保山市环境保护局：《践行科学发展观 加强农村环境保护》，http://sthjt.yn.gov.cn/zwxx/xxyw/xxywzsdt/200905/t20090505_27163.html（2009-05-05）。

大理白族自治州人民代表大会常务委员会：《云南省大理白族自治州苍山保护管理条例》，http://www.dali.gov.cn/dlrmzf/c101764/201906/39572d7aa01e4be6b6c73292932eb2b2.shtml（2019-06-27）。

杜弘禹：《昆明滇池治理将投141亿仍有77.56亿元的资金缺口》，http://sthjt.yn.gov.cn/zwxx/xxyw/xxywrdjj/201303/t20130314_37886.html（2013-03-14）。

段先鹤：《云南省环境保护厅"生态文明走边疆·看环保"宣传活动启动》，http://sthjt.yn.gov.cn/zwxx/ xxyw/xxywrdjj/201612/t20161208_162823.html（2016-12-08）。

傅碧东、张锦：《昆明滇池治理已转向恢复生态》，http://sthjt.yn.gov.cn/zwxx/xxyw/xxywrdjj/201308/t20130814_40137.html（2013-08-14）。

巩立刚、厉云：《云南省环保宣教中心开展"12·4"全国法制宣传日活动》，http://sthjt.yn.gov.cn/zwxx/xxyw/xxywrdjj/201512/t20151205_99378.html（2015-12-05）。

巩立刚、吴桂英：《云南省环保宣教中心参与主办"关上社区文化大舞台"活动并开展环保宣传》，http://sthjt.yn.gov.cn/zwxx/xxyw/xxywrdjj/201602/t20160203_102715.html（2016-02-03）。

巩立刚、吴桂英：《云南省环境保护宣传教育中心组织开展"4·22 世界地球日"宣传活动》，http://sthjt.yn.gov.cn/zwxx/xxyw/xxywrdjj/201604/t20160425_152032.html（2016-04-25）。

巩立刚：《"心愿熊回家"环保主题宣传活动启动》，http://sthjt.yn.gov.cn/zwxx/xxyw/xxywrdjj/201608/t20160823_158000.html（2016-08-23）。

管弦：《国家环保部称赞昆明滇池治理给人耳目一新的惊喜》，http://sthjt.yn.gov.cn/zwxx/xxyw/

xxywrdjj/201205/t20120528_9529.html（2012-05-28）。

和光亚、刘红：《今年内滇池流域治理和城市污水处理项目全部开建》，http://sthjt.yn.gov.cn/zwxx/xxyw/xxywrdjj/200902/t20090226_6556.html（2009-02-26）。

和光亚：《债券筹措湖泊治理资金 8 亿元滇池治理企业债券首发》，http://sthjt.yn.gov.cn/zwxx/xxyw/xxywrdjj/200905/t20090520_6828.html（2009-05-20）。

红河哈尼族彝族自治州环境保护局：《红河州绿春县大黑山乡农村环境保护工作取得明显成效》，http://sthjt.yn.gov.cn/zwxx/xxyw/xxywzsdt/200904/t20090429_27122.html（2009-04-29）。

红河哈尼族彝族自治州环境保护局：《红河州弥勒县西三镇可邑村农村环境综合整治方案通过省级专家组评审》，http://sthjt.yn.gov.cn/zwxx/xxyw/xxywzsdt/200911/t20091111_28006.html（2009-11-11）。

红河哈尼族彝族自治州环境保护局：《红河州弥勒县巡检司镇开展农村环境综合整治》，http://sthjt.yn.gov.cn/zwxx/xxyw/xxywzsdt/200908/t20090811_27680.html（2009-08-11）。

红河哈尼族彝族自治州环境保护局：《红河州生态建设与农村环境保护工作稳步推进》，http://sthjt.yn.gov.cn/zwxx/xxyw/xxywzsdt/200904/t20090402_26995.html（2009-04-02）。

黄莺：《40 亿贷款提速滇池治理 环湖南岸截污工程明年完工》，http://sthjt.yn.gov.cn/zwxx/xxyw/xxywrdjj/200905/t20090518_6806.html（2009-05-18）。

蒋朝晖、曹雄：《云南省多措并举增强“六·五”世界环境日宣传渗透力》，http://sthjt.yn.gov.cn/zwxx/xxyw/xxywrdjj/201106/t20110607_8639.html（2011-06-07）。

蒋朝晖：《昆明启动滇池治理一日游》，http://sthjt.yn.gov.cn/zwxx/xxyw/xxywzsdt/201305/t20130509_38616.html（2013-05-09）。

蒋朝晖：《昆明确定滇池治理目标 2020 年滇池水质主要指标达到Ⅳ类水标准》，http://sthjt.yn.gov.cn/zwxx/xxyw/xxywrdjj/201603/t20160301_104021.html（2016-03-01）。

蒋朝晖：《昆明市委书记程连元提出把滇池治理作为“一把手”工程》，http://sthjt.yn.gov.cn/zwxx/xxyw/xxywrdjj/201508/t20150807_91809.html（2015-08-07）。

蒋朝晖：《昆明市委书记调研滇池治理工作时强调推动滇池治理提速提标提质》，http://sthjt.yn.gov.cn/zwxx/xxyw/xxywrdjj/201604/t20160429_152196.html（2016-04-29）。

蒋朝晖：《昆明市委书记要求加快改善生态环境 滇池治理作为头等大事》，http://sthjt.yn.gov.cn/zwxx/xxyw/xxywrdjj/201609/t20160918_159216.html（2016-09-18）。

蒋朝晖：《昆明市长说治污投资 126 亿推进滇池治理》，http://sthjt.yn.gov.cn/zwxx/xxyw/xxywrdjj/201401/t20140123_42117.html（2014-01-23）。

蒋朝晖：《云南全面推进小城镇和农村环境治理》，http://sthjt.yn.gov.cn/zwxx/xxyw/xxywrdjj/200911/t20091116_7309.html（2009-11-16）。

昆明市环境保护局：《“昆明宣言”发出绿色倡议》，http://hbj.km.gov.cn/c/2010-12-13/2143557.shtml（2010-12-13）。

昆明市环境保护局：《10 年内昆明再建 134 万亩公益林》，http://hbj.km.gov.cn/c/2011-09-01/2146581.shtml（2011-09-01）。

昆明市环境保护局：《183 只野生动物今放归自然》，http://hbj.km.gov.cn/c/2011-04-19/2147316.shtml（2011-04-19）。

昆明市环境保护局：《2013 年“森林嵩明”暨牛栏江生态廊道建设启动仪式》，http://hbj.km.gov.cn/c/2013-08-09/2146831.shtml（2013-08-09）。

昆明市环境保护局：《83 辆新能源车减少碳排放 200 吨》，http://hbj.km.gov.cn/c/2010-12-16/2145746.shtml（2010-12-16）。

昆明市环境保护局：《8 省市区合力保护野生动植物》，http://hbj.km.gov.cn/c/2011-12-01/2147292.shtml（2011-12-01）。

昆明市环境保护局：《安宁车木河水库完成 4500 亩中低产林改造》，http://hbj.km.gov.cn/c/2011-07-28/2146465.shtml（2011-07-28）。

昆明市环境保护局：《安宁市成立“禁煤”专项整治综合执法队》，http://hbj.km.gov.cn/c/2010-12-06/2145651.shtml（2010-12-06）。

昆明市环境保护局：《安宁市环保局开展“12.4”法制宣传日环保宣传活动》，http://hbj.km.gov.cn/c/2013-12-09/2143820.shtml（2013-12-09）。

昆明市环境保护局：《安宁市环保局开展市民看环保宣传工作》，http://hbj.km.gov.cn/c/2013-11-05/2143809.shtml（2013-11-05）。

昆明市环境保护局：《安宁市举行“生态文明建设托起美丽中国”专题宣讲活动》，http://hbj.km.gov.cn/c/2013-09-18/2143792.shtml（2013-09-18）。

昆明市环境保护局：《安宁市开展环境噪声污染专项整治》，http://hbj.km.gov.cn/c/2011-02-18/2145633.shtml（2011-02-18）。

昆明市环境保护局：《保护生物多样性建绿色经济强省》，http://hbj.km.gov.cn/c/2013-05-17/2146810.shtml（2013-05-17）。

昆明市环境保护局：《本月起全面实施退耕还林》，http://hbj.km.gov.cn/c/2011-09-16/2146656.shtml（2011-09-16）。

昆明市环境保护局：《呈贡区环保局积极参加低碳宣传活动》，http://hbj.km.gov.cn/c/2014-06-17/2143848.shtml（2014-06-17）。

昆明市环境保护局：《大理鹤庆发现 200 多只国内罕见珍稀物种“紫水鸡”》，http://hbj.km.gov.cn/c/2010-12-15/2147353.shtml（2010-12-15）。

昆明市环境保护局：《到 2020 年昆明森林覆盖率将达 52%》，http://hbj.km.gov.cn/c/2015-12-09/2147058.shtml（2015-12-09）。

昆明市环境保护局：《迪庆加大生物多样性保护力度》，http://hbj.km.gov.cn/c/2012-07-31/

2146667.shtml（2012-07-31）。

昆明市环境保护局：《滇池治理是昆明转变发展方式的一面镜子》，http://sthjt.yn.gov.cn/zwxx/xxyw/xxywzsdt/201508/t20150806_91754.html（2015-08-06）。

昆明市环境保护局：《滇池治理稳步推进，“十一五”规划项目完成良好》，http://sthjt.yn.gov.cn/zwxx/xxyw/xxywzsdt/201011/t20101117_30110.html（2010-11-17）。

昆明市环境保护局：《东川今年“创森”绿化 61356 亩》，http://hbj.km.gov.cn/c/2011-12-15/2146604.shtml（2011-12-15）。

昆明市环境保护局：《东川为越冬野生鸟类撑“保护伞”》，http://hbj.km.gov.cn/c/2012-11-19/2147463.shtml（2012-11-19）。

昆明市环境保护局：《抚仙湖抗浪鱼种群数量显著增加》，http://hbj.km.gov.cn/c/2011-06-23/2147339.shtml（2011-06-23）。

昆明市环境保护局：《富民查处94起毁坏林地案件》，http://hbj.km.gov.cn/c/2011-09-22/2146513.shtml（2011-09-22）。

昆明市环境保护局：《富民今年造林 7500 亩治理石漠化》，http://hbj.km.gov.cn/c/2013-09-03/2146859.shtml（2013-09-03）。

昆明市环境保护局：《官渡 7 个月种植乔木 17 余万株》，http://hbj.km.gov.cn/c/2012-08-31/2147165.shtml（2012-08-31）。

昆明市环境保护局：《官渡区环保局积极查处金马寺施工噪声扰民污染投诉》，http://hbj.km.gov.cn/c/2016-05-26/2146314.shtml（2016-05-26）。

昆明市环境保护局：《环保部张力军副部长视察滇池治理及污染减排工作》，http://sthjt.yn.gov.cn/zwxx/xxyw/xxywrdjj/201007/t20100719_7908.html（2010-07-19）。

昆明市环境保护局：《火车南站高铁沿线噪声污染源排查》，http://hbj.km.gov.cn/c/2016-11-07/2146359.shtml（2016-11-07）。

昆明市环境保护局：《加快推进“森林昆明”建设 争当云南生态建设排头兵》，http://hbj.km.gov.cn/c/2012-08-31/2147166.shtml（2012-08-31）。

昆明市环境保护局：《检察院林业部门携手保护森林资源》，http://hbj.km.gov.cn/c/2012-08-23/2146496.shtml（2012-08-23）。

昆明市环境保护局：《轿子山国家级自然保护区管理局揭牌》，http://hbj.km.gov.cn/c/2013-05-22/2146807.shtml（2013-05-22）。

昆明市环境保护局：《轿子雪山成国家级自然保护区》，http://hbj.km.gov.cn/c/2011-06-28/2146483.shtml（2011-06-28）。

昆明市环境保护局：《今年 1 月至 9 月昆明退耕还林 23658 亩》，http://hbj.km.gov.cn/c/2011-09-08/2146659.shtml（2011-09-08）。

昆明市环境保护局：《今年 2 月份昆明处理 3049 万吨污水》，http://hbj.km.gov.cn/c/2012-03-29/2145757.shtml（2012-03-29）。

昆明市环境保护局：《今年将投 41 亿元保护九大湖泊》，http://hbj.km.gov.cn/c/2016-02-24/2147068.shtml（2016-02-24）。

昆明市环境保护局：《今年年初至 9 月底昆明水源区退耕还林 2.7 万亩》，http://hbj.km.gov.cn/c/2011-10-13/2146615.shtml（2011-10-13）。

昆明市环境保护局：《金沙江流域森林覆盖率达 46.1%》，http://hbj.km.gov.cn/c/2013-11-19/2146889.shtml（2013-11-19）。

昆明市环境保护局：《晋宁县环保局积极谋划 2013 年环保宣教工作》，http://hbj.km.gov.cn/c/2013-02-28/2143707.shtml（2013-02-28）。

昆明市环境保护局：《晋宁县环保局积极组织干部职工扑救森林火灾》，http://sthjt.yn.gov.cn/zwxx/xxyw/xxywzsdt/200902/t20090223_26855.html（2009-02-23）。

昆明市环境保护局：《晋宁县环保局以“三下乡”活动为契机深入开展环保宣传》，http://hbj.km.gov.cn/c/2014-01-23/2143828.shtml（2014-01-23）。

昆明市环境保护局：《经开区举行 2014 年滇池保护宣传月文艺演出》，http://hbj.km.gov.cn/c/2014-10-24/2143870.shtml（2014-10-24）。

昆明市环境保护局：《九大高原湖泊考核结果出炉 达标率比中期提高 15.1%》，http://hbj.km.gov.cn/c/2016-07-19/2147091.shtml（2016-07-19）。

昆明市环境保护局：《九大高原湖泊综合治理持续发力》，http://hbj.km.gov.cn/c/2015-01-20/2146986.shtml（2015-01-20）。

昆明市环境保护局：《九大湖泊治污预计完成 72 项》，http://hbj.km.gov.cn/c/2014-11-26/2146972.shtml（2014-11-26）。

昆明市环境保护局：《昆明“创森”新增绿化 235096 亩》，http://hbj.km.gov.cn/c/2012-08-31/2147164.shtml（2012-08-31）。

昆明市环境保护局：《昆明“救活”极度濒危植物》，http://hbj.km.gov.cn/c/2009-03-13/2147388.shtml（2009-03-13）。

昆明市环境保护局：《昆明 10 年退耕还林 73 万余亩》，http://hbj.km.gov.cn/c/2011-12-16/2146519.shtml（2011-12-16）。

昆明市环境保护局：《昆明八举措整治城市环境》，http://hbj.km.gov.cn/c/2012-02-01/2145871.shtml（2012-02-01）。

昆明市环境保护局：《昆明鸟类逐年增多已达 200 多种》，http://hbj.km.gov.cn/c/2011-04-18/2147311.shtml（2011-04-18）。

昆明市环境保护局：《昆明荣膺“中国十佳绿色城市”》，http://hbj.km.gov.cn/c/2010-12-13/2145701.

shtml（2010-12-13）。

昆明市环境保护局：《昆明市“一湖两江”专家督导组调研盘龙区松华坝管理工作及滇池治理工作》，http://sthjt.yn.gov.cn/zwxx/xxyw/xxywzsdt/201604/t20160415_151710.html（2016-04-15）。

昆明市环境保护局：《昆明市 110 只野生动物放生西双版纳》，http://hbj.km.gov.cn/c/2010-08-17/2147361.shtml（2010-08-17）

昆明市环境保护局：《昆明再增 200 台新能源公交车 每年少排 3000 吨二氧化碳》，http://hbj.km.gov.cn/c/2011-01-13/2145628.shtml（2011-01-13）。

昆明市环境保护局：《李纪恒在昆明红河调研时要求为人民群众 营造生态宜居高效便捷人居环境》，http://hbj.km.gov.cn/c/2013-08-12/2146060.shtml（2013-08-12）。

昆明市环境保护局：《领会精神 统一思想 安排部署 积极行动—昆明市盘龙区环保局召开紧急专题会议部署落实市委、市政府滇池治理三项工作要求》，http://sthjt.yn.gov.cn/zwxx/xxyw/xxywzsdt/201012/t20101207_30247.html（2010-12-07）。

昆明市环境保护局：《刘慧晏：多措并举扎实加强九大湖泊保护治理》，http://hbj.km.gov.cn/c/2013-10-23/2146878.shtml（2013-10-23）。

昆明市环境保护局：《六·五世界环境日宣传纪念活动顺利举行》，http://hbj.km.gov.cn/c/2013-08-09/2143774.shtml（2013-08-09）。

昆明市环境保护局：《禄劝 176 株古树建“保护档案”》，http://hbj.km.gov.cn/c/2010-12-23/2147299.shtml（2010-12-23）。

昆明市环境保护局：《绿春黄连山自然保护区范围调整》，http://hbj.km.gov.cn/c/2012-04-11/2146651.shtml（2012-04-11）。

昆明市环境保护局：《湄公河上游生物多样性保护融资机制研究项目启动》，http://hbj.km.gov.cn/c/2009-10-09/2147396.shtml（2009-10-09）。

昆明市环境保护局：《南滚河保护区达 5.1 万公顷》，http://hbj.km.gov.cn/c/2012-06-26/2146640.shtml（2012-06-26）。

昆明市环境保护局：《牛栏江镇半年植树 30 余万株》，http://hbj.km.gov.cn/c/2011-07-28/2146474.shtml（2011-07-28）。

昆明市环境保护局：《盘龙区环保局积极组织“昆明市民看环保”》，http://hbj.km.gov.cn/c/2013-11-01/2143803.shtml（2013-11-01）。

昆明市环境保护局：《盘龙区积极开展水源区环保宣传活动》，http://hbj.km.gov.cn/c/2014-04-28/2143835.shtml（2014-04-28）。

昆明市环境保护局：《盘龙为水源区村民上环保课》，http://hbj.km.gov.cn/c/2013-11-19/2143818.shtml（2013-11-19）。

昆明市环境保护局：《栖息地扩大助“添丁”滇金丝猴超 2500 只》http://hbj.km.gov.cn/c/2010-08-05/

2147445.shtml（2010-08-05）。

昆明市环境保护局：《巧家五针松成功育成 “植物大熊猫”喜添新丁》，http://hbj.km.gov.cn/c/2011-10-21/2147313.shtml（2011-10-21）。

昆明市环境保护局：《全力推进“森林云南”建设》，http://hbj.km.gov.cn/c/2012-08-15/2146677.shtml（2012-08-15）。

昆明市环境保护局：《全市10万株四季杨长势良好》，http://hbj.km.gov.cn/c/2011-06-13/2147267.shtml（2011-06-13）。

昆明市环境保护局：《全市75%“城中村”年底全面截污》，http://hbj.km.gov.cn/c/2011-07-11/2145849.shtml（2011-07-11）。

昆明市环境保护局：《全市已开放13个森林公园》，http://hbj.km.gov.cn/c/2013-03-26/2146732.shtml（2013-03-26）。

昆明市环境保护局：《森林生态建设为云岭添绿》，http://hbj.km.gov.cn/c/2013-08-09/2146832.shtml（2013-08-09）。

昆明市环境保护局：《生物多样性保护向纵深推进》，http://hbj.km.gov.cn/c/2012-06-04/2146637.shtml（2012-06-04）。

昆明市环境保护局：《湿地美景初显滇池治理成效——国家环保部周建副部长莅临昆明市视察》，http://sthjt.yn.gov.cn/zwxx/xxyw/xxywrdjj/201109/t20110909_8957.html（2011-09-09）。

昆明市环境保护局：《石林收缴2万个不合格塑料袋》，http://hbj.km.gov.cn/c/2011-08-04/2145740.shtml（2011-08-04）。

昆明市环境保护局：《石林县完成城乡绿化7700亩》，http://hbj.km.gov.cn/c/2012-03-27/2146582.shtml（2012-03-27）。

昆明市环境保护局：《石林县县城禁煤工作成效显著》，http://hbj.km.gov.cn/c/2014-10-28/2146182.shtml（2014-10-28）。

昆明市环境保护局：《石林宜石垃圾收运项目为市容环境综合整治填砖加瓦》，http://hbj.km.gov.cn/c/2015-10-20/2146267.shtml（2015-10-20）。

昆明市环境保护局：《世界银行贷款云南城市环境建设昆明市项目正式启动实施》，http://sthjt.yn.gov.cn/zwxx/xxyw/xxywzsdt/200907/t20090709_27531.html（2009-07-09）。

昆明市环境保护局：《首批珍稀特有鱼苗放流金沙江》，http://hbj.km.gov.cn/c/2012-10-31/2147454.shtml（2012-10-31）。

昆明市环境保护局：《松华坝水源区森林覆盖率54%》，http://hbj.km.gov.cn/c/2013-08-09/2146812.shtml（2013-08-09）。

昆明市环境保护局：《嵩明牛栏江镇大力开展退耕还林》，http://hbj.km.gov.cn/c/2012-08-09/2146611.shtml（2012-08-09）。

昆明市环境保护局：《我省 4 年拯救 1300 多头野生动物》，http://hbj.km.gov.cn/c/2010-08-27/2147312.shtml（2010-08-27）。

昆明市环境保护局：《我省持续推进生物多样性保护》，http://hbj.km.gov.cn/c/2013-10-18/2146872.shtml（2013-10-18）。

昆明市环境保护局：《我省建设生态安全屏障 加强生物多样性保护制度》，http://hbj.km.gov.cn/c/2011-10-26/2146561.shtml（2011-10-26）。

昆明市环境保护局：《我省生物多样性保护体系基本建成》，http://hbj.km.gov.cn/c/2012-05-07/2146668.shtml（2012-05-07）。

昆明市环境保护局：《我省酸雨影响地区明显减小》，http://hbj.km.gov.cn/c/2012-06-04/2145900.shtml（2012-06-04）。

昆明市环境保护局：《我省天然林保护二期工程明确建设目标》，http://hbj.km.gov.cn/c/2011-07-27/2146470.shtml（2011-07-27）。

昆明市环境保护局：《五华建起 4 大森林生态公园》，http://hbj.km.gov.cn/c/2013-10-29/2146881.shtml（2013-10-19）。

昆明市环境保护局：《五华区积极开展创模宣传》，http://hbj.km.gov.cn/c/2010-05-17/2143560.shtml（2010-05-17）。

昆明市环境保护局：《西山企地携手建生态植被》，http://hbj.km.gov.cn/c/2011-07-11/2146522.shtml（2011-07-11）。

昆明市环境保护局：《西山区“创森”加快绿地建设》，http://hbj.km.gov.cn/c/2011-07-20/2146524.shtml（2011-07-20）。

昆明市环境保护局：《寻甸计划石漠化造林 9000 亩》，http://hbj.km.gov.cn/c/2013-08-09/2146850.shtml（2013-08-09）。

昆明市环境保护局：《寻甸加快建设黑颈鹤省级自然保护区》，http://hbj.km.gov.cn/c/2012-06-04/2147223.shtml（2012-06-04）。

昆明市环境保护局：《寻甸建黑颈鹤自然保护区》，http://hbj.km.gov.cn/c/2011-03-17/2147248.shtml（2011-03-17）。

昆明市环境保护局：《寻甸将建 420 亩乌龙潭自然保护区》，http://hbj.km.gov.cn/c/2014-09-12/2146953.shtml（2014-09-12）。

昆明市环境保护局：《阳宗海环湖截污项目开工》，http://hbj.km.gov.cn/c/2015-12-03/2147046.shtml（2015-12-03）。

昆明市环境保护局：《预计到 2014 年富民新增森林 15.65 万亩》，http://hbj.km.gov.cn/c/2012-07-05/2146681.shtml（2012-07-05）。

昆明市环境保护局：《云南 5 种野生植物获极小种群保护》，http://hbj.km.gov.cn/c/2011-10-27/

2147274.shtml（2011-10-27）。

昆明市环境保护局：《云南濒危鱼类——星云白鱼重回自然》，http://hbj.km.gov.cn/c/2009-09-18/2147321.shtml（2009-09-18）。

昆明市环境保护局：《云南德宏 17.14 万亩森林“得病”生态环境告急》，http://hbj.km.gov.cn/c/2010-07-28/2147262.shtml（2010-07-28）。

昆明市环境保护局：《云南发现两个鱼类新物种长有吸盘喜欢激流》，http://hbj.km.gov.cn/c/2010-01-13/2147358.shtml（2010-01-13）。

昆明市环境保护局：《云南建成 162 个自然保护区》，http://hbj.km.gov.cn/c/2011-12-27/2146450.shtml（2011-12-27）。

昆明市环境保护局：《云南江川县警民携手救助二级保护动物鹞鹰》，http://hbj.km.gov.cn/c/2011-07-19/2147435.shtml（2011-07-19）。

昆明市环境保护局：《云南九大高原湖泊水质稳定》，http://hbj.km.gov.cn/c/2015-05-21/2147008.shtml（2015-05-21）。

昆明市环境保护局：《云南理顺自然保护区管理体制》，http://hbj.km.gov.cn/c/2015-02-09/2146990.shtml（2015-02-09）。

昆明市环境保护局：《云南森林覆盖率提高了 2.8%完成营造林 3634 万亩》，http://hbj.km.gov.cn/c/2016-01-18/2147062.shtml（2016-01-18）。

昆明市环境保护局：《云南森林植物监测预警机制不断完善》，http://hbj.km.gov.cn/c/2009-02-12/2147360.shtml（2009-02-12）。

昆明市环境保护局：《云南省自然保护区建设转向质量型发展》，http://hbj.km.gov.cn/c/2014-07-23/2146949.shtml（2014-07-23）。

昆明市环境保护局：《云南酸雨出现频率下降至 8.38%》，http://hbj.km.gov.cn/c/2011-01-26/2145629.shtml（2011-01-26）。

昆明市环境保护局：《云南探索高原湖泊保护和管理责任体系》，http://hbj.km.gov.cn/c/2016-10-17/2147103.shtml（2016-10-17）。

昆明市环境保护局：《云南新增两处国家级自然保护区》，http://hbj.km.gov.cn/c/2012-02-01/2146538.shtml（2012-02-01）。

昆明市环境保护局：《专家为黑颈鹤保护区“开药方”》，http://hbj.km.gov.cn/c/2015-09-30/2147526.shtml（2015-09-30）。

昆明市人民代表大会常务委员会：《昆明市节约能源条例》，http://www.km.gov.cn/c/2012-06-27/628814.html（2012-06-27）。

昆明市人民政府：《昆明市危险废物污染防治办法》，http://www.km.gov.cn/c/2009-03-31/593358.html（2009-03-01）。

李竞立：《云南省政府滇池水污染防治督导组调研滇池治理工程》，http://sthjt.yn.gov.cn/zwxx/xxyw/xxywrdjj/201306/t20130617_39229.html（2013-06-17）。

李永明：《宾川县环保局深入学习实践科学发展观 做好农村环境保护规划工作》，http://sthjt.yn.gov.cn/zwxx/xxyw/xxywzsdt/200906/t20090608_27329.html（2009-06-08）。

罗南疆、周红萍：《见路栽树 见土植绿 昆明欲创“国家森林城市”》，http://sthjt.yn.gov.cn/zwxx/xxyw/xxywrdjj/200906/t20090617_6904.html（2009-06-17）。

罗南疆：《“森林昆明”提上建设日程 昆明将考核“绿色 GDP”》，http://sthjt.yn.gov.cn/zwxx/xxyw/xxywrdjj/200912/t20091210_7363.html（2009-12-10）。

怒江傈僳族自治州人民代表大会常务委员会：《云南省怒江傈僳族自治州水资源保护与开发条例》，http://www.nujiang.gov.cn/xxgk/015108276/info/2016-17553.html（2016-12-16）。

浦美玲：《滇池水污染防治会：确保滇池治理年度目标任务完成》，http://sthjt.yn.gov.cn/zwxx/xxyw/xxywrdjj/200910/t20091029_7262.html（2009-10-29）。

浦美玲：《科学发展转变方式 湿地美景初显昆明滇池治理成效》，http://sthjt.yn.gov.cn/zwxx/xxyw/xxywrdjj/201106/t20110614_8682.html（2011-06-14）。

普洱市环境保护局：《云南省副省长和段琪指导思茅区农村环境保护工作》，http://sthjt.yn.gov.cn/zwxx/xxyw/xxywrdjj/200911/t20091117_7313.html（2009-11-17）。

施铭：《王学仁：高度重视生态文明建设 加强农村环境保护》，http://sthjt.yn.gov.cn/zwxx/xxyw/xxywrdjj/200908/t20090806_7047.html（2009-08-06）。

石泉海：《楚雄市鹿城镇获 2009 年中央农村环境保护专项资金支持》，http://sthjt.yn.gov.cn/zwxx/xxyw/xxywzsdt/200912/t20091202_28098.html（2009-12-02）。

谭正琦、周鑫磊：《将生态文明理念润泽在翁丁村的每寸土地——云南环境保护宣传教育培训活动在沧源县翁丁村举行》，http://sthjt.yn.gov.cn/zwxx/xxyw/xxywrdjj/201509/t2015 0910_92641.html（2015-09-10）。

田逢春：《云南全省节能宣传活动在昆明启动》，http://sthjt.yn.gov.cn/zwxx/xxyw/xxywrdjj/200906/t20090617_6907.html（2009-06-17）。

魏莉：《关注滇池治理：26 平方公里水葫芦圈养超额完成》，http://sthjt.yn.gov.cn/zwxx/xxyw/xxywrdjj/201107/t20110701_8727.html（2011-07-01）。

文山壮族苗族自治州环境保护局：《文山县加强农村环境保护促进新农村建设》，http://sthjt.yn.gov.cn/zwxx/xxyw/xxywzsdt/200902/t20090216_26832.html（2009-02-16）。

文山壮族苗族自治州环境保护局：《文山州探索村民自治型农村环境管理新模式的几点经验和做法》，http://sthjt.yn.gov.cn/zwxx/xxyw/xxywzsdt/200912/t20091228_28182.html（2009-12-28）。

文山壮族苗族自治州人民代表大会常务委员会：《文山壮族苗族自治州林业管理条例》，http://china.findlaw.cn/fagui/p_1/289157.html（2011-05-19）。

吴清泉：《云南滇池治理今年要抓好七项工作》，http://sthjt.yn.gov.cn/zwxx/xxyw/xxywrdjj/200901/t20090106_6418.html（2009-01-06）。

吴晓松、杨晗：《昆明市级四套班子巡河 要求推进滇池治理提速增效》，http://sthjt.yn.gov.cn/zwxx/xxyw/xxywrdjj/201110/t20111011_9008.html（2011-10-11）。

西双版纳傣族自治州环境保护局：《开展领导干部生态文明宣传教育 推进生态州建设》，https://hbj.xsbn.gov.cn/315.news.detail.dhtml?news_id=654（2009-12-18）。

熊明：《汉龙集团滇池治理草海项目正式启动 3 年改变水质》，http://sthjt.yn.gov.cn/zwxx/xxyw/xxywrdjj/200908/t20090811_7069.html（2009-08-11）。

许晓蕾：《楚雄州启动 10 亿元治污项目 提升城市环境质量》，http://sthjt.yn.gov.cn/zwxx/xxyw/xxywrdjj/200904/t20090420_6734.html（2009-04-20）。

杨国威：《省政协陈副主席莅临大理州调研农村环境保护工作》，http://sthjt.yn.gov.cn/zwxx/xxyw/xxywrdjj/200907/t20090730_7038.html（2009-07-30）。

玉溪市环境保护局：《峨山县环保局多措并举加强农村环境保护工作》，http://sthjt.yn.gov.cn/zwxx/xxyw/xxywzsdt/200911/t20091103_27964.html（2009-11-03）。

玉溪市环境保护局：《云南省环境监察工作会在玉溪召开》，http://sthjt.yn.gov.cn/zwxx/xxyw/xxywrdjj/201005/t20100527_7762.html（2010-05-27）。

云南省环境保护厅：《红河州金平县切实加强农村环境保护》，http://sthjt.yn.gov.cn/zwxx/xxyw/xxywzsdt/200902/t20090209_26808.html（2009-02-09）。

云南省环境保护厅：《云南省环境保护厅在丽江召开程海 COD 指标居高原因分析研究会》，http://sthjt.yn.gov.cn/zwxx/xxyw/xxywrdjj/201411/t20141117_56782.html（2014-11-17）。

云南省环境保护厅湖泊保护与治理处：《环境保护部组织国家有关部委对滇池治理工作进行核查》，http://sthjt.yn.gov.cn/zwxx/xxyw/xxywrdjj/201601/t20160120_101349.html（2016-01-20）。

云南省环境保护厅湖泊保护与治理处：《九大高原湖泊水污染综合防治工作座谈会在省环保厅召开》，http://sthjt.yn.gov.cn/zwxx/xxyw/xxywrdjj/201601/t20160108_100949.html（2016-01-08）。

云南省环境保护厅湖泊保护与治理处：《省人民政府常务会议研究洱海保护治理工作》，http://sthjt.yn.gov.cn/gyhp/jhdt/201612/t20161202_162518.html（2016-12-02）。

云南省环境保护厅湖泊保护与治理处：《云南省环境保护厅湖泊处组织召开省九大高原湖泊环境管理系统培训动员会》，http://sthjt.yn.gov.cn/zwxx/xxyw/xxywrdjj/201603/t20160331_151152.html（2016-03-31）。

云南省环境保护厅湖泊保护与治理处：《中央财政 2015 年水污染防治专项启动会暨技术指导会议在昆明召开》，http://sthjt.yn.gov.cn/zwxx/xxyw/xxywrdjj/201508/t20150807_91845.html（2015-08-07）。

云南省环境保护厅九湖治理办公室：《2011 年九湖流域“河道保洁周”专项活动工作取得圆满成效》，http://sthjt.yn.gov.cn/gyhp/jhdt/201111/t20111101_11648.html（2011-11-01）。

云南省环境保护厅九湖治理办公室：《保护母亲湖 全民在行动—通海县杞麓湖入湖河道保洁周专项行动工作圆满结束》，http://sthjt.yn.gov.cn/gyhp/jhdt/201006/t20100603_11640.html（2010-06-03）。

云南省环境保护厅九湖治理办公室：《九大高原湖泊水污染综合防治“十二五”规划编制全面启动》，http://sthjt.yn.gov.cn/gyhp/jhdt/201009/t20100903_11643.html（2010-09-03）。

云南省环境保护厅九湖治理办公室：《九湖流域“河道保洁周”成效显著》，http://sthjt.yn.gov.cn/gyhp/jhdt/201006/t20100603_11639.html（2010-06-03）。

云南省环境保护厅九湖治理办公室：《三年持续干旱对九湖水环境的影响》，http://sthjt.yn.gov.cn/gyhp/jhdt/201206/t20120607_11653.html（2012-06-07）。

云南省环境保护厅九湖治理办公室：《省环保厅王建华厅长到江川县调研星云湖蓝藻水华应急处置工作》，http://sthjt.yn.gov.cn/gyhp/jhdt/201009/t20100920_11645.html（2010-09-20）。

云南省环境保护厅九湖治理办公室：《省九湖办召开良好湖泊生态环境保护工作座谈会》，http://sthjt.yn.gov.cn/gyhp/jhdt/201206/t20120615_11654.html（2012-06-15）。

云南省环境保护厅九湖治理办公室：《省九湖办组织召开九大高原湖水污染综合防治 2010 年度第二次调度会议》，http://sthjt.yn.gov.cn/gyhp/jhdt/201009/t20100903_11643.html（2010-09-03）。

云南省环境保护厅九湖治理办公室：《省政府和段琪副省长调研杞麓湖保护治理工作》，http://sthjt.yn.gov.cn/gyhp/jhdt/201009/t20100920_11645.html（2010-09-20）。

云南省环境保护厅九湖治理办公室：《石屏县召开异龙湖水污染综合防治工作推进会》，http://sthjt.yn.gov.cn/gyhp/jhdt/201009/t20100903_11643.html（2010-09-03）。

云南省环境保护厅九湖治理办公室：《王建华厅长到杞麓湖调研》，http://sthjt.yn.gov.cn/gyhp/jhdt/201001/t20100120_11637.html（2010-01-20）。

云南省环境保护厅九湖治理办公室：《云南省九大高原湖泊 2009 年度水质状况及治理情况公告》，http://sthjt.yn.gov.cn/gyhp/jhdt/201006/t20100603_11638.html（2010-06-03）。

云南省环境保护厅九湖治理办公室：《云南省九大高原湖泊 2009 年二季度水质状况及治理情况公告》，http://sthjt.yn.gov.cn/gyhp/jhdt/200911/t20091104_11684.html（2009-11-04）。

云南省环境保护厅九湖治理办公室：《云南省九大高原湖泊 2009 年三季度水质状况及治理情况公告》，http://sthjt.yn.gov.cn/gyhp/jhdt/200912/t20091215_11685.html（2009-12-15）。

云南省环境保护厅九湖治理办公室：《云南省九大高原湖泊 2009 年一季度水质状况及治理情况公告》，http://sthjt.yn.gov.cn/gyhp/jhdt/200907/t20090713_11683.html（2009-07-13）。

云南省环境保护厅九湖治理办公室：《云南省九大高原湖泊 2010 年二季度水质状况及治理情况公告》，http://sthjt.yn.gov.cn/gyhp/jhdt/201008/t20100823_11642.html（2010-08-23）。

云南省环境保护厅九湖治理办公室：《云南省九大高原湖泊 2010 年三季度水质状况及治理情况公告》，http://sthjt.yn.gov.cn/gyhp/jhdt/201012/t20101213_11689.html（2010-12-13）。

云南省环境保护厅九湖治理办公室：《云南省九大高原湖泊 2010 年四季度水质状况及治理情况公

告》，http://sthjt.yn.gov.cn/gyhp/jhdt/201103/t20110308_11690.html（2011-03-08）。
云南省环境保护厅九湖治理办公室：《云南省九大高原湖泊2010年一季度水质状况及治理情况公告》，http://sthjt.yn.gov.cn/gyhp/jhdt/201006/t20100628_11687.html（2010-06-28）。
云南省环境保护厅九湖治理办公室：《云南省九大高原湖泊2011年二季度水质状况及治理情况公告》，http://sthjt.yn.gov.cn/gyhp/jhdt/201111/t20111101_11649.html（2011-11-01）。
云南省环境保护厅九湖治理办公室：《云南省九大高原湖泊2011年三季度水质状况及治理情况公告》，http://sthjt.yn.gov.cn/gyhp/jhdt/201111/t20111103_11650.html（2011-11-03）。
云南省环境保护厅九湖治理办公室：《云南省九大高原湖泊2011年四季度水质状况及治理情况公告》，http://sthjt.yn.gov.cn/gyhp/jhdt/201202/t20120215_11694.html（2012-02-15）。
云南省环境保护厅九湖治理办公室：《云南省九大高原湖泊2011年一季度水质状况及治理情况公告》，http://sthjt.yn.gov.cn/gyhp/jhdt/201107/t20110701_11691.html（2011-07-01）。
云南省环境保护厅九湖治理办公室：《云南省九大高原湖泊2012年二季度水质状况及治理情况公告》，http://sthjt.yn.gov.cn/gyhp/jhdt/201209/t20120903_34993.html（2012-09-03）。
云南省环境保护厅九湖治理办公室：《云南省九大高原湖泊2012年三季度水质状况及治理情况公告》，http://sthjt.yn.gov.cn/gyhp/jhdt/201211/t20121127_36656.html（2012-11-27）。
云南省环境保护厅九湖治理办公室：《云南省九大高原湖泊2012年三季度水质状况及治理情况公告》，http://sthjt.yn.gov.cn/gyhp/jhdt/201303/t20130304_37733.html（2013-03-04）。
云南省环境保护厅九湖治理办公室：《云南省九大高原湖泊2012年一季度水质状况及治理情况公告》，http://sthjt.yn.gov.cn/gyhp/jhdt/201206/t20120607_11652.html（2012-06-07）。
云南省环境保护厅九湖治理办公室：《云南省九大高原湖泊水污染综合防治办公室主任会议顺利召开》，http://sthjt.yn.gov.cn/zwxx/xxyw/xxywrdjj/200909/t20090901_7129.html（2009-09-18）。
云南省环境保护厅项目办：《世界银行贷款云南城市环境建设项目完成贷款谈判》，http://sthjt.yn.gov.cn/zwxx/xxyw/xxywrdjj/200904/t20090414_6713.html（2009-04-14）。
云南省环境保护厅项目办：《世界银行贷款云南城市环境建设项目启动仪式暨培训会召开》，http://sthjt.yn.gov.cn/zwxx/xxyw/xxywrdjj/200907/t20090703_6940.html（2009-07-03）。
云南省环境保护厅自然生态保护处：《高正文副厅长带队省人大环资工委调研组赴西双版纳、普洱专题调研生物多样性保护工作》，http://sthjt.yn.gov.cn/zwxx/xxyw/xxywrdjj/201509/t20150906_92441.html（2015-09-06）。
云南省环境保护厅自然生态保护处：《省人大环资工委调研组赴保山、德宏专题调研生物多样性保护工作》，http://sthjt.yn.gov.cn/zwxx/xxyw/xxywrdjj/201509/t20150921_92964.html（2015-09-21）。
云南省环境保护厅自然生态保护处：《省人大环资工委组织调研组分别赴广西、海南和红河州、文山州开展生物多样性保护专题调研》，http://sthjt.yn.gov.cn/zwxx/xxyw/xxywrdjj/201511/t20151110_98520.html（2015-11-10）。

云南省环境保护厅自然生态保护处：《云南举办“5·22 国际生物多样性日”系列宣传活动》，http://sthjt.yn.gov.cn/zwxx/xxyw/xxywrdjj/201505/t20150522_78045.html（2015-05-22）。

云南省环境保护厅自然生态保护处：《云南跨境生物多样性保护现状调查与对策研究项目启动》，http://sthjt.yn.gov.cn/zwxx/xxyw/xxywrdjj/201502/t20150211_75215.html（2015-02-11）。

云南省环境保护厅自然生态保护处：《云南省第五届省级自然保护区评审委员会成立大会在昆明召开》，http://sthjt.yn.gov.cn/zwxx/xxyw/xxywrdjj/201604/t20160411_151527.html（2016-04-11）。

云南省环境保护厅自然生态保护处：《云南省生物多样性保护联席会议在西双版纳召开》，http://sthjt.yn.gov.cn/zrst/swdyxbh/201205/t20120516_15930.html（2012-05-16）。

云南省环境保护专项行动联席会议办公室：《安宁市环保专项行动打击违法排污不手软》，http://sthjt.yn.gov.cn/hjjc/hbzxxd/201106/t20110602_12458.html（2011-06-02）。

云南省环境保护专项行动联席会议办公室：《楚雄市加强环境监管维护社会稳定迎接党的十八大》，http://sthjt.yn.gov.cn/hjjc/hbzxxd/201211/t20121102_36242.html（2012-11-02）。

云南省环境保护专项行动联席会议办公室：《楚雄州环保专项行动取得积极成效》，http://sthjt.yn.gov.cn/hjjc/hbzxxd/201309/t20130923_40699.html（2013-09-23）。

云南省环境保护专项行动联席会议办公室：《楚雄州开展对重污染企业专项整治取得明显成效》，http://sthjt.yn.gov.cn/hjjc/hbzxxd/201107/t20110727_12461.html（2011-07-27）。

云南省环境保护专项行动联席会议办公室：《个旧市组织人大代表调研督查环保专项行动》，http://sthjt.yn.gov.cn/hjjc/hbzxxd/201206/t20120604_12479.html（2012-06-04）。

云南省环境保护专项行动联席会议办公室：《国家督查组对云南省 2011 年环保专项行动开展情况进行督查》，http://sthjt.yn.gov.cn/hjjc/hbzxxd/201107/t20110727_12460.html（2011-07-27）。

云南省环境保护专项行动联席会议办公室：《红河州蒙自市开展重金属排放企业专项整治取得成效》，http://sthjt.yn.gov.cn/hjjc/hbzxxd/201111/t20111101_12471.html（2011-11-01）。

云南省环境保护专项行动联席会议办公室：《红河州妥善处置“5·09”非法聚众上访事件 强力推进个旧市重金属污染整治工作》，http://sthjt.yn.gov.cn/hjjc/hbzxxd/201206/t20120626_ 12482.html（2012-06-26）。

云南省环境保护专项行动联席会议办公室：《环保部环监局领导调研督查云南环保专项行动》，http://sthjt.yn.gov.cn/hjjc/hbzxxd/201206/t20120604_12480.html（2012-06-04）。

云南省环境保护专项行动联席会议办公室：《昆明市对辖区省级挂牌督办事项进行后督察，挂牌督办工作效果明显》，http://sthjt.yn.gov.cn/hjjc/hbzxxd/201106/t20110627_12459.html（2011-06-27）。

云南省环境保护专项行动联席会议办公室：《昆明市借力环保专项行动强化流域水环境保护》，http://sthjt.yn.gov.cn/hjjc/hbzxxd/201205/t20120518_12477.html（2012-05-18）。

云南省环境保护专项行动联席会议办公室：《省环保厅对安宁铅酸蓄电池企业开展专项调研》，http://sthjt.yn.gov.cn/hjjc/hbzxxd/201105/t20110511_12454.html（2011-05-11）。

云南省环境保护专项行动联席会议办公室：《文山州结合环保专项行动　强化环保项目申报与实施》，http://sthjt.yn.gov.cn/hjjc/hbzxxd/201209/t20120927_35885.html（2012-09-27）。
云南省环境保护专项行动联席会议办公室：《我省召开电视电话会议启动2011年环保专项行动》，http://sthjt.yn.gov.cn/hjjc/hbzxxd/201105/t20110511_12453.html（2011-05-11）。
云南省环境保护专项行动联席会议办公室：《我省召开电视电话会议启动2012年环保专项行动》，http://sthjt.yn.gov.cn/hjjc/hbzxxd/201204/t20120420_12474.html（2012-04-20）。
云南省环境保护专项行动联席会议办公室：《我省召开工作会议全面部署环保专项行动》，http://sthjt.yn.gov.cn/hjjc/hbzxxd/201204/t20120420_12473.html（2012-04-20）。
云南省环境保护专项行动联席会议办公室：《西畴县开展集中式饮用水源专项执法检查》，http://sthjt.yn.gov.cn/hjjc/hbzxxd/201309/t20130923_40698.html（2013-09-23）。
云南省环境保护专项行动联席会议办公室：《玉溪红塔区环保专项行动效果明显》，http://sthjt.yn.gov.cn/hjjc/hbzxxd/201107/t20110727_12462.html（2011-07-27）。
云南省环境保护专项行动联席会议办公室：《玉溪市加大环保专项行动力度 有效保障群众的环境权益》，http://sthjt.yn.gov.cn/hjjc/hbzxxd/201309/t20130923_40700.html（2013-09-23）。
云南省环境保护专项行动联席会议办公室：《云南确定四个省级挂牌督办事项》，http://sthjt.yn.gov.cn/hjjc/hbzxxd/201204/t20120420_12472.html（2012-04-20）。
云南省环境保护专项行动联席会议办公室：《云南省查处环保部2013年环保专项行动 督查通报4家企业环境违法行为》，http://sthjt.yn.gov.cn/hjjc/hbzxxd/201310/t20131023_41009.html（2013-10-23）。
云南省环境保护专项行动联席会议办公室：《云南省环境保护厅给力红河州重金属污染防治》，http://sthjt.yn.gov.cn/hjjc/hbzxxd/201209/t20120924_35861.html（2012-09-24）。
云南省环境保护专项行动联席会议办公室：《云南省环境保护厅集中约谈大型国有企业》，http://sthjt.yn.gov.cn/hjjc/hbzxxd/201205/t20120514_12476.html（2012-05-14）。
云南省环境保护专项行动联席会议办公室：《云南省环保重点工作推进会提出攻坚克难抓减排》，http://sthjt.yn.gov.cn/hjjc/hbzxxd/201211/t20121102_36241.html（2012-11-02）。
云南省环境保护专项行动联席会议办公室：《云南省环境保护专项行动领导小组办公室对铅蓄电池行业开展后督察》，http://sthjt.yn.gov.cn/hjjc/hbzxxd/201111/t20111101_12470.html（2011-11-01）。
云南省环境保护专项行动联席会议办公室：《云南省环境保护专项行动领导小组办公室召开铅蓄电池行业整治和验收恢复生产征求意见会》，http://sthjt.yn.gov.cn/hjjc/hbzxxd/201108/t20110824_12465.html（2011-08-24）。
云南省环境保护专项行动联席会议办公室：《云南省环境保护厅等七厅委局联合开展环保专项行动》，http://sthjt.yn.gov.cn/hjjc/hbzxxd/201307/t20130704_39422.html（2013-07-04）。
云南省环境保护专项行动联席会议办公室：《云南省环境保护厅对楚雄牟定94.1Kt堆存铬渣无害化处置项目开展专项督查》，http://sthjt.yn.gov.cn/hjjc/hbzxxd/201109/t20110930_12467.html（2011-09-30）。

云南省环境保护专项行动联席会议办公室：《云南省将全省铅酸蓄电池行业企业列为省级挂牌督办事项》，http://sthjt.yn.gov.cn/hjjc/hbzxxd/201106/t20110602_12456.html（2011-06-02）。

云南省环境保护专项行动联席会议办公室：《云南省紧密结合环保专项行动全面部署环境安全百日大检查》，http://sthjt.yn.gov.cn/hjjc/hbzxxd/201206/t20120604_12481.html（2012-06-04）。

云南省环境保护专项行动联席会议办公室：《云南省开展危险废物环境风险大排查》，http://sthjt.yn.gov.cn/hjjc/hbzxxd/201109/t20110930_12468.html（2011-09-30）。

云南省环境保护专项行动联席会议办公室：《云南省铅蓄电池企业专项整治成效显著》，http://sthjt.yn.gov.cn/hjjc/hbzxxd/201108/t20110824_12464.html（2011-08-24）。

云南省环境保护专项行动联席会议办公室：《云南省首家年处理危废 3.4 万吨的危废中心投运》，http://sthjt.yn.gov.cn/hjjc/hbzxxd/201209/t20120924_35863.html（2012-09-24）。

云南省环境保护专项行动联席会议办公室：《云南省文山州积极应对“两高环境司法解释”促进环境问题解决》，http://sthjt.yn.gov.cn/hjjc/hbzxxd/201308/t20130820_40223.html（2013-08-20）。

云南省环境保护专项行动联席会议办公室：《云南省召开 2011 年环保专项行动第一次联席会议》，http://sthjt.yn.gov.cn/hjjc/hbzxxd/201105/t20110511_12455.html（2011-05-11）。

云南省环境保护专项行动联席会议办公室：《云南省召开 2011 年环境监察工作会议进一步部署 2011 年环保专项行动工作》，http://sthjt.yn.gov.cn/hjjc/hbzxxd/201106/t20110602_ 12457.html（2011-06-02）。

云南省环境保护专项行动联席会议办公室：《云南省召开环保专项行动电视电话会议》，http://sthjt.yn.gov.cn/hjjc/hbzxxd/201308/t20130801_39952.html（2013-08-01）。

云南省环境保护专项行动联席会议办公室：《云南省制定全省铅酸蓄电池企业复产条件》，http://sthjt.yn.gov.cn/hjjc/hbzxxd/201107/t20110727_12463.html（2011-07-27）。

云南省环境保护专项行动联席会议办公室：《镇雄县环保局开展环保专项行动措施有力成效明显》，http://sthjt.yn.gov.cn/hjjc/hbzxxd/201109/t20110930_12469.html（2011-09-30）。

云南省环境保护专项行动领导小组办公室：《红河州切实开展环保专项行动》，http://sthjt.yn.gov.cn/hjjc/hbzxxd/201409/t20140904_49403.html（2014-09-04）。

云南省环境保护专项行动领导小组办公室：《环保部环境监察局对云南省国控重点污染源自动监控专项执法检查工作进行督查》，http://sthjt.yn.gov.cn/hjjc/hbzxxd/201411/t20141117_ 56784.html（2014-11-17）。

云南省环境保护专项行动领导小组办公室：《环保部西南督查中心对云南省环保专项行动开展情况进行督查》，http://sthjt.yn.gov.cn/hjjc/hbzxxd/201409/t20140923_49693.html（2014-09-23）。

云南省环境保护专项行动领导小组办公室：《玉溪市四个结合全面开展环保专项行动》，http://sthjt.yn.gov.cn/hjjc/hbzxxd/201409/t20140904_49404.html（2014-09-04）。

云南省环境保护专项行动领导小组办公室：《云南省环保专项行动领导小组工作组对云南玉溪玉昆钢

铁集团有限公司进行检查》，http://sthjt.yn.gov.cn/hjjc/hbzxxd/201411/t20141117_ 56786.html（2014-11-17）。

云南省环境保护专项行动领导小组办公室：《云南省环境保护厅等八厅委局联合开展 2014 年环保专项行动》，http://sthjt.yn.gov.cn/hjjc/hbzxxd/201407/t20140704_48332.html（2014-07-04）。

云南省环境保护专项行动领导小组办公室：《云南省召开环保专项行动电视电话会议》，http://sthjt.yn.gov.cn/hjjc/hbzxxd/201407/t20140704_48331.html（2014-07-04）。

云南省环境保护厅湖泊保护与治理处：《昆明市多措并举 预防滇池及阳宗海蓝藻水华发生》，http://sthjt.yn.gov.cn/zwxx/xxyw/xxywrdjj/201605/t20160520_153195.html（2016-05-20）。

云南省环境保护厅湖泊保护与治理处《丽江市加强程海和泸沽湖水污染风险防范工作》，http://sthjt.yn.gov.cn/zwxx/xxyw/xxywrdjj/201605/t20160520_153194.html（2016-05-20）。

云南省环境保护厅湖泊保护与治理处《玉溪市采取有效措施加强防范三湖水污染风险发生》，http://sthjt.yn.gov.cn/zwxx/xxyw/xxywrdjj/201605/t20160520_153193.html（2016-05-20）。

云南省环境保护厅湖泊保护与治理处《云南省宁蒗彝族自治县泸沽湖风景区保护管理条例》，http://sthjt.yn.gov.cn/gyhp/jhbhfg/201507/t20150706_90546.html（2015-07-06）。

云南省环境保护宣传教育中心：《“南环保绿色讲堂进社区”活动正式启动》，http://sthjt.yn.gov.cn/zwxx/xxyw/xxywrdjj/201509/t20150928_93135.html（2015-09-28）。

云南省环境保护宣传教育中心：《云南利用世界银行贷款加强城市环境建设》，http://sthjt.yn.gov.cn/zwxx/xxyw/xxywrdjj/200906/t20090624_6921.html（2009-06-24）。

云南省环境保护宣传教育中心：《云南省环保宣教中心抓住机会宣传云南生态文明传播绿色发展理念》，http://sthjt.yn.gov.cn/zwxx/xxyw/xxywrdjj/201611/t20161103_161423.html（2016-11-03）。

云南省环境保护宣传教育中心：《云南省环保宣传教育中心加强与高校环保社团合作》，http://sthjt.yn.gov.cn/zwxx/xxyw/xxywrdjj/201203/t20120321_9380.html（2012-03-21）。

云南省环境保护宣传教育中心：《云南省环保宣传教育中心开展业务知识讲座 提高人员业务水平》，http://sthjt.yn.gov.cn/zwxx/xxyw/xxywrdjj/201202/t20120223_9302.html（2012-02-23）。

云南省环境监察总队：《查缺补漏抓实环境安全隐患排查整治 漏查漏报将被严厉追责》，http://sthjt.yn.gov.cn/hjjc/hbzxxd/201510/t20151009_93311.html（2015-10-09）。

云南省环境监察总队：《环境保护部西南督查中心对保山市进行环境执法稽查》，http://sthjt.yn.gov.cn/zwxx/xxyw/xxywrdjj/201505/t20150527_78156.html（2015-05-27）。

云南省环境监察总队：《怒江州多措并举扎实开展环境安全隐患排查保障“两会”期间环境安全》，http://sthjt.yn.gov.cn/hjjc/hjjcgzdt/201503/t20150305_75437.html（2015-03-05）。

云南省环境监察总队：《普洱市联合执法加大涉重金属企业监管力度》，http://sthjt.yn.gov.cn/hjjc/hbzxxd/201205/t20120514_12475.html（2012-05-14）。

云南省环境监察总队：《全省环境监察会在芒市召开》，http://sthjt.yn.gov.cn/zwxx/xxyw/xxywrdjj/

201105/t20110512_8556.html（2011-05-12）。
云南省环境监察总队：《玉溪市环境保护局七项措施推进环保专项行动》，http://sthjt.yn.gov.cn/hjjc/hbzxxd/201408/t20140815_49102.html（2014-08-15）。
云南省环境监察总队：《云南省规范环境监察执法模块化文书》，http://sthjt.yn.gov.cn/zwxx/xxyw/xxywrdjj/201206/t20120629_9630.html（2012-06-29）。
云南省环境监察总队：《云南省环境保护厅召开云南省环境安全隐患排查整治工作第一次工作会议》，http://sthjt.yn.gov.cn/hjjc/hjjcgzdt/201502/t20150212_75251.html（2015-02-12）。
云南省环境监察总队：《云南省环境监察总队对安宁市草铺片区主要工业企业进行明查暗访》，http://sthjt.yn.gov.cn/hjjc/hbzxxd/201703/t20170314_165858.html（2017-03-14）。
云南省环境监察总队：《云南省环境监察总队集中约谈 10 家污水处理厂》，http://sthjt.yn.gov.cn/hjjc/hbzxxd/201609/t20160926_160169.html（2016-09-26）。
云南省环境监察总队：《云南省环境监察总队检查红河州涉重金属企业》，http://sthjt.yn.gov.cn/hjjc/hbzxxd/201408/t20140815_49099.html（2014-08-15）。
云南省环境监察总队：《云南省环境监察总队检查云南金鼎锌业有限公司》，http://sthjt.yn.gov.cn/zwxx/xxyw/xxywrdjj/201507/t20150707_90620.html（2015-07-07）。
云南省环境监察总队：《云南省环境监察总队检查云南先锋化工有限公司》，http://sthjt.yn.gov.cn/zwxx/xxyw/xxywrdjj/201507/t20150707_90618.html（2015-07-07）。
云南省环境监察总队：《云南省环境监察总队约谈 3 家钢铁企业》，http://sthjt.yn.gov.cn/zwxx/xxyw/xxywrdjj/201604/t20160428_152148.html（2016-04-28）。
云南省环境监察总队：《云南省环境监察总队召开主体网格会议进一步部署全省环境安全隐患排查整治工作》，http://sthjt.yn.gov.cn/zwxx/xxyw/xxywrdjj/201509/t20150918_92958.html（2015-09-18）。
云南省环境监察总队：《云南省环境监察总队组织对昆明、曲靖饮用水源地开展环境安全专项检查》，http://sthjt.yn.gov.cn/hjjc/hbzxxd/201408/t20140815_49100.html（2014-08-15）。
云南省环境监察总队：《云南省开展尾矿库安全隐患排查整治工作》，http://sthjt.yn.gov.cn/hjjc/hjjcgzdt/201503/t20150305_75435.html（2015-03-05）。
云南省环境监察总队：《云南省召开全省环境监察和污染防治工作会议》，http://sthjt.yn.gov.cn/hjjc/hbzxxd/201308/t20130801_39953.html（2013-08-01）。
云南省环境监察总队：《云南召开 2016 年全省环境监察暨环境应急工作会议》，http://sthjt.yn.gov.cn/zwxx/xxyw/xxywrdjj/201603/t20160328_151024.html（2016-03-28）。
云南省环境专项行动联席会议办公室：《曲靖市继续加大涉重金属企业的监察力度》，http://sthjt.yn.gov.cn/hjjc/hbzxxd/201409/t20140904_49402.html（2014-09-04）。
云南省九大高原湖泊水污染综合防治领导小组办公室：《财政部 环保部对我省水质良好湖泊生态环境保护工作进行监督检查》，http://sthjt.yn.gov.cn/gyhp/jhdt/201209/t20120905_35056.html（2012-09-05）。

云南省九大高原湖泊水污染综合防治领导小组办公室：《九湖流域水污染综合防治“十二五”规划顺利推进》，http://sthjt.yn.gov.cn/gyhp/jhdt/201209/t20120905_35056.html（2012-09-05）。

云南省九大高原湖泊水污染综合防治领导小组办公室：《省九湖办召开省九大高原湖泊水污染综合防治领导小组办公室主任会议暨湖泊流域管理培训会议》，http://sthjt.yn.gov.cn/gyhp/jhdt/201210/t20121031_36221.html（2012-10-31）。

云南省九大高原湖泊水污染综合防治领导小组办公室：《省政府召开 2012 年滇池水污染综合治理工作会议》，http://sthjt.yn.gov.cn/gyhp/jhdt/201206/t20120626_11655.html（2012-06-26）。

云南省人民代表大会常务委员会：《云南省牛栏江保护条例》，http://db.ynrd.gov.cn：9107/lawlib/lawdetail.shtml?id=514a63bae2654d7a95243289467ec9ec（2012-09-28）。

云南省人民代表大会常务委员会：《云南省国家公园管理条例》，http://db.ynrd.gov.cn：9107/lawlib/lawdetail.shtml?id=6326282a7ca24afabb2fb259a530b2fe（2015-11-26）

云南省人民代表大会常务委员会：《云南省湿地保护条例》，http://db.ynrd.gov.cn：9107/lawlib/lawdetail.shtml?id=30bd59d1ab31427bb866552e5fb2e7af（2013-09-25）。

云南省人民代表大会常务委员会：《云南省阳宗海保护条例》，http://sthjt.yn.gov.cn/gyhp/jhbhfg/201507/t20150706_90549.html（2015-07-06）。

云南省人民代表大会常务委员会：《云南省渔业条例》，http://db.ynrd.gov.cn：9107/lawlib/lawdetail.shtml?id=0fd05fff5caa49afbb3e0ab94ee609fd（2011-05-26）。

云南省人民代表大会常务委员会：《云南省滇池保护条例》，http://sthjt.yn.gov.cn/gyhp/jhbhfg/201507/t20150706_90544.html（2015-07-06）。

云南省人民代表大会常务委员会：《云南省抚仙湖保护条例》，http://db.ynrd.gov.cn：9107/lawlib/lawdetail.shtml?id=c87dc9fe7a6444bcab5761744a86317e（2016-09-29）。

云南省人民代表大会常务委员会：《云南省水土保持条例》，http://wcb.yn.gov.cn/arti?id=28165（2014-08-12）。

云南省人民代表大会常务委员会：《云南省文山壮族苗族自治州矿产资源管理条例》，http://www.ynws.gov.cn/info/1253/132820.htm（2014-03-28）。

云南省人民代表大会常务委员会：《云南省云龙水库保护条例》，http://db.ynrd.gov.cn：9107/lawlib/lawdetail.shtml?id=cc64b086b9aa4c16940a868980005596（2013-11-29）。

云南省人民政府：《云南省地方公益林管理办法》，《云南林业》2009 年第 3 期。

云南省人民政府办公厅：《云南省环境保护行政问责办法》，http://sthjt.yn.gov.cn/zcfg/guizhang/gzgfxwj/201311/t20131106_41234.html（2013-11-06）。

张锦：《牛栏江流域寻甸段整治见成效 助力滇池治理》，http://sthjt.yn.gov.cn/zwxx/xxyw/xxywrdjj/201110/t20111011_9010.html（2011-10-11）。

张锦：《王道兴：滇池治理要在“精细”上下工夫》，http://sthjt.yn.gov.cn/zwxx/xxyw/xxywrdjj/

201203/t20120313_9356.html（2012-03-13）。

张锦：《专家建议中央财政应给昆明滇池治理更多资金支持》，http://sthjt.yn.gov.cn/zwxx/xxyw/xxywrdjj/201108/t20110801_8827.html（2011-08-01）。

张炯雪：《力争滇池治理取得实质性突破 让高原明珠再放光彩 ——环境保护部部长周生贤一行对滇池水污染综合治理等工作进行调研》，http://sthjt.yn.gov.cn/zwxx/xxyw/xxywrdjj/201204/t20120411_9426.html（2012-04-11）。

昭通市环境保护局：《川滇两省联合开展溪洛渡电站环境监察联合执法行动》，http://sthjt.yn.gov.cn/zwxx/xxyw/xxywrdjj/201111/t20111102_9063.html（2011-11-02）。

昭通市环境保护局：《昭通市 2008 年度城市环境综合整治定量考核工作通过省环保厅会审》，http://sthjt.yn.gov.cn/zwxx/xxyw/xxywzsdt/200904/t20090423_27100.html（2009-04-23）。

昭通市环境保护局：《昭通市政府部署 2009 年城市环境综合整治工作》，http://sthjt.yn.gov.cn/zwxx/xxyw/xxywzsdt/200907/t20090722_27587.html（2009-07-22）。

赵岗：《建生态湿地 5.4 万亩 滇池治理取得阶段性成效》，http://sthjt.yn.gov.cn/zwxx/xxyw/xxywrdjj/201105/t20110505_8543.html（2011-05-05）。

郑劲松、资敏：《滇池治理全面提速》，http://sthjt.yn.gov.cn/zwxx/xxyw/xxywrdjj/200904/t20090421_6738.html（2009-04-21）。

郑劲松：《环保部副部长吴晓青在滇池调研时说：滇池治理 看到希望 任重道远》，http://sthjt.yn.gov.cn/zwxx/xxyw/xxywrdjj/200906/t20090629_6935.html（2009-06-29）。

资敏、程伟平：《云南农村环境综合整治出实效》，http://sthjt.yn.gov.cn/zwxx/xxyw/xxywrdjj/200909/t20090911_7152.html（2009-09-11）。

资敏：《云南打响农村环境综合整治第一枪 三年完成沿九湖 494 个村落污水处理站建设》，http://sthjt.yn.gov.cn/zwxx/xxyw/xxywrdjj/200902/t20090205_6493.html（2009-02-05）。

资敏：《云南加大农村环境治理力度 今年解决 150 万农村人口的饮水安全问题》，http://sthjt.yn.gov.cn/zwxx/xxyw/xxywrdjj/200902/t20090209_6500.html（2009-02-09）。

资敏：《云南省“六・五”世界环境日宣传活动总结》，http://sthjt.yn.gov.cn/zwxx/xxyw/xxywrdjj/200906/t20090615_6899.html（2009-06-15）。

左伯俊：《云南省九大高原湖泊水污染综合防治工作有关情况的通报》，http://sthjt.yn.gov.cn/gyhp/jhdt/200909/t20090918_11634.html（2009-09-18）。

后　记

本书是云南大学服务云南行动计划项目“生态建设的云南模式研究”（KS161005）中期成果之一。项目组从2016年开始对本书资料进行了大量的资料搜集、整理、校对工作，一直到2019年7月结束。环境保护是维护“七彩云南”这张生态名片所必须始终坚持的道路。希望本书的出版有助于云南省环境保护的研究工作以及云南省环境保护文化的宣传普及，让更多人认识并参与到云南省环境保护的伟大征程中。

周　琼　邓云霞　汪东红

2019年12月30日于云南大学西南环境史研究所